Investigação qualitativa e projeto de pesquisa

C923i Creswell, John W.
Investigação qualitativa e projeto de pesquisa : escolhendo entre cinco abordagens / John W. Creswell ; tradução: Sandra Mallmann da Rosa ; revisão técnica: Dirceu da Silva. – 3. ed. – Porto Alegre : Penso, 2014.
341 p. ; 25 cm.

ISBN 978-85-65848-88-6

1. Métodos de pesquisa. 2. Investigação qualitativa. 3. Projeto de pesquisa. I. Título.

CDU 001.891

Catalogação na publicação: Ana Paula M. Magnus – CRB10/2052

John W. Creswell
Universidade de Nebraska-Lincoln

Investigação qualitativa e projeto de pesquisa

3ª EDIÇÃO

Escolhendo entre cinco abordagens

Tradução:
Sandra Mallmann da Rosa

Revisão técnica:
Dirceu da Silva
Doutor em Educação pela Universidade de São Paulo (USP).
Professor da Universidade Estadual de Campinas (Unicamp).

2014

Obra originalmente publicada sob o título Qualitative Inquiry and Research Design: Choosing Among Five Approaches, 3rd Edition, ISBN 9781412995306

Copyright © 2013, SAGE Publications, Inc.
All rights reserved. No part of this book may be reproduced or utilized in any form
or by any means, electronic or mechanical, including photocopying, recording,
or by any information storage and retrieval system,
without permission in writing from the publisher.
SAGE Publications is the original publisher in the United States,
United Kingdom, and New Delhi.
This Translation is published by arrangement with the Proprietor.
Esta Tradução é publicada conforme acordo com a Proprietária.

Gerente editorial
Letícia Bispo de Lima

Colaboraram nesta edição

Coordenadora editorial
Cláudia Bittencourt

Capa
Paola Manica

Preparação de original
Cynthia Beatrice Costa

Leitura final
Cristine Henderson Severo

Editoração eletrônica
Armazém Digital® Editoração Eletrônica – Roberto Carlos Moreira Vieira

Reservados todos os direitos de publicação, em língua portuguesa, à
PENSO EDITORA LTDA., uma empresa do GRUPO A EDUCAÇÃO S.A.
Av. Jerônimo de Ornelas, 670 – Santana
90040-340 Porto Alegre RS
Fone: (51) 3027-7000 Fax: (51) 3027-7070

É proibida a duplicação ou reprodução deste volume, no todo ou em parte,
sob quaisquer formas ou por quaisquer meios (eletrônico, mecânico, gravação,
fotocópia, distribuição na Web e outros), sem permissão expressa da Editora.

SÃO PAULO
Av. Embaixador Macedo Soares, 10.735 – Pavilhão 5
Cond. Espace Center – Vila Anastácio
05095-035 – São Paulo – SP
Fone: (11) 3665-1100 – Fax: (11) 3667-1333

SAC 0800 703-3444 – www.grupoa.com.br

IMPRESSO NO BRASIL
PRINTED IN BRAZIL

*Dedico este livro ao meu tio Jim
(James W. Marshal, M.D., 1915-1977),
que me deu amor, apoio e inspiração.*

Autor

John W. Creswell, Ph.D., é professor de Psicologia da Educação na Universidade de Nebraska-Lincoln desde 1978. Além de dar aulas na universidade, é autor de diversos artigos sobre métodos mistos de pesquisa, metodologia qualitativa e projeto geral de pesquisa e de 12 livros, muitos dos quais se focam nos tipos de projetos de pesquisa, em comparações de diferentes metodologias qualitativas e na natureza e no uso da pesquisa com métodos mistos. Seus livros são traduzidos para muitas línguas e usados em todo o mundo. Durante os últimos cinco anos, o Dr. Creswell atuou como codiretor no Office of Qualitative and Mixed Methods Research na Universidade de Nebraska, o que incentivou acadêmicos a incorporarem a pesquisa qualitativa e de métodos mistos a projetos para financiamento externo. Trabalhou como coeditor fundador do *Journal of Mixed Methods Research* da Sage e como professor adjunto de Medicina de Família na Universidade de Michigan, onde também prestou assistência metodológica a pesquisadores das ciências da saúde e da educação para projetos dos National Institutes of Health (NIH) e da National Science Foundation. Também trabalhou como consultor na área de pesquisa em serviços de saúde para o U.S. Department of Veterans Affairs. Foi Acadêmico Sênior no programa Fullbright na África do Sul e, em 2008, palestrou para os corpos docentes de cinco universidades sobre educação e ciências da saúde. Em 2012, atuou como Acadêmico Sênior no programa Fullbright na Tailândia. Recentemente, trabalhou como um dos líderes de um grupo de trabalho nacional, desenvolvendo diretrizes para pesquisa com métodos mistos para o NIH. Ele vive com sua mulher, Karen, em Lincoln, Nebraska.

Agradecimentos

Sou imensamente grato aos muitos alunos das minhas turmas de Métodos de Pesquisa Qualitativa na Universidade de Nebraska, Lincoln, que ajudaram a dar forma a este livro ao longo dos anos. Eles fizeram sugestões, trouxeram exemplos e discutiram o material reunido aqui. Além disso, fui beneficiado por colegas acadêmicos que me ajudaram a formatar e produzir este livro em sua primeira edição: Paul Turner, Ken Robson, Dana Miller, Diane Gillespie, Gregory Schraw, Sharon Hudson, Karen Eifler, Neilida Aguilar e Harry Wolcott. Ben Crabtree e Rich Hofmann auxiliaram de modo significativo a ordenar o texto e me incentivaram a prosseguir, além de pronta e diligentemente responderem à solicitação da Sage para revisar o material depois de pronto. Além deles, Keith Pezzoli, Kathy O'Byrne, Joanne Cooper e Phyllis Langton também revisaram a primeira edição e acrescentaram contribuições ao conteúdo e à estrutura que eu mesmo não cogitaria devido à minha proximidade com o texto. Aos revisores desta terceira edição, agradeço o seu tempo e esforço dedicados ao projeto do meu livro. Como sempre, sou grato a C. Deborah Laughton, editora da primeira edição, a Lisa Cuevas Shaw, editora da segunda edição, e a Vicki Knight, que ajudou como editora desta terceira edição. Para todas as edições, os membros do Office of Qualitative and Mixed Methods Research (OQMMR) prestaram valiosas contribuições. Destaco especialmente a Dra. Vicki Plano Clark, o Dr. Ron Shope e Yuchun Zhang, que foram fundamentais no refinamento e desenvolvimento das minhas ideias sobre pesquisa qualitativa durante essas diversas edições. Sou também grato ao Departamento de Psicologia Educacional. Por fim, à minha família – Karen, David, Kasey, Johanna e Bonny –, o meu agradecimento por me proporcionar tempo para passar longas horas escrevendo e revisando este livro. Obrigado a todos vocês.

Sumário

1 Introdução 19
    Objetivo e fundamentos para o livro 20
    O que há de novo nesta edição... 20
    Assumindo o meu posicionamento 22
    Seleção das cinco abordagens 23
    Público... 27
    Organização 27

2 Pressupostos filosóficos e estruturas interpretativas 29
    Questões para discussão 30
    Pressupostos filosóficos... 30
    Estruturas interpretativas 34
    A prática do uso de estruturas interpretativas da justiça social em pesquisa qualitativa 42
    Ligando filosofia e estruturas interpretativas... 43
    Resumo 43
    Leituras adicionais 46
    Exercícios.. 47

3 O projeto de um estudo qualitativo 48
    Questões para discussão 49
    Características da pesquisa qualitativa 49
    Quando usar a pesquisa qualitativa 52
    O que um estudo qualitativo exige de nós.. 53
    O processo de projeto de um estudo qualitativo 53
    Estrutura geral de um plano ou proposta 62
    Resumo 64
    Leituras adicionais 64
    Exercícios.. 65

4 Cinco abordagens qualitativas de investigação 67
    Questões para discussão 68
    Pesquisa narrativa... 68
    Pesquisa fenomenológica 72
    Pesquisa da teoria fundamentada 77
    Pesquisa etnográfica.. 82
    Pesquisa de estudo de caso.. 86
    As cinco abordagens comparadas 90
    Resumo 94
    Leituras adicionais 94
    Exercícios.. 96

5 Cinco estudos qualitativos diferentes 97
Questões para discussão 98
Um estudo narrativo 98
Um estudo fenomenológico 99
Um estudo de teoria fundamentada 101
Um estudo etnográfico 102
Um estudo de caso 103
Diferenças entre as abordagens 104
Resumo 106
Leituras adicionais 107
Exercícios 108

6 Introduzindo e focando o assunto 110
Questões para discussão 111
A apresentação do problema de pesquisa 111
A apresentação do propósito 114
As perguntas de pesquisa 116
Resumo 119
Leituras adicionais 120
Exercícios 120

7 Coleta de dados 121
Questões para discussão 122
O círculo da coleta de dados 122
Cinco abordagens comparadas 143
Resumo 144
Leituras adicionais 145
Exercícios 145

8 Análise e representação dos dados 146
Questões para discussão 146
Três estratégias de análise 147
A espiral da análise dos dados 147
Análise dentro das abordagens de investigação 153
Comparando as cinco abordagens 161
Uso do computador na análise dos dados qualitativos 162
Resumo 169
Leituras adicionais 169
Exercícios 170

9 Escrevendo um estudo qualitativo 171
Questões para discussão 171
Diversas estratégias de escrita 172
Estratégias de escrita gerais e embutidas 176
Uma comparação das estruturas narrativas 190
Resumo 190
Leituras adicionais 191
Exercícios 191

10	Padrões de validação e avaliação	192
	Questões para discussão	192
	Validação e confiabilidade em pesquisa qualitativa	193
	Critérios de avaliação	200
	Comparando os padrões de avaliação das cinco abordagens	206
	Resumo	207
	Leituras adicionais	207
	Exercícios	208
11	"Transformando a história" e Conclusão	209
	Transformando a história	209
	Um estudo de caso	210
	Um estudo narrativo	211
	Uma fenomenologia	212
	Um estudo de teoria fundamentada	212
	Uma etnografia	213
	Conclusão	214
	Exercícios	216

Apêndice A. Um glossário anotado de termos 218

Apêndice B. Um estudo de pesquisa narrativa –
"Vivendo no espaço entre participante e pesquisador como
um investigador narrativo: examinando a identidade étnica
de estudantes chineses canadenses como histórias conflituosas" 231
Elaine Chan

Apêndice C. Um estudo fenomenológico –
"Representações cognitivas da aids" 248
Elizabeth H. Anderson e Margaret Hull Spencer

Apêndice D. Um estudo de teoria fundamentada –
"Desenvolvendo a participação em atividade física de longo prazo:
um estudo de teoria fundamentada com mulheres afro-americanas" 263
Amy E. Harley, Janet Buckworth, Mira L. Katz, Sharla K. Willis,
Angela Odoms-Young e Catherine A. Heaney

Apêndice E. Uma etnografia –"Repensando a resistência subcultural:
valores centrais do movimento *straight edge*" 280
Ross Haenfler

Apêndice F. Um estudo de caso – "Resposta do *campus* a um aluno atirador" 301
Kelly J. Asmussen e John W. Creswell

Referências 315

Índice onomástico 327

Índice remissivo 333

Tabela analítica do conteúdo por abordagem

Pesquisa narrativa
Uso de abordagens narrativas 26
Livros-chave e referências 26
Definição e origem 68
Definição das características dos estudos narrativos 69
Tipos de estudos narrativos 69
Procedimentos na condução da pesquisa narrativa 70
Desafios ao uso da pesquisa narrativa 72
Foco da pesquisa narrativa 104
Exemplo de um estudo narrativo, Apêndice B 231
Problema de pesquisa 111
Declaração de propósito 114
Perguntas de pesquisa 116
Indivíduo ou local a ser estudado 123
Questões de acesso e *rapport* 126
Estratégia de amostragem 128
Formulários de dados 131
Questões éticas 142
Análise dos dados 148
A escrita de um estudo narrativo 176
Padrões de avaliação 202
Estudo de caso "transformado" em estudo narrativo 211

Fenomenologia
Uso da abordagem psicológica 26
Livros chave e referências 27
Definição e origem 72
Definição das características da fenomenologia 73
Tipos de fenomenologia 74
Procedimentos para a condução da fenomenologia 75
Desafios ao uso da fenomenologia 76
Foco na fenomenologia 104
Exemplo de um estudo fenomenológico, Apêndice C 248
Problema de pesquisa 111
Declaração de propósito 114
Perguntas de pesquisa 116
Perguntas de pesquisa participantes de um estudo fenomenológico 126
Questões de acesso 126
Estratégia de amostragem 128

Formulários de dados 133
Questões éticas 142
Análise dos dados 156
A escrita de um estudo fenomenológico 180
Padrões de avaliação 203
Estudo de caso "transformado" em uma fenomenologia 212

Teoria fundamentada
Uso da abordagem sociológica 26
Livros chave e referências 27
Definição e origem 77
Definição das características da teoria fundamentada 78
Tipos de estudos de teoria fundamentada 79
Procedimentos na condução da pesquisa de teoria fundamentada 80
Desafios ao uso da pesquisa de teoria fundamentada 81
Foco na pesquisa da teoria fundamentada 104
Exemplo de um estudo de teoria fundamentada, Apêndice D 263
Problema de pesquisa 111
Declaração de propósito 114
Perguntas de pesquisa 116
Participantes de um estudo de teoria fundamentada 126
Questões de acesso 126
Estratégia de amostragem 129
Formulários de dados 131
Questões éticas 142
Análise dos dados 158
A escrita de um estudo de teoria fundamentada 183
Padrões de avaliação 204
Estudo de caso "transformado" em um estudo de teoria fundamentada 209

Etnografia
Uso de abordagens antropológicas, sociológicas e interpretativas 26
Livros chave e referências 27
Definição e origem 82
Definição das características da etnografia 83
Tipos de etnografias 82
Procedimentos na condução da etnografia 84
Desafios ao uso da etnografia 86
Foco da etnografia 104
Exemplo de uma etnografia, Apêndice E 280
Problema de pesquisa 111
Declaração de propósito 114
Perguntas de pesquisa 116
Local a ser estudado 123
Questões de acesso e *rapport* 126
Estratégia de amostragem 127
Formulários de dados 131

    Questões éticas 142
    Análise dos dados 159
    Escrita de uma etnografia 185
    Padrões de avaliação 205
    Estudo de caso "transformado" em etnografia 213

Estudo de caso
    Uso da abordagem de avaliação 26
    Livros chave e referências 27
    Definição e origem 86
    Definição das características de estudos de caso 87
    Tipos de estudos de caso 88
    Procedimentos para a condução de um estudo de caso 88
    Desafios ao uso de um estudo de caso 89
    Foco de um estudo de caso 104
    Exemplo de um estudo de caso, Apêndice F 301
    Problema de pesquisa 111
    Declaração de propósito 114
    Perguntas de pesquisa 118
    Local a ser estudado 123
    Questões de acesso e *rapport* 126
    Estratégia de amostragem 129
    Formulários de dados 131
    Questões éticas 142
    Análise dos dados 161
    A escrita de um estudo de caso 188
    Padrões de avaliação 206
    Um estudo de caso revisitado antes da "transformação" 210

1 Introdução

Comecei a trabalhar neste livro durante um seminário qualitativo no verão de 1994 em Vail, Colorado, patrocinado pela Universidade de Denver, sob a hábil coordenação de Edith King do College of Education. No evento, mediei uma discussão a respeito da análise qualitativa de dados. Iniciei com uma nota pessoal, apresentando um dos meus estudos qualitativos – um estudo de caso de uma resposta do *campus* a um incidente com arma envolvendo um estudante (Asmussen e Creswell, 1995) (veja o Apêndice F deste livro). Sabia que esse caso poderia provocar alguma discussão e desencadear questões complexas para análise. O caso envolvia a reação de uma universidade no meio-oeste americano a um atirador que entrou em uma sala de aula do curso de ciências atuariais com um rifle semiautomático e tentou atirar nos alunos. O rifle emperrou e não disparou, e o atirador fugiu, mas foi capturado a alguns quilômetros dali. Em pé diante do grupo, relatei os acontecimentos do caso, os temas e as lições que aprendemos sobre a reação da universidade a um evento que esteve próximo de ser trágico. Então, sem que tivesse sido planejado, Harry Wolcott, da Universidade de Oregon, outro especialista do nosso seminário, ergueu a mão e pediu para vir ao pódio. Explicou como *ele* abordaria o estudo como antropólogo cultural. Para minha surpresa, ele "transformou" meu estudo de caso em etnografia, enquadrando o estudo de uma forma inteiramente nova. Depois que Harry concluiu, LesGoodchild, então da Universidade de Denver, discutiu como examinaria o caso do atirador a partir de uma perspectiva histórica. Tínhamos agora, portanto, duas versões diferentes do incidente, o que representaram "reviravoltas" surpreendentes do meu estudo de caso a partir do uso de abordagens qualitativas diferentes. Foi esse evento que alimentou uma ideia que já vinha cultivando havia tempo – de que o projeto de um estudo qualitativo estava relacionado à *abordagem* específica usada na pesquisa qualitativa. Comecei a escrever a primeira edição deste livro guiado por uma única e instigante pergunta: como o tipo ou a abordagem de investigação qualitativa molda o projeto ou os procedimentos de um estudo?

OBJETIVO E FUNDAMENTOS PARA O LIVRO

Chego agora à terceira edição deste livro e ainda estou formulando uma resposta para essa pergunta. A minha intenção inicial é examinar cinco abordagens diferentes da investigação qualitativa – a narrativa, a fenomenologia, a teoria fundamentada,* a etnografia e os estudos de caso – e colocá-las lado a lado para que possamos visualizar as suas diferenças. Essas diferenças podem ser exibidas mais vividamente por meio da exploração do seu uso durante o processo de pesquisa, incluindo a introdução a um estudo com base em seu objetivo e por meio de perguntas de pesquisa; coleta de dados; análise dos dados; redação do relatório; e padrões de validação e avaliação. Por exemplo, estudando artigos qualitativos em publicações, podemos ver que as perguntas de pesquisa estruturadas a partir da teoria fundamentada parecem ser diferentes das perguntas estruturadas a partir de um estudo fenomenológico.

Essa combinação das diferentes abordagens e como a sua especificidade se desenrola no processo de pesquisa é o que distingue este livro de outros sobre pesquisa qualitativa que você possa ter lido. A maioria dos pesquisadores qualitativos tem seu foco em apenas uma abordagem – digamos etnografia ou teoria fundamentada – e tenta convencer seus leitores do valor daquela abordagem. No entanto, os estudantes e pesquisadores qualitativos iniciantes precisam de opções que se adaptem aos seus problemas de pesquisa e que sejam adequadas aos seus interesses na condução da pesquisa. Esperamos que este livro possibilite a expansão da pesquisa qualitativa e convide os leitores a examinarem as múltiplas formas de engajamento no processo de pesquisa. O livro oferece aos pesquisadores qualitativos opções para a condução da investigação qualitativa e os auxilia na decisão sobre qual a melhor abordagem a ser usada no estudo dos seus problemas de pesquisa. Com tantos livros sobre pesquisa qualitativa em geral e sobre várias abordagens de investigação, os estudantes de pesquisa qualitativa frequentemente ficam perdidos na tentativa de entenderem que opções (isto é, abordagens) existem e como é que se faz uma escolha bem fundamentada de uma opção de pesquisa.

Ao ler este livro, espero que você obtenha uma melhor compreensão dos passos do processo de pesquisa, aprenda cinco abordagens qualitativas de investigação e compreenda as diferenças e semelhanças entre essas cinco **abordagens de investigação** (veja o glossário no Apêndice A para as definições dos termos em negrito e itálico).

O QUE HÁ DE NOVO NESTA EDIÇÃO

Desde que escrevi a primeira e a segunda edição deste livro, parte de seu conteúdo permaneceu igual, e parte se modificou. Nesta edição, apresento diversas ideias novas:

✓ Baseando-me no *feedback* dos revisores, reformulei o Capítulo 2, que aborda pressupostos filosóficos e estruturas interpretativas usadas pelos pesquisadores qualitativos. Precisava posicionar melhor a filosofia e as estruturas dentro do processo global de pesquisa. Também procurei esclarecer a relação entre filosofia e estruturas interpretativas e discutir as estruturas interpretativas da maneira como estão sendo usadas atualmente em pesquisa qualitativa (Denzin e Lincoln, 2011).
✓ No Capítulo 3, acrescentei uma nova seção sobre aspectos que delineiam os dilemas éticos qualitativos que possam surgir nas diferentes fases do processo de pesquisa. Dessa forma, estou ampliando a abrangência ética neste livro.

---
* N. de R.T.: Neste livro o termo em inglês *grounded theory* foi traduzido como teoria fundamentada.

- ✓ Na discussão das cinco abordagens expostas neste livro, conforme menciono no Capítulo 4, acrescentei passagens no que diz respeito às suas "características definidoras". Os leitores terão acesso à minha avaliação das características principais da abordagem resumidas em um só lugar. Também no Capítulo 4, deixei de me basear somente em um livro para cada abordagem, como fiz na última edição, e passei a usar dois livros para construir um quadro detalhado da abordagem. Fiz isso devido à popularidade do uso de múltiplas abordagens para a compreensão de uma só abordagem, e ao valor de construir o entendimento a partir de múltiplos autores.
- ✓ Também atualizei os artigos ilustrativos que exponho no Capítulo 5 e removi outros que estavam desatualizados. Acrescentei dois novos textos: um sobre pesquisa narrativa (Chan, 2010) e outro sobre teoria fundamentada (Harley et al., 2009). Decidi manter o estudo de caso do atirador (Asmussen e Creswell, 1995), porque o aspecto da segurança nos *campi* universitários permanece uma preocupação essencial na literatura, dados os recentes casos de violência.
- ✓ Na discussão sobre as perguntas de pesquisa, simplifiquei a questão das subperguntas e foquei em como estas subdividem a pergunta central em diversas partes. Também acrescentei outros exemplos de subperguntas extraídas de abordagens qualitativas diferentes.
- ✓ Com relação à coleta de dados, não posso desconsiderar os desenvolvimentos tecnológicos dessa área. Todo tratamento de métodos qualitativos precisa incorporar novas formas de reunir dados eletronicamente. Adicionei métodos *on-line* de coleta de dados qualitativos à discussão no Capítulo 7. Também acrescentei informações sobre técnicas observacionais para ampliar as discussões das edições anteriores deste livro.
- ✓ Na questão da análise de dados, no Capítulo 8, incluí novas técnicas que estão sendo discutidas para a análise de dados em cada uma das cinco abordagens, citando referências recentes. Atualizei também a discussão a respeito dos *softwares* de computador para a análise qualitativa.
- ✓ A respeito da escrita da pesquisa qualitativa, conforme apresentado no Capítulo 9, adicionei mais informações sobre reflexividade, sua importância e como ela pode ser incorporada a um estudo qualitativo.
- ✓ Ao final de cada capítulo, você encontrará exemplos de exercícios para praticar as habilidades específicas apresentadas. Muitos desses exercícios foram reescritos nesta nova edição, de forma a refletir o meu reconhecimento crescente das habilidades específicas que um pesquisador qualitativo precisa ter.
- ✓ No capítulo final, não somente "transformei" o estudo de caso inicial sobre o atirador em um projeto narrativo, uma fenomenologia, um estudo de teoria fundamentada e uma etnografia, como também deixei mais explícitas as mudanças realizadas nessas reformulações.
- ✓ Como ocorre a cada nova edição, atualizei as referências para incluir livros recentes sobre métodos de pesquisa qualitativa, como também artigos de periódicos que ilustram esses métodos.

Muitas partes permaneceram iguais às da última edição, entre as quais:

- ✓ As características essenciais da pesquisa qualitativa permaneceram as mesmas.
- ✓ A ênfase na justiça social como uma das características primárias da pesquisa qualitativa tem continuidade nesta edição. Embora uma orientação de justiça social possa não ser para todos, ela recebeu novamente primazia na edição mais recente do *SAGE Handbook of Qualitative Research* (Denzin e Lincoln, 2011).
- ✓ Existe um respeito saudável pelas variações dentro de cada uma das cinco abordagens. Compreendo muito bem que não existe uma única forma de abordar uma etnografia, um estudo de teoria fundamentada, etc. Escolhi seletivamente o que acredito serem as abordagens mais populares e destaco livros que as enfatizam.

✓ Em uma nota similar, continuei a usar as cinco abordagens que resistiram ao teste do tempo desde a primeira edição. Isso não quer dizer que não tenha considerado outras abordagens. A pesquisa ação participativa, por exemplo, certamente poderia ser uma sexta abordagem, mas incluo alguma discussão sobre ela nas passagens a respeito de estrutura interpretativa no Capítulo 2 (Kemmis e Wilkinson, 1998). Além disso, a análise do discurso e a análise conversacional poderiam certamente ter sido incluídas como uma abordagem adicional (Cheek, 2004), mas acrescentei algumas considerações sobre abordagens conversacionais junto com as abordagens narrativas. Métodos mistos, também, estão por vezes tão intimamente associados à pesquisa qualitativa que são considerados um dos gêneros (veja Saldaña, 2011). Contudo, encaro os métodos mistos com uma metodologia distinta da investigação qualitativa. Além do mais, eles têm a própria literatura distinta (veja Creswell e Plano Clark, 2011), e, por isso, gostaria de limitar o âmbito deste livro às abordagens qualitativas. Assim sendo, optei por manter as cinco abordagens com as quais comecei e ampliar estas cinco abordagens.
✓ Continuo a fornecer recursos ao longo de todo o livro para o pesquisador qualitativo. Incluo um glossário de termos detalhado (e acrescentei termos à última edição), um índice remissivo analítico que organiza o material deste livro de acordo com as cinco abordagens e artigos completos de periódicos que servem como modelo para o projeto e a escrita de um estudo inserido em cada uma das cinco abordagens. Tanto para pesquisadores inexperientes quanto para os experientes, ofereço recomendações nos finais dos capítulos para uma leitura adicional que poderá ampliar o material deste livro.
✓ O termo que utilizei na primeira edição, *tradições*, foi substituído por *abordagens* na segunda edição e continuo a usá-lo nesta terceira edição. Minha abordagem sinaliza que não somente desejo respeitar abordagens passadas, mas que também quero encorajar práticas atuais em pesquisa qualitativa. Outros autores já se referiram às abordagens como "estratégias de investigação" (Denzin & Lincoln, 2005), "variedades" (Tesch, 1990) ou "métodos" (Morse e Richards, 2002). Por ***projeto de pesquisa***, refiro-me a todo o processo de pesquisa, que vai da conceituação de um problema até a redação das perguntas de pesquisa e a coleta de dados, análise, interpretação e redação do relatório (Bogdan e Taylor, 1975). Yin (2009) comentou: "O projeto é a sequência lógica que conecta os dados empíricos às perguntas de pesquisa iniciais do estudo e, por fim, às suas conclusões" (p. 29). Dessa forma, incluo nas características específicas do projeto as perspectivas amplas filosóficas e teóricas e a qualidade e validação de um estudo.

ASSUMINDO O MEU POSICIONAMENTO

Você precisa ter algumas informações sobre o meu histórico para que possa compreender a abordagem usada neste livro. Fui treinado como pesquisador qualitativo há aproximadamente 40 anos. Na metade da década de 1980, fui convidado a ensinar no primeiro curso de pesquisa qualitativa da minha universidade e me propus a assumir essa tarefa. Isso ocorreu alguns anos depois da produção da primeira edição deste livro. Embora, de lá para cá, tenha expandido o meu repertório a respeito de métodos mistos, sempre retorno ao meu forte interesse em pesquisa qualitativa. Ao longo dos anos, me desenvolvi como metodologista de pesquisa aplicada com uma especialização em projeto de pesquisa, pesquisa qualitativa e pesquisa com métodos mistos.

Esse histórico explica por que escrevo com a intenção de transmitir uma compreensão do processo de pesquisa qualitativa (queira você chamá-lo de método científico ou de outra coisa), um foco nas fortes características dos métodos como a extensiva coleta de dados qualitativos, análise rigorosa dos dados por meio de múltiplos passos e o uso de programas de computador. Além disso, desenvolvi uma fascinação pela estrutura da escrita, seja esta de um estudo qualitativo, de um poema ou de uma não ficção criativa. Um interesse constante para mim tem sido a *composição* da pesquisa qualitativa. Esse interesse pela composição culmina em ideias de como melhor estruturar a investigação qualitativa e visualizar como a estrutura se altera e muda diferentes abordagens da pesquisa.

Esse interesse em características estruturadas colocou-me com frequência no campo dos escritores pós-positivistas em investigação qualitativa (veja Denzin e Lincoln, 2005), mas, como a maioria dos pesquisadores, desafio a categorização fácil. Em um artigo no *Qualitative Inquiry* sobre um abrigo para moradores de rua (Miller, Creswell e Olander, 1998), minha etnografia assumiu uma postura realista, confessional e de defesa. Além disso, não estou defendendo a aceitação da pesquisa qualitativa em um mundo "quantitativo" (Ely, Anzul, Friedman, Garner e Steinmetz, 1991). A investigação qualitativa representa um modo legítimo de exploração das ciências sociais e humanas, sem apologia ou comparações em relação à pesquisa quantitativa.

Também tenho a tendência de citar diversas ideias para artigos documentais; a incorporar os últimos registros da vasta literatura em constante crescimento sobre investigação qualitativa; e a avançar uma forma aplicada e prática de condução de pesquisa. Por exemplo, não foi suficiente para mim transmitir pressupostos filosóficos de investigação qualitativa no Capítulo 2. Também tive de construir uma discussão em torno de como essas ideias são aplicadas no projeto e escritas em um estudo qualitativo. Concordo com Agger (1991), que diz que os leitores e escritores podem entender a metodologia de uma forma menos técnica, possibilitando assim um maior acesso aos eruditos e democratizando a ciência. Além disso, sempre que escrevo tenho diante de mim a figura de um estudante no início do mestrado ou doutorado que está aprendendo a pesquisa qualitativa pela primeira vez. Como tenho essa imagem na minha cabeça, alguns podem dizer que simplifico exageradamente a arte da pesquisa. Essa figura pode muito bem desfocar a imagem para um autor qualitativo mais experiente e, sobretudo, para aquele que busca discussões mais avançadas e a problematização do processo de pesquisa.

SELEÇÃO DAS CINCO ABORDAGENS

Aqueles que pretendem realizar estudos qualitativos têm um número incrível de opções de abordagens. Pode-se ter uma noção dessa diversidade examinando várias classificações ou tipologias. Tesch (1990) apresentou uma classificação consistindo de 28 abordagens organizadas em quatro ramificações de um fluxograma, classificando essas abordagens com base no interesse central do investigador. Wolcott (1992) classificou as abordagens no diagrama de uma "árvore" com ramificações das três estratégias designadas para a coleta de dados. Miller e Crabtree (1992) organizaram 18 tipos de acordo com o "domínio" da vida humana de preocupação inicial para o pesquisador, tal como um foco no indivíduo, no mundo social ou na cultura. No campo da educação, Jacob (1987) categorizou toda a pesquisa qualitativa em "tradições" como a psicologia ecológica, interacionismo simbólico e etnografia holística. A categorização de Jacob me forneceu uma estrutura-chave quando comecei a esboçar a primeira edição deste livro. Lancy (1993) organizou a investigação qualitativa em perspectivas disciplinares como antropologia, sociologia, biologia, psicologia cognitiva e história. Denzin e Lincoln (2011) organizaram e reorganizaram seus tipos de estratégias qualitativas ao longo dos anos.

A Tabela 1.1 apresenta essas e outras várias classificações das abordagens qualitativas que surgiram com o passar dos anos. Esta lista não tem a intenção de esgotar as possibilidades; pretende ilustrar a diversidade de abordagens recomendadas por diferentes autores e como as disciplinas podem enfatizar algumas abordagens em detrimento de outras.

Examinando mais de perto essas classificações, podemos discernir que algumas

TABELA 1.1
Abordagens qualitativas mencionadas pelos autores e suas disciplinas/áreas

Autores	Abordagens qualitativas	Disciplinas/áreas
Jacob (1987)	Psicologia ecológica Etnografia holística Antropologia cognitiva Etnografia da comunicação Interacionismo simbólico	Educação
Munhall e Oiler (1986)	Fenomenologia Teoria fundamentada Etnografia Pesquisa histórica	Enfermagem
Lancy (1993)	Perspectivas antropológicas Perspectivas sociológicas Perspectivas biológicas Estudos de caso Relatos pessoais Estudos cognitivos Investigações históricas	Educação
Strauss e Corbin (1990)	Teoria fundamentada Etnografia Fenomenologia Histórias de vida Análise conversacional	Sociologia, enfermagem
Morse (1994)	Fenomenologia Etnografia Etnociência Teoria fundamentada	Enfermagem
Moustakas (1994)	Etnografia Teoria fundamentada Hermenêutica Fenomenológica empírica Pesquisa Pesquisa heurística Fenomenologia transcendental	Psicologia
Denzin e Lincoln (1994)	Estudos de caso Etnografia Fenomenologia Etnometodologia Práticas interpretativas Teoria fundamentada Biográfica Histórica Pesquisa clínica	Ciências Sociais

(continua)

TABELA 1.1
Abordagens qualitativas mencionadas pelos autores e suas disciplinas/áreas (continuação)

Autores	Abordagens qualitativas	Disciplinas/áreas
Miles e Huberman (1994)	Abordagens para análise de dados qualitativos: Interpretativismo Antropologia social Pesquisa social colaborativa	Ciências Sociais
Slife e Williams (1995)	Categorias de métodos qualitativos: Etnografia Fenomenologia Estudos de artefatos	Psicologia
Denzin e Lincoln (2005)	Desempenho, crítica e etnografia pública Práticas interpretativas Estudos de caso Teoria fundamentada História de vida Autoridade narrativa Pesquisa ação participativa Pesquisa clínica	Ciências Sociais
Marshall & Rossman (2010)	Abordagens etnográficas Abordagens fenomenológicas Abordagens sociolinguísticas (isto é, gêneros críticos, como a teoria racial crítica, teoria *queer*, etc.)	Educação
Saldaña (2011)	Etnografia Teoria fundamentada Fenomenologia Estudo de caso Análise de conteúdo Métodos mistos de pesquisa Investigação narrativa Pesquisa baseada nas artes Autoetnografia Pesquisa de avaliação Pesquisa ação Jornalismo investigativo Investigação crítica	Artes (Teatro)

(continua)

abordagens aparecem consistentemente ao longo dos anos, como etnografia, teoria fundamentada, fenomenologia e estudos de caso. Além disso, têm sido discutidas diversas abordagens relacionadas à narrativa, como a história de vida, autoetnografia e biografia. Com tantas possibilidades, como me decidi sobre as cinco abordagens apresentadas neste livro?

Minha escolha das cinco abordagens resultou da reflexão sobre os meus interesses pessoais, selecionando diferentes abor-

☑ **TABELA 1.1**

Abordagens qualitativas mencionadas pelos autores e suas disciplinas/áreas (continuação)

Autores	Abordagens qualitativas	Disciplinas/áreas
Denzin e Lincoln (2011)	Estratégias de pesquisa: Projeto Estudo de caso Etnografia, participante Observação, desempenho Etnografia Fenomenologia Etnometodologia Teoria fundamentada História de vida, *testemunho* Método histórico Pesquisa ação e aplicada Pesquisa clínica	

dagens populares na literatura das ciências sociais e ciências da saúde e elegendo orientações da disciplina representativa. Tive experiência pessoal com cada uma das cinco, orientei estudantes e participei de equipes de pesquisa usando essas abordagens qualitativas. Além dessa experiência pessoal, venho lendo a literatura qualitativa desde a minha indicação inicial para ensino na área em 1985. As cinco abordagens discutidas neste livro refletem os tipos de pesquisa qualitativa que vejo mais frequentemente na literatura social, comportamental e de ciências da saúde. Não é incomum, também, que os autores afirmem que certas abordagens são mais importantes nos seus campos (p. ex., Morse e Field, 1995). Além do mais, prefiro abordagens com procedimentos sistemáticos para investigação. Os livros que escolhi para ilustrarem cada abordagem tendem a ter procedimentos de rigorosa coleta de dados e métodos de análise que são atraentes para os pesquisadores iniciantes. Os livros principais escolhidos para cada abordagem também representam diferentes perspectivas da disciplina nas ciências sociais, comportamentais e da saúde. Essa é uma característica atraente para ampliar o público para o livro e reconhecer as diversas disciplinas que abarcaram a pesquisa qualitativa. Por exemplo, a narrativa se origina das humanidades e ciências sociais; a fenomenologia, da psicologia e filosofia; a teoria fundamentada da sociologia; a etnografia, da antropologia e sociologia; e os estudos de caso, das ciências humanas e sociais e áreas aplicadas como a pesquisa de avaliação.

As ideias principais que utilizo para discutir cada abordagem provêm de livros seletos. Mais especificamente, irei me basear mais enfaticamente em dois livros em cada abordagem. Esses são livros que altamente recomendo para que você dê início ao aprendizado de uma abordagem específica à investigação qualitativa. Eles também lembram clássicos frequentemente citados pelos autores, assim como novos trabalhos. Além disso, refletem disciplinas e perspectivas diversas.

Pesquisa narrativa

Clandinin, D. J., & Connelly, F. M. (2000). *Narrative inquiry: Experience and story in qualitative research.* San Francisco: Jossey-Bass.

Riessman, C. K. (2008). *Narrative methods for the human sciences.* Thousand Oaks, CA: Sage.

Fenomenologia

Moustakas, C. (1994). *Phenomenological research methods*. Thousand Oaks, CA: Sage.

van Manen, M. (1990). *Researching lived experience: Human science for an action sensitive pedagogy*. Albany: State University of New York Press.

Teoria fundamentada

Charmaz, K. (2006). *Constructing grounded theory: A practical guide through qualitative analysis*. London: Sage.

Corbin, J., & Strauss, A. (2008). *Basics of qualitative research* (3rd ed.) Thousand Oaks, CA: Sage.

Etnografia

Fetterman, D. M. (2010). *Ethnography: Step-by-step*. (3rd ed.). Los Angeles: Sage.

Wolcott, H. F. (2008). *Ethnography: A way of seeing* (2nd ed.). Lanham, MD: AltaMira.

Estudo de caso

Stake, R. (1995). *The art of case study research*. Thousand Oaks, CA: Sage.

Yin, R. K. (2009). *Case study research: Design and methods* (4th ed.). Thousand Oaks, CA: Sage.

PÚBLICO

Embora existam muitos públicos, conhecidos e desconhecidos, para qualquer texto (Fetterman, 2010), dirijo este livro aos acadêmicos e especialistas ligados às ciências sociais, humanas e da saúde. Os exemplos ao longo do livro ilustram a diversidade de disciplinas e os campos de estudo, entre os quais sociologia, psicologia, educação, enfermagem, medicina de família, profissionais da saúde, estudos urbanos, *marketing*, comunicação e jornalismo, psicologia da educação, ciência e terapia de família e outras áreas das ciências sociais e humanas.

Meu objetivo é oferecer um texto útil para aqueles que produzem pesquisa qualitativa acadêmica na forma de artigos científicos, dissertações ou teses. Ajustei o nível da discussão para ser adequado a estudantes de cursos avançados e de pós-graduação. Para os estudantes que estão escrevendo suas dissertações de mestrado ou teses de doutorado, comparo e contrasto as cinco abordagens, na expectativa de que essa análise ajude na decisão lógica para a escolha de um tipo a ser usado. Para os pesquisadores qualitativos iniciantes, apresento o Capítulo 2, sobre as estruturas filosóficas e interpretativas que moldam a pesquisa qualitativa, e o Capítulo 3, sobre os elementos básicos para o projeto de um estudo qualitativo. Acredito que o conhecimento das bases da pesquisa qualitativa é essencial antes de se aventurar nos aspectos específicos de uma das abordagens qualitativas. Inicio cada capítulo com uma visão geral do tópico que será abordado e, a seguir, falo de como esse tópico pode ser trabalhado dentro de cada uma das cinco abordagens. Durante a discussão dos elementos básicos, sugiro diversos livros dirigidos ao pesquisador qualitativo iniciante, que podem compor uma visão mais abrangente da pesquisa qualitativa. Esses fundamentos são necessários antes de nos aprofundarmos nas cinco abordagens. Um foco na comparação das cinco abordagens ao longo deste livro oferece uma introdução para os pesquisadores experientes às abordagens que se baseiam no seu treinamento e experiências de pesquisa.

ORGANIZAÇÃO

Depois dessa introdução, no Capítulo 2 apresento uma introdução aos pressupostos filosóficos e estruturas interpretativas que informam a pesquisa qualitativa. Enfatizo como eles podem ser escritos em um estudo qualitativo. No Capítulo 3, examino os elementos básicos para o projeto de um estudo qualitativo. Esses elementos iniciam com uma definição de pesquisa qualitativa, as razões para utilizar essa abordagem e as fases no processo de pesquisa. No Capítulo 4, forneço uma introdução a cada uma das cinco abordagens de investigação: pesquisa narrativa, fenomenologia, teoria fundamentada, etnografia e pesquisa de estudo de caso. O capítulo inclui uma visão geral dos elementos de cada uma das cinco abordagens. O Capítulo 5 dá continuidade a essa discussão, apresentando cinco artigos publicados em periódicos (um sobre cada abordagem, com os artigos completos nos Apêndices B a F), o que proporciona boas ilustrações de cada abordagem. Lendo a minha exposição no Capítulo 4 e depois examinando um artigo acadêmico que ilustra a abordagem, você poderá desenvolver um conhecimento funcional de uma determinada abordagem. Nesse capítulo, recomendo que você escolha um dos livros para a abordagem e só então comece a se aprofundar nele para que seu estudo em pesquisa possa então expandir este conhecimento.

Esses cinco capítulos preliminares formam uma introdução às cinco abordagens e uma visão geral do processo de projeto de pesquisa. Eles preparam o cenário para os capítulos restantes, os quais por sua vez adotam cada passo no processo de pesquisa: escrita das introduções aos estudos (Capítulo 6), coleta de dados (Capítulo 7), análise e representação dos dados (Capítulo 8), escrita de estudos qualitativos (Capítulo 9) e validação e avaliação de um estudo qualitativo (Capítulo 10). Ao longo destes capítulos sobre o projeto, começo pelos fundamentos da pesquisa qualitativa e depois amplio a discussão para avançar e comparar os cinco tipos.

Como uma experiência final para apurar as distinções feitas entre as cinco abordagens, apresento o Capítulo 11, no qual retomo o estudo de caso do atirador (Asmussen e Creswell, 1995 – veja o Apêndice F), que aparece inicialmente no Capítulo 5, e "transformo" a história de um estudo de caso em uma biografia narrativa, uma fenomenologia, um estudo de teoria fundamentada e uma etnografia. Esse capítulo final fecha o círculo para o leitor no exame do caso do atirador sob vários aspectos. Trata-se de uma extensão da minha experiência no seminário de Vail em 1994, quando examinei o mesmo problema a partir de perspectivas qualitativas diversas.

2
Pressupostos filosóficos e estruturas interpretativas

Estando ou não conscientes disso, sempre trazemos certas crenças e pressupostos filosóficos para a nossa abordagem. Por vezes, são visões profundamente arraigadas quanto aos tipos de problemas que precisamos estudar, que perguntas de pesquisa fazer ou como iremos fazer a coleta de dados. Essas crenças nos são incutidas durante nosso treinamento educacional, por meio da leitura de artigos em periódicos e livros, durante o aconselhamento dado pelos nossos orientadores e por meio das comunidades acadêmicas a que nos associamos em nossas conferências e em encontros acadêmicos. A dificuldade reside inicialmente em tomar consciência dessas suposições e crenças e, em segundo lugar, decidirmos se as incorporaremos ativamente aos nossos estudos qualitativos. Com frequência, em um nível menos abstrato, esses pressupostos filosóficos são a base da escolha das teorias que orientam a nossa pesquisa. As teorias são mais aparentes em nossos estudos qualitativos do que os pressupostos filosóficos, assim como as teorias são explicitadas para nós na universidade e, mais especificamente, em estudos de relatórios de pesquisa.

Pesquisadores qualitativos sublinharam a importância de não somente compreendermos as crenças e teorias que informam nossa pesquisa, mas também escrevermos ativamente sobre elas em nossos relatórios e estudos. Este capítulo destaca vários pressupostos filosóficos que ocuparam as mentes de pesquisadores qualitativos por anos e as várias estruturas teóricas e interpretativas que adotam essas crenças. Existe uma estreita relação entre a filosofia que é trazida para o ato da pesquisa e como o indivíduo continua a usar uma estrutura para abrigar a sua investigação. Este capítulo detalha as várias filosofias comuns à pesquisa qualitativa e onde filosofia e teoria se enquadram no grande esquema do processo de pesquisa. São desenvolvidos os tipos de pressupostos filosóficos e como eles são frequentemente usados ou tornados explícitos em estudos qualitativos. Além do mais, são sugeridas várias estruturas interpretativas que se ligam de volta aos pressupostos filosóficos. São feitos comentários sobre como essas estruturas se desenvolvem na verdadeira prática da pesquisa.

QUESTÕES PARA DISCUSSÃO

- ✓ Onde a filosofia e as estruturas teóricas se encaixam no processo global de pesquisa?
- ✓ Por que é importante compreender os pressupostos filosóficos?
- ✓ Quais são os quatro pressupostos filosóficos que existem quando você escolhe a pesquisa qualitativa?
- ✓ Como esses pressupostos filosóficos são usados e registrados em um estudo qualitativo?
- ✓ Que tipos de estruturas interpretativas são usados na pesquisa qualitativa?
- ✓ Como as estruturas interpretativas são registradas em um estudo qualitativo?
- ✓ Como os pressupostos filosóficos e as estruturas interpretativas estão ligados a um estudo qualitativo?

PRESSUPOSTOS FILOSÓFICOS

Uma compreensão dos pressupostos filosóficos que estão por trás da pesquisa qualitativa começa pela avaliação de onde ele se enquadra no processo geral da pesquisa, notando a sua importância como um elemento e considerando como registrá-lo ativamente em um estudo.

Uma estrutura para compreender os pressupostos

Filosofia significa o uso de ideias e crenças abstratas que informam nossa pesquisa. Sabemos que os pressupostos filosóficos costumam ser as primeiras ideias no desenvolvimento de um estudo, mas como eles estão relacionados ao processo global de pesquisa ainda permanece um mistério. É aqui que a visão geral do processo de pesquisa compilado por Denzin e Lincoln (2011, p. 12), conforme mostra a Tabela 2.1, ajuda-nos a colocar filosofia e teoria em perspectiva no processo de pesquisa.

O processo de pesquisa se inicia na Fase 1, com os pesquisadores considerando o que trazer para a investigação, como sua história pessoal, visões de si mesmos e dos outros e questões éticas e políticas. Os investigadores em geral desconsideram essa fase, portanto, é útil destacá-la e posicioná-la primeiro nos níveis do processo de pesquisa. Na Fase 2, o pesquisador traz para a investigação determinadas teorias, **paradigmas** e perspectivas, um "conjunto básico de crenças que guia a ação" (Guba, 1990, p. 17). É aqui na Fase 2 que encontramos as estruturas filosófica e teórica abordadas neste capítulo. Os capítulos seguintes deste livro são dedicados, então, às estratégias de pesquisa da Fase 3, chamadas "abordagens", que serão enumeradas à medida que se relacionarem ao processo de pesquisa. Por fim, o investigador aplica os métodos da Fase 4 de coleta e análise de dados, seguido pela Fase 5, de interpretação e avaliação dos dados. Tomando a Tabela 2.1 na íntegra, vemos que a pesquisa envolve diferentes níveis de abstração a partir da avaliação ampla das características individuais trazidas pelo pesquisador por meio da filosofia e teoria do investigador que assenta as bases para abordagens e métodos mais específicos de coleta, análise e interpretação dos dados. Também implícita na Tabela 2.1 está a importância de uma compreensão da filosofia e orientações teóricas que informam um estudo qualitativo.

Por que a filosofia é importante

Podemos começar pensando em por que é importante a compreensão dos pressupostos filosóficos subjacentes à pesquisa qualitativa e a capacidade de articulá-las em um estudo de pesquisa ou quando o estudo é apresentado para um determinado público. Huff (2009) é útil ao articular a importância da filosofia na pesquisa.

- ✓ Ela molda como formulamos o nosso problema e as perguntas da pesquisa e como

TABELA 2.1
O Processo de pesquisa

Fase 1: O pesquisador como um sujeito multicultural
História e tradição da pesquisa
Concepções de si e dos outros
A ética e a política de pesquisa

Fase 2: Paradigmas e perspectivas teóricas
Positivismo, pós-positivismo
Interpretativismo, construtivismo, hermenêutica
Feminismo(s)
Discursos racializados
Teoria crítica e modelos marxistas
Modelos de estudos culturais
Teoria *queer**
Pós-colonialismo

Fase 3: Estratégias de pesquisa
Projeto
Estudo de caso
Etnografia, observação participante, etnografia de desempenho
Fenomenologia, etnometodologia
Teoria fundamentada
História de vida, testemunho
Método histórico
Pesquisa ação e aplicada
Pesquisa clínica

Fase 4: Métodos de coleta e análise
Entrevista
Observação
Artefatos, documentos e registros
Métodos visuais
Autoetnografia
Métodos de tratamento dos dados
Análise auxiliada por computador
Análise textual
Grupos focais
Etnografia aplicada

Fase 5: A arte, a prática e a política da interpretação e avaliação
Critérios para julgamento da adequação
Práticas e políticas da interpretação
Escrita como interpretação
Análise política
Tradições de avaliação

Fonte: Denzin e Lincoln, 2011, p. 12. Usado com permissão, SAGE Publicações.

buscamos as informações para responder às perguntas. Uma pergunta do tipo causa e efeito, em que é previsto que determinadas variáveis explicam um resultado,

---

* N. de R.T.: A teoria *queer* busca estudar os gêneros, orientações sexuais e identidades sexuais.

é diferente de uma exploração de um único fenômeno, como é encontrado em pesquisa qualitativa.

✓ Essas suposições estão profundamente enraizadas no nosso treinamento e são reforçadas pela comunidade acadêmica em que trabalhamos. Evidentemente, algumas comunidades são mais ecléticas e tomam emprestado de outras disciplinas (p. ex., educação), ao passo que outras são mais estritamente focadas em componentes de pesquisa como problemas específicos de pesquisa a serem estudados, em como desenvolver o estudo desses problemas e em como acrescentar conhecimentos por meio do estudo. Isso levanta a questão relativa a se os pressupostos básicos podem mudar e/ou se os pressupostos filosóficos múltiplos podem ser usados em um determinado estudo. A minha postura é de que os pressupostos podem mudar com o passar do tempo e ao longo de uma carreira, e isso frequentemente acontece, especialmente depois que um acadêmico deixa o reduto da sua disciplina e começa a trabalhar de uma forma mais trans ou multidisciplinar. Se os pressupostos múltiplos podem ser assumidos em um determinado estudo ainda está aberto ao debate e, mais uma vez, isso pode estar relacionado a experiências de pesquisa do investigador, à sua abertura para a exploração do uso de diferentes pressupostos e à aceitabilidade das ideias na comunidade científica mais ampla da qual ele faz parte.

✓ É inquestionável que os revisores produzem os pressupostos filosóficos a respeito de um estudo quando o avaliam. Saber como os revisores se posicionam quanto a questões de epistemologia é útil para os pesquisadores autores. Quando os pressupostos entre autor e revisor (ou o editor do periódico) divergem, o trabalho do autor pode não receber uma escuta justa e podem ser tiradas conclusões que não trazem uma contribuição para a literatura. Essa escuta injusta pode ocorrer em um contexto de um estudante de pós-graduação se apresentando a uma banca, um autor submetendo a uma publicação acadêmica ou um investigador apresentando uma proposta a uma agência de financiamento. No lado oposto, a compreensão das diferenças usadas por um crítico pode possibilitar que um pesquisador autor resolva os pontos de diferença antes que eles se tornem um ponto focal para crítica.

Quatro pressupostos filosóficos

Quais são os pressupostos filosóficos em que se baseiam os pesquisadores quando realizam um estudo qualitativo? Esses pressupostos foram articulados durante os últimos 20 anos nos vários *Handbooks of Qualitative Research* (Denzin e Lincoln, 1994, 2000, 2005, 2011), à medida que as questões "axiomáticas" avançavam por meio de Guba e Lincoln (1988) como a filosofia orientadora por trás da pesquisa qualitativa. Essas crenças foram chamadas de paradigmas (Lincoln, Lynham e Guba, 2011; Mertens, 2010); pressupostos filosóficos, epistemologias e ontologias (Crotty, 1998); metodologias de pesquisa concebidas amplamente (Neuman, 2000) e afirmações de conhecimento alternativo (Creswell, 2009). São crenças a respeito de ontologia (a natureza da realidade), epistemologia (o que conta como conhecimento e como as afirmações do conhecimento são justificadas), axiologia (o papel dos valores em pesquisa) e metodologia (o processo de pesquisa). Nesta discussão, abordarei primeiro cada um desses pressupostos filosóficos, detalharei como eles podem ser usados e escritos na pesquisa qualitativa e depois os vincularei a diferentes estruturas interpretativas que operam em um nível mais específico do processo de pesquisa (veja a Tabela 2.2).

A questão **ontológica** relaciona-se à natureza da realidade e suas características. Quando os pesquisadores conduzem uma pesquisa qualitativa, eles estão adotando a ideia de múltiplas realidades. Diferentes pesquisadores adotam diferentes realidades, assim como os indivíduos que estão sendo estudados e os leitores de um estudo qualitativo. Quando estudam indivíduos, os pesquisadores qualitativos conduzem esse estudo com a intenção de reportar as múltiplas realidades. As evidências de múltiplas realidades

TABELA 2.2
Pressupostos filosóficos com implicações para a prática

Pressupostos	Questões	Características	Implicações para a prática (Exemplos)
Ontológico	Qual é a natureza da realidade?	A realidade é múltipla quando vista por meio de múltiplas perspectivas	O pesquisador relata diferentes perspectivas à medida que os temas se desenvolvem nos achados
Epistemológico	O que conta como conhecimento? Como as afirmações de conhecimento são justificadas? Qual é a relação entre pesquisador e quem está sendo pesquisado?	Evidências subjetivas dos participantes; o pesquisador tenta reduzir a distância entre ele e quem está sendo pesquisado	O pesquisador se baseia em citações como evidências do participante; colabora, passa um tempo no campo com os participantes e se torna um "incluído"
Axiológico	Qual é o papel dos valores?	O pesquisador reconhece que a pesquisa é carregada de valores e que os vieses estão presentes	O pesquisador discute abertamente os valores que moldam a narrativa e inclui a sua interpretação em conjunto com as interpretações dos participantes
Metodológico	Qual é o processo de pesquisa? Qual é a linguagem da pesquisa?	O pesquisador usa a lógica indutiva, estuda o tópico dentro do seu contexto e usa um projeto emergente	O pesquisador trabalha com particularidades (detalhes) antes das generalizações, descreve em detalhes o contexto do estudo e continuamente revisa questões das experiências no campo

incluem o uso de múltiplas formas de evidências nos temas, usando as palavras reais de diferentes indivíduos e apresentando diferentes perspectivas. Por exemplo, quando os escritores compilam uma fenomenologia, eles relatam como os indivíduos que participam do estudo encaram as suas experiências diferentemente (Moustakas, 1994).

Com o pressuposto *epistemológico*, conduzir um estudo qualitativo significa que os pesquisadores tentam chegar o mais próximo possível dos participantes que estão sendo estudados. Assim sendo, evidências subjetivas são acumuladas com base nas visões dos indivíduos. É assim que o saber é conhecido – por meio de experiências subjetivas das pessoas. Torna-se importante, então, conduzir estudos no "campo", onde os participantes vivem e trabalham – estes são contextos importantes para a compreensão do que os participantes estão dizendo. Quanto mais tempo os pesquisadores permanecem no "campo" ou conhecem os participantes, mais eles "sabem o que sabem" a partir de informações em primeira mão. Por exemplo, uma boa etnografia requer permanência prolongada no local da pesquisa (Wolcott, 2008a). Em resumo, o pesquisador tenta minimizar a "distância" ou "separação objetiva" (Guba e Lincoln, 1988, p. 94) entre ele e aqueles que estão sendo pesquisados.

Todos os pesquisadores trazem consigo valores pessoais para um estudo, porém, os pesquisadores qualitativos permitem que os seus valores sejam conhecidos em um estudo. Este é o pressuposto ***axiológico*** que caracteriza a pesquisa qualitativa. Como o pesquisador implanta esse pressuposto na prática? Em um estudo qualitativo, os investigadores admitem a natureza carregada de valores das informações colhidas no campo. Dizemos que eles "se posicionam" em um estudo. Em uma biografia interpretativa, por exemplo, a presença do pesquisador é aparente no texto e o autor admite que as histórias contadas representam uma interpretação e apresentação do autor tanto quanto do sujeito do estudo (Denzin, 1989a).

Os procedimentos da pesquisa qualitativa, ou a sua *metodologia*, são caracterizados como indutivos, emergentes e moldados pela experiência do pesquisador na coleta e análise dos dados. A lógica que o pesquisador qualitativo segue é indutiva, a partir da estaca zero, mais do que proferida inteiramente a partir de uma teoria ou de perspectivas do investigador. Às vezes as perguntas de pesquisa se modificam no meio do estudo para melhor refletirem os tipos de perguntas necessárias para entender o problema da pesquisa. Em resposta, a estratégia de coleta de dados planejada antes do estudo precisa ser modificada para acompanhar as novas perguntas. Durante a análise dos dados, o pesquisador segue um caminho de análise dos dados para desenvolver um conhecimento cada vez mais detalhado do tópico que está sendo estudado.

A escrita dos pressupostos filosóficos nos estudos qualitativos

Mais uma consideração é importante com respeito aos pressupostos filosóficos. Em alguns estudos qualitativos, elas permanecem ocultadas da visão; no entanto, elas podem ser deduzidas pelo discernimento do leitor, que percebe as múltiplas perspectivas que aparecem nos temas, a apresentação detalhada das citações subjetivas dos participantes, os vieses cuidadosamente apresentados do pesquisador ou o projeto emergente que se desenvolve em níveis em expansão constante de abstração a partir da descrição dos temas para generalizações abrangentes. Em outros estudos, a filosofia se torna explícita por meio de uma seção especial no estudo – em geral, na descrição das características da investigação qualitativa frequentemente encontrada na seção de métodos. Aqui o investigador fala explicitamente sobre ontologia, epistemologia e outros pressupostos e detalha como elas são exemplificadas no estudo. A forma dessa discussão é transmitir as suposições, fornecer definições para elas e discutir como elas são ilustradas no estudo. Referências à literatura sobre a filosofia da pesquisa qualitativa completam a discussão. Seções dessa natureza são frequentemente encontradas nas teses de doutorado, em artigos acadêmicos relatados em periódicos qualitativos importantes e em apresentações de trabalhos em conferências, onde o público pode fazer perguntas a respeito da filosofia subjacente do estudo.

ESTRUTURAS INTERPRETATIVAS

Na Tabela 2.1, os pressupostos filosóficos estão incorporados às estruturas interpretativas que os pesquisadores qualitativos usam quando conduzem um estudo. Assim, Denzin e Lincoln (2011) consideram os pressupostos filosóficos (ontologia, epistemologia, axiologia e metodologia) como premissas-chave que estão inseridas nas estruturas interpretativas usadas em pesquisa qualitativa. Quais são essas estruturas interpretativas? Por um lado, elas podem ser *teorias da ciência social* para estruturar suas lentes teóricas em estudos como o uso destas teorias na etnografia (veja o Capítulo 4). As teorias da ciência social podem ser teorias de liderança, atribuição, influência política e controle e centenas de outras possibilidades que são ensinadas nas disciplinas das ciências sociais. Por outro lado, as teorias podem ser *teorias de justiça social* ou teorias de defesa/participativas buscando provocar alterações ou abordar questões de justiça social em nossas sociedades. Como afirmam Denzin e Lincoln (2001): "Queremos uma ciência social comprometida com questões de justiça social, equidade, não violência, paz e direitos humanos universais" (p. 11).

Na Tabela 2.1, vimos uma categorização das estruturas interpretativas consistindo de positivismo, pós-positivismo; interpretivismo, construtivismo, hermenêutica; feminismo(s); discurso(s) racializado(s), teoria crítica e modelos marxistas; modelos de estudos culturais; teoria *queer*; e pós-colonialismo. As estruturas parecem se expandir continuamente, e a lista na Tabela 2.1 não contempla várias outras que são popularmente usadas em pesquisa qualitativa, como perspectiva transformadora, pós-modernismo e abordagens das deficiências. Outra abordagem que foi amplamente discutida em outro lugar é a perspectiva realista que combina uma ontologia realista (a crença de que existe um mundo real independentemente das nossas crenças e construções) e uma epistemologia construtivista (o conhecimento do mundo é inevitavelmente nossa própria construção) (veja Maxwell, 2012). Consequentemente, qualquer discussão (incluindo esta) pode ser apenas uma descrição parcial das possibilidades, mas um exame das diversas estruturas interpretativas principais pode fornecer uma noção das opções. Os participantes desses projetos interpretativos com frequência representam grupos sub-representados ou marginalizados, com essas diferenças assumindo a forma de gênero, raça, classe, religião, sexualidade ou geografia (Ladson-Billings e Donnor, 2005) ou alguma intersecção dessas diferenças.

Pós-positivismo

Aqueles que se engajam em pesquisa qualitativa usando um sistema de crenças fundamentado no pós-positivismo utilizarão uma abordagem científica da pesquisa. Eles empregarão uma lente teórica das ciências sociais. Usarei o termo *pós-positivismo* em vez de *positivismo* para denotar essa abordagem, porque os pós-positivistas não acreditam em causa e efeito estritos, mas, em vez disso, reconhecem que toda causa e efeito é uma probabilidade de que possa ocorrer ou não. O ***pós-positivismo*** tem como características ser reducionista, lógico, empírico, orientado para causa e efeito e determinista baseado em teorias *a priori*. Podemos ver essa abordagem em funcionamento entre indivíduos com treinamento anterior em pesquisa quantitativa e em campos como as ciências da saúde em que a pesquisa qualitativa frequentemente desempenha um papel apoiador da pesquisa quantitativa e precisa ser expressa em termos aceitáveis para os pesquisadores quantitativos e agentes financiadores (p. ex., o uso da teoria *a priori*; veja Barbour, 2000). Uma boa visão geral das abordagens pós-positivistas está disponível em Phillips e Burbules (2000).

Na prática, os pesquisadores pós-positivistas encaram a investigação como uma série de passos relacionados logicamente, acreditam em perspectivas múltiplas dos participantes em vez de uma realidade única e seguem métodos rigorosos de coleta e análise de dados qualitativos. Eles se utilizam de múltiplos níveis de análise de dados rigorosos, empregam programas de computador para auxiliar na sua análise, incentivam o uso de abordagens de validade e redigem seus estudos qualitativos na forma de relatórios científicos, com uma estrutura que se parece com artigos quantitativos (p. ex., problema, perguntas, coleta de dados, resultados, conclusões). Minha abordagem da pesquisa qualitativa foi identificada como pertencente ao pós-positivismo (Denzin e Lincoln, 2005), pois tem as abordagens de outros (p. ex., Taylor e Bogdan, 1998). Tenho a tendência a usar esse sistema de crenças, embora não caracterizasse toda a minha pesquisa como estruturada dentro de uma orientação qualitativa pós-positivista (p. ex., veja a abordagem construtivista em McVea, Harter, McEntarffer e Creswell, 1999, e a perspectiva da justiça social em Miller, Creswell e Olander, 1998). Essa estrutura interpretativa pós-positivista é exemplificada nos procedimentos sistemáticos da teoria fundamentada encontrados em Strauss e Corbin (1990, 1998), nos passos da análise de dados analíticos em fenomenologia (Moustakas, 1994) e nas estratégias de análise de dados das comparações de caso de Yin (2009).

Construtivismo social

O construtivismo social (que é frequentemente descrito como interpretativismo; veja Denzin e Lincoln, 2011; Mertens, 2010) é outra visão do mundo. No **construtivismo social**, os indivíduos buscam entender o mundo em que vivem e trabalham. Eles desenvolvem significados subjetivos das suas experiências – significados direcionados para certos objetos ou coisas. Esses significados são variados e múltiplos, levando o pesquisador a procurar a complexidade de visões em vez de reduzir os significados a algumas categorias ou ideias. O objetivo da pesquisa, então, é se basear tanto quanto possível nas visões dos participantes da situação. Frequentemente esses significados subjetivos são negociados socialmente e historicamente. Em outras palavras, eles não são simplesmente impressos nos indivíduos, mas são formados por meio da interação com os outros (daí construção social) e por meio de normas históricas e culturais que operam nas vidas dos indivíduos. Em vez de começar por uma teoria (como no pós-positivismo), os investigadores geram ou desenvolvem indutivamente uma teoria ou padrão de significado. Exemplos de escritores recentes que resumiram esta posição são Crotty (1998), Lincoln e Guba (2000) e Schwandt (2007).

Em termos de prática, as questões se tornam amplas e gerais, de modo que os participantes podem construir o significado de uma situação, um significado forjado em discussões ou interações com outras pessoas. Quanto mais o questionamento for de final aberto, melhor, pois o pesquisador ouve atentamente ao que as pessoas dizem ou fazem no seu contexto de vida. Assim, os pesquisadores construtivistas frequentemente abordam os "processos" de interação entre os indivíduos. Eles também focam nos contextos específicos em que as pessoas vivem e trabalham para compreenderem os contextos históricos e culturais dos participantes. Os pesquisadores reconhecem que o seu próprio *background* molda a sua interpretação e eles "se posicionam" na pesquisa para reconhecer como a sua interpretação flui a partir das próprias experiências pessoais, culturais e históricas. Dessa forma, os pesquisadores fazem uma interpretação do que encontram, interpretação essa moldada pelas suas experiências e por sua base de conhecimentos anteriores. A intenção do pesquisador, então, é compreender (ou interpretar) os significados que os outros têm sobre o mundo. É por isso que a pesquisa qualitativa frequentemente é chamada de pesquisa "interpretativa".

Vemos a visão de mundo construtivista manifesta nos estudos fenomenológicos, em que os indivíduos descrevem suas experiências (Moustakas, 1994) e na perspectiva da teoria fundamentada de Charmaz (2006), na qual ela fundamenta sua orientação teórica nas visões ou perspectivas dos indivíduos.

Estruturas transformativas

Os pesquisadores podem usar uma estrutura alternativa, a estrutura transformativa, porque os pós-positivistas impõem leis e teorias estruturais que não se encaixam em indivíduos ou grupos marginalizados e os construtivistas não vão suficientemente longe em defesa da ação para ajudar os indivíduos. O princípio básico dessa **estrutura transformadora** é que o conhecimento não é neutro e reflete as relações de poder e sociais dentro da sociedade e, assim, o propósito da construção do conhecimento é ajudar as pessoas a melhorarem a sociedade (Mertens, 2003). Esses indivíduos incluem grupos marginalizados como lésbicas, *gays*, bissexuais, pessoas transgênero, homossexuais e sociedades que precisam de uma psicologia mais esperançosa e positiva e resiliência (Mertens, 2009).

A pesquisa qualitativa, então, deve conter uma agenda de ação para uma reforma que possa modificar as vidas dos participantes, as instituições em que eles vivem e trabalham ou até mesmo as vidas dos pesquisadores. As questões enfrentadas por esses grupos marginalizados são de extrema importância para o estudo, questões como opressão, dominação, supressão, alienação e hegemonia. À medida que essas questões são estudadas e expostas, os pesquisadores dão voz a esses participantes, aumentando a sua consciência e melhorando suas vidas. Descrevendo-a como pesquisa ação participativa, Kemmis e Wilkinson (1998) abrangem as características desta estrutura transformativa:

- ✓ A ação participativa é recursiva ou dialética e está focada no desenvolvimento de mudança nas práticas. Assim sendo, nos estudos de pesquisa ação participativa, os investigadores desenvolvem uma agenda de ação para a mudança.
- ✓ É focada na ajuda aos indivíduos para se libertarem de restrições encontradas na mídia, na linguagem, em procedimentos de trabalho e nas relações de poder em contextos educacionais. Os estudos de participação frequentemente começam com uma questão ou posicionamento importante sobre problemas na sociedade, como a necessidade de empoderamento.
- ✓ É transformadora, porque ajuda a libertar as pessoas das restrições de estruturas irracionais e injustas que limitam o autodesenvolvimento e a autodeterminação. O objetivo dessa abordagem é criar um debate e discussão política para que ocorra a mudança.
- ✓ É prática e colaborativa, porque a investigação é realizada "com" outros e não "sobre" ou "para" outros. Em seu espírito, os autores participativos envolvem os participantes como colaboradores ativos nas suas investigações.

Outros pesquisadores que adotam essa visão de mundo são Fay (1987) e Heron e Reason (1997). Na prática, essa estrutura moldou várias abordagens de investigação. Questões sociais específicas (p. ex., dominação, opressão, desigualdade) ajudam a organizar as perguntas de pesquisa. Não querendo marginalizar ainda mais os indivíduos participantes da pesquisa, os investigadores transformativos colaboram com os participantes da pesquisa. Eles podem pedir aos participantes que ajudem com o desenvolvimento das perguntas, coleta de dados, análise destes e formulação do relatório final da pesquisa. Dessa forma, a "voz" dos participantes é ouvida durante o processo da pesquisa. A pesquisa também contém uma agenda de ação para reforma, um plano específico para tratar das injustiças do grupo marginalizado. Essas práticas serão vistas nas abordagens etnográficas da pesquisa com uma agenda de justiça social encontrada em Denzin e Lincoln (2011) e nas formas de pesquisa narrativa orientadas para a mudança (Daiute e Lightfoot, 2004).

Perspectivas pós-modernas

Thomas (1993) chama os pós-modernistas de "radicais de poltrona" (p. 23), que concentram suas críticas mais nas formas de mudança de pensamento do que na chamada à ação com base nessas mudanças. O *pós-modernismo* poderia ser considerado uma família de teorias e perspectivas que têm alguma coisa em comum (Slife e Williams, 1995). O conceito básico é que as manifestações de conhecimento devem ser definidas no contexto das condições do mundo hoje e nas múltiplas perspectivas de classe, raça, gênero e outras afiliações de grupo. Essas condições são bem articuladas por indivíduos como Foucault, Derrida, Lyotard, Giroux e Freire (Bloland, 1995). Elas são condições negativas e se apresentam em hierarquias, poder e controle pelos indivíduos e os múltiplos significados da linguagem. As condições incluem a importância de diferentes discursos, a importância das pessoas e dos grupos marginalizados (o "outro") e a presença de "metanarrativas" ou universais que se mantêm independentemente das condições sociais. Também está incluída a necessidade de "desconstruir" textos em termos de linguagem, sua leitura e sua escrita e o exame e explicitação de hierarquias encobertas, bem como dominações, oposições, inconsistências e contradições (Bloland, 1995; Clarke, 2005; Stringer, 1993). A abordagem de Denzin (1989a) da biografia "interpretativa", a abordagem de Clandinin e Connelly (2000) da pesquisa narrativa e a perspectiva de Clarke (2005) sobre a teoria fundamentada baseiam-se no pós-modernismo em que os pesquisadores estudam momentos decisivos ou situações problemáticas em que as pessoas possam se encontrar durante períodos de transição (Borgatta e Borgatta, 1992).

No tocante à "etnografia influenciada pelo pós-moderno", Thomas (1993) escreve que tal estudo poderia "confrontar a centralidade das realidades criadas pela mídia e a influência das tecnologias da informação" (p. 25). Thomas também comenta que os textos narrativos precisam ser desafiados (e escritos), de acordo com os pós-modernistas, quanto aos seus "subtextos" de significados dominantes.

Pragmatismo

Existem muitas formas de pragmatismo. Os indivíduos que mantêm uma estrutura interpretativa baseada no *pragmatismo* focam-se nos resultados da pesquisa – suas ações, situações e consequências da investigação – em vez de nas condições antecedentes (como no pós-positivismo). Existe uma preocupação com as aplicações – "o que funciona" – e as soluções para os problemas (Patton, 1990). Assim, em vez de focar-se nos métodos, o aspecto importante da pesquisa é o problema que está sendo estudado e as perguntas feitas sobre esse problema (veja Rossman e Wilson, 1985). Cherryholmes (1992) e Murphy (1990) fornecem orientações para as ideias básicas:

- ✓ O pragmatismo não é comprometido com nenhum sistema de filosofia e realidade.
- ✓ Os pesquisadores têm uma liberdade de escolha. Eles são "livres" para escolher os métodos, as técnicas e os procedimentos de pesquisa que melhor atendam às suas necessidades e objetivos.
- ✓ Os pragmatistas não veem o mundo como uma unidade absoluta. De forma similar, os pesquisadores se voltam para muitas abordagens para a coleta e análise dos dados em vez de se prenderem a uma única forma (p. ex., abordagens qualitativas múltiplas).
- ✓ A verdade é o que funciona no momento; ela não está baseada em um dualismo entre a realidade independente da mente ou dentro da mente.
- ✓ Os pesquisadores pragmatistas voltam seu olhar para "o quê" e "como" da pesquisa baseados nas suas consequências pretendidas – para onde eles querem ir com ela.
- ✓ Os pragmatistas concordam que a pesquisa sempre ocorre em contextos sociais, históricos, políticos e outros.
- ✓ Os pragmatistas já acreditaram em um mundo externo independente da mente, assim como aqueles voltados para a mente. Eles acreditam (Cherryholmes, 1992) que precisamos parar de fazer perguntas sobre a realidade e as leis da natureza. "Eles simplesmente gostariam de modificar o sujeito" (Rorty, 1983, p. xiv).
- ✓ Os autores recentes que adotam essa visão de mundo incluem Rorty (1990), Murphy (1990), Patton (1990), Cherryholmes (1992) e Tashakkori e Teddlie (2003).

Na prática, o indivíduo que adota essa visão de mundo usará múltiplos métodos de coleta de dados para melhor responder à pergunta da pesquisa, empregará múltiplas fontes para coleta de dados, colocará o foco nas implicações práticas da pesquisa e irá enfatizar a importância da configuração do relatório final da pesquisa e a importância da condução de uma pesquisa que melhor aborde o problema da pesquisa. Nessa discussão das cinco abordagens de pesquisa, você verá essa estrutura em funcionamento quando os etnógrafos empregam a coleta de dados quantitativa (p. ex., levantamentos) e qualitativa (LeCompte e Schensul, 1999) e quando os pesquisadores no estudo de caso usam dados quantitativos e qualitativos (Luck, Jackson e Usher, 2006; Yin, 2009).

Teorias feministas

O feminismo explora diferentes orientações teóricas e pragmáticas, diferentes contextos internacionais e diferentes desenvolvimentos dinâmicos (Olesen, 2011). As *abordagens de pesquisa feminista* se concentram e problematizam diversas situações das mulheres e as instituições que emoldureram essas situações. Os tópicos de pesquisa podem incluir um pensamento pós-colonial relacionado às formas de feminismo dependentes do contexto do nacionalismo, globalização e contextos internacionais diversos (p. ex., trabalhadoras do sexo, empregadas domésticas) e o trabalho de ou sobre grupos específicos de mulheres, tais como teorias das perspectivas sobre lésbicas, mulheres com deficiências e mulheres de cor (Olesen, 2011). O tema da dominação também prevalece na literatura feminista, mas o assunto é frequentemente a dominação de gênero dentro de uma sociedade patriarcal. A pesquisa feminista também abrange muitos dos princípios das críticas pós-moderna e pós-estruturalista como um desafio às injustiças da sociedade atual. Nas abordagens da pesquisa feminista, os objetivos são estabelecer relações colaborativas e não exploradoras, inserir o pesquisador no estudo de forma a evitar a objetificação e conduzir uma pesquisa transformadora. As tendências críticas recentes tratam da proteção ao conhecimento indígena e a interseccionalidade da pesquisa feminista (p. ex., a intersecção da raça, classe, gênero, sexualidade, capacidade física e idade) (Olesen, 2011).

Um dos acadêmicos principais desta abordagem, Lather (1991), comenta sobre as perspectivas essenciais desta estrutura. Os pesquisadores feministas encaram o gênero como um princípio organizador básico que molda as condições das suas vidas. Ele é "uma lente que põe em foco questões particulares" (Fox-Keller, 1985, p. 6). As questões que os feministas apresentam se relacionam à centralidade do gênero na modelagem da nossa consciência. O propósito desta pesquisa ideológica é "corrigir a invisibilidade e a distorção da experiência feminina de forma relevante à posição social desigual das mulheres" (Lather, 1991, p. 71). Outra escritora, Stewart (1994), traduz as críticas e metodologia feministas em guias de procedimento. Ela sugere que os pesquisadores precisam procurar o que foi deixado de fora em nossa escrita da ciência social e estudar a vida das mulheres e questões como identidade, papéis sexuais, violência doméstica, ativismo pelo aborto, valor comparável, ação afirmativa, e a forma como as mulheres lutam contra a sua desvalorização social e impotência em suas famílias. Os pesquisadores também precisam incluir consciente e sistematicamente os seus próprios papéis ou posições e avaliar como eles impactam a sua compreensão da vida de uma mulher. Além disso, Stewart encara as mulheres como tendo ação, a capacidade de fazer escolhas e de resistir à opressão, e sugere que os pesquisadores precisam investigar como uma mulher entende o seu gênero, reconhecendo que o gênero é um constructo social que difere para cada indivíduo. Stewart destaca a importância de estudar as relações de poder e a posição social dos indivíduos e como impactam as mulheres. Por fim, ela vê cada mulher como diferente e recomenda que os estudiosos evitem a procura por um *self* ou uma voz unificada ou coerente.

Discussões recentes indicam que a abordagem de encontrar métodos apropriados para a pesquisa feminista deu vez ao pensamento de que qualquer método pode vir a ser feminista (Deem, 2002; Moss, 2007). Olesen (2011) resume o estado atual da pesquisa feminista com variados desenvolvimentos transformadores (p. ex., globalização, feminismo transnacional), tendências críticas (p. ex., pesquisa obscurecida, descolonizante e de interseccionalidade) e temas contínuos (p. ex., viés, conceitos tradicionais problemáticos), preocupações constantes (p. ex., a voz dos participantes, ética), influências no trabalho feminino (p. ex., a academia e as publicações) e os desafios do futuro (p. ex., o interjogo de múltiplos fatores nas vidas das mulheres, as opressões disfarçadas).

Teoria crítica e teoria racial crítica (TRC)

As perspectivas da *teoria crítica* estão preocupadas com o empoderamento dos seres humanos para transcenderem as restrições que lhes são impostas pela raça, classe e gênero (Fay, 1987). Os pesquisadores precisam reconhecer o seu poder, participar de diálogos e usar a teoria para interpretar ou iluminar a ação social (Madison, 2005). Os temas centrais que um pesquisador crítico pode explorar incluem o estudo científico das instituições sociais e suas transformações por meio das interpretações dos significados da vida social; os problemas históricos da dominação, alienação e lutas sociais; e uma crítica da sociedade e a visualização de novas possibilidades (Fay, 1987; Morrow e Brown, 1994).

Em pesquisa, a teoria crítica pode ser definida pela configuração particular das posturas metodológicas que ela adota. O pesquisador crítico pode planejar, por exemplo, um estudo etnográfico para incluir mudanças em como as pessoas pensam; encorajar as pessoas a interagirem, formarem redes, tornarem-se ativistas e formarem grupos orientados para a ação; e ajudar os indivíduos a examinarem as condições da sua existência (Madison, 2005; Thomas, 1993). O objetivo final do estudo pode ser a teorização social, que Morrow e Brown (1994) definem como "o desejo de compreender e, em alguns casos, transformar (com base na práxis) as ordens subjacentes da vida social – aquelas relações sociais e sistêmicas que constituem a sociedade" (p. 211). O investigador chega a isso, por exemplo, por meio de um estudo de caso intensivo ou por meio de um pequeno número de casos historicamente comparáveis de autores específicos (biografias), mediações ou sistemas e por meio de "relatos etnográficos (psicologia social interpretativa), taxonomias componenciais (antropologia cognitiva) e modelos formais (sociologia matemática)" (p. 212). Na pesquisa ação crítica na educação de professores, por exemplo, Kincheloe (1991) recomenda que o "professor crítico" exponha os pressupostos das orientações de pesquisa existentes, critique a base de conhecimento e por meio dessas críticas revele os efeitos ideológicos nos professores, nas escolas e a visão que a cultura tem da educação. O projeto de pesquisa no contexto de uma abordagem de teoria crítica, de acordo com o sociólogo Agger (1991), se enquadra em duas categorias amplas: *metodológica*, na medida em que afeta as formas pelas quais as pessoas escrevem e leem, e *substantiva*, nas teorias e tópicos do investigador (p. ex., teorizando sobre o papel do estado e a cultura no capitalismo avançado). Um clássico frequentemente citado da teoria crítica é a etnografia de Willis (1977) dos "garotos" que participaram do comportamento em oposição à autoridade, como grupos informais "fazendo piadas" (p. 29) como uma forma de resistência contra a sua escola. Como um estudo das manifestações de resistência e regulação do estado, ele destaca formas pelas quais os atores se adaptam e lutam contra formas culturais que os dominam (Morrow e Brown, 1994). A resistência também é o tema abordado na etnografia de um grupo subcultural de jovens destacado como exemplo de etnografia neste livro (veja Haenfler, 2004, no Apêndice E).

A *teoria racial crítica* (TRC) focaliza a atenção teórica na raça e em como o racismo está profundamente arraigado dentro da estrutura da sociedade americana (Parker e Lynn, 2002). O racismo moldou diretamente o sistema legal americano e as formas como as pessoas pensam sobre a lei, as categorias raciais e os privilégios (Harris, 1993). De acordo com Parker e Lynn (2002), a TRC possui três objetivos principais. O seu primeiro objetivo é apresentar histórias sobre discriminação a partir da perspectiva das pessoas não brancas. Essas podem ser estudos de caso qualitativos de descrições e entrevistas. Esses casos podem então ser reunidos para montar processos contra funcionários governamentais com preconceito racial ou práticas discriminatórias. Como muitas histórias tratam dos privilégios dos brancos por meio de narrativas "majoritárias", as contra-histórias das pessoas não brancas podem ajudar a abalar a complacência que pode acompanhar tais privilégios e desafiar os discursos dominantes que servem para reprimir as pessoas à margem da sociedade (Solorzano e Yosso, 2002). Como segundo objetivo, a TRC defende a erradicação da subjugação racial enquanto simultaneamente reconhece que a raça é um constructo social (Parker e Lynn, 2002). Segundo essa visão, *raça* não é um termo fixo, mas um termo fluido e continuamente moldado pelas pressões políticas e informado pelas experiências individuais vividas. Finalmente, o terceiro objetivo da TRC trata de outras áreas de diferença como o gênero, a classe e as desigualdades experimentadas pelos indivíduos. Conforme comentam Parker e Lynn (2002), "no caso de mulheres negras, a raça não existe em separado do gênero e o gênero não existe em separado da raça" (p. 12). Em pesquisa, o uso da metodologia da TRC significa que o pesquisador tem em primeiro plano a raça e o racismo em todos os aspectos do processo de pesquisa; desafia os paradigmas, textos e teorias da pesquisa tradicional usados para explicar as experiências das pessoas de cor; e oferece soluções transformadoras para a subordinação racial, de gênero e de classe em nossas estruturas da sociedade e das institucionais.

Teoria queer

A *teoria* queer é caracterizada por uma variedade de métodos e estratégias relacionados à identidade individual (Plummer, 2011a; Watson, 2005). Como um corpo de literatura em contínuo desenvolvimento, ela explora a miríade de complexidades do constructo da identidade e como as identidades se reproduzem e "desempenham" nos fóruns sociais. Os escritores também usam uma orientação pós-moderna ou pós-estrutural para criticar e desconstruir teorias dominantes relativas à identidade (Plummer, 2011a, 2011b; Watson, 2005). Eles focam em como ela é cultural e historicamente constituída, está ligada ao discurso e sobrepõe gênero e sexualidade. O próprio termo – *teoria* queer, em vez de *teoria* gay, *lésbica* ou *homossexual* – permite que seja mantido em aberto o questionamento de elementos de raça, classe, idade, etc. (Turner, 2000). É um termo que foi mudando de significado ao longo dos anos e difere entre as culturas e línguas (Plummer, 2011b). A maioria dos teóricos *queer* trabalha para desafiar e minar a ideia da identidade como singular, fixa ou normal (Watson, 2005). Eles também procuram questionar os processos de categorização e as suas desconstruções, em vez de focar em populações específicas. As distinções históricas binárias são inadequadas para descrever a identidade sexual. Plummer (2011a) fornece uma visão geral concisa da postura da teoria *queer*:

✓ A divisão heterossexual/homossexual e sexo/gênero é questionada.
✓ Existe uma descentralização da identidade.
✓ Todas as categorias sexuais (lésbica, *gay*, bissexual, transgênero, heterossexual) são abertas, fluidas e não fixadas.
✓ A cobertura da mídia e outros sensos comuns a respeito da homossexualidade são criticados.
✓ O poder é incorporado discursivamente.
✓ Todas as estratégias normalizantes são evitadas.
✓ O trabalho acadêmico pode se tornar irônico e frequentemente cômico e paradoxal.
✓ Versões das posições do sujeito homossexual são inscritas em toda a parte.
✓ O desvio é abandonado e o interesse reside nas perspectivas internas e externas e nas transgressões.
✓ Objetos comuns de estudo são filmes, vídeos, livros, poesia e imagens visuais.
✓ Os interesses mais frequentes incluem os mundos sociais do assim chamado marginalizado sexual radical (p. ex., *drag kings* e *queens*, irreverência sexual) (p. 201).

Embora a teoria *queer* seja menos uma metodologia e mais um foco da investigação, os métodos *queer* frequentemente encontram expressão em uma releitura dos textos culturais (p. ex., filmes, literatura); etnografias e estudos de caso dos mundos sexuais que desafiam os pressupostos; fontes de dados que contêm múltiplos textos; documentários que incluem desempenhos; e projetos que se focam nos indivíduos (Plummer, 2011a). Os teóricos *queer* se envolvem na pesquisa e/ou em atividades políticas, como a Aids Coalition to Unleash Power (ACT UP) e a Queer Nation, que trabalham para a consciência quanto ao HIV/aids, além de representações artísticas e culturais da arte e do teatro com o objetivo de perturbar ou tornar não naturais e estranhas práticas que são tomadas como certas. Essas representações transmitem as vozes e experiências de indivíduos que foram reprimidos (Gamson, 2000). Leituras úteis sobre a teoria *queer* são encontradas na visão geral de artigos de periódicos fornecida por Watson (2005) e o capítulo de Plummer (2011a, 2011b) e em livros-chave, como o livro de Tierney (1997).

Teorias da deficiência

A investigação da deficiência aborda o significado da inclusão nas escolas e abrange administradores, professores e pais que têm filhos com deficiências (Mertens, 2009, 2010). Mertens (2003) reconta como a pesquisa da deficiência passou por estágios de desenvolvimento, do modelo médico da deficiência (doença e papel da comunidade médica) até uma resposta ambiental aos indivíduos com uma deficiência. Atualmente os pesquisadores que usam uma **lente interpretativa da deficiência** se focam na deficiência como uma dimensão da diferença humana e não como um defeito. Como uma diferença humana, o seu significado é derivado da construção social (isto é, a resposta da sociedade aos indivíduos) e é simplesmente uma dimensão da diferença humana (Mertens, 2003). A visão dos indivíduos com deficiência como diferentes está refletida no processo de pesquisa, como, por exemplo, nos tipos de perguntas feitas, nos rótulos aplicados a eles, nas considerações de como a coleta de dados irá beneficiar a comunidade, na conveniência dos métodos de comunicação e como os dados são relatados de uma forma que seja respeitosa quanto às relações de poder.

A PRÁTICA DO USO DE ESTRUTURAS INTERPRETATIVAS DA JUSTIÇA SOCIAL EM PESQUISA QUALITATIVA

A prática do uso de estruturas interpretativas da justiça social em pesquisa qualitativa varia e depende da estrutura que está sendo usada e a abordagem de pesquisa em particular. No entanto, alguns elementos comuns podem ser identificados:

✓ Os problemas e as perguntas de pesquisa explorados objetivam permitir ao pesquisador uma compreensão de questões ou tópicos específicos – as condições que servem para colocar em desvantagem e excluir indivíduos ou culturas, como hierarquia, hegemonia, racismo, sexismo, relações desiguais de poder, identidade ou desigualdades em nossa sociedade.
✓ Os procedimentos de pesquisa, como coleta de dados, análise dos dados, representação do material para o público e padrões de avaliação e ética enfatizam uma postura interpretativa. Durante a coleta de dados, o pesquisador não marginaliza ainda mais os participantes, mas respeita os participantes e os locais de pesquisa. Além do mais, os pesquisadores oferecem reciprocidade, dando ou pagando aqueles que participam na pesquisa e focalizam nas histórias de múltiplas perspectivas dos indivíduos e em quem conta as histórias. Os pesquisadores são também sensíveis aos desequilíbrios no poder durante todas as facetas do processo de pesquisa. Eles respeitam as diferenças individuais em vez de empregarem a tradicional agregação de categorias como homens e mulheres, ou hispânicos ou afro-americanos.
✓ As práticas éticas dos pesquisadores reconhecem a importância da subjetividade das suas próprias lentes e a posição de poder que eles têm na pesquisa e admitem que os participantes ou a construção coletiva do relato entre os pesquisadores e os participantes são os verdadeiros donos da informação coletada.
✓ A pesquisa pode ser apresentada de formas tradicionais, como artigos em periódicos ou em abordagens experimentais, como teatro ou poesia. O uso de uma lente interpretativa também pode levar ao chamado para a ação e transformação – os objetivos da justiça social – em que

o projeto qualitativo termina com passos distintos de reforma e um incitamento à ação.

LIGANDO FILOSOFIA E ESTRUTURAS INTERPRETATIVAS

Embora os pressupostos filosóficos nem sempre sejam expressos, as estruturas interpretativas transmitem diferentes pressupostos filosóficos e os pesquisadores qualitativos precisam estar conscientes dessa conexão. Um capítulo reflexivo de Lincoln e colaboradores (2011) torna explícita essa conexão. Utilizei a sua visão geral dessa conexão e a adaptei para se adequar às comunidades interpretativas discutidas neste capítulo. Conforme apresentado na Tabela 2.3, os pressupostos filosóficos da ontologia, epistemologia, axiologia e metodologia assumem diferentes formas dada a estrutura interpretativa usada pelo investigador.

O uso das informações dessa tabela em um estudo qualitativo seria discutir a estrutura interpretativa usada em um projeto, abordando os seus princípios centrais e como ela informa o problema para um estudo, as perguntas de pesquisa, a coleta e análise dos dados e a interpretação. Uma seção dessa discussão também mencionaria os pressupostos filosóficos (ontologia, epistemologia, axiologia, metodologia) associados à estrutura interpretativa. Assim, haveria duas formas de discutir a estrutura interpretativa: sua natureza e uso no estudo e seus pressupostos filosóficos. À medida que avançamos e examinamos as cinco abordagens qualitativas neste livro, reconhecemos que cada uma delas poderia usar qualquer uma das estruturas interpretativas. Por exemplo, se um estudo de teoria fundamentada fosse apresentado como um trabalho científico, com uma maior ênfase na objetividade, com um foco no modelo teórico que resulta, sem reportar os vieses do pesquisador, e apresentando de forma sistemática a análise dos dados, seria usada uma estrutura interpretativa pós-positivista. Por outro lado, se a intenção do estudo narrativo qualitativo fosse examinar um grupo marginalizado de aprendizes com deficiências com atenção à sua luta pela identidade quanto às próteses que usam e com o máximo de respeito pelas suas visões e seus valores e, no final do estudo, requerer mudanças a respeito de como o grupo com deficiências é percebido, então estaria em uso uma forte estrutura interpretativa das deficiências. Poderia me ver usando qualquer uma das estruturas interpretativas com qualquer uma das cinco abordagens desenvolvidas neste livro.

Resumo

Este capítulo começou com uma visão geral do processo de pesquisa, de modo que os pressupostos filosóficos e as estruturas interpretativas pudessem ser posicionados logo no início do processo, e com os procedimentos que se seguem, incluindo a seleção e o uso de uma das cinco abordagens neste livro. A seguir foram discutidos os pressupostos filosóficos da ontologia, epistemologia, axiologia e metodologia, à medida que eram feitas perguntas-chave para cada pressuposto, cobrindo assim suas características principais e a implicação para a prática da escrita de um estudo qualitativo. Além do mais, as estruturas interpretativas usadas em pesquisa qualitativa foram desenvolvidas. Elas incluem pós-positivismo, construtivismo social, estrutura transformativa, perspectivas pós-modernas, pragmatismo, teorias feministas, teoria crítica, teoria *queer* e teoria da deficiência. Foi sugerido como essas estruturas interpretativas são usadas em um estudo qualitativo. Finalmente, foi feita uma ligação entre os pressupostos filosóficos e as estruturas interpretativas e se seguiu uma discussão sobre como conectar os dois em um projeto qualitativo.

TABELA 2.3
Estruturas interpretativas e crenças filosóficas associadas

Estruturas interpretativas	Crenças ontológicas (natureza da realidade)	Crenças epistemológicas (como a realidade é conhecida)	Crenças axiológicas (papel dos valores)	Crenças metodológicas (abordagem da investigação)
Pós-positivismo	Existe uma única realidade além de nós, "lá fora". O pesquisador pode não ser capaz de entendê-la ou chegar até ela devido à falta de absolutos.	A realidade pode ser apenas aproximada. Porém, ela é construída por meio da pesquisa e estatísticas. A interação com os sujeitos da pesquisa é mantida a um mínimo. A validade provém dos pares, não dos participantes.	Os vieses do pesquisador precisam ser controlados e não expressos em um estudo.	Uso do método científico e da escrita. O objetivo da pesquisa é criar conhecimento novo. O método é importante. Métodos dedutivos são importantes, como o teste das teorias, especificando variáveis importantes, fazendo comparações entre os grupos.
Construtivismo social	Múltiplas realidades são construídas por meio das nossas experiências vividas e interações com os outros.	A realidade é construída em conjunto entre o pesquisador e o pesquisado e moldada pelas experiências individuais.	Os valores individuais são honrados e são negociados entre os indivíduos.	É usado mais de um estilo literário. Uso de um método indutivo das ideias emergentes (por meio do consenso) obtidas por meio de métodos como entrevista, observação e análise de textos.
Transformativa/pós-moderna	Participação entre pesquisador e comunidades/indivíduos que estão sendo estudados. Frequentemente emerge uma realidade subjetiva-objetiva.	Achados cocriados com múltiplas formas de saber.	Respeito pelos valores internos; os valores precisam ser problematizados e interrogados.	Uso de processos colaborativos de pesquisa; a participação política é encorajada; questionamento de métodos; destaque das questões e preocupações.

(continua)

TABELA 2.3
Estruturas interpretativas e crenças filosóficas associadas (continuação)

Estruturas interpretativas	Crenças ontológicas (a natureza da realidade)	Crenças epistemológicas (como a realidade é conhecida)	Crenças axiológicas (papel dos valores)	Crenças metodológicas (abordagem da investigação)
Pragmatismo	A realidade é o que é útil, é prático e "funciona".	A realidade é conhecida por meio do uso de muitas ferramentas de pesquisa que refletem evidências dedutivas (objetivas) e evidências indutivas (subjetivas).	Os valores são discutidos devido à forma como o conhecimento reflete as visões dos pesquisadores e dos participantes.	O processo de pesquisa envolve abordagens qualitativas e quantitativas para a coleta e análise dos dados.
Crítica racial, feminista, queer e de deficiências	A realidade é baseada nas lutas de poder e luta pela identidade. Privilégio ou opressão baseados na raça ou etnia, classe, gênero, habilidades mentais, preferência sexual.	A realidade é conhecida por meio do estudo das estruturas sociais, liberdade e opressão, poder e controle. A realidade pode ser alterada por meio da pesquisa.	A diversidade de valores é enfatizada dentro do ponto de vista de várias comunidades.	Começa com pressupostos de poder e luta pela identidade, documenta-os e requer ação e mudança.

Fonte: Adaptada de Lincoln et al. (2011).

Leituras adicionais

Pressupostos filosóficos

Burrell, G., & Morgan, G. (1979). *Sociological paradigms and organizational analysis*. London: Heinemann.

Guba, E., & Lincoln, Y. S. (1988). Do inquiry paradigms imply inquiry methodologies? In D. M. Fetterman (Ed.), *Qualitative approaches to evaluation in education* (pp. 89–115). New York: Praeger.

Lincoln, Y. S., Lynham, S. A., & Guba, E. G. (2011). Paradigmatic controversies, contradictions, and emerging confluences. In N. K. Denzin & Y. S. Lincoln (Eds.), *The SAGE handbook of qualitative research* (4th ed., pp. 97–128). Thousand Oaks, CA: Sage.

Slife, B. D., & Williams, R. N. (1995). *What's behind the research? Discovering hidden assumptions in the behavioral sciences*. Thousand Oaks, CA: Sage.

Pensamento pós-moderno

Bloland, H. G. (1995). Postmodernism and higher education. *Journal of Higher Education*, 66, 521–559.

Clarke, A. E. (2005). *Situational analysis: Grounded theory after the postmodern turn*. Thousand Oaks, CA: Sage.

Rosenau, P. M. (1992). Post-modernism and the social sciences. *Insights, inroads, and intrusions*. Princeton, NJ: Princeton University Press.

Teoria crítica e teoria racial crítica

Agger, B. (1991). Critical theory, poststructuralism, postmodernism: Their sociological relevance. In W. R. Scott & J. Blake (Eds.), *Annual review of sociology* (Vol. 17, pp. 105–131). Palo Alto, CA: Annual Reviews.

Carspecken, P. F., & Apple, M. (1992). Critical qualitative research: Theory, methodology, and practice. In M. L. LeCompte, W. L. Millroy, & J. Preissle (Eds.), *The handbook of qualitative research in education* (pp. 507–553). San Diego, CA: Academic Press.

Madison, D. S. (2005). *Critical ethnography: Method, ethics, and performance*. Thousand Oaks, CA: Sage.

Morrow, R. A., & Brown, D. D. (1994). *Critical theory and methodology*. Thousand Oaks, CA: Sage.

Parker, L., & Lynn, M. (2002). What race got to do with it? Critical race theory's conflicts with and connections to qualitative research methodology and epistemology. *Qualitative Inquiry*, 8(1), 7–22.

Thomas, J. (1993). *Doing critical ethnography*. Newbury Park, CA: Sage.

Pesquisa feminista

Ferguson, M., & Wicke, J. (1994). *Feminism and postmodernism*. Durham, NC: Duke University Press.

Harding, S. (1987). *Feminism and methodology*. Bloomington: Indiana University Press.

Lather, P. (1991). *Getting smart: Feminist research and pedagogy with/in the postmodern*. New York: Routledge.

Moss, P. (2007). Emergent methods in feminist research. In S. N. Hesse-Biber (Ed.), *Handbook of feminist research methods* (pp. 371–389). Thousand Oaks, CA: Sage.

Nielsen, J. M. (Ed.). (1990). *Feminist research methods: Exemplary readings in the social sciences*. Boulder, CO: Westview Press.

Olesen, V. (2011). Feminist qualitative research in the Millennium's first decade: Developments, challenges, prospects. In N. K. Denzin & Y. S. Lincoln (Eds.), *The SAGE handbook of qualitative research* (4th ed., pp. 129–146). Thousand Oaks, CA: Sage.

Reinharz, S. (1992). *Feminist methods in social research*. New York: Oxford University Press.

Teoria queer

Plummer, K. (2011a). Critical pedagogy, and qualitative research: Moving to the bricolage. In N. K. Denzin & Y. S. Lincoln (Eds.), *The SAGE handbook of qualitative research* (4th ed., pp. 195–207). Thousand Oaks, CA: Sage.

Plummer, K. (2011b). Critical humanism and queer theory: Postscript 2011: Living with the tensions. In N. K. Denzin & Y. S. Lincoln (Eds.), *The SAGE handbook of qualitative research* (4th ed., pp. 208–211). Thousand Oaks, CA: Sage.

Tierney, W. G. (1997). *Academic outlaws: Queer theory and cultural studies in the academy*. London: Sage.

Watson, K. (2005). Queer theory. *Group Analysis*, 38(1), 67–81.

Teoria da deficiência

Mertens, D. M. (2003). Mixed methods and the politics of human research: The transformative-emancipatory perspective. In A. Tashakkori & C. Teddlie (Eds.), *Handbook of mixed methods in social and behavioral research* (pp. 135-164). Thousand Oaks, CA: Sage.

Mertens, D. M. (2009). *Transformative research and evaluation*. New York: Guilford Press.

EXERCÍCIOS

1. Examine um artigo de uma publicação qualitativa, como o estudo qualitativo de:

   Brown, J., Sorrell, J. H., McClaren, J., & Creswell, J. W. (2006). Waiting for a liver transplant. *Qualitative Health Research*, 16(1), 119-136.

   Existem quatro pressupostos filosóficos principais usados em pesquisa qualitativa: ontologia (o que é a realidade?), epistemologia (como a realidade é conhecida?), axiológica (como são expressos os valores da pesquisa?) e metodologia (como a pesquisa é conduzida?). Examine atentamente o artigo de Brown e colaboradores (2006) e identifique formas específicas em que estes quatro pressupostos filosóficos estão evidentes no estudo. Dê exemplos específicos usando a Tabela 2.1 neste capítulo como um guia.

2. É útil ler artigos qualitativos que adotam uma lente interpretativa diferente. Examine os seguintes artigos a partir de diferentes estruturas interpretativas:

   Uma estrutura pós-positivista:
   Churchill, S. L., Plano Clark, V. L., Prochaska-Cue, M. K., Creswell, J. W., & Onta-Grzebik, L. (2007). How rural low-income families have fun: A grounded theory study. *Journal of Leisure Research*, 39(2), 271-294.

   Uma estrutura construtivista social:
   Brown, J., Sorrell, J. H., McClaren, J., & Creswell, J. W. (2006). Waiting for a liver transplant. *Qualitative Health Research*, 16(1), 119-136.

   Uma estrutura feminista:
   Therberge, N. (1997). "It's part of the game": Physicality and the production of gender in women's hockey. *Gender & Society*, 11(1), 69-87.

   Identifique como esses três artigos diferem em suas estruturas interpretativas.

3. Examine o artigo de pesquisa qualitativa feminista de Therberge (1997). Identifique onde os seguintes elementos de uma estrutura interpretativa feminista são encontrados em um estudo: a(s) questão(ões) feminista(s), a questão direcional, a orientação de defesa do objetivo do estudo, os métodos de coleta de dados e o chamado à ação.

3
O projeto de um estudo qualitativo

Penso metaforicamente na pesquisa qualitativa como um tecido intrincado composto de minúsculos fios, muitas cores, diferentes texturas e várias misturas de material. Este tecido não é explicado com facilidade ou de forma simples. Como o tear em que o tecido é produzido, os pressupostos gerais e as estruturas interpretativas sustentam a pesquisa qualitativa. Para descrever essas estruturas, os pesquisadores qualitativos usam termos – *construtivista, interpretivista, feminista, pós-modernista* e assim por diante. Dentro desses pressupostos e por meio dessas estruturas encontram-se abordagens da investigação qualitativa como a pesquisa narrativa, a fenomenologia, a teoria fundamentada, a etnografia e os estudos de caso. Esse campo tem muitos indivíduos diferentes, com diferentes perspectivas compondo os seus teares, criando assim o tecido da pesquisa qualitativa. Excetuando-se essas diferenças, os artistas criativos têm a tarefa comum de produzir um tecido. Em outras palavras, existem características comuns a todas as formas de pesquisa qualitativa e as diferentes características receberão diferentes ênfases, dependendo do projeto qualitativo. Nem todas as características estão presentes em todos os projetos qualitativos, porém, muitas estão.

A intenção deste capítulo é apresentar uma visão geral e uma introdução à pesquisa qualitativa de modo que possamos ver as características comuns da pesquisa qualitativa antes de explorarmos os diferentes fios que fazem parte dela (por meio de abordagens específicas como a narrativa, fenomenologia e outras). Inicio com uma definição geral de pesquisa qualitativa e destaco as características essenciais da condução dessa forma de investigação. Em seguida, discuto os tipos de problemas de pesquisa e as questões que melhor se adaptam a um estudo qualitativo e enfatizo os requisitos necessários para conduzir esta pesquisa rigorosa e demorada. Considerando que você tem o essencial (o problema, o tempo) para se engajar nesta investigação, faço então um esboço do processo geral envolvido no planejamento de um estudo. Esse processo implica considerações preliminares, os passos no processo e as considerações gerais usadas durante o processo. Dentro desses aspectos, os pesquisadores qualitativos precisam prever e planejar as questões éticas potenciais. Essas questões surgem durante muitas fases do processo de pesquisa. Encerro sugerindo vários delineamentos que você pode considerar como a estrutura global para o planejamento ou a proposta de um estudo de pesquisa qualitativa. Os capítulos a seguir tratarão dos diferentes tipos de abordagens de investigação. As características gerais do projeto descritas aqui serão refinadas para as cinco abordagens discutidas no restante do livro.

QUESTÕES PARA DISCUSSÃO

✓ Quais são as características principais da pesquisa qualitativa?
✓ Que tipos de problemas são mais adequados à investigação qualitativa?
✓ Que habilidades de pesquisa são necessárias para realizar esse tipo de pesquisa?
✓ Como os pesquisadores projetam um estudo qualitativo?
✓ Que tipos de questões éticas precisam ser previstas durante o processo de pesquisa?
✓ Qual é a estrutura modelo para um plano ou proposta para um estudo qualitativo?

CARACTERÍSTICAS DA PESQUISA QUALITATIVA

Começo falando a respeito da pesquisa qualitativa apresentando uma definição para ela. Essa abordagem aparentemente descomplicada se tornou mais difícil recentemente. Observo que alguns livros introdutórios de pesquisa qualitativa extremamente úteis e atuais não contêm uma definição que possa ser facilmente identificada (Morse e Richards, 2002; Weis e Fine, 2000). Talvez isso tenha menos a ver com a decisão do autor de comunicar a natureza da sua investigação e mais a ver com uma preocupação em apresentar uma definição "fixa". Outros autores desenvolvem uma definição. A definição em desenvolvimento de Denzin e Lincoln (1994, 2000, 2005, 2011) no seu *SAGE Handbook of Qualitative Research* transmite a natureza em constante mutação da investigação qualitativa, desde a construção social até o interpretativismo e a justiça social no mundo. Incluo aqui a sua definição mais recente:

> Pesquisa qualitativa é uma atividade situada que localiza o observador no mundo. A pesquisa qualitativa consiste em um conjunto de práticas materiais interpretativas que tornam o mundo visível. Essas práticas transformam o mundo. Elas transformam o mundo em uma série de representações, incluindo notas de campo, entrevistas, conversas, fotografias, registros e lembretes para a pessoa. Nesse nível, a pesquisa qualitativa envolve uma abordagem interpretativa e naturalística do mundo. Isso significa que os pesquisadores qualitativos estudam coisas dentro dos seus contextos naturais, tentando entender, ou interpretar, os fenômenos em termos dos significados que as pessoas lhes atribuem. (Denzin e Lincoln, 2011, p. 3)

Embora algumas das abordagens tradicionais à pesquisa qualitativa, como a "abordagem interpretativa, naturalística" e os "significados", estejam evidentes nesta definição, a definição também tem uma forte orientação para o impacto da pesquisa qualitativa e a sua capacidade de transformar o mundo.

Como metodologista em pesquisa aplicada, a minha definição funcional de pesquisa qualitativa incorpora muitos dos elementos de Denzin e Lincoln, mas coloca uma ênfase maior no projeto da pesquisa e no uso de distintas abordagens de investigação (p. ex., etnografia, narrativa). A minha definição é a seguinte:

> A *pesquisa qualitativa* começa com pressupostos e o uso de estruturas in-

terpretativas/teóricas que informam o estudo dos problemas da pesquisa, abordando os significados que os indivíduos ou grupos atribuem a um problema social ou humano. Para estudar esse problema, os pesquisadores qualitativos usam uma abordagem qualitativa da investigação, a coleta de dados em um contexto natural sensível às pessoas e aos lugares em estudo e a análise dos dados que é tanto indutiva quanto dedutiva e estabelece padrões ou temas. O relatório final ou a apresentação incluem as vozes dos participantes, a reflexão do pesquisador, uma descrição complexa e interpretação do problema e a sua contribuição para a literatura ou um chamado à mudança.

Observe que, nessa definição, dou ênfase ao *processo* de pesquisa como uma continuidade dos pressupostos filosóficos para a lente interpretativa e até os procedimentos envolvidos no estudo de problemas sociais ou humanos. Assim sendo, existe uma estrutura para os procedimentos – a abordagem da investigação, como a teoria fundamentada, a pesquisa de estudo de caso ou outras.

É útil avançar de uma definição mais geral para as características específicas encontradas na pesquisa qualitativa. Acredito que as características se desenvolveram ao longo do tempo e elas certamente não apresentam um conjunto definitivo de elementos. Mas um exame mais detalhado das características mencionadas em livros importantes no campo apresenta alguns fios em comum. Examine a Tabela 3.1 para referência a três livros introdutórios à pesquisa qualitativa e as características que eles adotam para realizar um estudo qualitativo. Na comparação com uma tabela similar que projetei quase 10 anos atrás na primeira edição deste livro (utilizando outros autores), a pesquisa qualitativa hoje envolve maior atenção à natureza interpretativa da investigação, situando o estudo dentro do contexto político, social e cultural dos pesquisadores e a reflexão ou "presença" dos pesquisadores nos relatos que eles apresentam. Ao examinar a Tabela 3.1, podemos chegar a diversas características comuns da pesquisa qualitativa. Elas não estão apresentadas em uma ordem específica de importância.

✓ *Habitat* natural. Os pesquisadores qualitativos geralmente coletam os dados no campo, no ambiente onde os participantes vivenciam a questão ou problema em estudo. Eles não trazem os indivíduos para um laboratório (uma situação artificial) nem mandam instrumentos para os indivíduos preencherem, como numa pesquisa estatística. Em vez disso, os pesquisadores qualitativos reúnem informações bem de perto, falando diretamente com as pessoas e vendo como elas se comportam e agem dentro do seu contexto. Em seu *habitat* natural, os pesquisadores têm interações pessoais com os indivíduos ao longo do tempo.
✓ O pesquisador como um instrumento-chave. Os próprios pesquisadores qualitativos coletam dados por meio de exame de documentos, observação do comportamento e entrevistas com os participantes. Eles podem usar um instrumento, mas esse é criado pelo pesquisador, utilizando perguntas abertas. Eles não tendem a usar ou se basear em questionários ou instrumentos desenvolvidos por outros pesquisadores.
✓ Múltiplos métodos. Os pesquisadores qualitativos reúnem múltiplas formas de dados, como entrevistas, observações e documentos, em vez de se basearem em uma única fonte de dados. A seguir examinam todos os dados e procuram entender o seu significado, organizando-os em categorias ou temas que perpassam todas as fontes de dados.
✓ Raciocínio complexo por meio da lógica indutiva e dedutiva. Os pesquisadores qualitativos montam padrões, categorias e temas "de baixo para cima", organizando os dados indutivamente até unidades de informação cada vez mais abstratas. Esse processo indutivo envolve que os pesquisadores trabalhem avançando e retrocedendo entre os temas e os dados básicos até estabelecerem um conjunto

abrangente de temas. Também pode envolver colaborar interativamente com os participantes, para que possam ter a oportunidade de moldar os temas e as abstrações que emergem do processo. Os pesquisadores também usam o pensamento dedutivo na medida em que constroem temas que estão constantemente sendo checados contra os dados. O processo lógico indutivo-dedutivo significa que o pesquisador qualitativo usa habilidades de raciocínio complexo durante todo o processo de pesquisa.

✓ Significados dos participantes. Durante todo o processo de pesquisa qualitativa, os pesquisadores mantêm um foco na captação do significado que os participantes atribuem ao problema ou questão, não ao significado que os pesquisadores trazem para a pesquisa ou os escritores trazem da literatura. Os significados dos participantes sugerem muitas outras perspectivas sobre um tópico e visões diferentes. É por isso que um tema desenvolvido em um relatório qualitativo deve refletir múltiplas perspectivas dos participantes do estudo.

✓ Projeto emergente. O processo de pesquisa para os pesquisadores qualitativos é emergente. Isso significa que o plano inicial para a pesquisa não pode ser rigidamente prescrito e que todas as fases do processo podem mudar ou trocar depois que os pesquisadores entram no campo e começam a coletar os dados. Por exemplo,

TABELA 3.1
Características da pesquisa qualitativa

Características	LeCompte e Schensul (1999)	Hatch (2002)	Marshall e Rossman (2010)
É conduzida em um ambiente natural (o campo), uma fonte de dados para uma estreita interação	Sim	Sim	Sim
Baseia-se no pesquisador como instrumento-chave na coleta de dados		Sim	
Envolve o uso de múltiplos métodos	Sim		Sim
Envolve raciocínio complexo que circula entre o indutivo e o dedutivo	Sim	Sim	Sim
Tem seu foco nas perspectivas dos participantes, seus significados, suas múltiplas visões subjetivas	Sim	Sim	
Está situada dentro do contexto ou ambiente dos participantes/locais (social/político/histórico)	Sim		Sim
Envolve um projeto emergente e em evolução, em vez de um projeto rigidamente prefigurado		Sim	Sim
É reflexiva e interpretativa (isto é, sensível às biografias/identidades sociais do pesquisador)			Sim
Apresenta um quadro holístico complexo		Sim	Sim

as perguntas podem mudar, as formas de coleta de dados podem ser alteradas e os indivíduos estudados e os locais visitados podem ser modificados durante o processo de condução do estudo. A ideia-chave por trás da pesquisa qualitativa é aprender sobre o problema ou a questão com os participantes e adotar as melhores práticas para obter tais informações.

✓ Reflexão. Os pesquisadores "se posicionam" em um estudo de pesquisa qualitativa. Isso significa que os pesquisadores transmitem (isto é, em uma seção sobre o método, uma introdução ou em outros locais do estudo) o seu *background* (p. ex., experiências profissionais, experiências culturais, história), como isso informa a sua interpretação das informações em um estudo e o que eles têm a ganhar com o estudo. Conforme disse Wolcott (2010):

> Nossos leitores têm o direito de saber a nosso respeito. E eles não querem saber se nós tocamos na banda no ensino médio. Eles querem saber o que desperta nosso interesse nos tópicos que investigamos, a quem estamos nos dirigindo e o que temos a ganhar com nosso estudo. (p. 36)

✓ Relatório holístico. Os pesquisadores qualitativos tentam desenvolver um quadro complexo do problema ou questão em estudo. Isso envolve o relato de múltiplas perspectivas, identificando os muitos fatores envolvidos em uma situação e fazendo um esquema geral do quadro maior que emerge. Os pesquisadores estão vinculados não pelas relações rígidas de causa e efeito, mas pela identificação de interações complexas dos fatores em uma determinada situação.

QUANDO USAR A PESQUISA QUALITATIVA

Quando é apropriado usar a pesquisa qualitativa? Conduzimos pesquisas qualitativas porque um problema ou questão precisa ser *explorado*. Por sua vez, essa exploração é necessária devido à necessidade de estudar um grupo ou população, identificar variáveis que não podem ser medidas facilmente ou escutar vozes silenciadas. Todas essas são boas razões para explorar um problema em vez de usar informações predeterminadas da literatura ou resultados de outros estudos de pesquisa. Também conduzimos pesquisa qualitativa porque precisamos de uma compreensão *complexa* e detalhada da questão. Esse detalhe só pode ser estabelecido falando diretamente com as pessoas, indo até suas casas ou locais de trabalho e lhes possibilitando que contem histórias livres do que esperamos encontrar ou do que lemos na literatura.

Conduzimos pesquisa qualitativa quando desejamos dar poder aos indivíduos para compartilharem suas histórias, ouvir suas vozes e minimizar as relações de poder que frequentemente existem entre um pesquisador e os participantes de um estudo. Para tirar ainda mais a ênfase de uma relação de poder, podemos colaborar diretamente com os participantes, fazendo-os examinarem nossas perguntas de pesquisa ou colaborarem conosco durante a análise dos dados e as fases de interpretação da pesquisa. Conduzimos pesquisa qualitativa quando queremos escrever em um estilo *literário* e *flexível* que transmita histórias, teatro ou poemas sem as restrições das estruturas formais da escrita acadêmica. Conduzimos uma pesquisa qualitativa porque queremos *compreender* os contextos ou ambientes em que os participantes de um estudo abordam um problema ou questão. Nem sempre podemos separar o que as pessoas dizem do local onde elas dizem isso – seja no contexto da sua casa, família ou trabalho. Usamos a pesquisa qualitativa para acompanhar uma pesquisa quantitativa e ajudar a *explicar os mecanismos* ou ligações em teorias ou modelos causais. Essas teorias fornecem um quadro geral das tendências, associações e relações, mas não nos contam a respeito dos processos que aquelas pessoas experimentam, por que elas responderam como responderam, o contexto no qual elas responderam e seus pensamentos mais profundos e comportamentos que governaram suas respostas.

Usamos, ainda, a pesquisa qualitativa para desenvolver teorias quando existem teorias parciais ou inadequadas para certa população e amostras ou teorias existentes que não captam adequadamente a complexidade do problema que estamos examinando. Também a usamos porque as medidas quantitativas e as análises estatísticas simplesmente não se enquadram no problema. As interações entre as pessoas, por exemplo, são difíceis de captar com as medidas existentes e essas medidas podem não ser sensíveis a questões como as diferenças de gênero, raça, *status* econômico e diferenças individuais. Nivelar todos os indivíduos em uma média estatística desconsidera a singularidade dos indivíduos de nossos estudos. As abordagens qualitativas são simplesmente uma melhor adequação para nosso problema de pesquisa.

O QUE UM ESTUDO QUALITATIVO EXIGE DE NÓS

O que é necessário para realizar essa forma de pesquisa? Realizar uma pesquisa qualitativa requer um forte comprometimento para estudar um problema e com suas demandas de tempo e recursos. A pesquisa qualitativa está no mesmo nível das mais rigorosas abordagens quantitativas e não deve ser encarada como um substituto fácil para um estudo "estatístico" ou quantitativo. A investigação qualitativa é para o pesquisador que está disposto a fazer o seguinte:

- ✓ Comprometer-se com um tempo prolongado no campo. O investigador passa muitas horas no campo, coleta muitos dados e trabalha sobre questões do campo, tentando obter acesso, *rapport** e uma perspectiva de "inclusão".
- ✓ Engajar-se no complexo e demorado processo de análise dos dados por meio da ambiciosa tarefa de vasculhar grandes quantidades de dados e reduzi-los a uns poucos temas ou categorias. Para uma equipe multidisciplinar de pesquisadores qualitativos, essa tarefa pode ser compartilhada; para a maioria dos pesquisadores, este é um momento solitário e isolado de grande esforço e ponderação sobre os dados. A tarefa é desafiadora, especialmente porque a base de dados consiste em textos e imagens complexos.
- ✓ Escrever longas passagens porque as evidências devem substanciar os argumentos e o escritor precisa apresentar múltiplas perspectivas. A incorporação de citações para apresentar as perspectivas dos participantes também alonga o estudo.
- ✓ Participar de uma forma de pesquisa de ciências sociais e humanas que não tenha diretrizes firmes ou procedimentos específicos e esteja se desenvolvendo e constantemente mudando. Essas diretrizes complicam contar aos outros como se planeja um estudo e como os outros podem julgá-lo quando o estudo estiver concluído.

O PROCESSO DE PROJETO DE UM ESTUDO QUALITATIVO

Não existe concordância sobre a estrutura de como conceber um estudo qualitativo. Os livros sobre pesquisa qualitativa variam quanto às suas sugestões para o projeto. Você pode recordar na introdução que ***projeto de pesquisa*** significa o plano para a condução do estudo. Alguns autores acreditam que, ao ler um estudo, discutir os procedimentos e apontar as questões que emergem, o pesquisador qualitativo aspirante terá uma noção de como conduzir esta forma de investigação (veja Weis e Fine, 2000). Isso pode ser verdadeiro para alguns indivíduos. Para outros, compreender as questões mais amplas pode ser suficiente para ajudar a projetar um estudo (veja Morse e Richards, 2002) ou procurar orientação de um livro do tipo "como fazer" (veja Hatch, 2002). Não estou certo se escrevo exatamente a partir de uma perspectiva do "como

---

* N. de R.T.: O termo *rapport* normalmente não é traduzido para o português. Ele significa estabelecer "laços fortes" com alguém ou algum grupo. É estabelecer um ótimo canal de comunicação.

fazer"; vejo a minha abordagem como mais de acordo com a criação de opções para pesquisadores qualitativos (daí as cinco abordagens), pesando as opções, considerando as minhas experiências e então deixando que os leitores escolham por eles mesmos.

Posso compartilhar, no entanto, como penso a respeito do projeto de um estudo qualitativo. Isso pode ser transmitido por meio de três componentes: as considerações preliminares que realizo antes de começar um estudo, os passos que dou durante a condução do estudo e os elementos que fluem por todas as fases do processo da minha pesquisa.

Considerações preliminares

Existem certos princípios do projeto a partir dos quais trabalho quando planejo os meus próprios estudos qualitativos. Acredito que a pesquisa qualitativa geralmente se enquadra dentro do processo do método científico, com fases comuns, estejam elas sendo escritas qualitativamente ou quantitativamente. O método científico pode ser descrito como incluindo o problema, as hipóteses (ou perguntas), a coleta de dados, os resultados e a discussão. Todos os pesquisadores parecem começar por uma questão ou um problema, examinam a literatura em algum aspecto relacionado ao problema, fazem perguntas, reúnem dados e então os analisam e redigem seus relatos. A pesquisa qualitativa se encaixa nessa estrutura e, por conseguinte, organizei os capítulos deste livro para refletir esse processo. Gosto do conceito de *congruência metodológica* desenvolvido por Morse e Richards (2002) – de que os objetivos, as perguntas e os métodos de pesquisa estão todos interconectados e inter-relacionados de forma que o estudo aparece como um todo coeso em vez de partes fragmentadas e isoladas. Ao se engajar no projeto de um estudo qualitativo, penso que o investigador tende a seguir essas partes interconectadas do processo de pesquisa.

Diversos aspectos de um projeto qualitativo variam de estudo para estudo, e estou tomando decisões preliminares sobre o que será enfatizado. Por exemplo, as posições sobre o uso da literatura variam amplamente, assim como a ênfase no uso de uma teoria *a priori*. A literatura pode ser revisada e usada para informar as perguntas que são formuladas, pode ser revisada no final do processo de pesquisa ou então pode ser usada unicamente para ajudar a documentar a importância do problema da pesquisa. Outras opções também podem existir, mas essas possibilidades apontam para os usos variados da literatura em pesquisa qualitativa. Igualmente, o uso da teoria varia na pesquisa qualitativa. Por exemplo, as teorias culturais formam os fundamentos de uma boa etnografia qualitativa (LeCompte e Schensul, 1999), enquanto, na teoria fundamentada, as teorias são desenvolvidas ou geradas durante o processo de pesquisa (Strauss e Corbin, 1990). Nas pesquisas em ciências da saúde, encontro no uso de teorias *a priori* uma prática comum e um elemento-chave que precisa ser incluído nas investigações qualitativas rigorosas (Barbour, 2000). Outra consideração em pesquisa qualitativa é o formato da escrita para o projeto qualitativo. Ele varia consideravelmente desde abordagens orientadas para o científico, até a narração literária de histórias e performances como teatro, peças ou poemas. Não existe uma estrutura padrão ou aceita como é encontrada na pesquisa quantitativa.

Finalmente, também considero a minha própria experiência anterior e interesse e o que eu trago para a pesquisa. Os pesquisadores têm uma história pessoal que os situa como investigadores. Eles também têm uma orientação para a pesquisa e uma noção de ética pessoal e posições políticas que informam a sua pesquisa. Denzin e Lincoln (2011) se referem aos pesquisadores como um "sujeito multicultural" (p. 12) e encaram a história, as tradições e as concepções do *self*, a ética e a política como um ponto de partida para a investigação.

Passos do processo

Com essas considerações preliminares introduzidas, começo por reconhecer os *pressu-*

postos amplos que me trazem até a investigação qualitativa e a lente *interpretativa* que irei usar. Além disso, trago um *tópico* ou uma área substantiva de investigação e já examinei a *literatura* sobre o tópico e posso dizer com confiança que existe um problema ou questão que precisa ser estudado. Esse problema pode ser no "mundo real" ou pode ser uma deficiência ou lacuna na literatura e em investigações passadas sobre um tópico, ou ambos. Os problemas em pesquisa qualitativa incluem os tópicos das ciências sociais e humanas e uma característica da pesquisa qualitativa hoje é o profundo envolvimento em questões de gênero, cultura e grupos marginalizados. Os tópicos sobre os quais escrevemos são carregados de emoção, próximos das pessoas e práticos.

Para estudar estes tópicos, farei *perguntas de pesquisa abertas*, querendo ouvir os participantes que estou estudando e moldarei as perguntas depois de "explorar" por meio de conversas com alguns indivíduos. Evito assumir o papel do pesquisador especialista que tem as "melhores" perguntas. As minhas perguntas irão se alterar e ficarão mais refinadas durante o processo de pesquisa para refletir um aumento no conhecimento do problema. Além do mais, coletarei uma *variedade de fontes de dados* incluindo informações na forma de "palavras" ou "imagens". Gosto de pensar em termos de quatro fontes básicas de informação qualitativa: entrevistas, observações, documentos e matéria audiovisual. Certamente, surgem novas fontes que desafiam esta classificação tradicional. Onde colocamos os sons, as mensagens de e-mail e as redes sociais? Inquestionavelmente, a espinha dorsal da pesquisa qualitativa é uma ampla coleta de dados, provenientes de múltiplas fontes de informação. Mais ainda, coleto os dados usando essas fontes baseadas em perguntas abertas sem muita estrutura e observando e coletando documentos (e materiais visuais) sem uma agenda do que espero encontrar. Depois de organizar e armazenar os dados, eu os *analiso,* alterando os nomes dos respondentes. Começo, então, o intrigante exercício (e "solitário", se formos o único pesquisador) de tentar entender os dados. *Analiso* os dados qualitativos trabalhando indutivamente do particular para perspectivas mais gerais, sejam essas perspectivas chamadas de códigos, categorias, temas ou dimensões. A seguir, trabalho dedutivamente para reunir evidências que apoiem os temas e as interpretações. Uma maneira útil de encarar este processo é reconhecê-lo como funcionando por meio de múltiplos níveis de abstração, começando pelos dados brutos e formando categorias cada vez mais amplas. Reconhecendo o conjunto de atividades altamente inter-relacionadas de coleta de dados, análise e redação do relatório, misturo esses estágios e me percebo coletando dados, analisando outro conjunto de dados e começando a escrever meu relatório paralelamente. Eu me lembro de trabalhar em um estudo de caso qualitativo (veja o Apêndice F, Asmussen e Creswell, 1995) enquanto entrevistava, analisava e escrevia o estudo de caso – todos estes processos interconectados, não fases distintas no processo. Enquanto escrevo, também experimento muitas *formas de narrativa* como, por exemplo, fazer metáforas e analogias, desenvolver matrizes e tabelas e usar recursos visuais para me comunicar simultaneamente, decompondo os dados e reconfigurando-os em novas formas. Posso estratificar a minha análise em níveis crescentes de abstrações de códigos para temas, para a inter-relação dos temas, para modelos conceituais maiores. Irei *(re)apresentar* esses dados, em parte baseados nas perspectivas dos participantes e em parte baseados na minha própria interpretação, nunca me furtando de uma marca pessoal no estudo. No final, *discuto* os achados comparando-os com a minha visão pessoal, com a literatura existente e com modelos emergentes que parecem transmitir adequadamente a essência dos achados.

Em algum ponto, pergunto: "Nós (eu) conseguimos a história 'certa'?" (Stake, 1995), sabendo que não existem histórias "certas", somente múltiplas histórias. Talvez os estudos qualitativos não tenham finais, apenas perguntas (Wolcott, 1994b). Também procuro encontrar eco do meu relato nos participantes, para que seja um reflexo preciso do que eles disseram. Então, adoto estratégias de validação, geralmente múltiplas, que incluem a confirmação ou triangulação dos dados de diversas fontes, fazendo o meu estudo ser examinado e corrigido pelos participantes e empregando outros pesquisadores para revisarem os meus procedimentos.

No final, indivíduos como os leitores, participantes, comitês de pós-graduação, membros do quadro editorial de publicações científicas e revisores de propostas para financiamento irão aplicar alguns critérios para avaliar a qualidade do meu estudo. Os padrões para avaliação da qualidade da pesquisa qualitativa estão disponíveis (Howe e Eisenhardt, 1990; Lincoln, 1995; Marshall e Rossman, 2010). Aqui está a minha pequena lista de *características de um "bom" estudo qualitativo*. Você verá minha ênfase em métodos rigorosos presentes nesta lista.

✓ O pesquisador emprega procedimentos rigorosos para coleta de dados. Isso significa que o pesquisador coleta múltiplas formas de dados, resume adequadamente – talvez em forma de tabela – os formulários de dados e os detalha e passa um tempo adequado em campo. Não é incomum que os estudos qualitativos incluam informações sobre a quantidade específica de tempo no campo (p. ex., 25 horas de observação). Gosto especialmente de ver formas incomuns de coleta de dados qualitativos, como o uso de fotografias para provocar respostas, sons, material visual ou mensagens de texto digitais.
✓ O pesquisador estrutura o estudo dentro dos pressupostos e das características da abordagem qualitativa da pesquisa. Isso inclui características fundamentais, como um projeto em desenvolvimento, a apresentação de múltiplas realidades, o pesquisador como um instrumento de coleta de dados e um foco nas visões dos participantes – em suma, todas as características mencionadas na Tabela 3.1.
✓ O pesquisador usa uma abordagem de investigação qualitativa como, por exemplo, uma das cinco abordagens (ou outras) discutidas neste livro. O uso de uma abordagem reconhecida para a pesquisa reforça o rigor e sofisticação do projeto da pesquisa. Também fornece alguns meios para avaliar o estudo qualitativo. O uso de um meio de abordagem significa que o pesquisador identifica e define a abordagem, menciona estudo que o empregam e segue os procedimentos descritos na abordagem. Certamente, a abordagem adotada no estudo pode não abranger exaustivamente todos os seus elementos. Entretanto, para o estudante iniciante de pesquisa qualitativa, recomendaria permanecer dentro de uma abordagem, familiarizando-se com ela, aprendendo-a e mantendo um estudo conciso e simples. Posteriormente, especialmente em estudos longos e complexos, as características de diversas abordagens podem ser úteis.
✓ O pesquisador começa por um único foco ou conceito a ser explorado. Embora os exemplos de pesquisa qualitativa apresentem uma comparação de grupos, fatores ou temas, como em projetos de estudo de caso ou em etnografias, gosto de começar um estudo qualitativo focado na compreensão de um único conceito ou ideia (p. ex., o que significa ser um profissional? Um professor? Um pintor? Uma mãe solteira? Um morador de rua?). À medida que o estudo avança, ele pode começar a incorporar a comparação (p. ex., como o caso de um profissional que é professor difere do de um profissional administrador?) ou relacionando fatores (p. ex., o que explica por que a pintura evoca sentimentos?). Com muita frequência, os pesquisadores qualitativos evoluem para a comparação ou análise das relações sem primeiro entender o seu conceito ou ideia central.
✓ O estudo inclui métodos detalhados, uma abordagem rigorosa na coleta dos dados, análise dos dados e redação do relatório. O rigor é visto, por exemplo, quando ocorre uma ampla coleta de dados no campo ou quando o pesquisador conduz múltiplos níveis de análise de dados, cobrindo de códigos ou temas mais delimitados a temas mais amplos inter-relacionados e dimensões mais abstratas. Rigor significa, também, que o pesquisador valida a precisão do relato

usando um ou mais dos procedimentos para validação, como a checagem dos membros, triangulação das fontes de dados ou o uso de um colega auditor ou auditor externo ao relatório.
✓ O pesquisador analisa os dados usando múltiplos níveis de abstração. Gosto de ver o trabalho ativo do pesquisador quando ele avança do particular para os níveis gerais de abstração. Frequentemente, os autores apresentam seus estudos em estágios (p. ex., os múltiplos temas que podem ser combinados em temas ou perspectivas maiores) ou estratificam sua análise do particular para o geral. Os códigos e temas derivados dos dados podem apresentar ideias banais, esperadas e surpreendentes. Os melhores estudos qualitativos apresentam temas analisados em termos de exploração do lado oculto ou ângulos incomuns. Eu me lembro de um projeto de classe, em que o aluno examinou como as classes de alunos de ensino a distância reagiam à câmara voltada para a turma. Em vez de examinar a reação dos alunos quando a câmera estava voltada para eles, o pesquisador procurou compreender o que acontecia quando a câmera estava *afastada* deles. Essa abordagem levou o autor a captar um ângulo incomum, que não era esperado pelos leitores.
✓ O pesquisador escreve de modo persuasivo para que o leitor experimente a sensação de "estar lá". O conceito de **verossimilhança**, um termo literário, sintetiza meu pensamento (Richardson, 1994, p. 521). A escrita é clara, envolvente e cheia de ideias inesperadas. A história e os achados se tornam admissíveis e realistas, refletindo com precisão todas as complexidades que existem na vida real. Os melhores estudos qualitativos envolvem o leitor.
✓ O estudo reflete a história, cultura e experiências pessoais do pesquisador. Isto é mais do que simplesmente uma *autobiografia*, com o autor ou pesquisador contando a respeito do seu *background*. O estudo se focaliza em como a cultura, gênero, história e experiências do indivíduo moldam todos os aspectos do projeto qualitativo, desde a sua escolha de uma pergunta a ser usada, até como ele coleta os dados, como faz uma interpretação da situação e o que ele espera obter na condução da pesquisa. Em certos aspectos – como a discussão do seu papel, seu próprio entrelaçamento no texto ou uma reflexão sobre as perguntas que estão por estudar – os indivíduos se posicionam no estudo qualitativo.
✓ A pesquisa qualitativa de um bom estudo é ética. Isso envolve mais do que simplesmente o pesquisador buscar e obter a permissão de comitês de ética. Significa que o pesquisador está consciente e trata de todas as questões éticas mencionadas anteriormente neste capítulo, que ameaçam todas as fases do estudo de pesquisa.

Elementos em todas as fases da pesquisa

Durante o lento processo de coleta e análise dos dados, moldo a narrativa – uma narrativa que assume diferentes formas de projeto para projeto. Contarei uma história que se desdobra ao longo do tempo. Apresentarei o estudo seguindo a abordagem tradicional da pesquisa científica (isto é, problema, pergunta, método, achados). Por meio dessas diferentes formas, acho importante conversar sobre a minha experiência e como ela moldou a minha interpretação dos achados. Deixo as vozes dos participantes falarem e carregarem a história durante o diálogo, talvez um diálogo apresentado em espanhol com legendas.

Durante todas as fases do processo de pesquisa, tento ser sensível às considerações *éticas*. Estas são especialmente importantes quando negocio a entrada no campo da pesquisa; envolvo os participantes do estudo; reúno dados pessoais e emocionais que revelam detalhes da vida e peço aos participantes que dediquem um tempo considerável aos projetos. Hatch (2002) faz um bom trabalho ao resumir algumas das principais questões éticas que os pesquisadores precisam prever e frequentemente abordar em seus estudos. É importante darmos uma retribuição aos participantes pelo seu tempo e esforços em nossos projetos – *reciprocidade* – e precisamos examinar como os participantes irão se beneficiar com os nossos estudos. Também é importante saber como sair de cena em um estudo de pesquisa – por meio de um afastamento lento e passando informações sobre a nossa saída – de modo que os participantes não se sintam abandonados. Precisamos ser sempre sensíveis ao potencial que tem nossa pesquisa de perturbar o ambiente (e em geral não intencionalmente) e de potencialmente explorar as populações que estudamos como, por exemplo, crianças pequenas ou grupos sub-representados ou marginalizados. Acompanhando isso, existe a necessidade de sermos sensíveis a algum desequilíbrio que a nossa presença possa estabelecer no local e que poderia marginalizar ainda mais as pessoas em estudo. Não queremos colocar os participantes em maior risco como consequência da nossa pesquisa. Precisamos prever como abordar atividades potenciais ilegais que vemos ou ouvimos e, em alguns casos, relatá-las às autoridades. Precisamos respeitar quem faz o relato e identificar se os participantes e líderes nos nossos locais de pesquisa estarão preocupados com essa questão. Quando trabalhamos com participantes individuais, precisamos respeitá-los individualmente, não os enquadrando em estereótipos, usando sua língua e nomes e seguindo diretrizes com as encontradas no *Publication Manual of the American Psychological Association* (APA, 2010) para linguagem não discriminatória. Mais frequentemente, nossa pesquisa é feita no contexto do ambiente de uma faculdade ou universidade, onde precisamos fornecer evidências para os comitês de ética de que respeitamos a privacidade e o direito dos participantes de deixarem o estudo e não serem colocados em risco.

Questões éticas durante todas as fases do processo de pesquisa

Durante o processo de planejamento e projeto de um estudo qualitativo, os pesquisadores precisam considerar as questões éticas que possam surgir ao longo do trabalho e planejar como essas questões devem ser tratadas. Um falso conceito bastante comum é que essas questões surgem apenas durante a coleta de dados. Elas surgem, no entanto, durante diversas fases do processo de pesquisa e estão em contínua expansão, à medida que os pesquisadores se tornam mais sensíveis às necessidades dos participantes, dos locais, das partes interessadas e dos editores da pesquisa. Uma forma de examinar essas questões é considerar o catálogo de possibilidades como o apresentado por Weis e Fine (2000). Eles nos pedem para fazer considerações éticas envolvendo nossos papéis como integrantes/estranhos do ponto de vista dos participantes; avaliando questões com as quais possamos ficar apreensivos em expor; estabelecendo relações apoiadoras e respeitosas sem estereótipos ou usando rótulos que os participantes não adotam; reconhecendo quais vozes serão representadas em nosso estudo final; e inscrevendo a nós mesmos no estudo, refletindo sobre quem somos e as pessoas que estudamos. Além disso, conforme resumido por Hatch (2002), precisamos ser sensíveis às populações vulneráveis, às relações de poder em desequilíbrio e a colocar os participantes em risco.

A minha abordagem preferida ao pensar em questões éticas em pesquisa qualitativa é examiná-las quando se aplicam a diferentes fases do processo de pesquisa. Livros recentes trazem informações importantes sobre como elas se organizam em fases, como o que encontramos em Lincoln (2009), Mertens e Ginsberg (2009) e a APA (2010), além dos meus próprios escritos (Creswell, 2012). Conforme apresentado na Tabela 3.2, as questões éticas em pesquisa qualitativa podem ser descritas como ocorrendo antes da condução do estudo, no início do estudo, durante a coleta de dados, no relato dos dados e na publicação de um estudo. Nesta tabela, também apresento algumas soluções possíveis para as questões éticas, de modo que possam ser ativamente inscritas em um plano ou projeto de pesquisa.

Antes de conduzir um estudo, é necessário recolher a aprovação da faculdade ou universidade junto ao comitê institucional

INVESTIGAÇÃO QUALITATIVA E PROJETO DE PESQUISA **59**

TABELA 3.2
Questões éticas em pesquisa qualitativa

Onde no processo de pesquisa ocorre a questão ética	Tipo de questão ética	Como tratar a questão
Antes de conduzir o estudo	✓ Buscar a aprovação da faculdade/universidade no *campus* ✓ Examinar os padrões de associações profissionais ✓ Obter a permissão do local e dos participantes ✓ Escolher um local sem um interesse manifesto nos resultados do estudo ✓ Negociar a autoria para publicação	✓ Submeter-se à aprovação do comitê de ética ✓ Consultar os tipos de padrões éticos que são necessários nas áreas profissionais ✓ Identificar e passar por aprovações locais; encontrar autoridades para ajudar ✓ Escolher um local que não vá levantar questões de poder com os pesquisadores ✓ Dar crédito para o trabalho feito no projeto; decidir quanto à ordem dos autores
Começando a conduzir o estudo	✓ Revelar o propósito do estudo ✓ Não pressionar os participantes a assinarem formulários de consentimento informado ✓ Respeitar as normas e estatutos das sociedades nativas ✓ Ser sensível às necessidades das populações vulneráveis (p. ex., crianças)	✓ Contatar os participantes e informá-los do propósito geral do estudo ✓ Dizer aos participantes que eles não são obrigados a assinar o termo de consentimento ✓ Descobrir que diferenças culturais, religiosas, de gênero e outras diferenças precisam ser respeitadas ✓ Obter consentimento apropriado (p. ex., dos pais e também das crianças)
Coletando os dados	✓ Respeitar o local e perturbar o menos possível ✓ Evitar enganar os participantes ✓ Respeitar desequilíbrios potenciais de poder e a utilização dos participantes (p. ex., entrevistando, observando) ✓ Não "usar" os participantes, coletando os dados e deixando o local sem dar uma retribuição	✓ Construir confiança, informar o grau de perturbação prevista ✓ Discutir o propósito do estudo e como os dados serão usados ✓ Evitar perguntas preparadas; abster-se de compartilhar impressões pessoais; evitar divulgar informações delicadas ✓ Dar recompensas pela participação

(continua)

TABELA 3.2
Questões éticas em pesquisa qualitativa (continuação)

Onde no processo de pesquisa ocorre a questão ética	Tipo de questão ética	Como tratar a questão
Analisando os dados	✓ Evitar tomar partido dos participantes (virar "nativo", ou familiarizado demais) ✓ Evitar apresentar somente os resultados positivos ✓ Respeitar a privacidade dos participantes	✓ Relatar múltiplas perspectivas; relatar achados contrários ✓ Atribuir nomes fictícios ou pseudônimos; desenvolver perfis coletivos
Relatando os dados	✓ Falsificação da autoria, evidências, dados, achados, conclusões ✓ Não plagiar ✓ Evitar apresentar informações que prejudicariam os participantes ✓ Comunicar-se em linguagem clara, simples e apropriada	✓ Relatar com honestidade ✓ Ver as diretrizes da APA (2010) para as permissões necessárias para reimpressão ou adaptação do trabalho de outros ✓ Usar histórias coletivas de modo que os indivíduos não possam ser identificados ✓ Usar linguagem adequada ao público da pesquisa
Publicando o estudo	✓ Compartilhar os dados com os outros ✓ Não duplicar ou fragmentar publicações ✓ Preencher a prova de conformidade com questões éticas e ausência de conflito de interesses, se solicitado	✓ Fornecer cópias do relatório aos participantes e autoridades; compartilhar os resultados práticos; considerar a divulgação no website; considerar a publicação em diferentes línguas ✓ Evitar usar o mesmo material para mais de uma publicação ✓ Divulgar os financiadores da pesquisa; divulgar quem irá lucrar com a pesquisa

Fontes: Adaptada da APA, 2010; Creswell, 2012; Lincoln, 2009; Mertens e Ginsberg, 2009.

para a coleta de dados envolvida no estudo. Igualmente importante é examinar padrões para a conduta ética da pesquisa disponíveis junto a organizações profissionais, como a American Historical Association, a American Sociological Association, a International Communication Association, a American Evaluation Association, a Canadian Evaluation Association, a Australian Evaluation Society e a American Educational Research Association (Lincoln, 2009). Permissões locais para coletar dados dos indivíduos também precisam ser obtidas em um estágio inicial da pesquisa, e as partes interessadas e autoridades podem auxiliar nos esforços. Além disso, em um estágio inicial a autoria deve ser negociada entre os pesquisadores envolvidos no estudo qualitativo, caso mais de um indivíduo realize a pesquisa. A APA (2010) tem diretrizes úteis para a negociação da autoria e como ela pode ser alcançada.

O começo do estudo envolve o contato inicial com o local e com os indivíduos. É importante expor aos participantes o propósito do estudo. Isso em geral é feito por meio de um termo de consentimento informado preenchido para fins do comitê de ética institucional da faculdade/universidade. Esse termo deve indicar que a participação no estudo é voluntária e que não colocaria os participantes em risco indevido. Disposições especiais são necessárias (p. ex., termos de consentimento do filho e do pai) para populações vulneráveis. Além disso, nesse estágio, o pesquisador deve prever as diferenças culturais, religiosas, de gênero ou outras diferenças entre os participantes e os moradores locais que devem ser respeitadas. Publicações qualitativas recentes nos deixaram cientes a esse respeito, especialmente as que envolvem populações indígenas (LaFrance e Crazy Bull, 2009).

Por exemplo, como as tribos indígenas americanas assumem a prestação de serviços aos seus membros, elas reivindicam o seu direito de determinar qual pesquisa será feita e como ela será relatada de uma forma sensível às culturas e aos estatutos tribais.

Também devemos ser mais sensíveis a questões potenciais que podem surgir na coleta de dados, especialmente em entrevistas e observações. Os pesquisadores precisam de permissão para conduzir pesquisa no local e também informar às autoridades ou aos responsáveis locais como a sua pesquisa causará um mínimo de perturbação às atividades do local. Os participantes não devem ser enganados quanto à natureza da pesquisa e, no processo de fornecimento de dados (p. ex., por meio de entrevistas, documentos, etc.), deve ser avaliada a natureza da investigação. Somos mais sensíveis hoje sobre a natureza do processo de entrevista e como ele cria um desequilíbrio de poder por meio de uma relação hierárquica frequentemente estabelecida entre o pesquisador e o participante. Esse desequilíbrio potencial do poder precisa ser levado em consideração e, para que haja uma construção de confiança, devem-se evitar perguntas pré-preparadas, ajudando assim a remover parte do possível desequilíbrio. Além disso, o simples ato de coletar dados pode contribuir para "usar" os participantes e o local para ganho pessoal do pesquisador, e estratégias como uma recompensa podem ser usadas para criar reciprocidade com os participantes e os locais.

Ao analisar os dados, certas questões éticas também vêm à tona. Como os investigadores qualitativos frequentemente passam um tempo considerável nos locais de pesquisa, eles podem esquecer a necessidade de apresentar múltiplas perspectivas e um quadro complexo do fenômeno central. Eles podem, na realidade, tomar partido dos participantes nas questões e apenas divulgar resultados positivos que criam um retrato de Poliana* sobre as questões. Esse "virar nativo" (ou ficar envolvido/familiarizado demais) pode ocorrer durante o processo de coleta de dados e o relato de múltiplas perspectivas precisa ser mantido em mente para o relatório final. Além disso, os resultados da pesquisa podem involuntariamente apresentar um quadro nocivo dos participantes

---

* N. de R.T.: Alusão à personagem do romance de Eleonor H. Porter (1913), que encarava todas as ocorrências da vida como coisas positivas.

ou do local e os pesquisadores qualitativos precisam estar atentos à proteção da privacidade dos participantes, disfarçando nomes e desenvolvendo perfis ou casos coletivos.

Nos padrões recentes da APA sobre ética (2010), as discussões tratam de autoria e a divulgação apropriada das informações. Por exemplo, é enfatizada a honestidade – e como os autores não devem falsificar a autoria, as evidências fornecidas em um relatório, os dados reais, os achados e as conclusões de um estudo. Além disso, o plágio deve ser evitado por meio do conhecimento sobre as normas oficiais para citar os trabalhos de outros autores em um estudo. Os relatórios também não devem divulgar informações que potencialmente possam prejudicar os participantes no presente ou no futuro. A forma da escrita do relatório deve comunicar em linguagem clara e adequada para o público pretendido a que ele se destina.

Outra área de interesse emergente nos padrões da APA sobre ética (2010) reside na publicação de um estudo. É importante compartilhar as informações de um estudo de pesquisa com os participantes e as partes interessadas. Isso pode incluir compartilhar informações práticas, postando as informações nos *sites* da rede e publicando em uma linguagem que possa ser entendida por uma ampla audiência. Também existe a preocupação atualmente quanto a múltiplas publicações provenientes das mesmas fontes de pesquisa e a divisão fragmentada dos estudos em várias partes e a sua publicação em separado. Além disso, os editores frequentemente pedem que os autores assinem cartas de conformidade com as práticas éticas e declarem que não têm conflito de interesses com os resultados e publicações dos estudos.

ESTRUTURA GERAL DE UM PLANO OU PROPOSTA

Veja a diversidade de produtos finais escritos em pesquisa qualitativa. Não existe um formato determinado. Porém, vários autores sugerem tópicos gerais a serem incluídos em um plano escrito ou *proposta* para um estudo qualitativo. Apresento quatro exemplos de formatos para planos ou propostas para estudos qualitativos. No primeiro exemplo, retirado do meu próprio trabalho (Creswell, 2009, p. 74-75), desenvolvo uma forma construtivista/interpretativista. Essa forma (apresentada no Exemplo 3.1) pode ser encarada como uma abordagem tradicional para o planejamento de pesquisa qualitativa e inclui a introdução e procedimentos padrão, incluindo uma passagem nos procedimentos quanto ao papel do pesquisador. Também incorpora questões éticas previstas, achados piloto e resultados esperados.

O segundo formato apresenta uma perspectiva transformativa (Creswell, 2009,

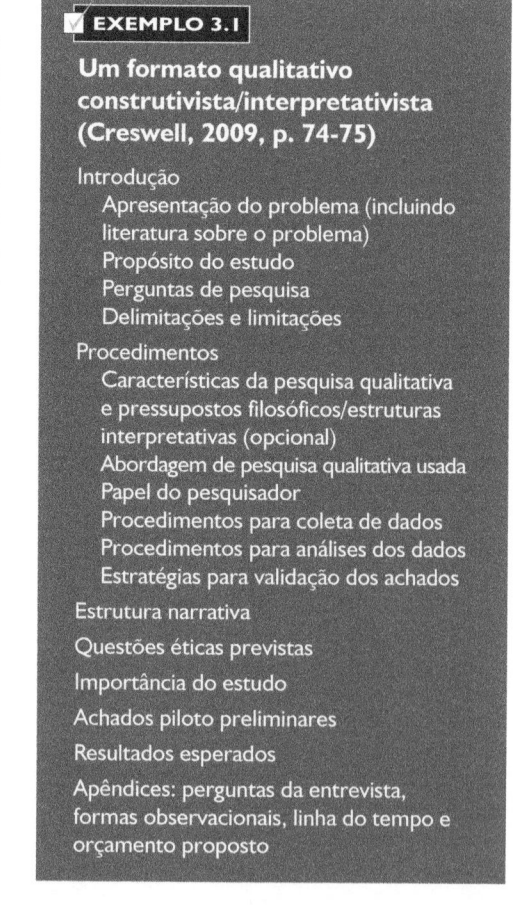

EXEMPLO 3.1

Um formato qualitativo construtivista/interpretativista (Creswell, 2009, p. 74-75)

Introdução
  Apresentação do problema (incluindo literatura sobre o problema)
  Propósito do estudo
  Perguntas de pesquisa
  Delimitações e limitações
Procedimentos
  Características da pesquisa qualitativa e pressupostos filosóficos/estruturas interpretativas (opcional)
  Abordagem de pesquisa qualitativa usada
  Papel do pesquisador
  Procedimentos para coleta de dados
  Procedimentos para análises dos dados
  Estratégias para validação dos achados
Estrutura narrativa
Questões éticas previstas
Importância do estudo
Achados piloto preliminares
Resultados esperados
Apêndices: perguntas da entrevista, formas observacionais, linha do tempo e orçamento proposto

p. 75-76). Esse formato (conforme mostra o Exemplo 3.2) explicita a abordagem de defesa transformativa da pesquisa qualitativa apresentando a questão da defesa no início, enfatizando a colaboração durante a coleta de dados e desenvolvendo as mudanças defendidas para o grupo que está sendo estudado.

O terceiro formato, Exemplo 3.3, é similar ao formato transformativo, mas ele desenvolve o uso de uma lente teórica (Marshall e Rossman, 2010). Observe que este formato possui uma seção para uma lente teórica (p. ex., feminista, racial, étnica) que informa o estudo na revisão da literatura, *confiabilidade* no lugar do que chamei de *validação*, uma seção para a reflexão por meio da biografia pessoal e de considerações éticas e políticas do autor.

No quarto e último formato, Exemplo 3.4, Maxwell (2005) organiza a estrutura em torno de uma série de nove argumentos que ele considera necessários para aderir e ser coerente quando os pesquisadores projetam suas propostas qualitativas. Penso que esses nove argumentos representam os pontos mais importantes a serem incluídos em uma proposta e Maxwell oferece em seu livro um exemplo completo de uma proposta

---

EXEMPLO 3.2

Um formato qualitativo transformativo (Creswell, 2009, p. 75-76)

Introdução
  Apresentação do problema (incluindo literatura sobre o problema)
  A questão transformativa/participativa
  Propósito do estudo
  Perguntas de pesquisa
  Delimitações e limitações

Procedimentos
  Características da pesquisa qualitativa e pressupostos filosóficos (opcional)
  Abordagem de pesquisa qualitativa
  Papel do pesquisador
  Procedimentos para coleta de dados (incluindo as abordagens colaborativas usadas e a sensibilidade em relação aos participantes)
  Procedimentos de registro dos dados
  Procedimentos de análise dos dados
  Estratégias para validação dos achados

Estrutura narrativa do estudo

Questões éticas previstas

Importância do estudo

Achados piloto preliminares

Mudanças transformativas esperadas

Apêndices: perguntas de pesquisa, formas observacionais, linha do tempo e orçamento proposto

---

EXEMPLO 3.3

Um formato de lente teórica/interpretativa (Marshall e Rossman, 2010, p. 58)

Introdução
  Visão geral
  Tópico e propósito
  Importância para conhecimento, prática, política, ação
  Estrutura e perguntas gerais de pesquisa
  Limitações

Revisão da literatura
  Tradições teóricas e pensamentos atuais para estruturação da pergunta
  Revisão e crítica da pesquisa empírica relacionada
  Ensaios e opiniões de especialistas

Projeto e metodologia
  Abordagem geral e justificativa
  Seleção do local ou população e estratégias de amostragem
  Acesso, papel, reciprocidade, confiança, *rapport*
  Biografia pessoal
  Considerações éticas e políticas
  Métodos de coleta de dados
  Procedimentos de análise dos dados
  Procedimentos para abordar confiabilidade e credibilidade

Apêndices: cartas de entrada, detalhes da coleta de dados e manejo, estratégias de amostragem, linhas do tempo, orçamento, notas de estudos piloto

> **EXEMPLO 3.4**
>
> **Nove argumentos de Maxwell para uma proposta qualitativa (2005)**
>
> 1. Precisamos entender melhor... (tópico)
> 2. Sabemos pouco sobre... (tópico)
> 3. Proponho estudar... (propósito)
> 4. O contexto e os participantes são apropriados para este estudo... (coleta de dados)
> 5. Os métodos que planejo usar fornecerão os dados de que preciso para responder às perguntas de pesquisa... (coleta de dados)
> 6. A análise irá gerar respostas a essas perguntas... (análise)
> 7. Os achados serão validados por... (validação)
> 8. O estudo não levanta problemas éticos sérios... (ética)
> 9. Os resultados preliminares apoiam a viabilidade e valor do estudo... (projeto piloto)

de tese qualitativa escrita por Martha G. Regan-Smith, da Harvard Graduate School of Education. Apresento a seguir meu resumo e adaptação desses argumentos.

Esses quatro exemplos falam somente do projeto de um plano ou proposta para um estudo qualitativo. Além dos tópicos desses formatos de proposta, o estudo completo irá incluir achados de dados adicionais, interpretações e uma discussão dos resultados gerais, limitações do estudo e necessidades de pesquisa futura.

Leituras adicionais

American Psychological Association. (2010). *Publication manual of the American Psychological Association* (6th ed.). Washington, DC: Author.

Creswell, J. W. (2009). *Research design: Qualitative, quantitative, and mixed methods approaches* (3rd ed.). Thousand Oaks, CA: Sage.

Creswell, J. W. (2011). *Educational research: Planning, conducting, and evaluating quantitative and qualitative research* (4th ed.). Upper Saddle River, NJ: Pearson Education.

Resumo

As definições da pesquisa qualitativa variam, mas sempre a encaro como uma abordagem da investigação que deve começar com pressupostos, uma lente interpretativa/teórica e o estudo dos problemas de pesquisa, explorando-se o significado que os indivíduos ou grupos atribuem a um problema social ou humano. Os pesquisadores coletam dados em ambientes cultivando uma sensibilidade às pessoas em estudo e analisam seus dados indutiva e dedutivamente, para estabelecer padrões ou temas. O relatório final apresenta as vozes dos participantes, uma reflexividade dos pesquisadores, uma descrição completa e interpretação do problema e um estudo que se soma à literatura ou faz um chamado à ação. Manuais introdutórios recentes sublinham as características incluídas nesta definição. Considerando-se essa definição, uma abordagem qualitativa é apropriada para o estudo de um problema de pesquisa quando este precisa ser explorado; quando um entendimento complexo e detalhado é necessário; quando o pesquisador deseja escrever em estilo literário e flexível; e quando o pesquisador procura entender o contexto ou os contextos dos participantes. A pesquisa qualitativa requer tempo, envolve a coleta e a análise ambiciosas dos dados, resulta em longos relatórios e não tem diretrizes rígidas.

O processo de projeto de um estudo qualitativo emerge durante a investigação, mas geralmente segue o padrão da pesquisa científica. Ele começa com pressupostos amplos centrais para a investigação qualitativa e uma lente interpretativa/teórica de um tópico de investigação. Depois de declarar um problema de pesquisa ou questão sobre esse tópico, o investigador faz várias perguntas de pesquisa abertas, reúne múltiplas formas de dados para responder a essas perguntas

✓ Resumo

e procura entender os dados, agrupando as informações em códigos, temas ou categorias e dimensões mais amplas. A narrativa final que o pesquisador compõe terá diversos formatos – desde um tipo científico de estudo até histórias narrativas. Vários aspectos tornarão o estudo um bom projeto qualitativo: coleta e análise rigorosa dos dados; uso de uma abordagem qualitativa (p. ex., narrativa, fenomenologia, teoria fundamentada, etnografia, estudo de caso); foco único; relato persuasivo; reflexão sobre a própria história do pesquisador, cultura, experiências pessoais e política; e práticas éticas.

As questões éticas precisam ser previstas e planejadas no projeto de um estudo qualitativo. Essas questões surgem em muitas fases do processo de pesquisa. Elas se desenvolvem antes da condução do estudo quando os pesquisadores procuram aprovação para a investigação. Elas surgem no começo do estudo, quando os pesquisadores fazem os primeiros contatos com os participantes, obtêm o consentimento para participarem do estudo e tomam conhecimento dos costumes, cultura e regras do local da pesquisa. As questões éticas surgem especialmente durante a coleta de dados no que diz respeito ao local; aos participantes; à reunião dos dados de forma que não venha a criar desequilíbrios no poder; e ao suposto "uso" dos participantes. Elas também aparecem durante a fase da análise dos dados quando os pesquisadores não tomam partido dos participantes, moldam os achados em uma direção particular e respeitam a privacidade dos indivíduos quando as suas informações são relatadas. Na fase do relatório da pesquisa, os investigadores precisam ser honestos, não plagiar o trabalho de outros; evitar apresentar informações que potencialmente prejudiquem os participantes; e devem se comunicar de uma maneira útil e clara com as partes interessadas. Na publicação dos estudos de pesquisa, os investigadores precisam compartilhar abertamente os dados com os outros, evitar a duplicação dos seus estudos e sujeitar-se aos procedimentos solicitados pelos editores.

Finalmente, a estrutura de um plano ou uma proposta de estudo qualitativo irá variar. Incluo quatro modelos que diferem em termos da sua orientação transformativa e teórica, da inclusão de considerações pessoais e políticas e do foco nos argumentos essenciais que os pesquisadores precisam abordar nas propostas.

Hatch, J. A. (2002). *Doing qualitative research in education settings*. Albany: State University of New York Press.

LeCompte, M. D., & Schensul, J. J. (1999). *Designing and conducting ethnographic research* (Ethnographer's toolkit, Vol. 1). Walnut Creek, CA: AltaMira.

Lincoln, Y. S. (2009). *Ethical practices in qualitative research*. In D. M. Mertens & P. E. Ginsberg (Eds.), *The handbook of social research ethics* (pp. 150–169). Los Angeles: Sage.

Marshall, C., & Rossman, G. B. (2010). *Designing qualitative research* (5th ed.). Thousand Oaks, CA: Sage.

Maxwell, J. (2005). *Qualitative research design: An interactive approach* (2nd ed.). Thousand Oaks, CA: Sage.

Mertens, D. M., & Ginsberg, P. E. (2009). *The handbook of social research ethics*. Los Angeles: Sage.

Morse, J. M., & Richards, L. (2002). *README FIRST for a user's guide to qualitative methods* (2nd ed.). Thousand Oaks, CA: Sage.

Weis, L., & Fine, M. (2000). *Speed bumps: A study-friendly guide to qualitative research*. New York: Teachers College Press.

✓ EXERCÍCIOS

1. É importante ser capaz de "ver" como os autores incorporam as características da pesquisa qualitativa aos seus estudos publicados. Escolha um dos artigos qualitativos apresentados nos Apêndices B a F. Discuta cada uma das características principais abordadas neste capítulo à medida que foram

EXERCÍCIOS

aplicadas no artigo acadêmico. Observe quais características são "fáceis" e quais são as "mais difíceis" de identificar. As características mencionadas anteriormente são as seguintes:
- ✓ O pesquisador conduz o estudo no campo em um contexto natural.
- ✓ O pesquisador não usa o instrumento de outros, mas reúne dados com o seu próprio instrumento.
- ✓ O pesquisador coleta múltiplos tipos de dados.
- ✓ O pesquisador usa o raciocínio indutivo e dedutivo para entender os dados.
- ✓ O pesquisador relata as perspectivas dos participantes e seus múltiplos significados.
- ✓ O pesquisador relata o ambiente e o contexto em que o problema está sendo estudado.
- ✓ O pesquisador possibilita o surgimento do projeto ou procedimentos do estudo.
- ✓ O pesquisador discute seu *background* e como ele molda a interpretação dos achados.
- ✓ O pesquisador relata um quadro complexo do fenômeno que está sendo estudado.

2. Considere como abordar uma questão ética. Na Tabela 3.2, escolha uma das questões éticas que surgem durante o processo de pesquisa. Invente um dilema que poderia ocorrer na sua pesquisa e apresente como você antecipária a sua solução no projeto do seu estudo.

3. Antes de projetar o seu estudo, é útil pensar sobre a forma como os estudos qualitativos são estruturados. Uma forma de começar a pensar sobre a estrutura dos estudos qualitativos é fazer o esboço do fluxo de atividades que os autores usaram em seus estudos publicados. Para esse fim, escolha um dos artigos (um diferente do que você usou para responder o Exercício 1) nos Apêndices B a F. Gostaria, então, que você fizesse um quadro do fluxo das ideias mais recorrentes, desenhando quadros ou círculos e flechas para indicar a sequência. Por exemplo, um estudo pode começar com uma discussão sobre o "problema" e então se direcionar para um "modelo teórico" e depois para o "propósito", e assim por diante. Ao realizar essa atividade, você terá uma estrutura geral de como poderia organizar e apresentar os tópicos no seu estudo.

4. De um modo geral, todo projeto realizado por um pesquisador qualitativo precisa ser um estudo instigante, que alguém gostaria de ler. Aqui estão alguns elementos do projeto que tornariam o seu estudo mais atraente para um leitor:
- ✓ Estude um grupo incomum de pessoas ou um local incomum.
- ✓ Adote um ângulo, ou perspectiva, inesperado. Ele seria o lado inverso (o lado da sombra) do que é esperado.
- ✓ Colete dados que não sejam em geral esperados em pesquisa das ciências sociais (p. ex., colete sons, faça os participantes tirarem fotos).
- ✓ Apresente os achados de uma forma incomum, como por meio de analogias (veja Wolcott, 2010), mapas ou outros tipos de figuras e tabelas.
- ✓ Estude um tópico oportuno, que seja assunto da sociedade no momento e conteúdo dos noticiários atuais.

Considere quais (um ou mais) desses aspectos se encaixam em seu projeto e discuta como eles se relacionam ao seu estudo.

4
Cinco abordagens qualitativas de investigação

Gostaria de apresentar dois cenários. No primeiro, o pesquisador qualitativo não identifica uma abordagem específica que esteja usando em sua pesquisa qualitativa; talvez a sua explicação da metodologia adotada seja curta e simplesmente limitada à coleta de entrevistas face a face. Os achados do estudo são apresentados como um trabalho temático das principais categorias das informações coletadas durante as entrevistas. Contraste esse primeiro caso com um segundo cenário. O pesquisador adota uma abordagem específica para a sua pesquisa qualitativa, como uma abordagem de pesquisa narrativa. Agora, a sua seção de metodologia é detalhada, descrevendo o significado dessa abordagem, por que ela foi usada e como ela se relacionaria com os procedimentos do estudo. Os achados nesse segundo estudo reúnem a história específica de um indivíduo, contada cronologicamente e destacando alguns de seus principais pontos de tensão. Ela é definida a partir de uma organização específica. Qual das abordagens você consideraria mais acadêmica? A mais convidativa? A mais sofisticada? Acredito que você optaria pela segunda abordagem.

Identificando a abordagem adotada em nossa investigação qualitativa, o estudo torna-se consequentemente mais sofisticado e mais específico, facilitando, assim, o acesso para que críticos possam avaliá-lo apropriadamente. O pesquisador iniciante, por sua vez, pode se beneficiar por ter uma estrutura escrita para seguir, que oferece a ele uma forma de organizar as ideias fundamentadas na literatura acadêmica da pesquisa qualitativa. É claro que esse pesquisador iniciante poderia escolher entre diversas abordagens qualitativas, como a pesquisa narrativa e a fenomenologia, mas eu deixaria essa abordagem metodológica mais avançada para pesquisadores mais experientes. Digo sempre que o pesquisador iniciante precisa primeiro entender inteiramente uma abordagem, para só depois se aventurar e experimentar abordagens novas e combiná-las na condução de uma pesquisa qualitativa.

Este capítulo ajudará você a dar o primeiro passo rumo ao domínio de uma das abordagens qualitativas de investigação. Explico aqui cada abordagem, uma por uma, e discuto a sua origem, suas principais características definidoras, os vários modos de usá-la, os passos envolvidos na condução de um estudo que a adote como parâmetro e os desafios que você provavelmente enfrentará à medida que avançar.

QUESTÕES PARA DISCUSSÃO

✓ Qual é a origem de cada abordagem (estudo narrativo, fenomenologia, teoria fundamentada, etnografia e estudo de caso)?
✓ Quais são as características definidoras de cada abordagem?
✓ Quais são as várias formas que um estudo pode assumir dentro de cada abordagem?
✓ Quais são os procedimentos para adotar uma determinada abordagem?
✓ Quais são os desafios associados a cada abordagem?
✓ Quais são as semelhanças e diferenças entre as cinco abordagens?

PESQUISA NARRATIVA

Definição e origem

A *pesquisa narrativa* pode ser realizada de muitas maneiras e adota uma variedade de práticas analíticas. Ela é enraizada em diferentes disciplinas sociológicas e humanas (Daiute e Lightfoot, 2004). "Narrativa" diz respeito ao *fenômeno* a ser estudado, como a narrativa de uma doença, ou pode ser o método utilizado no estudo, como os *procedimentos* de análise das histórias contadas (Chase, 2005; Clandinin e Connolly, 2000; Pinnegar e Daynes, 2007).

Como método, ela começa com as experiências expressas nas histórias vividas e contadas pelos indivíduos. Os autores oferecem formas de analisar e entender as histórias vividas e contadas. Czarniawska (2004) define essa estratégia como um tipo específico de projeto qualitativo, em que "a narrativa é entendida como um texto falado ou escrito, dando conta de um evento/ação ou séries de eventos/ações cronologicamente conectados" (p. 17). Os procedimentos para implantar esse tipo de pesquisa consistem em focar no estudo de um ou dois indivíduos, reunir dados por meio da coleta das suas histórias, relatar as suas experiências individuais e ordenar cronologicamente o significado dessas experiências (ou usar *estágios do curso da vida*).

Embora a pesquisa narrativa tenha se originado na literatura, na história, na antropologia, na sociologia, na sociolinguística e na educação, diferentes campos de estudo adotaram as suas abordagens (Chase, 2005). Identifico uma orientação pós-moderna e organizacional em Czarniawska (2004); uma perspectiva desenvolvimentista humana em Daiute e Lightfoot (2004); uma abordagem psicológica em Lieblich, Tuval-Mashiach e Zilber (1998); abordagens sociológicas em Cortazzi (1993) e Riessman (1993, 2008); e abordagens quantitativas (p. ex., estatísticas na modelagem da história do evento) e qualitativas em Elliott (2005). Esforços interdisciplinares em pesquisa narrativa também foram incentivados pela série anual *Narrative Study of Lives*, iniciada em 1993 (veja, p. ex., Josselson e Lieblich, 1993), e pela publicação de *Narrative Inquiry*. Com muitos livros recentes sobre pesquisa narrativa, ela continua a ser um popular "campo em construção" (Chase, 2005, p. 651). Na discussão dos procedimentos narrativos, baseio-me em um livro acessível, escrito por cientistas sociais, chamado *Narrative Inquiry* (Clandinin e Connelly, 2000). O texto aborda "o que os pesquisadores narrativos fazem" (p. 48). Também introduzo os procedimentos de coleta de dados e as variadas estratégias analíticas de Riessman (2008).

Definindo as características dos estudos narrativos

Por meio da leitura de artigos publicados em periódicos e do estudo de livros importantes sobre a investigação narrativa, emergiu um conjunto de características específicas que definem as suas fronteiras. Nem todos os projetos narrativos contêm estes elementos, mas muitos sim, e a lista de possibilidades não chega a ser exaustiva.

- ✓ Pesquisadores narrativos coletam **histórias** de indivíduos (além de documentos e conversas coletivas) sobre as experiências vividas por eles. Essas histórias podem surgir a partir de uma informação relatada ao pesquisador, uma história que é construída em conjunto entre o pesquisador e o participante e uma história feita para ser representada, transmitindo assim uma mensagem ou um questionamento (Riessman, 2008). Desse modo, nota-se que existe uma forte característica *colaborativa* na pesquisa narrativa, já que a história emerge por meio da interação e do diálogo entre o pesquisador e o(s) participante(s).
- ✓ Histórias narrativas falam de *experiências* individuais e podem lançar luz sobre as *identidades* dos indivíduos e as imagens que eles têm de si mesmos.
- ✓ Histórias narrativas são reunidas a partir de variadas *formas de coleta de dados*, como por meio de entrevistas, que podem constituir a fonte de dados principal, e também por meio de observações, documentos, imagens e outras fontes de dados qualitativos.
- ✓ Histórias narrativas frequentemente são ouvidas e classificadas pelos pesquisadores dentro de uma *cronologia*, embora possam não ser contadas dessa forma pelo(s) participante(s). Ocorre uma alteração temporal quando indivíduos falam sobre suas experiências e suas vidas. Eles podem falar sobre o seu passado, seu presente ou seu futuro (Clandinin e Connelly, 2000).
- ✓ Histórias narrativas são *analisadas* de formas variadas. A análise pode ser feita com base no que foi dito (tematicamente), na natureza do contar da história (estrutural) ou em para quem a história foi direcionada (dialógica/desempenho) (Riessman, 2008).
- ✓ Muitas vezes, histórias narrativas contêm *pontos decisivos (turning points)* (Denzin, 1989a) ou tensões específicas ou interrupções que são destacadas pelos pesquisadores no relato.
- ✓ Histórias narrativas estão inseridas em *lugares ou situações* específicas. O contexto se torna importante para que o pesquisador conte a história levando em conta a sua localização.

Tipos de narrativas

Os estudos narrativos podem ser diferenciados segundo duas linhas distintas. Uma linha é considerar a estratégia de análise de dados adotada pelo pesquisador narrativo. Várias estratégias analíticas estão disponíveis para uso. Polkinghorne (1995) aborda casos em que o pesquisador extrai temas que aparecem em histórias ou taxonomias de tipos de histórias e outros nos quais a maneira de narrar as histórias por parte do pesquisador é baseada em um enredo ou uma abordagem literária. Polkinghorne (1995) enfatiza a segunda forma em seus escritos. Mais recentemente, Chase (2005) sugere estratégias analíticas baseadas nas restrições de análise nas narrativas, no fato de as narrativas serem compostas interativamente entre pesquisadores e participantes e nas interpretações desenvolvidas por vários narradores. Combinando essas duas abordagens, temos uma análise criteriosa de estratégias para a análise de narrativas em Riessman (2008). Ela reúne três tipos de abordagens usadas para analisar histórias narrativas: uma análise temática em que o pesquisador identifica os temas "contados" por um participante; uma análise estrutural em que o significado se volta para o "contar" da história, que pode estar contextualizada em uma conversa de tom cômico ou de tragédia, sátira e romance, entre outras formas; e uma análise dialógica/do desempenho em que o foco se volta para como a história é produzida (isto é, interativamente entre o pesquisador e o participante) e como se realiza (isto é, procurando transmitir alguma mensagem ou argumento).

Outra linha de pensamento considera os tipos de narrativas. A partir dela, surgiu uma ampla variedade de abordagens (veja, p. ex., Casey, 1995/1996). Apresentamos aqui algumas das abordagens mais populares.

- ✓ Um *estudo biográfico* é uma forma de estudo narrativo no qual o pesquisador escreve e registra as experiências da vida de outra pessoa.
- ✓ Uma *autoetnografia* é escrita e registrada pelos indivíduos que são objeto do estudo (Ellis, 2004; Muncey, 2010). Muncey (2010) define autoetnografia como a ideia de múltiplas camadas de consciência, do *self* vulnerável, do *self* coerente, abordando o *self* inserido em um contexto social, a subversão dos discursos dominantes e o seu potencial evocativo. A autoetnografia contém a história pessoal do autor, bem como o significado cultural mais amplo para a sua história. Um exemplo de autoetnografia é a tese de doutorado de Neyman (2011), em que ela explorou suas experiências de ensino, tendo como pano de fundo problemas maiores das escolas públicas nos Estados Unidos e na Ucrânia. Sua história sobre problemas como o baixo desempenho acadêmico, a ausência de disciplina, o roubo, o envolvimento insuficiente dos pais e outras questões lançou luz sobre sua vida pessoal e profissional.
- ✓ Uma *história de vida* retrata a vida inteira de um indivíduo, enquanto uma história de experiência pessoal é um estudo narrativo da experiência pessoal de um indivíduo vivida em um ou múltiplos episódios, situações particulares ou em contexto coletivo (Denzin, 1989a).
- ✓ Uma *história oral* consiste na reunião de reflexões pessoais sobre os eventos, incluindo suas causas e seus efeitos, de um indivíduo ou vários indivíduos (Plummer, 1983). Os estudos narrativos podem ter um foco contextual específico, como as histórias contadas pelos professores ou pelas crianças em sala de aula (Ollerenshaw e Creswell, 2002) ou as histórias contadas sobre as organizações (Czarniawska, 2004). As narrativas podem ser guiadas por estruturas interpretativas. A estrutura poderá defender os latino-americanos por meio do uso de *testemunhos* (Beverly, 2005) ou relatar histórias de mulheres usando interpretações feministas (veja, p. ex., Personal Narratives Group, 1989), que compõem uma lente que mostra como as vozes das mulheres estão caladas e são múltiplas e contraditórias (Chase, 2005). Podem ser contadas também para perturbar o discurso dominante em torno da gravidez adolescente (Muncey, 2010).

Procedimentos para a condução da pesquisa narrativa

Usando a abordagem adotada por Clandinin e Connelly (2000) como um guia processual geral, os métodos de condução de um estudo narrativo não seguem uma abordagem fechada, mas representam uma coleção informal de tópicos. Riessman (2008) acrescenta informações úteis sobre o processo de coleta dos dados e sobre as estratégias para a análise dos mesmos.

- ✓ Determinar se o problema ou a pergunta de pesquisa se adapta melhor à pesquisa narrativa. A pesquisa narrativa é melhor para captar as histórias detalhadas ou as experiências de vida de um *único indivíduo* ou as vidas de um número pequeno de indivíduos.
- ✓ Escolher um ou mais indivíduos que tenham histórias ou experiências de vida a serem contadas e passar um tempo considerável com eles, colhendo suas histórias por meio de múltiplos tipos de coletas de informações. Clandinin e Connelly (2000) se referem às histórias como "textos de campo". Os participantes da pesquisa podem registrar suas histórias em um

diário, ou o pesquisador pode observar os indivíduos e fazer anotações de campo. Os pesquisadores também podem coletar cartas enviadas pelos indivíduos, montar as histórias sobre eles a partir dos membros da família, reunir documentos como memorandos e correspondência oficial sobre eles ou obter fotografias, caixas de recordações (coleção de itens que acionam lembranças) e outros artefatos pessoais-familiares-sociais. Após o exame dessas fontes, o pesquisador registra as experiências de vida dos indivíduos.

✓ Considerar como a coleta dos dados e o seu registro podem assumir diferentes formatos. Riessman (2008) ilustra diferentes formas pelas quais os pesquisadores podem transcrever entrevistas para desenvolver diferentes tipos de histórias. A transcrição pode destacar o pesquisador como um ouvinte ou um questionador, enfatizar a interação entre o pesquisador e o participante, transmitir uma conversação que evolua ao longo do tempo ou inclua a mudança de significados que possam emergir por meio do material traduzido.

✓ Coletar informações sobre o contexto dessas histórias. Os pesquisadores narrativos situam as histórias individuais dentro das experiências pessoais dos participantes (seus trabalhos, suas casas), sua cultura (racial ou étnica) e seus **contextos históricos** (tempo e lugar).

✓ Analisar as histórias dos participantes. O pesquisador pode assumir um papel ativo e "reestoriar" as histórias dentro de uma estrutura que tenha sentido. **Reestoriar** é o processo de reorganização das histórias dentro de algum tipo de estrutura. Essa estrutura pode consistir na reunião de histórias, na análise de elementos-chave dessas histórias (p. ex., tempo, lugar, enredo e cena) e, por último, na reescrita das histórias para inseri-las em uma sequência cronológica (Ollerenshaw e Creswell, 2002). Frequentemente, quando os indivíduos contam histórias, eles não as apresentam em sequência cronológica. Durante o processo de reestoriar, o pesquisador faz uma ligação causal entre as ideias. Cortazzi (1993) sugere que a cronologia da pesquisa narrativa, com uma ênfase na sequência, separa a narrativa de outros gêneros de pesquisa. Um aspecto da cronologia é que as histórias têm começo, meio e fim. Similarmente aos elementos básicos encontrados em bons romances, esses aspectos envolvem uma situação difícil, de conflito ou luta; um protagonista, ou personagem principal; e uma sequência com causalidade implicada (isto é, um enredo) durante a qual a situação é resolvida de alguma maneira (Carter, 1993). Uma cronologia consiste ainda de ideias passadas, presentes e futuras (Clanindin e Connelly, 2000), com base no pressuposto de que o tempo tem uma direção linear (Polkinghorne, 1995). Em um sentido mais geral, a história pode incluir outros elementos comumente encontrados nas narrativas literárias, como tempo, lugar e cena (Connelly e Clandinin, 1990). O enredo, ou o roteiro, também pode incluir o espaço de investigação narrativa tridimensional de Clandinin e Connelly (2000): o pessoal e o social (a interação); o passado, o presente e o futuro (continuidade); e o lugar (situação). Esse enredo pode incluir informações sobre o ambiente ou o contexto das experiências dos participantes. Além da cronologia, os pesquisadores podem detalhar os temas que surgem da história para apresentar uma discussão mais detalhada de seu significado (Huber e Whelan, 1999). Assim, a análise dos dados qualitativos pode ser uma descrição da história e dos temas que surgem a partir dela. Um autor narrativo pós-moderno, como Czarniawska (2004), acrescenta outro elemento à análise: uma desconstrução das histórias, um desfazer das histórias por meio de estratégias analíticas, como expor as dicotomias, examinar os silêncios e atentar às interrupções e contradições. Finalmente, o processo de análise consiste na busca do pesquisador por temas ou categorias; no uso de uma abordagem microlinguística para sondar o significado das palavras, expressões e unidades maiores do discurso, como frequentemente é feito na análise conversacional (veja Gee, 1991); ou no exame das histórias e de como elas são produzidas interativamente entre o pesquisador e o participante ou encenadas pelo participante para transmitir uma agenda ou mensagem específica (Riessman, 2008).

✓ Colaborar com os participantes, envolvendo-os na pesquisa (Clandinin e Connelly, 2000). À medida que os pesquisadores coletam as histórias, eles negociam relações, atenuam transições e proporcionam formas de ser úteis aos participantes. Em pesquisa narrativa, um tema-chave tem sido a atenção dada à relação entre o pesquisador e o pesquisado, em que ambas as partes irão aprender e se modificar nesse encontro (Pinnegar e Daynes, 2007). Nesse processo, as partes negociam o significado das histórias, acrescentando uma verificação de validação à análise (Creswell e Miller, 2000). Dentro da história do participante também pode estar uma história entrelaçada do pesquisador, fazendo-o ganhar, desse modo, um *insight* sobre a própria vida (veja Huber e Whelan, 1999). Além disso, dentro da história podem-se encontrar epifanias, encruzilhadas ou interrupções em que a linha narrativa muda de direção drasticamente. No fim, o estudo narrativo conta a história dos indivíduos que se revela em uma cronologia das suas experiências, estabelecidas dentro do seu contexto pessoal, social e histórico e incluindo os temas importantes nessas experiências vividas: "investigação narrativa são as histórias vividas e contadas", como disseram Clandinin e Connolly (2000, p. 20).

Desafios

Considerando-se esses procedimentos e suas características, a pesquisa narrativa é uma abordagem desafiadora de ser usada. O pesquisador precisa coletar ampla informação sobre o participante e precisa ter um entendimento claro do contexto da vida do indivíduo. É necessário um olhar atento para identificar na fonte o material que reúne as histórias particulares para captar as experiências do indivíduo. Conforme comenta Edel (1984), é importante trazer à tona a "figura embaixo do tapete" que explica o contexto multifacetado de uma vida. É necessária a colaboração ativa com o participante, e os pesquisadores precisam debater as histórias, além de serem reflexivos quanto às suas experiências pessoais e políticas, que moldam como eles "recontam" o relato. Múltiplas questões surgem na coleta, na análise e no relato das histórias individuais. Pinnegar e Daynes (2007) levantam estas importantes questões: quem é o dono da história? Quem pode contá-la? Quem pode alterá-la? Qual das versões é convincente? O que acontece quando as narrativas competem? Como comunidade, o que é que as histórias fazem entre nós?

PESQUISA FENOMENOLÓGICA

Definição e origem

Enquanto um estudo narrativo relata as histórias de experiências de um único indivíduo ou vários indivíduos, um *estudo fenomenológico* descreve o significado comum para vários indivíduos das suas **experiências vividas** de um conceito ou um fenômeno. Os fenomenologistas focam na descrição do que todos os participantes têm em comum quando vivenciam um fenômeno (p. ex., o pesar é vivenciado universalmente). O propósito básico da fenomenologia é reduzir as experiências individuais com um fenômeno a uma descrição da essência universal (uma "captura da própria natureza da coisa", como afirma van Manen, 1990, p. 177). Para esse fim, os pesquisadores qualitativos identificam um fenômeno (um "objeto" da experiência humana; van Manen, 1990, p. 163). Essa experiência humana pode ser um fenômeno como a insônia, o sentimento de exclusão, a raiva, a tristeza ou o submeter-se a uma cirurgia de revascularização do miocárdio (Moustakas, 1994). O investigador, então, coleta dados das pessoas que vivenciaram o fenômeno e desenvolve uma descrição composta da essência da experiência para todos os indivíduos. Essa descrição consiste do "que" eles vivenciaram e "como" vivenciaram (Moustakas, 1994).

Além desses procedimentos, a fenomenologia tem um forte componente filosófico em si. Ela se baseia fortemente nos escritos do matemático alemão Edmund Husserl (1859-1938) e dos que ampliaram a sua visão, como Heideger, Sartre e Merleau-Ponty (Spiegelberg, 1982). A fenomenologia é popular nas ciências sociais e da saúde, especialmente na sociologia (Borgatta e Borgatta, 1992; Swingewood, 1991), na psicologia (Giorgi, 1985, 2009; Polkinghorne, 1989), na enfermagem e nas ciências da saúde (Nieswiadomy, 1993; Oiler, 1986) e na educação (Tesch, 1988; van Manen, 1990). As ideias de Husserl são abstratas, e Merleau-Ponty (1962) levantou a questão: "O que é a fenomenologia?". Na verdade, sabe-se que Husserl chamava qualquer projeto em andamento de "fenomenologia" (Natanson, 1973).

Os autores que seguem as pegadas de Husserl também parecem apontar para argumentos filosóficos diferentes para o uso da fenomenologia hoje (contrastam, por exemplo, a base filosófica expressa em Moustakas, 1994; em Stewart e Mickunas, 1990; e em van Manen, 1990). Entretanto, examinando todas essas perspectivas, vemos que os pressupostos filosóficos residem em algumas bases comuns: o estudo das experiências vividas das pessoas, a visão de que essas experiências são conscientes (van Manen, 1990) e o desenvolvimento de descrições da essência dessas experiências, não explicações ou análises (Moustakas, 1994). Em nível mais amplo, Stewart e Mickunas (1990) enfatizam quatro *perspectivas filosóficas* em fenomenologia:

✓ Um retorno às tarefas tradicionais da filosofia. No final do século XIX, a filosofia se limitou à exploração do mundo por meio de experimentos empíricos, o que foi chamado de "cientificismo". O retorno às tarefas tradicionais da filosofia que existiam antes de a filosofia se enamorar da ciência empírica é um retorno à concepção grega da filosofia como uma busca pela sabedoria.

✓ Uma filosofia sem pressuposições. A abordagem da fenomenologia é suspender todos os juízos sobre o que é real – a "atitude natural" – até que estejam fundamentados em uma base mais correta. Essa suspensão é chamada de *epoché* por Husserl.

✓ A *intencionalidade da consciência.* Essa ideia é de que a consciência está sempre direcionada para um objeto. A realidade de um objeto, então, está inextricavelmente relacionada à consciência que se tem dele. Assim, a realidade, de acordo com Husserl, é dividida não em sujeitos e objetos, mas na natureza dual cartesiana de sujeitos e objetos quando eles aparecem na consciência.

✓ A recusa da dicotomia sujeito-objeto. Esse tema flui naturalmente da intencionalidade da consciência. A realidade de um objeto só é percebida dentro do significado da experiência de um indivíduo.

✓ Um indivíduo que escreve uma fenomenologia seria negligente em não incluir alguma discussão sobre as pressuposições filosóficas da fenomenologia junto com os métodos nessa forma de investigação. Moustakas (1994) dedica mais de 100 páginas aos pressupostos filosóficos antes de se voltar para os métodos.

Características definidoras da fenomenologia

Existem várias características que em geral são incluídas nos estudos fenomenológicos. Eu me baseio em dois livros para minhas informações primárias sobre fenomenologia: Moustakas (1994), partindo de uma perspectiva psicológica, e van Manen (1990), baseado em uma orientação das ciências humanas.

✓ Uma ênfase em um *fenômeno* a ser explorado, expresso em termos de um único conceito ou ideia, como a ideia educacional de "crescimento profissional", o conceito psicológico de "luto" ou a ideia da saúde de uma "relação de cuidado".

- ✓ A exploração desse fenômeno com um *grupo de indivíduos* que vivenciaram o fenômeno. Assim, é identificado um grupo heterogêneo que pode variar em tamanho: de 3 a 4 indivíduos até 10 a 15.
- ✓ Uma *discussão filosófica* sobre as ideias básicas envolvidas na condução de uma fenomenologia. Isso se baseia nas experiências vividas dos indivíduos e como eles têm experiências subjetivas do fenômeno e experiências objetivas de alguma coisa em comum com outras pessoas. Assim, existe uma recusa da perspectiva de subjetivo-objetivo e, por essas razões, a fenomenologia se encontra em algum ponto de um *continuum* entre a pesquisa qualitativa e quantitativa.
- ✓ Em algumas formas de fenomenologia, o pesquisador se coloca *entre parênteses*, fora do estudo, ao discutir experiências pessoais com o fenômeno. Isso não retira completamente o pesquisador do estudo, mas serve para identificar experiências pessoais com o fenômeno e em parte as deixa de lado de modo que o pesquisador possa focar nas experiências dos participantes do estudo. Este é um ideal, mas os leitores sabem a respeito das experiências do pesquisador e podem julgar por si mesmos se ele focou unicamente nas experiências dos participantes na descrição sem trazer a si mesmo para dentro do quadro. Giorgi (2009) vê esta colocação *entre parênteses* (ou *bracketing*) como uma questão de não esquecer o que foi experimentado, mas não deixando que o conhecimento passado seja envolvido enquanto determina as experiências. Ele então cita outros aspectos da vida onde existe esta mesma demanda. Um jurado em um julgamento criminal pode ouvir um juiz dizer que uma determinada evidência não é admissível; um pesquisador científico pode ter a expectativa de que uma hipótese será apoiada, mas então observa que os resultados não a apoiam.
- ✓ Um procedimento de *coleta de dados* que envolva entrevistar os indivíduos que experimentaram o fenômeno. Contudo, esse não é um traço universal, já que alguns estudos fenomenológicos envolvem fontes variadas de dados, como poemas, observações e documentos.
- ✓ *Análise dos dados* que pode se seguir aos procedimentos sistemáticos que partem de unidades delimitadas de análise (p. ex., declarações significativas), passando por unidades mais amplas (p. ex., unidades de significado) até descrições detalhadas que resumem dois elementos, "o que" os indivíduos experimentaram e "como" eles experimentaram (Moustakas, 1994).
- ✓ A fenomenologia termina com uma descrição, discutindo a essência das experiências dos indivíduos e incorporando "o quê" e "como" eles têm experimentado. Essa essência é o aspecto culminante de um estudo fenomenológico.

Tipos de fenomenologia

Duas abordagens da fenomenologia são destacadas nesta discussão: a fenomenologia hermenêutica (van Manen, 1990) e a fenomenologia empírica, transcendental ou psicológica (Moustakas, 1994). Van Manen (1990) é amplamente citado na literatura de saúde (Morse e Field, 1995). Educador, van Manen (1990) escreveu um livro instrutivo sobre **fenomenologia hermenêutica**, em que descreve a pesquisa como orientada para a experiência vivida (fenomenologia) e interpretando os "textos" da vida (hermenêutica) (p. 4). Embora van Manen não aborde a fenomenologia com um conjunto de regras ou métodos, ele a discute como um interjogo dinâmico entre seis atividades de pesquisa. Os pesquisadores primeiro se voltam para um fenômeno, uma "preocupação constante" (van Manen, 1990, p. 31), a qual lhes interessa seriamente (p. ex., leitura, corrida, direção, maternidade). No processo, eles refletem sobre temas essenciais, o que constitui a natureza dessa experiência vivida. Eles redigem uma descrição do fenômeno, mantendo uma forte relação com o tópico de investigação e equilibrando as partes da escrita em relação ao todo. A fenomenologia não é somente uma descrição, mas também um processo interpretativo no qual o pesquisador faz uma interpretação (isto é, o pesquisador faz a "mediação" entre diferentes significados; van Manen, 1990, p. 26) do significado das experiências vividas.

A fenomenologia transcendental ou psicológica de Moustakas (1994) é menos focada na interpretação do pesquisador e mais em uma descrição das experiências dos participantes. Além disso, Moustakas foca-se em um dos conceitos de Husserl, *epoché* (ou *bracketing*), no qual os investigadores colocam de lado as suas experiências, tanto quanto seja possível, para assumir uma perspectiva nova do fenômeno que está sendo examinado. Consequentemente, *transcendental* significa "em que tudo é percebido como novo, como se fosse pela primeira vez" (Moustakas, 1994, p. 34). Moustakas admite que esse estado é raramente atingido perfeitamente. Entretanto, vejo pesquisadores que abraçam essa ideia quando iniciam um projeto descrevendo experiências próprias com o fenômeno e colocando entre parênteses as suas visões antes de continuarem com as experiências dos outros.

Além da suspensão, a *fenomenologia transcendental* empírica se baseia nos *Duquesne Studies in Phenomenological Psychology* (p. ex., Giorgi, 1985, 2009) e nos procedimentos de análise de dados de Van Kaam (1966) e Colaizzi (1978). Os procedimentos, ilustrados por Moustakas (1994), consistem na identificação de um fenômeno a estudar, colocando entre parênteses as próprias experiências e coletando dados de diversas pessoas que experimentaram o fenômeno. O pesquisador então analisa os dados, reduzindo as informações a declarações ou citações significativas, e combina as declarações dentro de temas. Depois disso, o pesquisador desenvolve uma *descrição textual* das experiências das pessoas (o que os participantes experimentaram), uma *descrição estrutural* das suas experiências (como eles as experimentaram em termos das condições, situações ou contexto) e uma combinação das descrições textuais e estruturais para transmitir uma *essência* geral da experiência.

Procedimentos para a condução de pesquisa fenomenológica

Uso a abordagem do psicólogo Moustakas (1994) porque ela possui dados sistemáticos no procedimento de análise dos dados e diretrizes para reunir a descrição textual e estrutural. A conduta da fenomenologia psicológica foi abordada em inúmeras publicações, incluindo Dukes (1984), Tesch (1990), Giorgi (1985, 1994, 2009), Polkinghorne (1989) e mais recentemente Moustakas (1994). Os principais passos de procedimentos no processo seriam os seguintes:

✓ O pesquisador determina se o problema de pesquisa é mais bem examinado com o uso de uma abordagem fenomenológica. O tipo de problema mais adequado para essa forma de pesquisa é aquele em que é importante entender várias experiências de um fenômeno comuns ou compartilhadas pelos indivíduos. Seria importante compreender essas experiências comuns visando a desenvolver práticas ou políticas ou para desenvolver uma compreensão mais profunda a respeito das características do fenômeno.

✓ É identificado um fenômeno de interesse a ser estudado, como a raiva, o profissionalismo, o que significa estar abaixo do peso ou o que significa ser um lutador. Moustakas (1994) fornece variados exemplos dos fenômenos que têm sido estudados. Van Manen (1990) identifica os fenômenos com a experiência de aprendizagem, andar de bicicleta ou o início da paternidade.

✓ O pesquisador reconhece e especifica os pressupostos filosóficos amplos da fenomenologia. Por exemplo, poderia se escrever sobre a combinação da realidade objetiva e as experiências individuais. Essas experiências vividas são mais "conscientes" e direcionadas para um objeto. Para descrever integralmente como os participantes encaram o fenômeno, os pesquisadores precisam suspender tanto quanto possível as suas próprias experiências.

- ✓ São coletados dados dos indivíduos que experimentaram o fenômeno. Em geral, a coleta de dados em estudos fenomenológicos consiste em entrevistas múltiplas e realizadas em profundidade com os participantes. Polkinghorne (1989) recomenda que os pesquisadores entrevistem de 5 a 25 indivíduos que experimentaram o fenômeno. Outras formas de dados também podem ser coletadas, como observações, publicações, poesia, música e outras formas de arte. Van Manen (1990) menciona conversas filmadas, respostas escritas formalmente e relatos de experiências de terceiros com peças, filmes, poesia e romances.
- ✓ São feitas aos participantes duas perguntas amplas e gerais (Moustakas, 1994): o que você experimentou em termos do fenômeno? Quais contextos ou situações influenciaram ou afetaram as suas experiências do fenômeno? Outras perguntas abertas também podem ser feitas, mas essas duas em especial concentram a atenção na reunião de dados que conduzirão a uma descrição textual e estrutural das experiências e finalmente fornecerão uma compreensão das experiências comuns dos participantes.
- ✓ Os passos para a *análise fenomenológica dos dados* são geralmente semelhantes para todos os fenomenologistas psicológicos que discutem os métodos (Moustakas, 1994; Polkinghorne, 1989). Com base nos dados a partir da primeira e segunda perguntas de pesquisa, os analistas dos dados os examinam (p. ex., transcrições de entrevistas) e destacam as "declarações significativas", frases ou citações que oferecem uma compreensão de como os participantes experimentaram o fenômeno. Moustakas (1994) chama este passo de *horizontalização*. A seguir, o pesquisador desenvolve *grupos de significados* para estas declarações significativas.
- ✓ Essas declarações significativas e esses temas são então usados para redigir uma descrição do que os participantes experimentaram (*descrição textual*). Elas também são usadas para registrar uma descrição do ambiente ou contexto que influenciou como os participantes experimentaram o fenômeno, chamada de *variação imaginativa* ou *descrição estrutural*. Moustakas (1994) acrescenta outro passo: os pesquisadores também escrevem sobre experiências próprias e o contexto e situações que influenciaram suas experiências. Gosto de abreviar os procedimentos de Moustakas e refletir essas declarações pessoais no início da fenomenologia ou incluí-las em uma discussão dos métodos sobre o papel do pesquisador (Marshall e Rossman, 2010).
- ✓ A partir da descrição estrutural e textual, o pesquisador então escreve uma descrição composta que apresenta a "essência" do fenômeno, chamada de *estrutura essencial invariante (ou essência)*. Primeiramente, essa passagem foca as experiências comuns dos participantes. Por exemplo, significa que todas as experiências possuem uma *estrutura* subjacente (o pesar é o mesmo se o ser amado é um cachorrinho, um periquito ou uma criança). É uma passagem descritiva, um longo parágrafo ou dois, e o leitor deve se afastar da fenomenologia com o sentimento: "Entendo melhor como é para alguém experimentar isso" (Polkinghorne, 1989, p. 46).

Desafios

Uma fenomenologia fornece uma compreensão profunda de um fenômeno como ele é experimentado por vários indivíduos. Conhecer algumas experiências comuns pode ser valioso para grupos como terapeutas, professores, profissionais da saúde e políticos. A fenomenologia pode envolver uma forma eficiente de coleta de dados, incluindo apenas uma ou múltiplas entrevistas com os participantes. O uso da abordagem de Moustakas (1994) para analisar os dados ajuda a apresentar uma abordagem estruturada para os pesquisadores iniciantes. Ela pode ser excessivamente estruturada para alguns pesquisadores qualitativos.

Por outro lado, a fenomenologia requer pelo menos uma compreensão dos pressupostos filosóficos mais amplos, e os pesquisadores devem identificar esses pressupostos em seus estudos. Essas ideias filosóficas são conceitos abstratos e não são facilmente encontradas em um estudo fenomenológico escrito. Além disso, os participantes do estudo precisam ser escolhidos cuidadosamente para que todos eles sejam indivíduos que experimentaram o fenômeno em questão para que, no final, se possa forjar uma compreensão comum. Encontrar indivíduos que tenham todos eles experimentado o fenômeno pode ser difícil, considerando-se um tópico da pesquisa. Conforme mencionado anteriormente, colocar entre parênteses as experiências pessoais pode ser algo difícil de colocar em prática, já que as interpretações dos dados sempre incorporam os pressupostos que o pesquisador traz para o tópico (van Manen, 1990). Talvez precisemos de uma nova definição de *epoché* ou *bracketing*, tal como suspender a nossa compreensão em um movimento reflexivo que desperta a curiosidade (LeVasseur, 2003). Assim, o pesquisador precisa decidir como e de que forma as suas compreensões pessoais serão introduzidas no estudo.

PESQUISA DA TEORIA FUNDAMENTADA

Definição e origem

Enquanto a pesquisa narrativa focaliza as histórias individuais contadas pelos participantes e a fenomenologia enfatiza as experiências comuns para um número de indivíduos, a intenção de uma **pesquisa fundamentada** é ir além da descrição e **gerar ou descobrir uma teoria**, uma "explicação teórica unificada" (Corbin e Strauss, 2007, p. 107) para um processo ou ação. Todos os participantes do estudo devem ter experimentado o processo e o desenvolvimento da teoria pode ajudar a explicar a prática ou fornecer uma estrutura para aprofundamento da pesquisa. Uma ideia-chave é que este desenvolvimento da teoria não vem "padronizado", mas é gerado ou "fundamentado" em dados dos participantes que experimentaram o processo (Strauss e Corbin, 1998). Assim sendo, a teoria fundamentada é um projeto de pesquisa qualitativo em que o investigador gera uma explicação geral (uma teoria) de um processo, uma ação ou uma interação moldada pelas visões de um grande número de participantes.

Esse projeto qualitativo foi desenvolvido na sociologia em 1967 por dois pesquisadores, Barney Glaser e Anselm Strauss, os quais achavam que as teorias usadas em pesquisa eram frequentemente inapropriadas e pouco adequadas aos participantes em estudo. Eles elaboraram suas ideias ao longo de vários livros (Corbin e Strauss, 2007; Glaser, 1978; Glaser e Strauss, 1967; Strauss, 1987; Strauss e Corbin, 1990, 1998). Em contraste com as orientações teóricas *a priori* na sociologia, os teóricos fundamentados sustentam que as teorias devem ser "fundamentadas" em dados do campo, especialmente nas ações, interações e processos sociais das pessoas. Assim, a teoria fundamentada proporcionou a geração de uma teoria (completa com um diagrama e hipóteses) de ações, interações ou processos por meio da inter-relação de categorias de informação baseadas nos dados coletados dos indivíduos.

Apesar da colaboração inicial entre Glaser e Strauss que produziu trabalhos como *Awareness of Dying* (Glaser e Strauss, 1965) e *Time for Dying* (Glaser e Strauss, 1968), os dois autores acabaram discordando quanto ao significado e aos procedimentos da teoria fundamentada. Glaser criticou a abordagem de Strauss da teoria fundamentada como muito prescrita e estruturada (Glaser, 1992). Mais recentemente, Charmaz (2006) defendeu a **teoria fundamentada construtivista**, introduzindo assim ainda outra perspectiva ao diálogo sobre procedimentos. Por meio dessas diferentes interpretações, a teoria fundamentada ganhou popularidade em campos como a sociologia, enfermagem, educação e psicologia, como também em outros campos das ciências sociais.

Outra perspectiva recente da teoria fundamentada é a de Clarke (2005), que, junto com Charmaz, procura resgatar a teoria fundamentada da sua "sustentação positivista" (p. xxiii). Clarke, no entanto, vai mais longe do que Charmaz, sugerindo que as "situações" sociais devem formar nossa unidade de análise na teoria fundamentada e que três modos sociológicos podem ser úteis na análise destas situações – mapas cartográficos situacionais, mundo social/arenas e posicionais para a coleta e análise de dados qualitativos. Ela amplia ainda mais a teoria fundamentada "após a virada pós-moderna" (Clarke, 2005, p. xxiv) e se baseia em perspectivas pós-modernas (isto é, a natureza política da pesquisa e interpretação, reflexividade por parte dos pesquisadores, reconhecimento dos problemas de representação da informação, questões de legitimidade e autoridade e reposicionamento do pesquisador de um "analista que sabe tudo" para o "participante reconhecido") (Clarke, 2005, p. xxvii e xxviii). Clarke volta-se com frequência para o autor pós-estrutural pós-moderno Michael Foulcaut (1972) para basear o discurso da teoria fundamentada. Na minha discussão da teoria fundamentada, me basearei nos livros de Corbin e Strauss (2007), que apresentam uma abordagem estruturada da teoria fundamentada e Charmaz (2006), que oferece uma perspectiva construtivista e interpretativa sobre a teoria fundamentada.

Características definidoras da teoria fundamentada

Existem várias características importantes da teoria fundamentada que podem ser incorporadas a um estudo de pesquisa:

- ✓ O pesquisador focaliza um *processo* ou uma *ação* que tem passos ou fases distintas que ocorrem ao longo do tempo. Assim, um estudo de teoria fundamentada possui "movimento" ou alguma ação que o pesquisador está tentando explicar. Um processo poderia ser "o desenvolvimento de um programa de educação geral" ou o processo de "apoio ao corpo docente para que se tornem bons pesquisadores".
- ✓ O pesquisador também procura, enfim, desenvolver uma *teoria* desse processo ou ação. Existem muitas definições de uma teoria disponíveis na literatura, mas em geral uma teoria é uma explicação de alguma coisa ou uma compreensão que o pesquisador desenvolve. Essa explicação, ou esse entendimento, é uma reunião, em teoria fundamentada, de categorias teóricas que são organizadas para mostrar como a teoria funciona. Por exemplo, uma teoria de apoio para o corpo docente pode mostrar como o corpo docente é apoiado ao longo do tempo, por meio de recursos específicos, por ações específicas tomadas pelos indivíduos, com resultados individuais que aprimoram o desempenho na pesquisa de um membro do corpo docente (Creswell e Brown, 1992).
- ✓ Os *lembretes* se tornam parte do desenvolvimento da teoria quando o pesquisador anota ideias à medida que os dados são coletados e analisados. Nesses lembretes, as ideias tentam formular o processo que está sendo visto pelo pesquisador e esquematizar o fluxo deste processo.
- ✓ A forma primária de *coleta* de dados é em geral a entrevista em que o pesquisador está constantemente comparando dados provenientes dos participantes com ideias sobre a teoria emergente. O processo consiste em circular entre os participantes, reunindo novas entrevistas e então retornando à teoria em desenvolvimento para preencher as lacunas e estudar como ela funciona.
- ✓ A *análise dos dados* pode ser estruturada e seguir o padrão de desenvolvimento de categorias abertas, selecionando uma categoria para ser o foco da teoria e depois detalhando categorias adicionais (codificação axial) para formar um modelo teórico. A intersecção das categorias se transforma na teoria (chamada codificação seletiva). Essa categoria pode ser apresentada como um diagrama, como proposições (ou hipóteses) ou como uma discussão (Strauss e Corbin, 1998). A análise dos dados também pode ser

menos estruturada e baseada no desenvolvimento de uma teoria, unindo as peças dos significados implícitos sobre uma categoria (Charmaz, 2006).

Tipos de estudos da teoria fundamentada

As duas abordagens populares da teoria fundamentada são os procedimentos sistemáticos de Strauss e Corbin (1990, 1998) e a abordagem construtivista de Charmaz (2005, 2006). Nos procedimentos analíticos mais sistemáticos de Strauss e Corbin (1990, 1998), o investigador procura desenvolver sistematicamente uma teoria que explique o processo, ação ou interação sobre um tópico (p. ex., o processo de desenvolvimento de um currículo, os benefícios terapêuticos de compartilhar os resultados de testes psicológicos com os clientes). O pesquisador realiza de 20 a 30 entrevistas baseadas em várias visitas "ao campo" para coleta de dados para assim saturar as categorias (ou encontrar informações que continuem a se somar a elas até que não possa ser encontrada mais nenhuma). Uma *categoria* representa uma unidade de informação composta de eventos, acontecimentos e exemplos (Strauss e Corbin, 1990). O pesquisador também coleta e analisa observações e documentos, mas essas formas de dados não são usadas frequentemente. Enquanto o pesquisador coleta dados, ele inicia a análise. A minha imagem para a coleta de dados em um estudo de teoria fundamentada é um processo em "zigue-zague": indo a campo para reunir informações, no escritório para analisar os dados, de volta ao campo para reunir mais informações, no escritório, etc. Os participantes entrevistados são teoricamente escolhidos (chamados de *amostragem teórica*) para ajudar o pesquisador a formar a teoria da melhor maneira possível. Quantas idas serão feitas até o campo irá depender da saturação das categorias de informação, e da elaboração da teoria em toda a sua complexidade. Esse processo de obtenção de informações a partir da coleta de dados e de comparação com as categorias que estão emergindo é chamado de método de análise *comparativa constante*.

O pesquisador começa com a *codificação aberta*, codificando os dados para as suas principais categorias de informação. A partir dessa codificação, emerge a codificação axial em que o pesquisador identifica uma categoria codificadora aberta na qual foca (chamada de fenômeno "central") e então retorna aos dados e cria categorias em torno desse fenômeno central. Strauss e Corbin (1990) estipulam os tipos de categorias identificadas em torno do fenômeno central. Elas consistem em *condições causais* (quais fatores causaram o fenômeno central), *estratégias* (ações tomadas em resposta ao fenômeno central), *condições intervenientes e causais* (fatores situacionais amplos e específicos que influenciam as estratégias) e *consequências* (resultado do uso das estratégias). Essas categorias se relacionam e giram em torno do fenômeno central em um modelo visual chamado paradigma de *codificação axial*. O passo final, então, é a *codificação seletiva*, em que o pesquisador toma o modelo e desenvolve *proposições* (ou hipóteses) que inter-relacionam as categorias no modelo ou constrói uma história que descreva a inter-relação das categorias no modelo. Essa teoria, desenvolvida pelo pesquisador, é articulada até o fim de um estudo e pode assumir diversas formas, como uma declaração narrativa (Strauss e Corbin, 1990), uma imagem visual (Morrow e Smith, 1995) ou uma série de hipóteses ou proposições (Creswell e Brown, 1992).

Em sua discussão da teoria fundamentada, Stauss e Corbin (1998) dão um passo adiante no modelo para desenvolver uma *matriz condicional*. Eles desenvolvem a matriz condicional como um dispositivo codificador para ajudar o pesquisador a fazer conexões entre as condições macro e micro que influenciam o fenômeno. Essa matriz é um conjunto de círculos concêntricos em expansão com rótulos que partem do indivíduo, grupo e organização para a comunidade, região, nação e mundo global. Mas, em minha experiência, essa matriz é raramente utilizada na pesquisa de teoria fundamentada, e os pesquisadores encerram seus estudos com uma teoria desenvolvida na codificação seletiva, uma teoria que poderia ser encarada como uma teoria substantiva de nível baixo em vez de uma teoria grande e abstrata (p. ex., veja Creswell e Brown, 1992). Embora seja importante fazer conexões entre a teoria substantiva e suas implicações maiores para a comunidade, a nação e o mundo na matriz condicional (p. ex., um modelo do fluxo de trabalho em um hospital, a escassez de luvas e as diretrizes nacionais sobre aids podem todos estar conectados; veja o exemplo dado por Strauss e Corbin, 1998), os pesquisadores da teoria fundamentada raramente têm os dados, tempo ou recursos para empregar a matriz condicional.

Uma segunda variante da teoria fundamentada é encontrada na escrita construtivista de Charmaz (2005, 2006). Em vez de adotar o estudo de um único processo ou categoria central como na abordagem de Strauss e Corbin (1998), Charmaz defende uma perspectiva construtivista social que inclui enfatizar mundos locais diversos, múltiplas realidades e as complexidades de mundos, visões e ações particulares. A teoria fundamentada construtivista, de acordo com Charmaz (2006), localiza-se claramente dentro da abordagem interpretativa da pesquisa qualitativa com diretrizes flexíveis, um foco na teoria desenvolvida que depende da visão do pesquisador, conhecendo a experiência ali incluída, redes ocultas, situações e relações e tornando visíveis as hierarquias de poder, comunicação e oportunidade. Charmaz coloca maior ênfase nas visões, valores, crenças, sentimentos, suposições e ideologias dos indivíduos do que nos métodos de pesquisa, embora ela descreva as práticas de reunião de dados ricos, codificação dos dados, memorandos e o uso de amostragem teórica (Charmaz, 2006). Ela sugere que termos complexos ou jargões, diagramas, mapas conceituais e abordagens sistemáticas (como Strauss e Corbin, 1990) prejudicam a teoria fundamentada e representam uma tentativa de ganhar poder no seu uso. Ela defende o uso de códigos ativos, como frases em gerúndio, como *reformulando a vida*. Além disso, para Charmaz um procedimento da teoria fundamentada não minimiza o papel do pesquisador no processo. O pesquisador toma decisões sobre as categorias durante o processo, suscita questões para os dados e desenvolve valores pessoais, experiências e prioridades. Quaisquer conclusões desenvolvidas pelos pesquisadores da teoria fundamentada são, de acordo com Charmaz (2005), sugestivas, incompletas e inconclusivas.

Procedimentos para a condução de pesquisa da teoria fundamentada

Na presente discussão, incluo a abordagem interpretativa de Charmaz (p. ex., reflexividade, ser flexível na estrutura, conforme discutido no Capítulo 2) e me baseio em Strauss e Corbin (1990, 1998) e Corbin e Strauss (2007) para ilustrar procedimentos da teoria fundamentada, porque a sua abordagem sistemática é útil para os indivíduos que estão aprendendo e aplicando a pesquisa da teoria fundamentada.

O pesquisador precisa começar determinando se a teoria fundamentada é a mais adequada ao estudo do seu problema de pesquisa. A teoria fundamentada é um bom projeto para ser usado quando não está disponível uma teoria para explicar ou entender um processo. A literatura pode ter modelos disponíveis, mas eles foram desenvolvidos e testados em outras amostras e populações que não são de interesse para o pesquisador qualitativo. Além disso, as teorias podem estar presentes, mas são incompletas, porque não abordam variáveis potencialmente valiosas ou categorias de interesse para o pesquisador. Pelo lado prático, uma teoria pode ser necessária para explicar como as pessoas estão experimentando um fenômeno, e a teoria fundamentada desenvolvida pelo pesquisador fornecerá uma estrutura geral.

As perguntas de pesquisa que o investigador faz aos participantes focarão a compreensão de como os indivíduos experimentam o processo e a identificação dos passos no processo (Qual é o processo? Como ele se desenvolveu?). Após a exploração inicial dessas questões, o pesquisador retorna aos participantes e faz mais perguntas detalhadas que ajudam a moldar a fase da codificação axial, perguntas como estas: O que foi central para o processo (o fenômeno central)? O que influenciou ou desencadeou a ocorrência desse fenômeno (condições causais)? Que estratégias foram empregadas durante o processo (estratégias)? Que efeito ocorreu (consequências)?

Essas perguntas são feitas em entrevistas, embora outras formas de dados também possam ser coletadas, como observações, documentos e materiais audiovisuais. O importante é reunir informações suficientes para desenvolver integralmente (ou *saturar*) o modelo. Isso pode envolver 20 a 60 entrevistas.

A análise dos dados prossegue em estágios. Na codificação aberta, o pesquisador forma categorias de informações sobre o fenômeno que está sendo estudado, segmentando as informações. Dentro de cada categoria, o investigador encontra várias **propriedades**, ou subcategorias, e procura dados para dimensionar ou apresenta as possibilidades extremas em um *continuum* da propriedade.

Na codificação axial, o investigador monta os dados de novas maneiras após a codificação aberta. Nessa abordagem estruturada, o investigador apresenta um **paradigma codificador ou diagrama lógico** (isto é, um modelo visual) em que o pesquisador identifica um **fenômeno central** (isto é, uma categoria a respeito do fenômeno), explora condições causais (isto é, categorias de condições que influenciam o fenômeno), especifica estratégias (isto é, as ações ou interações que resultam do fenômeno central), identifica o **contexto** e as **condições intervenientes** (isto é, as condições restritas e amplas que influenciam as estratégias) e delineia as **consequências** (isto é, os resultados das estratégias) para este fenômeno.

Na codificação seletiva, o pesquisador pode escrever um "roteiro" que conecte as categorias. Ou então podem ser especificadas proposições ou hipóteses que apresentem as relações previstas.

O resultado deste processo de coleta e análise de dados é uma teoria, uma ***teoria de nível substantivo***, escrita por um pesquisador próximo a um problema específico ou população de pessoas. A teoria emerge com a ajuda do processo de **lembretes**, em que o pesquisador anota ideias sobre a teoria em desenvolvimento durante o processo de codificação aberta, axial e seletiva. A teoria de nível substantivo pode ser testada posteriormente para sua verificação empírica com dados quantitativos para determinar se ela pode ser generalizada para uma amostra e população (veja procedimentos de projeto de métodos mistos, Creswell e Plano Cark, 2011). Ou então o estudo pode terminar neste ponto com a geração de uma teoria como objetivo da pesquisa.

Desafios

Um estudo de teoria fundamentada desafia os pesquisadores pelas seguintes razões. O investigador precisa deixar de lado, tanto quanto possível, ideias ou noções teóricas de modo que a teoria analítica substantiva possa emergir. Apesar da natureza indutiva e em desenvolvimento dessa forma de investigação qualitativa, o pesquisador precisa reconhecer que essa é uma abordagem sistemática da pesquisa com passos específicos na análise de dados, se abordada segundo a perspectiva de Corbin e Strauss (2007). O pesquisador enfrenta a dificuldade de determinar quando as categorias estão saturadas ou quando a teoria está suficientemente detalhada. Uma estratégia que pode ser usada para avançar para a saturação é usar **amostragem discriminante**, em que o pesquisador reúne informações adicionais de indivíduos diferentes das pessoas que inicialmente entrevistou para determinar se a teoria é válida para estes participantes adicionais. O pesquisador precisa reconhecer que o resultado principal desse estudo é uma teoria com componentes específicos: um fenômeno central, condições causais, estratégias, condições e contexto e consequências. Essas são categorias prescritas de informação na teoria, de modo que a abordagem de Strauss e Corbin (1990, 1998) ou Corbin e Strauss (2007) pode não ter a flexibilidade desejada por alguns pesquisadores qualitativos. Nesse caso, a abordagem de Charmaz (2006), que é menos estruturada e mais adaptável, pode ser usada.

PESQUISA ETNOGRÁFICA
Definição e origem

Embora um pesquisador da teoria fundamentada desenvolva uma teoria a partir do exame de muitos indivíduos que compartilham o mesmo processo, ação ou interação, não é provável que os participantes do estudo estejam localizados no mesmo lugar ou interagindo com tanta frequência para que desenvolvam padrões compartilhados de comportamento, crenças e linguagem. Um etnógrafo está interessado no exame desses padrões compartilhados, e sua unidade de análise é maior do que os 20 e poucos indivíduos envolvidos em um estudo de teoria fundamentada. Uma *etnografia* focaliza em todo um grupo que compartilha uma cultura. É verdade que às vezes esse grupo cultural pode ser pequeno (alguns professores, alguns trabalhadores sociais), mas em geral é grande, envolvendo muitas pessoas que interagem ao longo do tempo (professores em uma escola inteira, um grupo de trabalho social na comunidade). Assim sendo, a etnografia é um projeto qualitativo em que o pesquisador descreve e interpreta os padrões compartilhados e aprendidos de valores, **comportamentos**, crenças e **linguagem** de um ***grupo que compartilha uma cultura*** (Harris, 1968). Como processo e resultado de pesquisa (Agar, 1980), a etnografia é uma forma de estudar um grupo que compartilha uma cultura, como também o produto escrito final dessa pesquisa. Como processo, a etnografia envolve observações ampliadas do grupo, mais frequentemente por meio da **observação participante**, em que o pesquisador **mergulha** nas vidas diárias das pessoas e observa e entrevista os participantes do grupo. Os etnógrafos estudam o significado do comportamento, a linguagem e a interação entre os membros do grupo que compartilha uma cultura.

A etnografia tem seu início na antropologia cultural comparativa praticada pelos antropólogos no início do século XX, como Boas, Malinowski, Radcliffe-Brown e Mead. Embora esses pesquisadores inicialmente tenham tomado as ciências naturais como modelo para pesquisa, eles diferiram dos que usam as abordagens científicas tradicionais por meio da coleta em primeira mão de dados referentes a culturas "primitivas" existentes (Atkinson e Hammersley, 1994). Na década de 1920 e 1930, sociólogos como Park, Dewey e Mead adaptaram métodos do campo antropológico ao estudo de grupos culturais nos Estados Unidos (Bogdan e Biklen, 1992). Recentemente, as abordagens científicas da etnografia se expandiram para incluir "escolas" ou subtipos de etnografia com diferentes orientações teóricas e objetivos diferenciados, tais como o funcionalismo estrutural, o interacionismo simbólico, a antropologia cultural e cognitiva, o feminismo, o marxismo, a etnometodologia, a teoria crítica, os estudos culturais e pós-modernismo (Atkinson e Hammersley, 1994). Isso conduziu a uma ausência de ortodoxia na etnografia e resultou em abordagens pluralistas. Encontram-se à disposição muitos livros excelentes sobre etnografia, incluindo van Manen (1988), sobre as muitas formas de etnografia; LeCompte e Schensul (1999), sobre procedimentos de etnografia apresentados em um *kit* de ferramentas de pequenos livros; Atkinson, Coffey e Delamont (2003), sobre as práticas da etnografia; e Madison (2005) sobre etnografia crítica. As principais ideias sobre etnografia desenvolvidas nessa discussão irão se basear nas abordagens de Fetterman (2010) e Wolcott (2008a). A discussão de Fetterman (2010) avança passando pelas fases da pesquisa em geral conduzida por um etnógrafo. Suas discussões sobre as características básicas da etnografia e o uso da teoria e o seu capítulo inteiro sobre conceitos antropológicos merecem ser lidos com atenção. Wolcott (2008a) utiliza uma abordagem mais típica do sujeito da etnografia, mas o seu capítulo "Etnography as a way of seeing" é incomparável para a obtenção de uma boa compreensão da natureza da etnografia, o estudo dos grupos e o desenvolvimento de uma compreensão da cultura. Também me baseio na "introdução" de Wolcott (2010), sobre lições etnográficas.

Características definidoras das etnografias

A partir de uma revisão das etnografias publicadas, pode ser montada uma breve lista das características definidoras das boas etnografias.

- ✓ As etnografias focam no desenvolvimento de uma descrição complexa e completa da *cultura* de um grupo, um grupo que compartilha uma cultura. A etnografia pode ser do grupo inteiro ou um subconjunto de um grupo. Conforme mencionou Wolcott (2008a), a etnografia não é o estudo de uma cultura, mas um estudo dos comportamentos sociais de um grupo identificável de pessoas.
- ✓ Em uma etnografia, o pesquisador busca padrões (também descritos como rituais, comportamentos sociais costumeiros ou regularidades) das atividades mentais do grupo, como as suas *ideias e crenças* expressas por meio da linguagem, ou atividades materiais, por exemplo, como eles se comportam dentro do grupo, conforme expresso pelas suas ações observadas pelo pesquisador (Fetterman, 2010). Dito de outra forma, o pesquisador procura por padrões de organização social (p. ex., redes sociais) e sistemas ideacionais (p. ex., visão do mundo, ideias) (Wolcott, 2008a).
- ✓ Isso significa que o grupo que compartilha uma cultura estava *intacto* e vinha interagindo por um tempo suficiente para desenvolver padrões operantes discerníveis.
- ✓ Além disso, a teoria desempenha um papel importante ao focar a atenção do pesquisador quando conduz uma etnografia. Por exemplo, os etnógrafos começam com uma teoria – uma explanação ampla quanto ao que esperam encontrar – extraída da ciência cognitiva para entender ideias e crenças, ou de teorias materialistas, como o tecnoambientalismo, o marxismo, a aculturação ou a inovação, para observar como os indivíduos se comportam e se comunicam no grupo que compartilha a cultura (Fetterman, 2010).
- ✓ A utilização de uma teoria e a busca de padrões de um grupo que compartilha uma cultura envolve a realização de um amplo *trabalho de campo*, coletando dados principalmente por meio de entrevistas, observações, símbolos, artefatos e fontes diversas de dados (Fetterman, 2010).
- ✓ Em uma análise desses dados, o pesquisador se baseia nas visões dos participantes como uma perspectiva *emic*[*] de quem está inserido e as relata em citações literais. Depois, sintetiza os dados, filtrando-os com base na perspectiva científica *etic*[*] dos pesquisadores para desenvolver uma *interpretação cultural* geral. Essa interpretação cultural é uma descrição do grupo e dos temas relacionados aos conceitos teóricos que estão sendo explorados no estudo. Nas boas etnografias, não se sabe muito sobre como o grupo funciona (p. ex., como um grupo opera) e o leitor desenvolve um entendimento novo e inovador do grupo. Como diz Wolcott (2008a), esperamos que os etnógrafos cheguem muito longe, a um lugar "novo e estranho" (p. 45).
- ✓ Essa análise resulta na compreensão de como funciona o grupo que compartilha uma cultura, a essência de como ele funciona, o modo de vida do grupo. Wolcott (2010) oferece duas perguntas úteis que, por fim, precisam ser respondidas em uma etnografia: "O que as pessoas neste contexto têm de saber e fazer para que o sistema funcione?" e "Se a cultura, por vezes definida simplesmente como conhecimento compartilhado, é, em sua maior parte, mais captada do que ensinada, como aqueles que estão sendo integrados ao grupo encontram o 'caminho de entrada' de modo que seja alcançado um nível adequado de compartilhamento?" (p. 74).

---

[*] N. de R.T.: Os termos *emic* e *etic* são duas abordagens da etnografia. *Emic* visa o culturalismo e a *etic* visa o estruturalismo e o funcionalismo, ou *emic* é a visão dos participantes e *etic* é a visão do pesquisador.

Tipos de etnografias

Existem muitas formas de etnografia, como a etnografia confessional, história de vida, a autoetnografia, a etnografia feminista, romances etnográficos e a etnografia visual encontrada em fotografia e vídeo e a mídia eletrônica (Denzin, 1989a; Fetterman, 2010; LeCompte, Millroy e Preissle, 1992; Pink, 2001; van Manen, 1988). Duas formas populares de etnografia serão enfatizadas aqui: a etnografia realista e a etnografia crítica.

A *etnografia realista* é uma abordagem tradicional usada por antropólogos culturais. Caracterizada por van Manen (1988), ela reflete uma postura particular assumida pelo pesquisador em relação aos indivíduos que estão sendo estudados. Etnografia realista é um relato objetivo da situação, escrita segundo o ponto de vista de uma terceira pessoa e relatando objetivamente a informação obtida dos participantes em um determinado local. Nessa abordagem etnográfica, o etnógrafo realista narra o estudo na posição imparcial de uma terceira pessoa e relata o que é observado ou ouvido dos participantes. O etnógrafo permanece em segundo plano como um relator onisciente dos "fatos". O realista também relata dados objetivos em um estilo comedido não contaminado por vieses pessoais, objetivos políticos e julgamentos. O pesquisador pode fornecer dados mundanos da vida cotidiana entre as pessoas estudadas. O etnógrafo também usa categorias padrão para descrição cultural (p. ex., vida familiar, redes de comunicação, vida profissional, redes sociais, sistemas de *status*). O etnógrafo reproduz as perspectivas dos participantes por meio de citações atentamente editadas e tem a palavra final sobre como a cultura deve ser interpretada e apresentada.

Ou, então, para muitos pesquisadores, a etnografia hoje emprega uma abordagem "crítica" (Carspecken e Apple, 1992; Madison, 2005; Thomas, 1993), incluindo na pesquisa uma perspectiva de defesa. Essa abordagem vem em resposta à sociedade atual, em que os sistemas de poder, prestígio, privilégios e autoridade servem para marginalizar os indivíduos que são de classes, raças e gêneros diferentes. A *etnografia crítica* é um tipo de pesquisa etnográfica em que os autores defendem a emancipação dos grupos marginalizados na sociedade (Thomas, 1993). Os pesquisadores críticos em geral são indivíduos com inclinações políticas que procuram, por meio da sua pesquisa, se pronunciar contra a desigualdade e a dominação (Carspecken e Apple, 1992). Por exemplo, os etnógrafos críticos podem estudar escolas que dão privilégios a determinados tipos de alunos ou práticas de aconselhamento que servem para desconsiderar as necessidades dos grupos sub-representados. Os componentes principais de uma etnografia crítica incluem uma orientação imbuída de valores, dando poder às pessoas ao lhes dar mais autoridade, desafiando o *status quo* e tratando de questões relativas ao poder e controle. Um etnógrafo crítico estudará as questões de poder, empoderamento, desigualdade, iniquidade, dominação, repressão, hegemonia e vitimização.

Procedimentos para a condução de uma etnografia

Como ocorre com toda investigação qualitativa, não existe uma única maneira de conduzir a pesquisa etnográfica. Embora publicações recentes mais do que nunca apresentem orientações para essa abordagem (p. ex., veja a excelente visão geral encontrada em Wolcott, 2008a), a versão adotada aqui inclui elementos da etnografia realista e das abordagens críticas. Os passos que eu usaria para conduzir uma etnografia são os seguintes:

✓ Determinar se a etnografia é o projeto mais apropriado para ser usado no estudo do problema de pesquisa. A etnografia será apropriada se as necessidades forem descrever como funciona um grupo cultural e explorar as crenças, a linguagem, os comportamentos e as questões enfrentadas pelo grupo, como poder, resistência e dominação. A literatura pode ser deficiente em realmente saber como o grupo funciona porque o grupo não está em evidência, as pessoas podem não estar familiarizadas com ele ou seus estilos são tão diferentes que os leitores podem não se identificar com o grupo.

✓ Identificar e localizar para estudar um grupo que compartilhe uma cultura. Em geral, esse grupo é aquele em que os membros já estão juntos por um longo período de tempo, de forma que a sua linguagem compartilhada, seus padrões de comportamento e suas atitudes se mesclaram em padrões discerníveis. Também pode ser um grupo que tenha sido marginalizado pela sociedade. Como os etnógrafos dispensam algum tempo conversando e observando esse grupo, o acesso pode requerer encontrar um ou mais indivíduos no grupo que permitirão que o pesquisador ingresse – um *guardião* ou *informantes-chave (ou participantes)*.

✓ Escolher temas, questões ou teorias culturais para estudar sobre o grupo. Esses temas, questões e teorias proporcionam uma estrutura orientadora para o estudo do grupo que compartilha uma cultura. Ele também informa a *análise do grupo que compartilha uma cultura*. Os temas podem incluir tópicos como aculturação, socialização, aprendizagem, cognição, dominação, desigualdade ou desenvolvimento infantil e adulto (Le Compte et al., 1992). Conforme discutido por Hammersley e Atkinson (1995), Wolcott (1987, 1994b, 2008a) e Fetterman (2010), o etnógrafo inicia o estudo examinando as pessoas em interação em ambientes comuns e discerne padrões onipresentes como os ciclos da vida, eventos e temas culturais. *Cultura* é um termo amorfo, não algo "espalhado por todo o lado" (Wolcott, 1987, p. 41), mas algo que os pesquisadores atribuem a um grupo quando procuram por padrões do seu mundo social. Ela é inferida a partir das palavras e ações dos membros do grupo e é atribuída a esse grupo pelo pesquisador. Ela consiste do que as pessoas fazem (comportamentos), o que elas dizem (linguagem), a tensão potencial entre o que elas fazem e o que deveriam fazer e o que elas fazem e usam, como os *artefatos* (Spradley, 1980). Tais temas são diversificados, conforme ilustrado no *Dictionary of Concepts in Cultural Anthropology*, de Winthrop (1991). Fetterman (2010) discute como os etnógrafos descrevem uma perspectiva *holística* da história, religião, política, economia e ambiente do grupo. Com base nessa descrição, conceitos culturais como a estrutura social, o parentesco, a estrutura política e as relações sociais ou *função* entre os membros do grupo podem ser descritos.

✓ Estudar conceitos culturais, determinar que tipo de etnografia usar. Talvez precise ser descrito como o grupo funciona, ou uma etnografia crítica possa expor temas como poder, hegemonia e defesa de certos grupos. Um etnógrafo crítico, por exemplo, poderia abordar uma iniquidade na sociedade ou alguma parte desta, usar a pesquisa para defender e reivindicar mudanças e especificar um tema a ser explorado, como desigualdade, dominação, opressão ou empoderamento.

✓ Reunir informações no ambiente ou contexto em que o grupo trabalha ou vive. Isto é chamado de *campo de trabalho* (Wolcott, 2008a). A reunião de tipos de informação necessária em uma etnografia envolve ir até o local da pesquisa, respeitando as rotinas dos indivíduos no local e coletando uma ampla variedade de materiais. Questões de respeito no campo, *reciprocidade*, a decisão de quem detém os dados e outras são centrais para a etnografia. Os etnógrafos trazem sensibilidade para as questões do campo de trabalho (Hammersley e Atkinson, 1995), tais como atentar para como eles ganham acesso, retribuir e ter reciprocidade com os participantes e se envolverem em uma pesquisa ética como, por exemplo, se apresentarem honestamente e descreverem o propósito do estudo. LeCompte e Schensul (1999) organizam os tipos de dados etnográficos em observações, testes e medidas, levantamentos, entrevistas, análise de conteúdo, métodos de elicitação, métodos audiovisuais, mapeamento espacial e pesquisa em rede.

✓ A partir das muitas fontes coletadas, o etnógrafo analisa os dados para uma **descrição do grupo que compartilha a cultura**, os temas que emergem do grupo e uma interpretação global (Wolcott, 1994b). O pesquisador começa compilando uma descrição detalhada do grupo que compartilha a cultura, focando em um único evento, em diversas atividades ou no grupo durante um prolongado período de tempo. O etnógrafo passa para uma análise temática dos padrões ou tópicos que significa como o grupo cultural trabalha e vive e termina com um "quadro geral de como um sistema funciona" (Fetterman, 2010, p. 10).

✓ Forjar um conjunto funcional de regras ou generalizações relativo a como trabalha o grupo que compartilha a cultura como produto final da análise. O produto final é um **retrato cultural** holístico do grupo que incorpora as visões dos participantes (*emic*), além das visões do pesquisador (*etic*). Ele também pode defender as necessidades do grupo ou sugerir mudanças na sociedade. Em consequência, o leitor aprende sobre o grupo que compartilha a cultura a partir dos participantes e de sua interpretação. Outros produtos podem ser mais baseados no desempenho, como produções de teatro, peças ou poemas.

Desafios

O uso da etnografia é desafiador pelas seguintes razões. O pesquisador precisa ter uma compreensão de antropologia cultural, o significado de um sistema social-cultural e os conceitos tipicamente explorados por aqueles que estudam as culturas. O tempo para a coleta de dados é extenso, envolvendo um tempo prolongado no campo. Em muitas etnografias, as narrativas são escritas de maneira literária, quase como a narração de uma história, uma abordagem que pode limitar o público para o trabalho e pode ser desafiadora para os autores acostumados a abordagens tradicionais da escrita científica. Existe a possibilidade de que o pesquisador "se torne familiarizado" e não consiga concluir ou fique comprometido no estudo. Esse é apenas um dos aspectos no leque complexo de questões do campo de trabalho que enfrentam os etnógrafos que se aventuram em um grupo ou sistema cultural que não lhes é familiar. A sensibilidade às necessidades dos indivíduos que estão sendo estudados é especialmente importante, e o pesquisador precisa avaliar e relatar o seu impacto, na condução do estudo, causado sobre as pessoas e os lugares que estão sendo explorados.

PESQUISA DE ESTUDO DE CASO

Definição e origem

A totalidade do grupo que compartilha a cultura pode ser considerada um caso, porém a intenção em etnografia é determinar como a cultura funciona, em vez de desenvolver uma compreensão em profundidade de um único caso ou explorar um tema ou problema usando o caso como uma ilustração específica. Assim sendo, a pesquisa de **estudo de caso** envolve o estudo de um caso dentro de um ambiente ou contexto contemporâneo da vida real (Yin, 2009). Embora Stake (2005) afirme que a pesquisa de estudo de caso não é uma metodologia, mas uma escolha do que deve ser estudado (isto é, um caso dentro de um **sistema delimitado**, pelo tempo e lugar), outros a apresentam como uma estratégia de investigação, uma metodologia ou uma estratégia de pesquisa abrangente (Denzin e Lincoln, 2005; Merriam, 1998; Yin, 2009). Opto por encará-la como uma metodologia: um tipo de projeto em pesquisa qualitativa que pode ser objeto de estudo, como também um produto da investigação. A pesquisa de estudo de caso é uma abordagem qualitativa na qual o investigador explora um sistema delimitado contemporâneo da vida real (um *caso*) ou múltiplos sistemas delimitados (casos) ao longo do tempo, por meio da coleta de dados detalhada em profundidade envolvendo **múltiplas fontes de informação** (p. ex., observações, entrevistas, material audiovisual e documentos e relatórios) e relata uma **descrição do caso** e **temas do caso**. A unidade de análise no estudo de caso pode ser múltiplos casos (um estudo **plurilocal**) ou um único caso (um estudo **intralocal**).

A abordagem do estudo de caso é familiar aos cientistas sociais devido à sua popularidade na psicanálise (Freud), na medicina (análise de caso de um problema), no direito (caso jurídico) e nas ciências políticas (relatos de casos). A pesquisa de estudo de caso tem uma longa e distinta história em muitas disciplinas. Hamel, Dufour e Fortin (1993) rastreiam a origem dos estudos de caso da ciência social moderna por meio da antropologia e sociologia. Eles citam o estudo do antropólogo Malinowski das Ilhas Trobriand, o estudo de famílias do sociólogo Frances LePlay e os estudos de caso do Departamento de Sociologia da Universidade de Chicago desde as décadas de 1920 e 1930 até a década de 1950 (p. ex., o estudo de Thomas e Znaniecki em 1958 sobre os camponeses poloneses na Europa e na América) como antecedentes da pesquisa de estudo de caso qualitativa. Hoje, o escritor de estudo de caso tem um grande leque de textos e abordagens entre os quais escolher. Yin (2009), por exemplo, defende as abordagens quantitativa e qualitativa para o desenvolvimento do estudo de caso e discute estudos de caso qualitativos explanatórios, exploratórios e descritivos. Merriam (1998) defende uma abordagem geral dos estudos de caso qualitativos no campo da educação. Stake (1995) estabelece sistematicamente procedimentos para a pesquisa de estudo de caso e os cita amplamente no seu exemplo da Harper School. O livro mais recente de Stake (2006) sobre múltiplas análises de estudo de caso apresenta uma abordagem passo a passo e oferece ricas ilustrações de estudos de caso múltiplos na Ucrânia, Eslováquia e Romênia. Na discussão da abordagem de estudo de caso, me baseio em Stake (1995) e Yin (2009) para formar as características distintivas desta abordagem.

Características definidoras dos estudos de caso

Um exame dos muitos estudos de caso relatados na literatura produz várias características definidoras da maioria deles:

- ✓ A pesquisa de estudo de caso começa com a identificação de um *caso* específico. Esse caso pode ser uma entidade concreta, como um indivíduo, um pequeno grupo, uma organização ou uma parceria. Em nível menos concreto, ela pode ser uma comunidade, um relacionamento, um processo de decisão ou um projeto específico (veja Yin, 2009). A chave aqui é definir um caso que possa ser delimitado ou descrito dentro de determinados parâmetros, como um local e momento específicos. Em geral, os pesquisadores de estudo de caso estudam casos atuais da vida real que estão em andamento de forma que possam reunir informações precisas que não foram perdidas pelo tempo. Pode ser escolhido um único caso ou podem ser identificados múltiplos casos para que possam ser comparados.
- ✓ A *intenção* de conduzir um estudo de caso também é importante. Um estudo de caso qualitativo pode ser composto para ilustrar um caso peculiar, um caso que tem interesse incomum por si só e precisa ser descrito e detalhado. Isso é chamado de *caso intrínseco* (Stake, 1995). Ou, então, a intenção do estudo de caso pode ser entender uma questão, um problema ou uma preocupação específica (p. ex., gravidez na adolescência) e é selecionado um caso ou casos para melhor compreender o problema. Isto é chamado de *caso instrumental* (Stake, 1995).
- ✓ Uma característica de um bom estudo de caso qualitativo é que ele apresenta uma *compreensão em profundidade* do caso. Para chegar a isto, o pesquisador coleta muitas formas de dados qualitativos, variando desde entrevistas, observações e documentos até materiais audiovisuais. A utilização de somente uma fonte de dados não é suficiente para desenvolver esta compreensão em profundidade.
- ✓ A escolha de como abordar a *análise dos dados* em um estudo de caso poderá diferir. Alguns estudos de caso envolvem a análise de múltiplas unidades dentro do caso (p. ex., a escola, o distrito escolar), enquanto outros se referem à totalidade do caso (p. ex., o distrito escolar). Além

disso, em alguns estudos o pesquisador seleciona múltiplos casos para analisar e comparar, enquanto, em outros casos, é analisado um único caso.
- ✓ Uma chave para entender a análise também é que uma boa pesquisa de estudo de caso envolve uma *descrição* do caso. Essa descrição se aplica tanto a estudos de caso intrínsecos quanto instrumentais. Além disso, o pesquisador pode identificar *temas* ou *questões* ou *situações específicas* para estudar em cada caso. Uma seção completa de achados de um estudo de caso envolveria então uma descrição do caso e temas ou questões que o pesquisador trouxe à tona ao estudar o caso.
- ✓ Além disso, os temas ou questões podem ser organizados em uma *cronologia* pelo pesquisador, analisados *entre os casos* por semelhanças e diferenças entre eles ou apresentados como um *modelo teórico*.
- ✓ Os estudos de caso geralmente terminam com conclusões formadas pelo pesquisador a respeito do significado global derivado do(s) caso(s). Essas são chamadas de "asserções" por Stake (1995) ou construção de "padrões" ou "explicações" por Yin (2009). Penso nelas como lições gerais aprendidas com o estudo do(s) caso(s).

Tipos de estudos de caso

Assim, os tipos de estudos de caso qualitativos são distinguidos pelo tamanho do caso delimitado, como, por exemplo, se ele envolve um indivíduo, vários indivíduos, um grupo, um programa inteiro ou uma atividade. Eles também podem ser distinguidos em termos da intenção da análise do caso. Existem três variações em termos da intenção: o estudo de caso instrumental único, o estudo de caso coletivo ou múltiplo e o ***estudo de caso intrínseco***. Em um ***estudo de caso instrumental*** único (Stake, 1995) o pesquisador se concentra em uma questão ou preocupação e só depois seleciona um caso delimitado para ilustrar esta questão. Em um ***estudo de caso coletivo*** (ou estudo de caso múltiplo), a questão ou preocupação é mais uma vez selecionada, mas o investigador escolhe múltiplos estudos de caso para ilustrar a questão. O pesquisador pode selecionar para estudo diversos programas de diversos locais de pesquisa ou múltiplos programas dentro de um único local. Com frequência, o investigador propositalmente seleciona múltiplos casos para mostrar diferentes perspectivas da questão. Yin (2009) sugere que o projeto do estudo de caso múltiplo usa a lógica da replicação, na qual o investigador replica os procedimentos para cada caso. Como regra geral, os pesquisadores qualitativos relutam em generalizar de um caso para outro porque os contextos dos casos diferem. Para melhor generalizar, no entanto, o investigador precisa selecionar casos representativos para inclusão no estudo qualitativo. O tipo final do projeto do estudo de caso é um estudo de caso intrínseco em que o foco está no próprio caso (p. ex., avaliação de um programa, ou o estudo de um aluno que tem dificuldades – veja Stake, 1995), porque o caso apresenta uma situação incomum ou única. Esse se parece com o foco da pesquisa narrativa, porém, os procedimentos analíticos do estudo de caso de uma descrição detalhada do caso, colocados dentro do seu contexto ou entorno, se mantêm válidos.

Procedimentos para a condução de um estudo de caso

Vários procedimentos estão à disposição para a condução de estudos de caso (veja Merriam, 1998; Satke, 1995; Yin, 2009). Essa discussão irá se basear fundamentalmente nas abordagens de Stake (1995) e Yin (2009) para a condução de um estudo de caso.

- ✓ Primeiramente, os pesquisadores determinam se uma abordagem de estudo de caso é apropriada para o estudo do problema de pesquisa. Um estudo de caso é uma boa abordagem quando o investigador possui casos claramente identificáveis e delimitados e busca fornecer uma compreensão em profundidade dos casos ou uma comparação de vários casos.

✓ A seguir, os pesquisadores precisam identificar seu caso ou casos. Esses casos podem envolver um indivíduo, vários indivíduos, um programa, um evento ou uma atividade. Na condução da pesquisa de estudo de caso, recomendo que os investigadores primeiro considerem qual tipo de estudo de caso é o mais promissor e útil. O caso pode ser único ou coletivo, multilocal ou em um local específico e focado em um caso ou uma questão (intrínseco, instrumental) (Stake, 1995; Yin, 2009). Na escolha de qual caso estudar, encontra-se à disposição um leque de possibilidades para **amostragem intencional**. Prefiro escolher casos que apresentam diferentes perspectivas sobre o problema, processo ou evento que eu quero retratar (chamados de "amostragem intencional máxima"; veja Creswell, 2012), mas também posso selecionar casos comuns, acessíveis ou incomuns.
✓ A coleta de dados em uma pesquisa de estudo de caso é extensa, baseando-se em múltiplas fontes de informação como observações, entrevistas, documentos e materiais audiovisuais. Por exemplo, Yin (2009) recomenda seis tipos de informação a ser coletada: documentos, registros de arquivo, entrevistas, observações diretas, observação participante e artefatos físicos.
✓ O tipo de análise destes dados pode ser uma **análise holística** de todo o caso ou uma **análise incorporada** de um aspecto específico do caso (Yin, 2009). Por meio dessa coleta de dados, surge uma descrição detalhada do caso (Stake, 1995) na qual o pesquisador detalha aspectos tais como a história, a cronologia dos eventos ou a realização rotineira das atividades do caso. (O estudo de caso do atirador, no Apêndice F, envolvia a detecção da resposta do *campus* a um atirador durante as duas semanas imediatamente posteriores à quase-tragédia no *campus*.) Depois dessa descrição ("dados relativamente incontestáveis"; Stake, 1995, p. 123), o pesquisador pode focar em algumas questões-chave (ou **análise de temas**), não para fazer generalizações além do caso, mas para compreender a sua complexidade. Uma estratégia analítica seria identificar questões dentro de cada caso e então procurar temas comuns que transcendem os casos (Yin, 2009). Essa análise é rica no **contexto do caso** ou no ambiente em que o caso se apresenta (Merriam, 1988). Quando são escolhidos múltiplos casos, um formato típico é fornecer primeiro uma descrição detalhada de cada caso e temas dentro do caso, chamada de **análise dentro do caso**, seguida por uma análise temática entre os casos, chamada de **análise cruzada**, bem como **asserções** ou uma interpretação do significado do caso.
✓ Na fase interpretativa final, o pesquisador relata o significado do caso, se aquele significado provém do aprendizado sobre a questão do caso (um caso instrumental) ou o aprendizado sobre uma situação incomum (um caso intrínseco). Como mencionam Lincoln e Guba (1985), essa fase constitui as lições aprendidas com o caso.

Desafios

Um dos desafios inerentes ao desenvolvimento do estudo de caso qualitativo é que o pesquisador precisa identificar o caso. O caso selecionado pode ter um espectro amplo (p. ex., a organização dos escoteiros) ou um espectro restrito (p. ex., um processo de tomada de decisão em uma faculdade específica). O pesquisador precisa decidir qual sistema delimitado estudar, reconhecendo que são vários os possíveis candidatos para esta seleção e percebendo que o próprio caso em si ou uma questão, para o qual um caso ou casos são selecionados para estudo, vale a pena ser estudado. O pesquisador deve considerar se irá estudar um único caso ou múltiplos casos. O estudo de mais de um caso dilui a análise geral; quanto mais casos um indivíduo estuda, menor a profundidade em cada um. Quando um pesquisador opta por múltiplos casos, a questão se torna: "Quantos casos?". Não há uma resposta para esta pergunta.

No entanto, os pesquisadores em geral optam por não mais do que quatro ou cinco casos. O que motiva o pesquisador a considerar um grande número de casos é a ideia de *generalização*, um termo que tem pouco significado para a maioria dos pesquisadores qualitativos (Glesne e Peshkin, 1992). A seleção do caso requer que o pesquisador estabeleça uma justificativa para a sua estratégia de amostragem intencional para a escolha do caso e para reunir informações sobre ele. Ter informações suficientes para apresentar um quadro em profundidade limita o valor de alguns casos. Ao planejar um estudo de caso, faço os indivíduos desenvolverem uma matriz para coleta de dados, na qual eles especificam a quantidade de informações que provavelmente coletarão sobre o caso. Decidir as "fronteiras" de um caso – como ele pode ser restringido em termos de tempo, eventos e processos – pode ser desafiador. Alguns estudos de caso podem não ter um começo claro e pontos finais, e o pesquisador precisará definir fronteiras que o delimitem adequadamente.

AS CINCO ABORDAGENS COMPARADAS

Todas as abordagens têm em comum o processo geral de pesquisa que começa com um problema de pesquisa e prossegue com as perguntas, os dados, a análise dos dados e o relatório da pesquisa. Elas também empregam processos semelhantes para coleta de dados, incluindo, em vários graus, entrevistas, observações, documentos e materiais audiovisuais. Além disso, devem ser observadas algumas semelhanças potenciais entre os projetos. A pesquisa narrativa, a etnografia e a pesquisa de estudo de caso podem parecer semelhantes quando a unidade da análise é um único indivíduo. É verdade que podemos abordar o estudo de um indivíduo a partir de qualquer uma dessas três abordagens; entretanto, os tipos de dados que se coletariam e analisariam se diferenciariam consideravelmente. Na *pesquisa narrativa*, o investigador se concentra nas histórias contadas pelo indivíduo e organiza essas histórias em ordem cronológica; na *etnografia*, o foco é na inserção das histórias dos indivíduos dentro do contexto da sua cultura e do grupo que compartilha a cultura; em uma *pesquisa de estudo de caso*, o caso único é escolhido para ilustrar uma questão, e o pesquisador compila uma descrição detalhada do contexto para o caso. A minha abordagem é recomendar, se o pesquisador deseja estudar um único indivíduo, a abordagem narrativa ou um estudo de caso, porque a etnografia é um quadro muito mais amplo da cultura. Então, na comparação de um estudo narrativo e um caso único para estudar um único indivíduo, acredito que a abordagem narrativa é vista como a mais apropriada porque os estudos narrativos *tendem* a focar em um único indivíduo, enquanto os estudos de caso geralmente envolvem mais de um caso.

A partir desses esboços das cinco abordagens, posso identificar diferenças fundamentais entre esses tipos de pesquisa qualitativa. Conforme mostrado na Tabela 4.1, apresento várias dimensões para distinção entre as cinco abordagens. Em um nível mais básico, as cinco diferem no que estão tentando realizar – seus focos ou objetivos primários dos estudos. Explorar uma vida é diferente de gerar uma teoria ou descrever o comportamento de um grupo cultural. Além do mais, embora existam sobreposições na origem das disciplinas, algumas abordagens possuem tradições ligadas a uma única disciplina (p. ex., a teoria fundamentada se originando na sociologia, a etnografia fundada na antropologia ou sociologia) e outras têm origens interdisciplinares amplas (p. ex., narrativa, estudo de caso). A coleta de dados varia em termos da ênfase (p. ex., mais observações em etnografia, mais entrevistas na teoria fundamentada) e a extensão da coleta de dados (p. ex., somente entrevistas na fenomenologia, múltiplas formas na pesquisa de estudo de caso para oferecer um quadro em profundidade do caso). No estágio da análise dos dados, as diferenças são mais pronunciadas. Não somente a distinção é uma das especificidades da fase de análise (p. ex., teoria fundamentada mais específica, pesquisa narrativa

TABELA 4.1
Contraste entre as características das cinco abordagens qualitativas

Características	Pesquisa narrativa	Fenomenologia	Teoria fundamentada	Etnografia	Estudo de caso
Foco	Exploração da vida de um indivíduo	Compreensão da essência da experiência	Desenvolvimento de uma teoria fundamentada em dados do campo	Descrição e interpretação de um grupo que compartilha uma cultura	Desenvolvimento de uma descrição em profundidade e análise de um caso ou múltiplos casos
Tipo de problema mais adequado ao projeto	Necessidade de contar histórias de experiências individuais	Necessidade de descrever a essência de um fenômeno vivido	Fundamentação de uma teoria nas visões dos participantes	Descrição e interpretação dos padrões compartilhados da cultura de um grupo	Fornecer uma compreensão em profundidade de um caso ou casos
Origem da disciplina	Baseada nas humanidades, incluindo antropologia, literatura, história, psicologia e sociologia	Baseada na filosofia, psicologia e educação	Baseada na sociologia	Baseada na antropologia e sociologia	Baseada na psicologia, direito, ciências políticas e medicina
Unidade de análise	Estudo de um ou mais indivíduos	Estudo de vários indivíduos que têm a experiência compartilhada	Estudo de um processo, uma ação ou uma interação envolvendo muitos indivíduos	Estudo de um grupo que compartilha a mesma cultura	Estudo de um evento, um programa, uma atividade ou mais de um indivíduo
Formas de coleta de dados	Usando principalmente entrevistas e documentos	Usando principalmente entrevistas com os indivíduos, embora documentos, observações e arte também possam ser considerados	Usando principalmente entrevistas com 20 a 60 indivíduos	Usando principalmente observações e entrevistas, mas talvez coletando de outras fontes durante um tempo mais prolongado no campo	Usando múltiplas fontes, como entrevistas, observações, documentos e artefatos

(continua)

TABELA 4.1
Contraste entre as características das cinco abordagens qualitativas (continuação)

Características	Pesquisa narrativa	Fenomenologia	Teoria fundamentada	Etnografia	Estudo de caso
Estratégias para análise de dados	Análise dos dados das histórias, "recontando" histórias e desenvolvendo temas, frequentemente adotando uma cronologia	Análise dos dados para declarações significativas, unidades de significados, descrição textual e estrutural e descrição da "essência"	Análise dos dados por meio da codificação aberta, codificação axial e codificação seletiva	Análise dos dados por meio da descrição do grupo que compartilha a cultura e temas sobre o grupo	Análise dos dados por meio da descrição do caso e temas do caso, além de temas cruzados
Relatório escrito	Desenvolvimento de uma narrativa sobre as histórias da vida de um indivíduo	Descrição da "essência" da experiência	Geração de uma teoria ilustrada numa figura	Descrição de como funciona um grupo que compartilha uma cultura	Desenvolvimento de uma análise detalhada de um ou mais casos

(continua)

INVESTIGAÇÃO QUALITATIVA E PROJETO DE PESQUISA 93

TABELA 4.1
Contraste entre as características das cinco abordagens qualitativas (continuação)

Características	Pesquisa narrativa	Fenomenologia	Teoria fundamentada	Etnografia	Estudo de caso
Estrutura geral do estudo	✓ Introdução (problema, perguntas) ✓ Procedimentos de pesquisa (uma narrativa, significância do indivíduo, coleta de dados, análise dos resultados) ✓ Relato das histórias ✓ Indivíduos teorizam sobre suas vidas ✓ Segmentos narrativos identificados ✓ Padrões de significado identificados (eventos, processos, epifanias, temas) ✓ Resumo (adaptado de Denzin, 1989a, 1989b)	✓ Introdução (problema, perguntas) ✓ Procedimentos de pesquisa (uma fenomenologia e pressupostos filosóficos, coleta de dados, análise, resultados) ✓ Declarações significativas ✓ Significados das declarações ✓ Temas dos significados ✓ Descrição exaustiva do fenômeno (adaptado de Moustakas, 1994)	✓ Introdução (problema, perguntas) ✓ Procedimentos de pesquisa (teoria fundamentada, coleta de dados, análise, resultados) ✓ Codificação aberta ✓ Codificação axial ✓ Codificação seletiva e proposições e modelos teóricos ✓ Discussão da teoria e contrastes com a literatura existente (adaptado de Strauss e Corbin, 1990)	✓ Introdução (problema, perguntas) ✓ Procedimentos de pesquisa (etnografia, coleta de dados, análise, resultados) ✓ Descrição da cultura ✓ Análise dos temas culturais ✓ Interpretação, lições aprendidas e questões levantadas (adaptado de Wolcott, 1994b)	✓ Vinheta introdutória ✓ Introdução (problema, perguntas, estudo de caso, coleta de dados, análise, resultados) ✓ Descrição do caso/casos e o seu contexto ✓ Desenvolvimento das questões ✓ Detalhes sobre as questões selecionadas ✓ Asserções ✓ Vinheta de encerramento (adaptado de Stake, 1995)

menos definida), como o número de passos a serem dados também varia (p. ex., muitos passos na fenomenologia, poucos passos na etnografia). O resultado de cada abordagem, o relatório escrito, assume a forma de todos os processos que vieram antes dele. As histórias a respeito da vida de um indivíduo compreendem a pesquisa narrativa. Uma descrição da essência da experiência do fenômeno se transforma em uma fenomenologia. Uma teoria, em geral retratada em um modelo visual, emerge na teoria fundamentada, e uma visão holística de como funciona um grupo que compartilha uma cultura é o resultado de uma etnografia. Um estudo em profundidade de um sistema ou um caso delimitado (ou vários casos) transforma-se num estudo de caso.

A relação das dimensões da Tabela 4.1 com o projeto da pesquisa dentro das cinco abordagens será o foco dos capítulos a seguir. Os pesquisadores qualitativos consideram útil ver neste ponto um esboço geral da estrutura global de cada uma das cinco abordagens.

As descrições da estrutura geral na escrita de cada uma das cinco abordagens na Tabela 4.1 podem ser usadas para o projeto de um estudo do tamanho de um artigo acadêmico. Entretanto, devido aos numerosos passos em cada uma, eles também têm aplicabilidade como capítulos de uma dissertação ou um trabalho com a extensão de um livro. Apresento-os aqui porque o leitor, com um conhecimento introdutório de cada abordagem, agora pode esboçar a "arquitetura" de um estudo. Certamente, essa arquitetura emergirá e será moldada diferentemente até a conclusão do estudo, mas ela fornece uma estrutura para o problema do projeto a ser seguido. Recomendo essas descrições como modelos gerais no momento. No Capítulo 5, examinaremos cinco artigos publicados em periódicos, com cada estudo ilustrando uma das cinco abordagens, e exploraremos a estrutura da escrita de cada uma.

Leituras adicionais

Várias leituras ampliam essa breve visão geral de cada uma das cinco abordagens de investigação. No Capítulo 1, apresentei os principais livros que serão usados para produzir discussão sobre cada abordagem. Apresento aqui uma lista mais ampliada de referências, a qual também inclui os principais trabalhos.

Pesquisa narrativa

Angrosino, M. V. (1989a). *Documents of interaction: Biography, autobiography, and life history in social science perspective*. Gainesville: University of Florida Press.

✓ Resumo

Neste capítulo, descrevi cada uma das cinco abordagens da pesquisa qualitativa – pesquisa narrativa, fenomenologia, teoria fundamentada, etnologia e estudo de caso. Apresentei uma definição, um pouco da história do desenvolvimento da abordagem e as principais formas que ela assumiu e detalhei os procedimentos básicos para a condução de um estudo qualitativo. Também discuti alguns dos principais desafios na condução de cada abordagem. Para destacar algumas das diferenças entre as abordagens, apresentei uma tabela com uma visão geral que contrasta as características do foco, o tipo de problema de pesquisa abordado, a origem da disciplina, a unidade de análise, as formas de coleta de dados, as estratégias para análise dos dados e a natureza do relatório escrito final. Também apresentei descrições da estrutura de cada abordagem que poderiam ser úteis ao projetar um estudo dentro de cada um dos cinco tipos. No próximo capítulo, iremos examinar cinco estudos que ilustram cada abordagem e olharemos mais de perto para a composição da estrutura de cada tipo de abordagem.

Clandinin, D. J. (Ed.). (2006). *Handbook of narrative inquiry: Mapping a methodology*. Thousand Oaks, CA: Sage.

Clandinin, D. J., & Connelly, F. M. (2000). *Narrative inquiry: Experience and story in qualitative research*. San Francisco: Jossey-Bass.

Czarniawska, B. (2004). *Narratives in social science research*. London: Sage.

Denzin, N. K. (1989a). *Interpretive biography*. Newbury Park, CA: Sage.

Denzin, N. K. (1989b). *Interpretive interactionism*. Newbury Park, CA: Sage.

Elliot, J. (2005). *Using narrative in social research: Qualitative and quantitative approaches*. London: Sage.

Lightfoot, C., & Daiute, C. (Eds.). (2004). *Narrative analysis: Studying the development of individuals in society*. Thousand Oaks, CA: Sage

Lightfoot-Lawrence, S., & Davis, J. H. (1997). *The art and science of portraiture*. San Francisco: Jossey-Bass.

Plummer, K. (1983). *Documents of life: An introduction to the problems and literature of a humanistic method*. London: George Allen & Unwin.

Riessman, C. K. (2008). *Narrative methods for the human sciences*. Los Angeles, CA: Sage.

Fenomenologia

Colaizzi, P. F. (1978). Psychological research as the phenomenologist views it. In R. Vaile & M. King (Eds.), *Existential phenomenological alternatives for psychology* (pp. 48–71). New York: Oxford University Press.

Dukes, S. (1984). Phenomenological methodology in the human sciences. *Journal of Religion and Health, 23*, 197–203.

Giorgi, A. (Ed.). (1985). *Phenomenology and psychological research*. Pittsburgh, PA: Duquesne University Press.

Giorgi, A. (2009). *A descriptive phenomenological method in psychology: A modified Husserlian approach*. Pittsburgh, PA: Duquesne University Press.

Husserl, E. (1931). *Ideas: General introduction to pure phenomenology* (D. Carr, Trans.). Evanston, IL: Northwestern University Press.

Husserl, E. (1970). *The crisis of European sciences and transcendental phenomenology* (D. Carr, Trans.). Evanston, IL: Northwestern University Press.

LeVasseur, J. J. (2003). The problem with bracketing in phenomenology. *Qualitative Health Research, 31*(2), 408–420.

Lopez, K. A., & Willis, D. G. (2004). Descriptive versus interpretive phenomenology: Their contributions to nursing knowledge. *Qualitative Health Research, 14*(5), 726–735.

Merleau-Ponty, M. (1962). *Phenomenology of perception* (C. Smith, Trans.). London: Routledge & Kegan Paul.

Moustakas, C. (1994). *Phenomenological research methods*. Thousand Oaks, CA: Sage.

Natanson, M. (Ed.). (1973). *Phenomenology and the social sciences*. Evanston, IL: Northwestern University Press.

Oiler, C. J. (1986). Phenomenology: The method. In P. L. Munhall & C. J. Oiler (Eds.), *Nursing research: A qualitative perspective* (pp. 69–82). Norwalk, CT: Appleton-Century-Crofts.

Polkinghorne, D. E. (1989). Phenomenological research methods. In R. S. Valle & S. Halling (Eds.), *Existential-phenomenological perspectives in psychology* (pp. 41–60). New York: Plenum.

Spiegelberg, H. (1982). *The phenomenological movement* (3rd ed.). The Hague, Netherlands: Martinus Nijhoff.

Stewart, D., & Mickunas, A. (1990). *Exploring phenomenology: A guide to the field and its literature* (2nd ed.). Athens: Ohio University Press.

Tesch, R. (1990). *Qualitative research: Analysis types and software tools*. Bristol, PA: Falmer Press.

Van Kaam, A. (1966). *Existential foundations of psychology*. Pittsburgh, PA: Duquesne University Press.

van Manen, M. (1990). *Researching lived experience: Human science for an action sensitive pedagogy*. Albany: State University of New York Press.

Teoria fundamentada

Babchuk, W. A. (2011), Grounded theory as a "family of methods": A genealogical analysis to guide research. *US-China Education Review, 8*(2), 1548–1566.

Birks, M., & Mills, J. (2011). *Grounded theory: A practical guide*. London: Sage.

Charmaz, K. (1983). The grounded theory method: An explication and interpretation. In R. Emerson (Ed.), *Contemporary field research* (pp. 109–126). Boston: Little, Brown.

Charmaz, K. (2006). *Constructing grounded theory*. London: Sage.

Chenitz, W. C., & Swanson, J. M. (1986). *From practice to grounded theory: Qualitative research in nursing*. Menlo Park, CA: Addison-Wesley.

Clarke, A. E. (2005). *Situational analysis: Grounded theory after the postmodern turn*. Thousand Oaks, CA: Sage.

Corbin, J., & Strauss, A. (2007). *Basics of qualitative research: Techniques and procedures for developing grounded theory* (3rd ed.). Thousand Oaks, CA: Sage.

Glaser, B. G. (1978). *Theoretical sensitivity*. Mill Valley, CA: Sociology Press.

Glaser, B. G. (1992). *Basics of grounded theory analysis*. Mill Valley, CA: Sociology Press.

Glaser, B. G., & Strauss, A. (1967). *The discovery of grounded theory*. Chicago: Aldine.

Strauss, A. (1987). *Qualitative analysis for social scientists*. New York: Cambridge University Press.

Strauss, A., & Corbin, J. (1990). *Basics of qualitative research: Grounded theory procedures and techniques*. Newbury Park, CA: Sage.

Strauss, A., & Corbin, J. (1998). *Basics of qualitative research: Grounded theory procedures and techniques* (2nd ed.). Newbury Park, CA: Sage.

Etnografia

Atkinson, P., Coffey, A., & Delamont, S. (2003). *Key themes in qualitative research: Continuities and changes*. Walnut Creek, CA: AltaMira.

Fetterman, D. M. (2010). *Ethnography: Step by step* (3rd ed.). Thousand Oaks, CA: Sage.

LeCompte, M. D., & Schensul, J. J. (1999). *Designing and conducting ethnographic research* (Ethnographer's toolkit, Vol. 1). Walnut Creek, CA: AltaMira.

Madison, D. S. (2005). *Critical ethnography: Method, ethics, and performance*. Thousand Oaks, CA: Sage.

Spradley, J. P. (1979). *The ethnographic interview*. New York: Holt, Rinehart & Winston.

Spradley, J. P. (1980). *Participant observation*. New York: Holt, Rinehart & Winston.

Wolcott, H. F. (1994b). *Transforming qualitative data: Description, analysis, and interpretation*. Thousand Oaks, CA: Sage.

Wolcott, H. F. (2008a). *Ethnography: A way of seeing* (2nd ed.). Walnut Creek, CA: AltaMira.

Wolcott, H. F. (2010). *Ethnography lessons: A primer*. Walnut Creek, CA: Left Coast Press.

Estudo de caso

Lincoln, Y. S., & Guba, E. G. (1985). *Naturalistic inquiry*. Beverly Hills, CA: Sage.

Merriam, S. (1988). *Case study research in education: A qualitative approach*. San Francisco: Jossey-Bass.

Stake, R. (1995). *The art of case study research*. Thousand Oaks, CA: Sage.

Yin, R. K. (2009). *Case study research: Design and method* (4th ed.). Thousand Oaks, CA: Sage.

☑ EXERCÍCIOS

1. Escolha uma das cinco abordagens para um estudo proposto. Escreva uma breve descrição da abordagem, incluindo uma definição, a história e os procedimentos associados à abordagem. Inclua referências da literatura.

2. Encontre um artigo acadêmico qualitativo que se declare como um estudo narrativo, uma fenomenologia, uma teoria fundamentada, uma etnografia ou um estudo de caso. Usando os elementos das "características definidoras" desenvolvidas neste capítulo, examine o artigo e localize onde cada característica definidora da abordagem particular aparece.

3. Escolha um estudo qualitativo proposto que você gostaria de conduzir. Comece apresentando-o como um estudo narrativo e depois o molde como uma fenomenologia, uma teoria fundamentada, uma etnografia e, finalmente, como um estudo de caso. Discuta para cada tipo de estudo o seu foco, os tipos de coleta e análise de dados e o relatório final por escrito.

5
Cinco estudos qualitativos diferentes

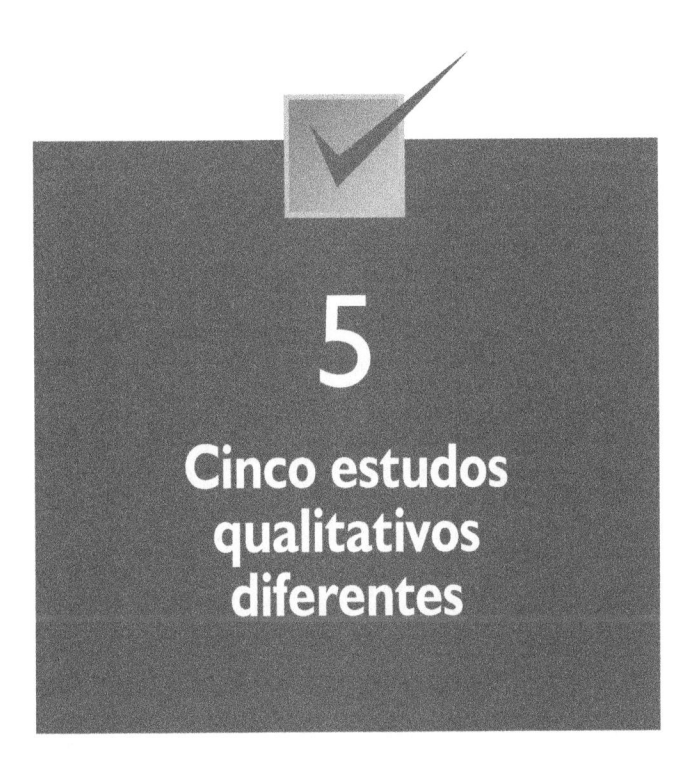

Sempre achei que a melhor maneira de aprender a escrever um estudo qualitativo é ler diversos artigos acadêmicos qualitativos publicados e examinar detalhadamente a forma como eles são compostos. Se um indivíduo planeja realizar, por exemplo, um estudo de teoria fundamentada, eu sugeriria que ele coletasse em torno de 20 artigos acadêmicos publicados com base nessa técnica, escolhesse o mais completo, que desenvolva *todas* as características definidoras dela, e só então modelasse o seu projeto. Esse mesmo processo valeria para um indivíduo que estivesse conduzindo qualquer outra abordagem de investigação qualitativa, como um estudo narrativo, uma fenomenologia, uma etnografia ou um estudo de caso. Embora longe desse ideal, gostaria que você iniciasse aqui a construção dessa coleção, pois sugiro, neste capítulo, um exemplar de cada abordagem.

Cada um desses cinco estudos publicados representa um dos tipos de abordagem qualitativa que estão sendo discutidos neste livro. Eles são encontrados nos Apêndices B, C, D, E e F. A melhor forma de prosseguir, penso eu, é primeiro ler o artigo integralmente no apêndice e depois voltar para o meu resumo do artigo, comparando assim o seu entendimento com o meu. A seguir, leia a minha análise de como os artigos ilustram bons modelos de abordagem da pesquisa e incorporam as características definidoras que apresentei no Capítulo 4. Na conclusão deste capítulo, faço reflexões sobre por que se deve escolher uma abordagem em detrimento de outra quando se conduz um estudo qualitativo.

O primeiro estudo, de Chan (2010), conforme é encontrado no Apêndice B, ilustra um bom estudo narrativo de uma imigrante chinesa, Ai Mei Zhang, enquanto cursa o ensino fundamental em uma escola canadense e interage com a sua família. O segundo artigo, um estudo fenomenológico de Anderson e Spencer (2002), localizado no Apêndice C, aborda indivíduos com aids e as imagens e modos como pensam sobre a sua doença. O terceiro artigo é um estudo de teoria fundamentada de Harley e colaboradores (2009), conforme encontrado no Apêndice D. Ele apresenta um estudo do processo comportamental de mulheres afro-americanas para integrar a atividade física ao seu estilo de vida. Ele incorpora apropriadamente uma estrutura teórica que explica os caminhos de ligação entre esses fatores-chave no processo. O quarto artigo é um estudo etnográfico de Haenfler (2004), conforme apresentado no Apêndice E, sobre os valores centrais do movimento *straight edge* (*sXe*), que surgiu na costa oeste dos Estados Unidos a partir da subcultura *punk* no início da década de 1980. Os *sXers* adotaram uma ideologia de "vida limpa", se abstendo de álcool, tabaco, drogas ilegais e sexo casual. O artigo final de minha autoria – um estudo qualitativo de Asmussen e Creswell (1995) –, conforme apresentado no Apêndice F, descreve e sugere temas relativos à reação das pessoas em uma grande universidade do meio-oeste americano a um aluno que entrou em uma sala de aula de ciências atuariais com uma espingarda e tentou atirar nos alunos. Incluo este artigo na coleção de exemplares deste livro porque o tópico da violência no *campus* é tão relevante hoje quanto era quando escrevi o artigo, em 1995.

QUESTÕES PARA DISCUSSÃO

✓ Qual é o foco no exemplo do estudo narrativo?
✓ Que experiência é examinada no exemplo do estudo fenomenológico?
✓ Que teoria surge no estudo da teoria fundamentada?
✓ Que grupo que compartilha uma cultura é estudado no exemplo do estudo etnográfico?
✓ Qual é o "caso" que está sendo examinado no estudo de caso?
✓ Em que pontos as cinco abordagens diferem?
✓ Como um pesquisador escolhe entre as cinco abordagens para um determinado estudo?

UM ESTUDO NARRATIVO
(Chan, 2010; veja Apêndice B)

Esta é a história de uma estudante imigrante chinesa, Ai Mei Zhang, aluna da 8ª e 9ª séries do ensino fundamental da Bay Street School em Toronto, no Canadá. Ai Mei foi escolhida para o estudo pela pesquisadora porque podia informar como a identidade étnica é moldada pelas expectativas da escola e de sua professora, além de descrever seus pares na escola e sua casa. Ai Mei contou histórias a respeito de incidentes específicos na sua vida, e a autora baseou seu artigo narrativo nessas histórias, assim como nas observações em sala de aula. A pesquisadora também realizou entrevistas com Ai Mei e outros alunos, fez muitas anotações de campo e buscou uma participação ativa nas atividades escolares de Ai Mei (p. ex., a noite multicultural), nos jantares em família e nas conversas em sala de aula entre Ai Mei e seus colegas. O interesse predominante da autora era na exploração de conflitos que surgiam durante a coleta de dados. A partir de uma análise temática desses dados, a autora apresentou vários pontos conflituosos: tensões nas amizades, porque Ai Mei evitava sua língua materna na escola, já que ela era vista como um obstáculo ao inglês a ser aprendido; pressão para usar a língua chinesa oficial e o dialeto materno em casa, com a família; múltiplas influências conflitantes entre as expectativas de seus pais quanto ao comportamento e as expectativas de seus colegas na escola; e conflitos entre as necessidades familiares de ajuda nos negócios da família e as expectativas da professora para que fizesse os trabalhos de casa e se preparasse para as provas e tarefas. Como um elemento final dos achados, a autora refletiu sobre suas experiências na condução do estudo, como os diferentes eventos dos quais participou moldaram a sua compreensão, como surgiram oportunidades para construir confiança, como a sua relação com Ai Mei foi negociada e como ela desenvolveu um senso de defesa dessa jovem estudante. No final, o estudo contribuiu para a compreensão dos desafios dos imigrantes ou estudantes das minorias; a interseção das expectativas dos alunos, professores, colegas e pais; e o entendimento de como os valores dos indivíduos em comunidades étnicas são moldados por essas interações. Em um sentido mais amplo, esse estudo ajudou no trabalho dos professores e administradores que trabalham com populações diversificadas de alunos e serve como exemplo de uma "narrativa literária baseada na vida" (Chan, 2010, p. 121).

Esse artigo apresenta bem as características definidoras de um estudo narrativo, conforme introduzido no Capítulo 4:

✓ A pesquisadora coletou *histórias* de um único indivíduo, uma estudante imigrante chinesa, Ai Mei Zhang.
✓ A pesquisadora explicitou a natureza *colaborativa* de como as histórias foram coletadas e a relação que se construiu ao longo do tempo entre a pesquisadora e a participante do estudo.
✓ A pesquisadora optou por focar as *experiências* desse único indivíduo e, mais especificamente, a *identidade* cultural da estudante e em como os pais, colegas e professores ajudaram a moldar sua identidade.
✓ A pesquisadora estabeleceu uma base de evidências das informações para explorar essa identidade cultural por meio de *diferentes formas de dados*, como observações pessoais, entrevistas, anotações de campo e participação em eventos.
✓ A pesquisadora coletou dados ao longo do tempo, do outono de 2001 até junho de 2003. Portanto, houve ampla oportunidade de examinar os eventos que foram se revelando com o tempo. A narrativa, porém, não foi construída para relatar uma *cronologia* dos temas e, durante a leitura do relato, é difícil determinar se um tema (p. ex., esconder sua língua materna na nova orientação como estudante) ocorreu antes ou depois de outro tema (p. ex., a conversa na hora da refeição envolvendo a língua oficial escolar, o mandarim, e a língua materna, o fujianês).
✓ A pesquisadora usou uma *análise* temática (Riessman, 2008) para relatar "o que aconteceu" com essa estudante, seus pais e sua escola.
✓ A pesquisadora destacou tensões específicas que surgiram em cada um dos temas (p. ex., a tensão entre o uso do mandarim e do fujianês em casa). A narrativa como um todo, no entanto, não comunicou um *momento decisivo* (*turning point*) específico ou epifania no enredo.
✓ A pesquisadora discutiu o *local* ou o contexto da Bay Street School, onde ocorreu a maioria dos incidentes que foram relatados na narrativa.

UM ESTUDO FENOMENOLÓGICO (Anderson e Spencer, 2002; veja Apêndice C)

Este estudo discute as imagens ou representações cognitivas que os pacientes com aids tinham a respeito da sua doença. Os pesquisadores exploraram esse tópico porque entender como os indivíduos representavam a aids e a sua resposta emocional a ela influenciava a sua terapia, reduzia os comportamentos de alto risco e melhorava sua qualidade de vida. Assim, o propósito desse estudo foi "explorar a experiência dos pacientes e as representações cognitivas da aids dentro do contexto da fenomenologia" (Anderson e Spencer, 2002, p. 1339).

Os autores introduziram o assunto referindo-se aos milhões de indivíduos infectados com HIV. Desenvolveram uma estrutura, o Modelo de autorregulação das representações da doença, que sugeria que os pacientes eram solucionadores ativos do problema, e seu comportamento era produto das suas respostas cognitivas e emocionais à ameaça à saúde. Os pacientes formavam representações da doença que moldavam a compreensão que tinham dela. Foram essas representações da doença (p. ex., imagens) que os pesquisadores precisaram entender mais integralmente para ajudar os pacientes com a sua terapia, o seus comportamentos e a sua qualidade de vida. Os autores se voltaram para a literatura sobre experiências de pacientes com aids. Revisaram a literatura sobre pesquisa qualitativa, observando que vários estudos fenomenológicos sobre tópicos como enfrentamento e viver com HIV já haviam sido examinados. No entanto, a representação da aids em imagens ainda não havia sido estudada.

Seu projeto envolveu o estudo de 58 homens e mulheres com o diagnóstico de aids. Para estudar esses indivíduos, eles usaram a fenomenologia e os procedimentos desenvolvidos por Colaizzi (1978) e modificado por Moustakas (1994). Durante 18 meses, realizaram entrevistas com os 58 pacientes e lhes perguntaram: "Qual é a sua experiência com a aids? Você tem uma imagem mental do HIV/da aids, ou como você os descreveria? Que sentimento vem à sua mente? Que significado a doença tem na sua vida?" (Anderson e Spencer, 2002, p. 1341-1342). Eles também pediram aos pacientes que fizessem desenhos da sua doença. Embora somente oito dos 58 tenham feito desenhos, os autores integraram esses desenhos à análise de dados. Sua análise dos dados dessas entrevistas consistiu das seguintes tarefas:

- ✓ Ler todas as transcrições várias vezes para obter um sentimento geral sobre elas.
- ✓ Identificar expressões ou frases significativas que diziam respeito diretamente à experiência.
- ✓ Formular significados e reuni-los em grupos de temas comuns para todas as transcrições dos participantes.
- ✓ Integrar os resultados a uma descrição exaustiva e em profundidade do fenômeno.
- ✓ Validar os achados com os participantes e incluir os comentários dos participantes na descrição final.

Essa análise levou a 11 temas principais, baseados em 175 declarações significativas. Destruição temida do corpo e vida devorada ilustraram dois dos temas. A seção de resultados desse estudo relatou cada um dos 11 temas e apresentou amplas citações e perspectivas para ilustrar as múltiplas perspectivas em cada um.

O estudo terminou com uma discussão em que os autores descreveram a essência (isto é, a descrição exaustiva) das experiências dos pacientes e as estratégias de enfrentamento (isto é, os contextos ou condições que envolviam as experiências) que os pacientes usaram para regular o humor e a doença. Finalmente, os autores compararam seus 11 temas com os resultados relatados por outros autores na literatura e discutiram as implicações para a enfermagem e questões para pesquisa futura.

Esse estudo ilustrou vários aspectos de um estudo fenomenológico:

- ✓ Um *fenômeno* – as "representações cognitivas ou imagens" da aids pelos pacientes – foi examinado no estudo.
- ✓ Foi usada uma rigorosa coleta de dados com um *grupo de indivíduos* por meio de 58 entrevistas e da incorporação dos desenhos dos pacientes.
- ✓ Os autores mencionaram apenas brevemente as ideias *filosóficas* por trás da fenomenologia. Referiram-se à suspensão das suas experiências pessoais e à sua necessidade de explorar experiências vividas em vez de obterem explicações teóricas.
- ✓ Os pesquisadores falaram sobre *estar entre parênteses* (*bracketing*) no estudo. Especificamente, eles declararam que o entrevistador era um profissional da saúde e um pesquisador de pessoas com HIV/aids e assim foi necessário que o entrevistador reconhecesse e tentasse deixar suspensas essas experiências.
- ✓ A *coleta de dados* consistiu de 58 entrevistas realizadas durante 18 meses em três locais dedicados a pessoas com HIV/aids, uma clínica baseada em um hospital, uma instituição de cuidados de longo prazo e uma residência.
- ✓ O uso de procedimentos sistemáticos para a *análise dos dados* significativos, significados, temas e uma descrição exaustiva da essência do fenômeno seguiram os procedimentos recomendados por Moustakas (1994).
- ✓ A inclusão de tabelas ilustrando as declarações significativas, significados e grupos de temas mostrou como os autores trabalharam a partir dos dados brutos até uma descrição exaustiva da essência do estudo na seção da discussão final.

✓ O estudo terminou com a descrição da *essência* da experiência entre os 58 pacientes e o contexto em que eles experimentaram a Aids (p. ex., mecanismos de enfrentamento).

UM ESTUDO DE TEORIA FUNDAMENTADA
(Harley et al., 2009; veja Apêndice D)

Esse estudo de teoria fundamentada procurou desenvolver uma teoria do processo comportamental de mulheres afro-americanas que explica os fatores-chave na integração da atividade física aos seus estilos de vida. A premissa sobre o problema foi de que a atividade física é preocupante para subgrupos particulares, tais como as mulheres afro-americanas, que se mantêm particularmente sedentárias. Para esse fim, os pesquisadores escolheram a teoria fundamentada devido à falta de conhecimento sobre os fatores e as relações específicas do processo de evolução comportamental da atividade física. Os autores estudaram 15 mulheres que preenchiam os critérios para a amostra: terem entre 25 e 45 anos de idade, terem concluído pelo menos uma faculdade ou escola técnica além do ensino médio e estarem comprometidas com a atividade física. As participantes foram recrutadas por meio de duas associações locais de alunos de fraternidades afro-americanas, e os dados foram coletados por meio de entrevistas ao vivo em profundidade, seguidas por dois grupos focais depois que os achados preliminares foram divulgados. Esses dados foram analisados usando a abordagem de Strauss e Corbin (1998) da teoria fundamentada, consistindo de codificação, desenvolvimento de conceitos, comparações constantes entre os dados e os conceitos emergentes e a formulação de um modelo teórico. Os autores então apresentaram o modelo teórico como uma figura, que consistia de três fases no processo comportamental de integração da atividade física ao estilo de vida: uma fase inicial, uma fase de transição e uma fase de integração. Os pesquisadores desenvolveram categorias dentro de cada uma dessas fases e também especificaram o contexto (isto é, contexto social e cultural afro-americano) e as condições que influenciam a integração da atividade física. A seguir, os autores tomaram uma das condições, o planejamento de práticas para atividade física, e elaboraram essas possibilidades em uma figura da taxonomia dos métodos de planejamento. Essa elaboração permitiu que os pesquisadores obtivessem resultados específicos para a prática, como o número ideal de sessões de atividade física por semana e o número máximo de sessões por semana. Na conclusão, esse estudo de teoria fundamentada chegou a lições importantes para esforços futuros no projeto de um programa de atividade física para mulheres afro-americanas.

Esse estudo correspondeu a muitas das características definidoras de um estudo de teoria fundamentada:

✓ Seu foco central foi compreender um *processo* de comportamento e o modelo teórico desenvolveu três fases importantes do processo.
✓ *Emergiu* uma teoria para sugerir a estrutura da evolução da atividade física para as mulheres afro-americanas do estudo.
✓ Os pesquisadores não mencionaram especificamente o uso de lembretes ou o registro das suas ideias enquanto entrevistavam as mulheres e analisavam os dados.
✓ Sua forma de *coleta de dados* foi consistente com muitos estudos da teoria fundamentada: a coleta de dados por meio de entrevistas ao vivo.
✓ Os pesquisadores adotaram uma abordagem estruturada da *análise de dados* da teoria fundamentada, usando a abordagem de Strauss e Corbin (1998) das categorias de codificação e desenvolvendo um modelo teórico que incluía contexto e condições. Eles não seguiram os componentes estritos de Strauss e Corbin (1998) da codificação aberta, axial e seletiva. Eles forneceram uma descrição detalhada das fases do modelo teórico e compararam seu modelo a modelos teóricos existentes na literatura.

UM ESTUDO ETNOGRÁFICO
(Haenfler, 2004; veja Apêndice E)

Este estudo de etnografia descreveu os valores centrais do movimento *straight edge* (*sXe*), que surgiu na costa oeste dos Estados Unidos a partir da subcultura *punk* do início da década de 1980. O movimento surgiu como uma resposta às tendências niilistas da subcultura *punk* de abuso de álcool e drogas e de sexo promíscuo. Os *sXers* adotaram uma ideologia de "vida limpa", com abstenção para toda a vida de álcool, tabaco, drogas ilegais e sexo casual. Envolvendo predominantemente homens brancos de classe média entre 15 e 25 anos, o movimento foi vinculado inseparavelmente à cena musical do gênero *punk*, e os *straight edgers* faziam um grande X em cada mão antes de entrarem nos concertos *punks*. Como um estudo que reconceitualizou a resistência à oposição, essa etnografia examinou como os membros do grupo da subcultura expressavam oposição individualmente como uma reação a outras subculturas, mais do que contra uma cultura "adulta" ambígua.

O autor usou métodos etnográficos de coleta de dados, incluindo a participação no movimento por 14 anos e a ida a mais de 250 *shows* musicais, entrevistando 28 homens e mulheres e reunindo fontes, como matérias de jornais, letras de músicas, páginas da internet e revistas de *sXe*. A partir dessas fontes de dados, o autor inicialmente apresentou uma descrição detalhada da subcultura (p. ex., *slogans* em camisetas, letras de musicas e o uso do símbolo X). A descrição transmitiu também a curiosa mistura de perspectivas conservadoras do fundamentalismo religioso e influências progressistas de expressão dos valores pessoais. Após essa descrição, o autor identificou cinco temas: viver de uma forma limpa e positiva (p. ex., vegetarianos comprometidos); reservar o sexo para relações afetivas (p. ex., o sexo deve fazer parte de uma relação emocional baseada na confiança); promover a autorrealização (p. ex., toxinas como drogas e álcool inibem as pessoas de atingirem seu potencial pleno); espalhar a mensagem (p. ex., os *sXers* assumiram a missão de convencer seus pares dos seus valores); e envolver-se em causas progressistas (p. ex., direitos dos animais e causas ambientais). O artigo foi concluído com o autor apresentando um amplo conhecimento dos valores dos *sXers*. A participação na subcultura jovem teve significado individual e coletivamente. Além disso, a resistência dos *sXers* ocorria em nível macro quando direcionada para uma cultura que comercializava álcool e tabaco para os jovens; no nível intermediário, quando visava a outras subculturas, como os *punks*; e em nível micro quando os *sXers* adotavam a mudança pessoal, em parte desafiando o abuso de substância de membros da família ou suas próprias tendências aditivas. A resistência era vista como pessoal nas atividades diárias e na resistência política à cultura jovem. Em resumo, constatou-se que a resistência tinha muitas camadas, era contraditória e pessoal e socialmente transformadora.

A etnografia de Haenfler ilustra muito bem os elementos centrais de um estudo etnográfico e os aspectos de uma etnografia crítica:

✓ Essa etnografia foi o estudo de um *grupo que compartilha uma cultura* e os valores e crenças centrais dos seus membros.
✓ O autor inicialmente descreveu o grupo em termos das *ideias* dos seus membros, a seguir identificou cinco temas sobre o *comportamento* do grupo e terminou com um nível amplo de abstração além dos temas para sugerir como a subcultura funcionava. Esse grupo já estava *interagindo* há algum tempo e desenvolveu formas de se comportar.
✓ Consistente com a etnografia crítica, o autor usou uma *teoria* da resistência à oposição por um grupo jovem de contracultura para explicar como o grupo funcionava. O grupo resistia à cultura dominante de uma forma complexa e em múltiplas camadas (p. ex., macro, intermediária e micro). O autor também falou sobre as qualidades transformadoras pessoais e sociais da participação no grupo que compartilha a cultura. Diferentemente de outras abordagens críticas, ela

não encerrou com um chamado para a transformação social, mas o estudo global representou o reexame da resistência da subcultura.
✓ O autor se posicionou descrevendo seu envolvimento na subcultura e o seu papel como *observador participante* do grupo durante muitos anos. O autor também se engajou em *trabalho de campo* ao realizar entrevistas em profundidade não estruturadas.
✓ A partir desses dados *emic* e as notas de campo do pesquisador, os dados *etic*, foi formada uma *interpretação cultural* sobre como o grupo funcionava. Os membros da subcultura jovem construíram significados individualizados e coletivos para a sua participação. A resistência ocorreu em diferentes níveis. Os métodos de resistência eram tanto pessoais quanto políticos. Deixamos esse estudo com uma visão complexa de como os *sXers* funcionavam como grupo e sobre a sua cultura.

UM ESTUDO DE CASO
(Asmussen e Creswell, 1995; veja Apêndice F)

Este estudo de caso qualitativo descreve a reação de um *campus* a um incidente com um atirador, em que um aluno tentou atirar em seus colegas. O estudo de caso começou com uma descrição detalhada do incidente com o atirador, relatou as primeiras duas semanas de eventos após o incidente e forneceu detalhes sobre a cidade, o *campus* e o prédio em que ocorreu o incidente. Os dados foram coletados por meio de múltiplas fontes de informação, como entrevistas, observações, documentos e materiais audiovisuais, e foram organizados em uma tabela resumida. Asmussen e eu não entrevistamos o atirador ou os estudantes que estavam em aconselhamento imediatamente após o incidente, e a nossa petição ao Institutional Review Board for Human Subjects Research assegurou essas restrições. A partir da análise dos dados, surgiram temas como negação, medo, segurança, reacionarismo e planejamento do *campus*. No final do artigo, combinamos esses temas mais delimitados em duas perspectivas abrangentes, uma resposta organizacional e uma sociopsicológica, e as relacionamos com a literatura, fornecendo assim "camadas" de análise no estudo e invocando interpretações mais abrangentes do significado do caso. Sugerimos que os *campi* planejem suas respostas à violência e desenvolvemos perguntas-chave a serem consideradas na preparação desses planos.

Neste estudo de caso, tentamos seguir a estrutura do estudo de caso de Lincoln e Guba (1985) – o problema, o contexto, as questões e as "lições aprendidas". Também acrescentamos a nossa perspectiva pessoal, apresentando informações sobre a extensão da nossa coleta de dados e as questões que precisam ser consideradas no planejamento de uma resposta do *campus* a um incidente. O epílogo no final do estudo trouxe reflexivamente nossas experiências pessoais para a discussão, sem com isso atrapalhar o fluxo do estudo. Com nosso último tema sobre a necessidade de o *campus* conceber um plano para responder a outro incidente, desenvolvemos implicações práticas e úteis do estudo para o pessoal nos *campi*.

Várias características marcam esse projeto como um estudo de caso:

✓ Identificamos o *caso* para o estudo: o *campus* e a sua resposta a um crime potencialmente violento. Esse "caso" era um sistema delimitado pelo tempo (seis meses de coleta de dados) e lugar (situado em um único *campus*).
✓ Nossa *intenção* foi relatar um único estudo de caso *instrumental*. Assim sendo, estávamos mais interessados na exploração da questão da violência no *campus* e no uso de um único caso de uma instituição para ilustrar a reação do *campus* a um incidente potencialmente violento. Esse estudo de caso não deve ser visto como um estudo de caso intrínseco, já que a violência com arma no *campus* ocorreu, infelizmente, em diversos outros *campi* de educação superior.
✓ Utilizamos amplas e múltiplas fontes de informação na coleta de dados para possi-

bilitar a *compreensão em profundidade* da resposta do *campus*. A tabela das fontes para coleta de dados foi nossa tentativa de documentar e convencer os leitores do quadro em profundidade que estávamos construindo. Nossa cronologia de duas semanas após o evento foi inserida para fornecer detalhes sobre o incidente, bem como para continuar a construir essa compreensão em profundidade.

✓ Em nossa *análise de dados*, passamos um tempo considerável *descrevendo* o contexto ou ambiente para o caso, situando o caso dentro de uma cidade pacífica do meio-oeste, um *campus* tranquilo, um prédio e uma sala de aula, juntamente com os eventos detalhados durante um período de duas semanas após o incidente. Também chegamos a cinco *temas* (p. ex., negação, segurança) que nos ajudaram a entender o caso. Esses temas não foram apresentados em *cronologia,* porque todos eles pareciam importantes e não sabíamos em que ordem haviam surgido após o incidente.

✓ Terminamos nossa análise do caso apresentando *asserções* em termos de duas respostas principais da comunidade do *campus* ao incidente com o atirador: organizacional e psicológica ou sociopsicológica. Além disso, fundamentamos nossas asserções na literatura atual, que também aborda essas duas respostas. Em certo aspecto, a literatura se tornou uma explicação mais ampla para nossa análise descritiva e temática.

DIFERENÇAS ENTRE AS ABORDAGENS

Uma perspectiva útil para começar o processo de diferenciação entre as cinco abordagens é avaliar o propósito central ou o foco de cada abordagem. Conforme mostra a Figura 5.1, o foco de uma narrativa está na vida de um indivíduo, e o foco de uma fenomenologia está em um conceito ou fenômeno e na "essência" das experiências vividas por pessoas com relação a esse fenômeno. Na teoria fundamentada, o objetivo é desenvolver uma teoria, enquanto, na etnografia, é descrever um grupo que compartilha uma cultura. Em um estudo de caso, é examinado um caso específico, frequentemente com a intenção de examinar uma questão que o caso ilustra e a complexidade dessa questão. Voltando-nos para os cinco estudos, os focos das abordagens ficam mais evidentes.

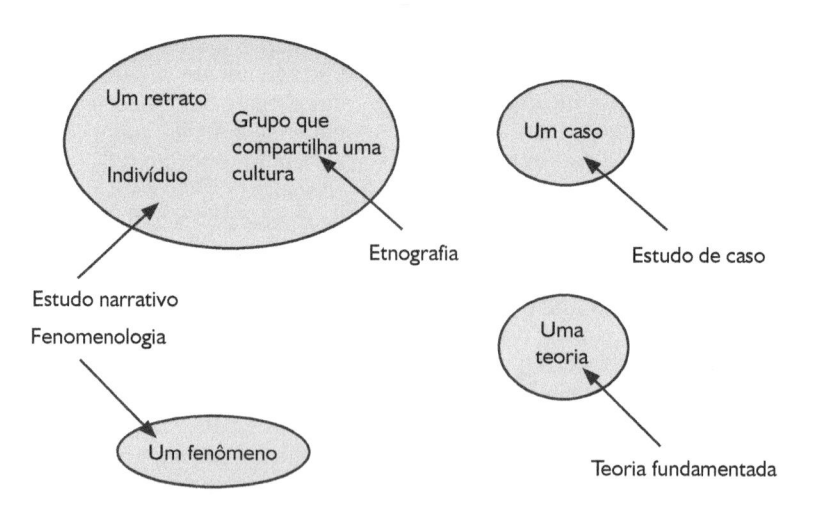

FIGURA 5.1

Diferenciando as abordagens por focos.

Características centrais de cada abordagem

A história de Ai Mei Zhang, a imigrante chinesa que estuda em uma escola canadense de ensino fundamental, é o caso em questão – decide-se escrever uma narrativa quando um único indivíduo precisa ser estudado, e quando esse indivíduo pode ilustrar com experiências; nesse caso, a questão de ser um estudante imigrante e os conflitos enfrentados. Além do mais, o pesquisador precisa justificar a necessidade de estudar esse indivíduo em particular – alguém que ilustre um problema, alguém que tenha uma carreira destacada, alguém que esteja em evidência nacional ou alguém que vive uma vida comum. O processo de coleta de dados envolve a reunião de material sobre a pessoa, por exemplo, a partir de conversas ou observações.

O estudo fenomenológico, por outro lado, tem seu foco não na vida de um indivíduo, mas no conhecimento das experiências vividas pelos indivíduos em torno de um fenômeno, por exemplo, como os indivíduos representam a sua doença (Anderson e Spencer, 2002). Além do mais, são selecionados os indivíduos que experimentaram o fenômeno e lhes é pedido que forneçam dados, geralmente por meio de entrevistas. A partir desses dados iniciais, o pesquisador se utilizará de estratégias para resumi-los e acaba desenvolvendo, assim, uma descrição das experiências sobre o fenômeno que todos os indivíduos têm em comum – a essência da experiência.

Enquanto o projeto fenomenológico tem seu foco no significado da experiência das pessoas em relação a um fenômeno, os pesquisadores da teoria fundamentada têm um objetivo diferente: gerar uma teoria substantiva, como a teoria sobre como as mulheres afro-americanas integram a atividade física ao seu estilo de vida (Harley et al., 2009). Assim, os pesquisadores da teoria fundamentada realizam uma investigação para desenvolver uma teoria. O método de coleta de dados envolve, primeiro, a entrevista. Além disso, os pesquisadores usam procedimentos sistemáticos para analisar e desenvolver a teoria, entre os quais a geração de categorias de dados, a relação das categorias em um modelo teórico e a especificação do contexto e de condições sob as quais a teoria opera. O tom geral de um estudo de teoria fundamentada é de rigor e credibilidade científica.

Um projeto etnográfico é escolhido quando se deseja estudar os comportamentos de um grupo que compartilha uma cultura, como os *sXers* (Haenfler, 2004). Em uma etnografia, o pesquisador estuda um grupo que vem interagindo por um tempo suficiente para ter padrões compartilhados ou regulares de linguagem e comportamento. Uma descrição detalhada do grupo que compartilha a cultura é essencial no início, e só depois o autor pode se voltar para a identificação dos padrões do grupo em torno de algum conceito, como aculturação, política ou economia e similares. A etnografia encerra com declarações sintetizadas sobre como o grupo funciona e trabalha em seu cotidiano. Dessa forma, o leitor passa a compreender um grupo que pode não lhe ser familiar, como, por exemplo, os *sXers* que Haenfler estudou.

Finalmente, é escolhido um estudo de caso para investigar um caso com delimitações claras, como o do *campus* estudado por nós (Asmussen e Creswell, 1995). Nesse tipo de estudo de caso, o pesquisador explora uma questão ou um problema, construindo assim uma compreensão detalhada a partir do exame de um caso ou vários casos. É importante, também, que o pesquisador tenha material contextual disponível para descrever o contexto do caso. Além disso, ele precisa ter um amplo leque de informações sobre o caso para apresentar um quadro em profundidade. Essencial para a escrita de um estudo de caso, o pesquisador descreve-o em detalhes e menciona várias questões ou focaliza uma única questão (Stake, 1995) que emergiu durante o exame. As generalizações que possam ser apreendidas a partir do estudo desse caso ou de casos encerram o relatório de um estudo de caso.

Escolhendo a sua abordagem

Com base no conhecimento mais integral das cinco abordagens, como você escolheria uma abordagem em detrimento da outra? Recomendo que se comece pelos resultados – o que a abordagem está tentando alcançar (p. ex., o estudo de um indivíduo, o exame do significado das experiências em relação a um fenômeno, a geração de uma teoria, a descrição e interpretação de um grupo que compartilha uma cultura, o estudo em profundidade de um único caso). Além disso, outros fatores também precisam ser considerados:

✓ A questão do público: que abordagem é frequentemente usada pelas autoridades em nosso campo (p. ex., membros de comitês, conselheiros, quadro editorial de jornais)?
✓ A questão das experiências anteriores: por quais treinamentos você passou no campo da abordagem investigativa?
✓ A questão da literatura acadêmica: o que é mais necessário como contribuição para a literatura acadêmica em nosso campo (p. ex., um estudo de um indivíduo, uma exploração do significado de um conceito, uma teoria, um retrato de um grupo que compartilha uma cultura, um estudo de caso em profundidade)?
✓ A questão da abordagem pessoal: você fica mais confortável com uma abordagem mais estruturada de pesquisa ou com uma abordagem de narração (p. ex., pesquisa narrativa, etnografia)? Ou fica mais à vontade com uma abordagem mais firme e bem definida de pesquisa ou, no outro extremo, com uma abordagem flexível (p. ex., teoria fundamentada, estudo de caso, fenomenologia)?

☑ Resumo

Este capítulo examinou cinco pequenos artigos para ilustrar bons modelos para a escrita de um estudo narrativo, uma fenomenologia, uma teoria fundamentada, uma etnografia e um estudo de caso. Esses artigos apresentam as características básicas de cada abordagem e devem possibilitar ao leitor identificar as diferenças nas variedades de composições e escrita dos estudos qualitativos. Opte por um estudo narrativo para examinar as experiências de vida de um indivíduo quando o material estiver disponível e acessível, e o indivíduo estiver disposto (imaginando-se que ele esteja vivo) a compartilhar suas histórias. Escolha uma fenomenologia para examinar um fenômeno e o significado que ele tem para os indivíduos. Prepare-se para entrevistar pessoas, fundamente o estudo em princípios filosóficos da fenomenologia, siga os procedimentos e finalize com a "essência" do significado. Opte por um estudo de teoria fundamentada para desenvolver uma teoria. Reúna informações por meio de entrevistas (principalmente) e use procedimentos sistemáticos de coleta e análise de dados baseados em alguns procedimentos, como a codificação aberta, axial e seletiva. Embora o relatório final seja em princípio científico, ele também pode abordar questões sensíveis e emocionais. Escolha uma etnografia para estudar o comportamento de um grupo (ou indivíduo) que compartilha uma cultura. Observe, entreviste e desenvolva uma descrição do grupo e explore temas que emergem do estudo de comportamentos humanos. Opte por um estudo de caso para examinar uma determinada ocorrência, delimitada no tempo e/ou no espaço, e procure material que a contextualize. Reúna amplo material proveniente de múltiplas fontes de informação para dar profundidade ao quadro do caso.

Essas são distinções importantes entre as cinco abordagens da investigação qualitativa. Ao estudar cada abordagem em detalhes, aprendemos sobre como proceder e simplificamos a nossa escolha sobre qual abordagem adotar.

Leituras adicionais

Os seguintes artigos foram publicados em periódicos e ilustram cada uma das abordagens de investigação.

Investigação narrativa

Angrosino, M. V. (1989). Freddie: The personal narrative of a recovering alcoholic—Autobiography as case history. In M. V. Angrosino (Ed.), *Documents of interaction: Biography, autobiography, and life history in social science perspective* (pp. 29–41). Gainesville: University of Florida Press.

Chan, E. (2010). Living in the space between participant and researcher as a narrative inquirer: Examining ethnic identity of Chinese Canadian students as conflicting stories to live by. *The Journal of Educational Research*, 103, 113–122.

Ellis, C. (1993). "There are survivors": Telling a story of sudden death. *The Sociological Quarterly*, 34, 711–730.

Geiger, S. N. G. (1986). Women's life histories: Method and content. *Signs: Journal of Women in Culture and Society*, 11, 334–351.

Huber, J., & Whelan, K. (1999). A marginal story as a place of possibility: Negotiating self on the professional knowledge landscape. *Teaching and Teacher Education*, 15, 381–396.

Karen, C. S. (1990, April). *Personal development and the pursuit of higher education: An exploration of interrelationships in the growth of self-identity in returning women students—summary of research in progress.* Paper presented at the annual meeting of the American Educational Research Association, Boston.

Nelson, L. W. (1990). Code-switching in the oral life narratives of African-American women: Challenges to linguistic hegemony. *Journal of Education*, 172, 142–155.

Olson, L. N. (2004). The role of voice in the (re) construction of a battered woman's identity: An autoethnography of one woman's experiences of abuse. *Women's Studies in Communication*, 27, 1–33.

Smith, L. M. (1987). The voyage of the Beagle: Fieldwork lessons from Charles Darwin. *Educational Administration Quarterly*, 23(3), 5–30.

Fenomenologia

Anderson, E. H., & Spencer, M. H. (2002). Cognitive representations of AIDS: A phenomenological study. *Qualitative Health Research*, 12, 1338–1352.

Brown, J., Sorrell, J. H., McClaren, J., & Creswell, J. W. (2006). Waiting for a liver transplant. *Qualitative Health Research*, 16(1), 119–136.

Edwards, L. V. (2006). Perceived social support and HIV/AIDS medication adherence among African American women. *Qualitative Health Research*, 16, 679–691.

Grigsby, K. A., & Megel, M. E. (1995). Caring experiences of nurse educators. *Journal of Nursing Research*, 34, 411–418.

Lauterbach, S. S. (1993). In another world: A phenomenological perspective and discovery of meaning in mothers' experience with death of a wished-for baby: Doing phenomenology. In P. L. Munhall & C. O. Boyd (Eds.), *Nursing research: A qualitative perspective* (pp. 133–179). New York: National League for Nursing Press.

Padilla, R. (2003). Clara: A phenomenology of disability. *The American Journal of Occupational Therapy*, 57(4), 413–423.

Riemen, D. J. (1986). The essential structure of a caring interaction: Doing phenomenology. In P. M. Munhall & C. J. Oiler (Eds.), *Nursing research: A qualitative perspective* (pp. 85–105). Norwalk, CT: Appleton-Century-Crofts.

Teoria fundamentada

Brimhall, A. C., & Engblom-Deglmann, M. L. (2011). Starting over: A tentative theory exploring the effects of past relationships on postbereavement remarried couples. *Family Process*, 50(1), 47–62.

Conrad, C. F. (1978). A grounded theory of academic change. *Sociology of Education*, 51, 101–112.

Creswell, J. W., & Brown, M. L. (1992). How chairpersons enhance faculty research: A grounded theory study. *Review of Higher Education*, 16(1), 41–62.

Harley, A. E., Buckworth, J., Katz, M. L., Willis, S. K., Odoms-Young, A., & Heaney, C. A. (2009). Developing long-term physical activity participation: A grounded theory study with African American women. *Health Education & Behavior*, 36(1), 97–112.

Kearney, M. H., Murphy, S., & Rosenbaum, M. (1994). Mothering on crack cocaine: A grounded theory analysis. *Social Science Medicine*, 38(2), 351–361.

Komives, S. R., Owen, J. E., Longerbeam, S. D., Mainella, F. C., & Osteen, L. (2005). Developing a leadership identity: A grounded theory. *Journal of College Student Development*, 46(6), 593–611.

Leipert, B. D., & Reutter, L. (2005). Developing resilience: How women maintain their health in northern geographically isolated settings. *Qualitative Health Research*, 15, 49–65.

Morrow, S. L., & Smith, M. L. (1995). Constructions of survival and coping by women who have survived childhood sexual abuse. *Journal of Counseling Psychology*, 42, 24–33.

Etnografia

Finders, M. J. (1996). Queens and teen zines: Early adolescent females reading their way toward adulthood. *Anthropology & Education Quarterly*, 27, 71–89.

Geertz, C. (1973). Deep play: Notes on the Balinese cockfight. In C. Geertz (Ed.), *The interpretation of cultures: Selected essays* (pp. 412–435). New York: Basic Books.

Haenfler, R. (2004). Rethinking subcultural resistance: Core values of the straight edge movement. *Journal of Contemporary Ethnography*, 33, 406–436.

Miller, D. L., Creswell, J. W., & Olander, L. S. (1998). Writing and retelling multiple ethnographic tales of a soup kitchen for the homeless. *Qualitative Inquiry*, 4(4), 469–491.

Rhoads, R. A. (1995). Whales tales, dog piles, and beer goggles: An ethnographic case study of fraternity life. *Anthropology and Education Quarterly*, 26, 306–323.

Trujillo, N. (1992). Interpreting (the work and the talk of) baseball. *Western Journal of Communication*, 56, 350–371.

Wolcott, H. F. (1983). Adequate schools and inadequate education: The life history of a sneaky kid. *Anthropology and Education Quarterly*, 14(1), 2–32.

Estudo de caso

Asmussen, K. J., & Creswell, J. W. (1995). Campus response to a student gunman. *Journal of Higher Education*, 66, 575–591.

Brickhous, N., & Bodner, G. M. (1992). The beginning science teacher: Classroom narratives of convictions and constraints. *Journal of Research in Science Teaching*, 29, 471–485.

Hill, B., Vaughn, C., & Harrison, S. B. (1995, September/October). Living and working in two worlds: Case studies of five American Indian women teachers. *The Clearinghouse*, 69(1), 42–48.

Padula, M. A., & Miller, D. L. (1999). Understanding graduate women's reentry experiences: Case studies of four psychology doctoral students in a Midwestern university. *Psychology of Women Quarterly*, 23, 327–343.

Rex, L. A. (2000). Judy constructs a genuine question: A case for interactional inclusion. *Teaching and Teacher Education*, 16, 315–333.

EXERCÍCIOS

1. Comece o esboço de um estudo qualitativo usando uma das abordagens e responda às perguntas que se aplicam à abordagem escolhida. Para um estudo narrativo: que indivíduo você planeja estudar? Você tem acesso a informações sobre as experiências de vida desse indivíduo? Para uma fenomenologia: qual é o fenômeno que você planeja estudar? Você tem acesso a pessoas que o experimentaram? Para uma teoria fundamentada: que conceito, ação ou processo das ciências sociais você planeja explorar como base para a sua teoria? Você pode entrevistar indivíduos que experimentaram o processo? Para uma etnografia: que grupo cultural você planeja estudar? As pessoas desse grupo, que compartilham uma cultura, estão convivendo por tempo suficiente para formar padrões de comportamento, linguagem e crenças? Para um estudo de caso: qual é o caso que você planeja examinar? O caso será descrito porque é um caso único ou será usado para ilustrar (e iluminar) uma questão ou um problema mais geral?

2. Escolha um dos artigos acadêmicos listados na seção de leituras adicionais. Determine as características da abordagem que está sendo usada

EXERCÍCIOS

pelo(s) autor(es) e discuta por que o(s) autor(es) deve(m) ter usado essa abordagem. Volte ao Capítulo 4 e às "características definidoras" da abordagem e veja quantas delas você consegue encontrar no artigo acadêmico. Discuta especificamente onde aparecem as "características definidoras".

6
Introduzindo e focando o estudo

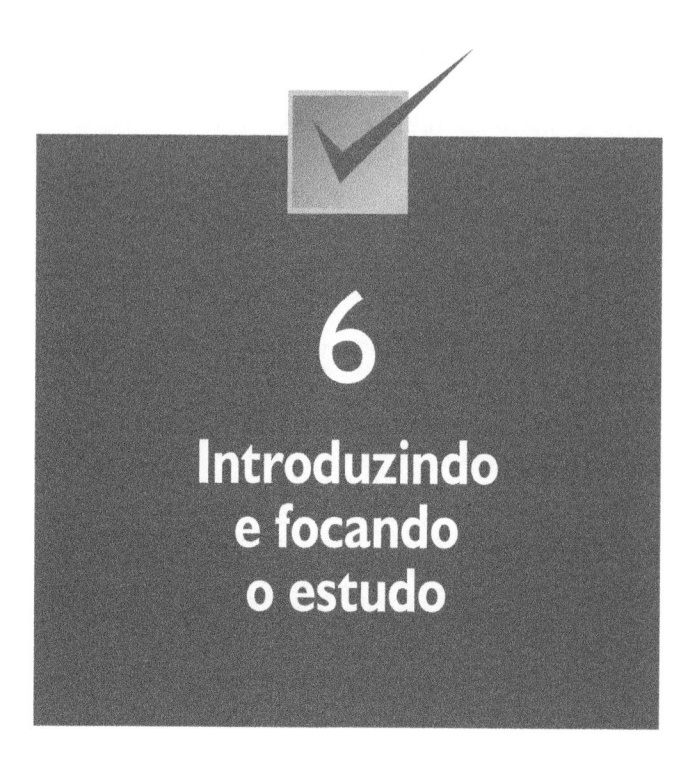

Costumo dizer que o início de um estudo é a parte mais importante de um projeto de pesquisa. Se o propósito do estudo não estiver claro, se as perguntas da pesquisa forem vagas, e se o problema ou tema da pesquisa não estiver identificado claramente, o leitor terá dificuldades para acompanhar todo o restante do estudo. Considere um artigo de pesquisa qualitativa que você tenha lido recentemente. Você o leu rapidamente? Em caso afirmativo, isso geralmente é uma indicação de que o estudo está bem amarrado: o problema conduz a certas perguntas de pesquisa, a coleta de dados segue naturalmente e, por fim, a análise e interpretação dos dados se relaciona intimamente às perguntas, as quais, por sua vez, ajudam o leitor a compreender o problema da pesquisa. Muitas vezes, a lógica é de vai e vem entre esses componentes, de forma integrada e consistente, de modo que todas as partes se inter-relacionem (Morse e Richards, 2002). Essa integração de todas as partes de uma boa introdução qualitativa se inicia pela identificação de um problema claro que precisa ser estudado. Desenvolve-se, então, o propósito do estudo. De todas as partes de um projeto de pesquisa, a apresentação do propósito é a mais importante. Ela prepara o cenário para todo o artigo e transmite o que o autor espera alcançar. Ela é tão importante, que fiz o esboço de uma apresentação do propósito para que você possa usar em seu projeto qualitativo. Você só precisa inserir os vários componentes de seu estudo para obter uma apresentação do propósito qualitativa clara, curta e concisa, que será facilmente compreendida pelos leitores. A seguir, as perguntas da pesquisa qualitativa se ampliam e, em geral, reduzem a apresentação do propósito a perguntas que serão respondidas ao longo do estudo. Neste capítulo, discutirei como compor uma boa apresentação do problema para um estudo qualitativo, como compor uma apresentação de propósito clara e como especificar melhor a pesquisa, por meio de perguntas de pesquisa qualitativa. Além disso, vou sugerir como essas seções da introdução podem ser ajustadas para se adequarem a todas as cinco abordagens de investigação qualitativa consideradas neste livro.

QUESTÕES PARA DISCUSSÃO

✓ Como a apresentação do problema pode ser redigida para melhor refletir uma das abordagens de pesquisa qualitativa?
✓ Como a apresentação do propósito pode ser redigida para melhor transmitir a orientação de uma abordagem de pesquisa?
✓ Como uma pergunta central pode ser redigida de modo a codificar e antever uma abordagem de pesquisa qualitativa?
✓ Como as subperguntas podem ser apresentadas de forma que subdividam a pergunta central em várias partes?

A APRESENTAÇÃO DO PROBLEMA DE PESQUISA

Como se inicia um estudo qualitativo? Você já se deu conta de que toda boa pesquisa se inicia com um problema que precisa ser resolvido? Os estudos qualitativos começam com uma introdução, que apresenta o problema ou tema de estudo da pesquisa. O termo *problema* pode não ser a designação mais correta, e os indivíduos que não estejam acostumados a redigir pesquisas podem ter dificuldade com essa parte. Em vez de chamar de "problema", talvez ficasse mais claro se chamássemos de "necessidade de estudo" ou "criação de uma justificativa para a necessidade de estudo". A intenção de um **problema de pesquisa** em pesquisa qualitativa é apresentar uma justificativa ou necessidade de estudo de um tema ou "problema" particular. A discussão desse problema de pesquisa dá início a um estudo qualitativo. Mas o verdadeiro problema de pesquisa é estruturado dentro de vários outros componentes, em um parágrafo de abertura que todo bom estudo qualitativo deve ter. Quero analisar aqui como são esses parágrafos de abertura e ilustrar como eles podem ser adaptados para se adequarem às cinco abordagens em questão.

Considere o projeto de uma introdução para um estudo qualitativo. Examine primeiramente na Figura 6.1 o modelo que projetei para um estudo de caso múltiplo sobre o fumo entre adolescentes nas escolas do ensino médio. Nas notas da margem esquerda dessa passagem, você verá vários tópicos que caracterizam o conteúdo desenvolvido na introdução. Minhas ideias para a estruturação de uma boa introdução provêm do estudo de aberturas de bons artigos de pesquisa (veja Creswell, 2009). Identifiquei que implícito nas boas introduções se encontrava um modelo ou molde que os autores adotam. Chamei esse modelo de "modelo de lacunas de uma introdução" (Creswell, 2009, p. 100) e me referi a ele por este nome porque o centrei nas lacunas da literatura atual, e em como os estudos foram esboçados para contribuírem para a literatura. Sei agora que os estudos qualitativos não só contribuem para a literatura, como também podem dar voz a grupos sub-representados, provar um profundo conhecimento sobre um fenômeno e conduzir a resultados específicos, como as teorias, a essência de um fenômeno, a geração de uma teoria, a vida cultural de um grupo e uma análise em profundidade de um caso. Você verá na Figura 6.1 os cinco elementos de uma boa introdução: o tópico, o problema de pesquisa, as evidências da literatura sobre o problema, as lacunas nas evidências e a importância do problema para se escolher o público. Um sexto elemento seria a apresentação do propósito, um tópico a ser abordado brevemente neste capítulo.

Os componentes de uma boa introdução são os seguintes:

1. Comece com frases ou um parágrafo que desperte o interesse do leitor e que aborde o *tópico* ou o tema geral de estudo da pesquisa. Uma boa primeira frase – chamada de gancho narrativo nos círculos de composição literária – despertaria o interesse do leitor por meio do uso de tópicos oportunos, que identificam uma controvérsia importante, usando números ou citando

Tópico	Exploração das concepções e falsas concepções do tabagismo entre os adolescentes nas escolas de ensino médio: uma análise de caso múltiplo
O problema de pesquisa	O uso do tabaco é uma importante causa de câncer na sociedade americana (McGinnis e Foefe, 1993). Embora o tabagismo entre os adultos tenha diminuído nos últimos anos, aumentou entre os adolescentes. O Center for Disease Control and Prevention relatou que o tabagismo entre os estudantes do ensino médio aumentou de 27,5% em 1991 para 34,8% em 1995 (USDHHS, 1996). A menos que essa tendência seja dramaticamente revertida, estima-se que 5 milhões das crianças de nossas nações terão uma morte prematura (Centre for Disease Control, 1996).
Evidências da literatura que justificam o problema	Pesquisas anteriores sobre o uso adolescente de tabaco focaram quatro pontos principais. Vários estudos examinaram a questão da iniciação do hábito de fumar, observando que o uso de tabaco começa ainda nos últimos anos do ensino fundamental (p. ex., Heishman et al., 1997). Outros estudos focaram a prevenção do fumo nas escolas. Pesquisas assim desencadearam a concepção de programas de prevenção e intervenção nas escolas (p. ex., Sussman, Dent, Burton, Stacy e Flay, 1995). Menos estudos examinaram as "tentativas de abandono" ou a interrupção do fumo entre os adolescentes, um grande contraste com as amplas investigações sobre a o abandono do adulto (Heishman et al., 1997). Também de interesse para os pesquisadores que estudam o uso do tabaco pelos adolescentes foi o contexto social e a influência social do fumar (Fearnow, Chassin e Presson, 1998). Por exemplo, o tabagismo entre adolescentes pode ocorrer em situações relacionadas ao trabalho, em casa, onde um ou os dois pais ou cuidadores fumam, em eventos sociais ou em áreas consideradas "seguras" para fumar, como perto das escolas de ensino médio (McVea et al., no prelo).
Lacunas nas evidências	Uma mínima atenção da pesquisa foi direcionada ao contexto social em que estão inseridas as escolas de ensino médio para o exame do uso de tabaco entre os adolescentes. Durante o ensino médio, os estudantes formam grupos de colegas que podem contribuir para o tabagismo. Frequentemente, os colegas se transformam em uma forte influência para o comportamento do adolescente em geral, e pertencer a uma equipe de atletismo, um grupo musical ou à turma "alternativa" pode impactar o pensamento em relação ao fumo (McVea et al., no prelo). Nas escolas, professores e administradores também precisam servir de modelos para a abstenção do uso de tabaco e a aplicação de políticas sobre o uso do tabaco (OHara et al., 1999). Os estudos existentes do uso de tabaco por adolescentes são principalmente quantitativos, com um foco nos resultados e modelos transteóricos (Pallonen, 1998). Investigações qualitativas, no entanto, apresentam visões detalhadas dos próprios estudantes, análises complexas de perspectivas múltiplas e contextos escolares específicos de diferentes escolas de ensino médio que moldam as experiências do estudante com o tabaco (Creswell, no prelo). Além disso, a investigação qualitativa oferece a oportunidade de envolver os estudantes do ensino médio como copesquisadores, um procedimento de coleta de dados que pode realçar a validade das visões dos estudantes não contaminadas por perspectivas adultas.
Importância do programa para o público	Examinando esses múltiplos contextos escolares, usando abordagens qualitativas e envolvendo os estudantes como copesquisadores, podemos entender melhor as verdadeiras e falsas concepções que os adolescentes têm sobre o uso do tabaco nas escolas de ensino médio. Partindo dessa compreensão, os pesquisadores podem isolar melhor as variáveis e desenvolver modelos sobre o comportamento dos fumantes. Coordenadores e professores podem planejar intervenções para prevenir ou modificar atitudes em relação ao fumo, e os outros funcionários da escola podem ajudar em programas para a intervenção no tabagismo.

Fonte: Adaptada de McVea, Harter, McEntarffer e Creswell, 1999.

FIGURA 6.1

Exemplo da seção do problema de pesquisa (Introdução) para um estudo.

um estudo relevante. Não usaria citações na primeira frase, porque elas geralmente requerem que o leitor se concentre em sua ideia-chave, e também porque precisam de abertura e fechamento apropriados. Após a primeira frase, passe para uma discussão geral sobre o tópico que está sendo tratado no estudo.

2. Discuta o *problema de pesquisa* ou tema que leva à necessidade do estudo. Os leitores precisam saber o tema ou a preocupação que você planeja abordar em seu projeto qualitativo. Outra forma de estruturar o problema de pesquisa é encará-lo como uma discussão acerca da importância do tópico que você deseja estudar. Assim, você pode apresentar ao leitor a relevância do estudo (Ravitch e Riggan, 2012). Os livros sobre métodos de pesquisa (p. ex., Creswell, 2012; Marshall e Rossman, 2010) apresentam vários recursos para delinear os problemas de pesquisa. Estes são encontrados na experiência pessoal que se tem como um determinado assunto, um problema relacionado ao trabalho, um plano de pesquisa de um orientador ou na literatura especializada. Gosto de pensar no problema de pesquisa como proveniente de questões da "vida real" ou de uma lacuna na literatura, ou ambos. Problemas da "vida real" podem ser, por exemplo, que os estudantes lutem por sua identidade étnica, levando em consideração as demandas dos amigos, dos familiares e da escola, como no estudo de Chan (2010) (veja o Apêndice B). Ou indivíduos que se esforçam para entender a sua relação com a aids/o HIV (Anderson e Spencer, 2002; veja o Apêndice C), por exemplo. A necessidade de um estudo também pode nascer de deficiências ou lacunas na literatura especializada existente. Os autores costumam mencionar essas lacunas nas seções de "pesquisas futuras" ou nas "introduções" dos seus estudos publicados. Conforme sugerido por Barritt (1986), a justificativa não é a descoberta de novos elementos, como no estudo científico da natureza, mas a conscientização das experiências, o que foi esquecido e negligenciado. Ao aumentar a conscientização e criar um diálogo, espera-se que a pesquisa possa conduzir a uma melhor compreensão da forma como as coisas se apresentam para outra pessoa e, por meio desse entendimento, levar a melhorias na prática (Barritt, 1986, p. 20). Além do diálogo e entendimento, um estudo qualitativo pode conduzir a uma compreensão em profundidade, preencher uma lacuna na literatura existente, estabelecer uma nova linha de pensamento, erguer as vozes dos indivíduos que foram marginalizados na nossa sociedade ou avaliar um assunto com um grupo ou população subestudada.

3. Resuma brevemente as evidências recentes e a *literatura acadêmica* que abordou esse problema de pesquisa. Alguém já estudou diretamente o problema? Ou alguém já estudou o problema em um sentido geral, ao abordar um tópico intimamente relacionado? Embora haja as opiniões diversas quanto à extensão da revisão da literatura necessária antes de iniciar um estudo, textos qualitativos (p. ex., Creswell, 2012; Marshall e Rossman, 2010) falam da necessidade de revisar a literatura de modo que se possa apresentar uma justificativa para o problema e posicionar o estudo dentro da literatura em progresso sobre o tópico. Achei útil descrever visualmente onde meu estudo pode ser posicionado na literatura mais ampla. Por exemplo, podemos desenvolver uma imagem ou figura – um mapa de pesquisa (Creswell, 2009) – da literatura existente e mostrar nessa figura os tópicos abordados na literatura e como a pesquisa proposta se enquadra ou amplia a literatura existente. Também não acredito que, nessa seção, deva-se dar detalhes sobre estudos, como os que se encontram em uma revisão de literatura completa, mas apenas fazer um comentário sobre a literatura geral – os grupos de literatura, se você quiser – que abordaram o problema. Se nenhum grupo de literatura abordou o problema, discuta a literatura existente que for mais próxima ao tópico. Espera-se que um bom estudo qualitativo ainda não

tenha sido realizado e que nenhum estudo aborde diretamente o tópico que está sendo proposto no estudo em questão.
4. A seguir, indique em que aspectos a literatura ou discussões atuais são *deficientes* na compreensão do problema. Mencione vários motivos, tais como métodos inadequados de coleta de dados, a necessidade de pesquisas ou pesquisas inadequadas. É aqui, na seção de lacunas de uma introdução, que podem ser inseridas informações que se relacionem a uma das cinco abordagens qualitativas. Na abordagem do problema em um estudo narrativo, os autores podem, por exemplo, mencionar como as histórias individuais precisam ser contadas para que se obtenham experiências pessoais sobre o problema de pesquisa. Em um estudo fenomenológico, o pesquisador argumenta que existe a necessidade de saber mais a respeito de um fenômeno particular e as experiências comuns dos indivíduos com esse fenômeno. Para um estudo de teoria fundamentada, os autores declaram que precisamos de uma teoria que explique um processo, porque as teorias existentes são inadequadas, inexistentes para a população em estudo ou precisam ser modificadas para uma determinada população. Em um estudo etnográfico, a apresentação do problema explica por que é importante descrever e interpretar o comportamento cultural de um determinado grupo de pessoas, ou como um grupo é marginalizado e silenciado por outros. Para um estudo de caso, o pesquisador pode discutir como o estudo de um caso ou de casos pode ajudar a informar a questão ou preocupação. Em todos esses exemplos, o pesquisador apresenta o problema de pesquisa em relação à abordagem particular da pesquisa qualitativa utilizada no estudo.
5. Discuta como o público e os envolvidos tirarão proveito de seu estudo. Considere diferentes tipos de públicos e indique, para cada um, a forma de benefício advinda do estudo. Esse público pode incluir outros pesquisadores, legisladores, profissionais daquele determinado campo ou estudantes.

A partir desse ponto, a introdução continua com a explicação de seu propósito. Mas o leitor, a essa altura, já tem um conhecimento claro do problema que está levando à necessidade de estudo e está suficientemente estimulado a ler mais para ver qual é a intenção geral do estudo (propósito), além dos tipos de perguntas (perguntas de pesquisa) que serão respondidas por ele.

A APRESENTAÇÃO DO PROPÓSITO

Essa inter-relação entre projeto e abordagem continua com a **apresentação do propósito**, uma apresentação que aponta o objetivo principal, ou "roteiro" para o estudo. Como a parte mais importante do estudo qualitativo, a explicação do propósito precisa ser cuidadosamente construída e escrita em uma linguagem clara e precisa. Infelizmente, um número bem grande de autores deixa essa explicação implícita, dando aos leitores um trabalho extra na interpretação e no acompanhamento do estudo. Este não precisa ser o caso, portanto criei um *script* dessa apresentação (Creswell, 1994, 2009), que contém várias frases e espaços em branco para o autor preencher:

> O propósito deste estudo _____
> (narrativo, fenomenológico, teoria fundamentada, etnográfico, de caso) é (foi? será?) _____ (entender? descrever? desenvolver? descobrir?) o _____ (fenômeno central do estudo) para _____ (os participantes) no _____ (o local). Neste estágio da pesquisa, o _____ (fenômeno central) será definido geralmente como _____ (uma definição geral do conceito central).

Conforme mostro no *script*, podem ser usados vários termos para codificar uma passagem para uma abordagem específica da pesquisa qualitativa. Na declaração do propósito:

✓ O autor identifica a *abordagem qualitativa* específica usada no estudo, mencionando o tipo. O nome da abordagem vem em primeiro lugar no texto, antevendo assim a abordagem da investigação para a coleta de dados, a análise e a escrita do relatório.

✓ O autor codifica a passagem com *palavras* que indicam a ação do pesquisador e o foco da abordagem da pesquisa. Por exemplo, associo determinadas palavras com a pesquisa qualitativa, como *entender experiências* (útil em estudos narrativos), *descrever* (útil em estudos de caso, etnografias e fenomenologias), *significado atribuído* (associado às fenomenologias), *desenvolver* ou *gerar* (útil na teoria fundamentada) e *descobrir* (útil em todas as abordagens). Identifico, ainda, diversas palavras que um pesquisador incluiria em uma apresentação do propósito para a abordagem escolhida (veja a Tabela 6.1). Essas palavras indicam não somente as ações dos pesquisadores, mas também os focos e resultados dos estudos.

✓ O autor identifica o *fenômeno central*. O fenômeno central é o conceito central que está sendo explorado ou examinado no estudo de pesquisa. Geralmente recomendo que os pesquisadores qualitativos foquem apenas um conceito (p. ex., a reação do *campus* ao atirador ou os valores dos *sXers*) no início de um estudo. A comparação dos grupos ou a busca de ligações pode ser incluída no estudo, à medida que se obtém experiência no campo e se prossegue com a análise após a exploração inicial do fenômeno central.

✓ O autor antecipa os *participantes* e o *local* para o estudo: se são um indivíduo (isto é, estudo narrativo ou de caso), vários indivíduos (isto é, teoria fundamentada ou fenomenologia), um grupo (isto é, etnografia) ou um local (isto é, programa, evento, atividade ou lugar em um estudo de caso).

Também sugiro a inclusão de uma *definição geral* para o fenômeno central. Essa é uma definição provisória, preliminar, da qual o pesquisador pretende partir no início do estudo. A definição pode ser difícil de ser determinada com alguma especificidade antecipadamente. Mas, por exemplo, em um estudo narrativo, o escritor poderia definir os tipos de histórias a serem coletadas (p. ex., estágios da vida, lembranças da infância, a transição da adolescência para a idade adulta, participação em uma reunião dos Alcoólicos Anônimos). Em uma fenomenologia, o fenômeno central a ser explorado poderia ser especificado como o significado do luto, da raiva ou até mesmo de jogar xadrez (Aanstoos, 1985). Na teoria fundamentada, o fenômeno central poderia ser identificado como um conceito cen-

TABELA 6.1

Palavras a serem usadas na codificação da explicação do propósito

Estudo narrativo	Fenomenologia	Teoria fundamentada	Etnografia	Estudo de caso
Estudo narrativo	Fenomenologia	Teoria fundamentada	Etnografia	Estudo de caso
Histórias	Descrever	Gerar	Grupo que compartilha uma cultura	Delimitado
Epifanias	Diferenças	Desenvolver		Caso único ou coletivo
Experiências vividas	Significado	Proposições		
	Essência	Processo		
Cronologia		Teoria substantiva	Comportamento e linguagem cultural	Evento, processo, programa, individual
			Retrato cultural	
			Temas culturais	

tral ao processo a ser examinado. Em uma etnografia, o escritor poderia identificar os conceitos culturais mais relevantes (em geral, extraídos de conceitos culturais em antropologia) a serem examinados, tais como papéis, comportamentos, aculturação, comunicação, mitos, histórias ou outros conceitos que o pesquisador planeje levar para o campo no início do estudo. Finalmente, em um estudo de caso, como um estudo de caso "intrínseco" (Stake, 1995), o autor poderia definir as fronteiras do caso, especificando como o caso é delimitado no tempo e no espaço. Se um estudo de caso "instrumental" está sendo examinado, então o pesquisador poderia especificar e definir de maneira geral a questão que está sendo examinada no caso.

A seguir, apresentamos vários exemplos que ilustram a *codificação (encoding)* e a antevisão das cinco abordagens de pesquisa:

AS PERGUNTAS DE PESQUISA

Aqui, a intenção é limitar o propósito a várias perguntas que serão abordadas no es-

> **EXEMPLO 6.3**
>
> **Um exemplo de teoria fundamentada**
>
> No seguinte exemplo, os pesquisadores estão interessados no estudo de um processo a respeito da identidade de liderança que leva ao avanço de uma teoria:
>
> > O propósito deste estudo foi compreender o processo pelo qual uma pessoa passa durante a criação de uma identidade de liderança. (Komives, Owen, Longerbeam, Mainella e Osteen, 2005, p. 594)

> **EXEMPLO 6.1**
>
> **Um exemplo narrativo**
>
> Observe no exemplo a seguir como a apresentação do propósito foca um único indivíduo e informa a sua história de vida:
>
> > O autor descreve e analisa o processo de evocação da história de vida de um homem com retardo mental. (Angrosino, 1994, p. 14)

> **EXEMPLO 6.4**
>
> **Um exemplo etnográfico**
>
> A partir de uma etnografia da cultura do "estádio", o autor cria uma descrição dos funcionários como um grupo que compartilha uma cultura:
>
> > Este artigo examina como o trabalho e a conversa entre os funcionários do estádio reforçam certos significados sobre o beisebol na sociedade e revela como o trabalho e a conversa criam e mantêm a cultura do estádio. (Trujillo, 1992, p. 351)

> **EXEMPLO 6.2**
>
> **Um exemplo fenomenológico**
>
> Veja no exemplo a seguir como a exploração é claramente de um único fenômeno – o papel desses indivíduos como pais:
>
> > O presente estudo foi projetado para explorar crenças, atitudes e necessidades que atuais e futuros pais adolescentes e jovens que já são pais de filhos nascidos de mães adolescentes têm em relação ao seu papel de pai. (Lemay, Cashman, Elfenbein e Felice, 2010, p. 222)

> **EXEMPLO 6.5**
>
> **Um exemplo de estudo de caso**
>
> Neste estudo de caso múltiplo, a ênfase se dá na compreensão do tema da integração tecnológica:
>
> > O propósito deste estudo foi descrever as formas pelas quais três escolas urbanas elementares, em parceria com uma universidade local polivalente de financiamento público, usaram uma gama de materiais e recursos humanos similares para melhorar a sua integração tecnológica. (Staples, Pugach e Himes, 2005, p. 287)

tudo da pesquisa qualitativa. Faço a distinção entre a apresentação do propósito e as perguntas de pesquisa para que possamos ver claramente como elas são concebidas e compostas; outros autores podem combiná-las ou fazer apenas uma apresentação de propósito em um artigo acadêmico, deixando de fora as perguntas de pesquisa. No entanto, em muitos tipos de estudos qualitativos, como dissertações e teses, as perguntas de pesquisa são distintas e mostradas em separado da apresentação do propósito. Mais uma vez, acredito que essas perguntas deem a oportunidade de codificar e antever uma abordagem para a investigação.

A pergunta central

Alguns autores dão sugestões para a redação de perguntas em pesquisa qualitativa (p. ex., Creswell, 2012; Marshall e Rossman, 2010). As perguntas de pesquisa qualitativa são abertas, em desenvolvimento e não direcionadas. Elas reafirmam o propósito do estudo em termos mais específicos e começam, em geral, com uma palavra como *o que* ou *como*, em vez de *por que*, para explorar um fenômeno central. Elas são poucas em número (de cinco a sete) e são feitas de várias formas, desde a questão central (*grand tour*) (Spradley, 1979, 1980) como a pergunta: "Fale-me sobre você", até perguntas mais específicas.

Recomendo que um pesquisador reduza todo o seu estudo a uma única **pergunta central** abrangente e, a seguir, a várias subperguntas. Redigir essa pergunta central em geral demanda um trabalho considerável devido à sua amplitude e à tendência de alguns em formar perguntas específicas baseadas no treinamento tradicional. Para chegar à pergunta central abrangente, solicito que os pesquisadores qualitativos façam a pergunta mais ampla possível para abordar o seu problema de pesquisa.

Essa pergunta central pode ser codificada com a linguagem de cada uma das cinco abordagens de investigação. Morse (1994) aborda esse tema quando revisa os tipos de perguntas de pesquisa. Embora não se refira a narrativas ou estudos de caso, ela menciona que são encontradas perguntas "descritivas" das culturas nas etnografias, perguntas de "processo" nos estudos de teria fundamentada e perguntas de "significado" nos estudos fenomenológicos. Por exemplo, examinei os cinco estudos apresentados no Capítulo 5 para ver se conseguiria encontrar ou imaginar suas perguntas de pesquisa centrais. Reconheci imediatamente que os autores desses artigos acadêmicos não apresentavam as perguntas centrais, mas, em vez disso, apresentavam explicações do propósito, como é frequentemente o caso em artigos acadêmicos. Ainda assim, é útil considerar quais poderiam ter sido as suas perguntas centrais.

No estudo narrativo da estudante imigrante chinesa (Chan, 2010; veja o Apêndice B), não encontrei uma pergunta central, mas ela poderia ter sido: "Quais são as histórias conflituosas de identidade étnica que Ai Mei vivenciou na sua escola, com os seus colegas e com a sua família?". Esta teria sido a pergunta mais geral abordada no estudo, que se concentrou na coleta de histórias de Ai Mei. No estudo fenomenológico de como as pessoas que convivem com a aids representam e criam imagens da sua doença, Anderson e Spencer (2002; veja o Apêndice C) também não fizeram uma pergunta central, mas poderia ter sido: "Que significado 41 homens e 17 mulheres com um diagnóstico de aids atribuem à sua doença?". Esta pergunta central na fenomenologia implica que todos os indivíduos diagnosticados com aids têm alguma coisa em comum, que dá significado às suas vidas. No estudo da teoria fundamentada, do processo de integração da atividade física ao estilo de vida de mulheres afro-americanas (Harley et al., 2009; veja o Apêndice D), não foi feita uma pergunta central, mas, se tivesse sido, poderia ser: "Que teoria de processo comportamental explica a integração da atividade física ao estilo de vida de 15 mulheres afro-americanas?". Nesse estudo, os autores procuram gerar uma teoria que ajudasse a explicar o processo de integração da atividade física aos estilos de vida. No estudo etnográfico do movimento *sXe* feito por Haenfler (2004; veja o Apêndice E), mais uma vez não foi feita uma pergunta de pesquisa, mas poderia ter sido: "Quais são os valores essenciais do movimento *straight edge*, e como os membros constroem e compreendem a experiência subjetiva de fazer parte de uma subcultura?". Esta pergunta requer primeiramente uma descrição dos valores essenciais e, depois, uma compreensão das experiências (que são apresentadas como temas no estudo). Finalmente, em nosso estudo de caso da resposta do *campus* a um incidente com um atirador (Asmussen e Creswell, 1995; veja o Apêndice F), fizemos cinco perguntas orientadoras centrais na nossa introdução: "O que aconteceu? Quem estava envolvido na resposta ao incidente? Que temas de resposta emergiram durante o período de oito meses que se seguiu a esse incidente? Que constructos teóricos nos ajudaram a entender a resposta do *campus* e que constructos foram únicos para esse caso?" (p. 576). Esse exemplo ilustra como estávamos interessados primeiro em simplesmente descrever as experiências dos indivíduos e, depois, no desenvolvimento de temas que representavam as respostas dos indivíduos nos *campus*.

Conforme esses exemplos ilustram, os autores podem ou não fazer uma pergunta central, embora isso fique implícito, se não explícito, em todos os estudos. Para escrever os artigos acadêmicos, as perguntas centrais podem ser menos usadas do que as apresentações do propósito para guiar a pesquisa. No entanto, para pesquisas de pós-graduação, como teses ou dissertações, a tendência é descrever tanto o propósito quanto as perguntas centrais.

As subperguntas

Um autor apresenta um pequeno número de **subperguntas** que especificam mais a pergunta central em algumas áreas para investigação. Apresentamos a seguir algumas sugestões para formular estas subperguntas:

- ✓ Faça um pequeno número de subperguntas para refinar a pergunta central. Geralmente, recomendo de cinco a sete perguntas. Novas perguntas podem surgir durante a coleta de dados e, como ocorre com todas as perguntas de pesquisa qualitativa, elas podem se modificar ou evoluir para novas perguntas à medida que a pesquisa avança.
- ✓ Considere as subperguntas como um meio de subdividir a pergunta central em diversas partes. Pergunte-se: "Se a pergunta central fosse dividida em algumas áreas que eu gostaria de explorar, que áreas seriam essas?". Uma boa ilustração provém da etnografia. Wolcott (2008a) disse que o *grand tour*, ou uma pergunta central, como "O que está acontecendo aqui?", somente pode ser abordado quando preenchido com detalhes: "Em termos do quê?" (p. 74).
- ✓ Redija as subperguntas de modo a começarem com as palavras "como" ou "o que", de maneira similar à da pergunta central.
- ✓ Mantenha as subperguntas abertas, como a pergunta central.
- ✓ Use as subperguntas para formar as perguntas essenciais a serem feitas durante a coleta de dados, como nas entrevistas ou nas observações.

Você pode redigir as subperguntas com foco em uma maior análise do fenômeno central que se relaciona ao tipo de pesquisa qualitativa que está sendo adotado. Em um estudo narrativo, essas perguntas podem testar ainda mais o significado das histórias. Em uma fenomenologia, será útil estabelecer os componentes da "essência" do estudo. Em uma teoria fundamentada, será útil detalhar a teoria emergente e, em uma etnografia, serão detalhados os aspectos do grupo que compartilha a cultura que você planeja estudar, como os rituais dos membros, sua comunicação, sua forma de vida econômica e assim por diante. Em um estudo de caso, as subperguntas abordarão os elementos do caso ou a questão que você procura entender.

Apresentamos aqui alguns exemplos de subperguntas usadas em estudos qualitativos:

> Uma pergunta central como "O que significa ser um professor universitário?" seria subdividida em subper-

guntas sobre tópicos, tais como: "O que significa ser um professor universitário na sala de aula? E como pesquisador?".

Para ilustrar as subperguntas da questão em um estudo, Gritz (1995, p. 4) examina o "profissionalismo do professor" como é entendido pelos professores na sala de aula de uma classe da educação básica em seu estudo da fenomenologia. Ela faz a pergunta central e as subperguntas a seguir:

Pergunta central:
- ✓ O que significa ser um professor profissional?

Subperguntas:
- ✓ O que os professores profissionais fazem?
- ✓ O que os professores profissionais não fazem?
- ✓ O que faz uma pessoa que se encaixa no termo *profissionalismo do professor*?
- ✓ O que é difícil ou fácil para um educador profissional?
- ✓ Como ou quando você se percebeu pela primeira vez como um profissional?

Para a teoria fundamentada, por exemplo, na proposta de tese de Mastera (1995), ela propõe a análise do currículo educacional geral em três faculdades privadas. Seu plano requer subperguntas. Sua pergunta central, "Qual é a teoria que explica o processo de mudança dos currículos educacionais gerais em três *campi* universitários?", é seguida por uma subpergunta, "Como o coordenador acadêmico participa do processo em cada *campus*?".

Ao usar um bom formato de perguntas de pesquisa para o nosso estudo de caso do atirador (Asmussen e Creswell, 1995), reformularia as perguntas apresentadas no artigo. Para antever o caso de um *campus* e os indivíduos dentro dele, faria a pergunta central – "Qual foi a resposta do *campus* ao incidente do atirador na universidade do meio-oeste?" – e depois apresentaria as subperguntas orientadoras do meu estudo: "Como a administração respondeu?" e "Como os conselheiros responderam?". Dessa forma, poderia descrever como cada grupo respondeu e subdividir a "resposta do *campus*" em algumas subpartes manejáveis, para uma melhor descrição e desenvolvimento do tema.

Resumo

Neste capítulo, abordei três tópicos relacionados à introdução e ao foco de um estudo qualitativo: a apresentação do problema, a apresentação do propósito e as perguntas de pesquisa. Embora tenha discutido características gerais de cada seção em estudos qualitativos, relacionei os tópicos às cinco abordagens discutidas neste livro. A apresentação do problema deve indicar o tópico, o problema de pesquisa, a literatura sobre o problema, as lacunas encontradas na literatura e o público que irá se beneficiar com o aprendizado sobre o problema. É no trecho que aponta as lacunas que o autor pode inserir informações específicas relacionadas à sua abordagem. Por exemplo, os autores podem abordar a necessidade de que histórias sejam contadas, de encontrar a "essência" da experiência, de desenvolver uma teoria, de retratar a vida de um grupo que compartilha uma cultura e de usar um caso para explorar uma questão específica. Pode ser usado um *script* para construir a apresentação do propósito. Esse *script* deve incluir o tipo de abordagem qualitativa que está sendo usada e incorporar palavras que sinalizem o uso de uma das cinco abordagens. As perguntas de pesquisa se dividem em uma pergunta central e aproximadamente cinco a sete subperguntas, que subdividem as perguntas centrais em várias partes da investigação. A pergunta central pode ser codificada para corresponder à intenção de uma das abordagens, como o desenvolvimento de histórias em projetos narrativos ou a geração de uma teoria em teoria fundamentada. As subperguntas também podem ser usadas no processo de coleta de dados como perguntas-chave feitas durante uma entrevista ou uma observação.

Leituras adicionais

Creswell, J. W. (2009). *Research design: Qualitative, quantitative, and mixed methods approaches* (3rd ed.). Thousand Oaks, CA: Sage.

Marshall, C., & Rossman, G. B. (2010). *Designing qualitative research* (5th ed.). Thousand Oaks, CA: Sage.

Maxwell, J. (2005). *Qualitative research design: An interactive approach* (2nd ed.). Thousand Oaks, CA: Sage.

Miles, M. B., & Huberman, A. M. (1994). *Qualitative data analysis: A sourcebook of new methods* (2nd ed.). Thousand Oaks, CA: Sage.

Stake, R. (1995). *The art of case study research*. Thousand Oaks, CA: Sage.

Wolcott, H. F. (2008). *Ethnography: A way of seeing* (2nd ed.). Walnut Creek, CA: AltaMira.

EXERCÍCIOS

1. Considere como você escreveria sobre um problema de pesquisa ou questão na introdução a um estudo. Declare a questão em poucas frases e depois discuta a literatura de pesquisa que fornecerá evidências para a necessidade de estudar o problema. Por fim, levando em conta o contexto de uma das cinco abordagens de pesquisa, que justificativa existe para estudar o problema que reflete a sua abordagem de pesquisa?

2. Experimente o *script* exibido neste capítulo para redigir a apresentação do propósito usando uma das abordagens. Agora adote uma abordagem diferente e escreva a apresentação do propósito usando a segunda abordagem.

3. O desafio ao escrever uma boa pergunta central é não deixá-la muito ampla, nem delimitada demais. Considere quatro elementos-chave de uma pergunta central: o fenômeno central, os participantes, o local e a abordagem da investigação. Escreva de uma forma aberta, envolvente e não direcionada começando com os termos *como* ou *o que*. Faça uma pergunta curta. Você deve primeiro apresentar o fenômeno central que deseja explorar. Depois, colocar *o que* é antes desse fenômeno central. Examine o que você escreveu para determinar se será uma pergunta central satisfatória para o seu estudo.

4. Escreva várias subperguntas. Subdivida a sua pergunta central em diversos tópicos. Considere esses subtópicos como os tipos de perguntas que você faria a um participante.

7

Coleta de dados

Uma reação típica ao se pensar na coleta de dados qualitativos é focar-se nos reais tipos de dados e os procedimentos para reuni-los. A coleta de dados, entretanto, envolve muito mais. Significa obter permissões, conduzir uma boa estratégia de amostragem qualitativa, desenvolver meios para registrar as informações e prever questões éticas que possam surgir. Também, nas verdadeiras formas de coleta de dados, os pesquisadores frequentemente optam por apenas conduzir entrevistas e observações. Como será visto neste capítulo, a gama de fontes qualitativas de dados está sempre se expandindo, e encorajo os pesquisadores a usarem métodos mais novos e inovadores além das entrevistas e observações padrão. Além disso, essas novas formas de dados e passos no processo de coleta de dados qualitativos devem ser sensíveis aos resultados esperados para cada uma das cinco abordagens da pesquisa qualitativa.

Considero útil visualizar as fases de coleta de dados comuns a todas as abordagens. Um "círculo" de atividades inter-relacionadas demonstra melhor esse processo – um processo de envolvimento em atividades que vão além da coleta de dados. Inicio este capítulo apresentando esse círculo de atividades e introduzindo brevemente cada atividade. Essas atividades são a localização de um lugar ou indivíduo, a obtenção de acesso e fazer um *rapport*, amostragem intencional, coleta de dados, registro de informações, exploração das dificuldades do campo e armazenamento dos dados. Então, exploro como essas atividades diferem nas cinco abordagens de investigação e termino com alguns breves comentários sobre a comparação das atividades de coleta de dados entre as cinco abordagens.

QUESTÕES PARA DISCUSSÃO

✓ Quais são os passos no processo geral de coleta de dados da pesquisa qualitativa?
✓ Quais são as questões típicas de acesso e *rapport*?
✓ Como se escolhem pessoas ou lugares para estudar?
✓ Que tipo de informação é coletada?
✓ Como as informações são registradas?
✓ Quais são as questões comuns na coleta de dados?
✓ Como as informações são em geral armazenadas?
✓ Em quê as cinco abordagens são similares e diferentes durante a coleta de dados?

O CÍRCULO DA COLETA DE DADOS

Visualizo a coleta de dados como uma série de atividades inter-relacionadas que objetivam a reunião de boas informações para responder às perguntas da pesquisa. Conforme apresentado na Figura 7.1, um pesquisador qualitativo se envolve em uma série de atividades no processo de coleta de dados. Embora eu inicie pela escolha de um lugar ou um indivíduo a ser estudado, um investigador poderá iniciar em outro ponto de entrada no círculo. O mais importante é que o pesquisador considere as múltiplas fases na coleta de dados, fases essas que se estendem para além do ponto de referência típico de conduzir entrevistas ou fazer observações.

Um passo importante no processo é encontrar pessoas ou locais para estudar e obter acesso e estabelecer um *rapport* com os participantes de modo que eles forneçam bons dados. Um passo intimamente relacionado ao processo envolve a determinação de uma estratégia para a amostragem intencional dos indivíduos ou locais. Essa não é uma amostragem probabilística que possibilitará ao pesquisador fazer inferências estatísticas para uma população; ao contrário, é uma amostra intencional que exemplificará propositadamente um grupo de pessoas que pode melhor informar o pesquisador sobre o problema de pesquisa que está em exame. Assim, o pesquisador precisa determinar qual tipo de amostragem intencional será usado melhor.

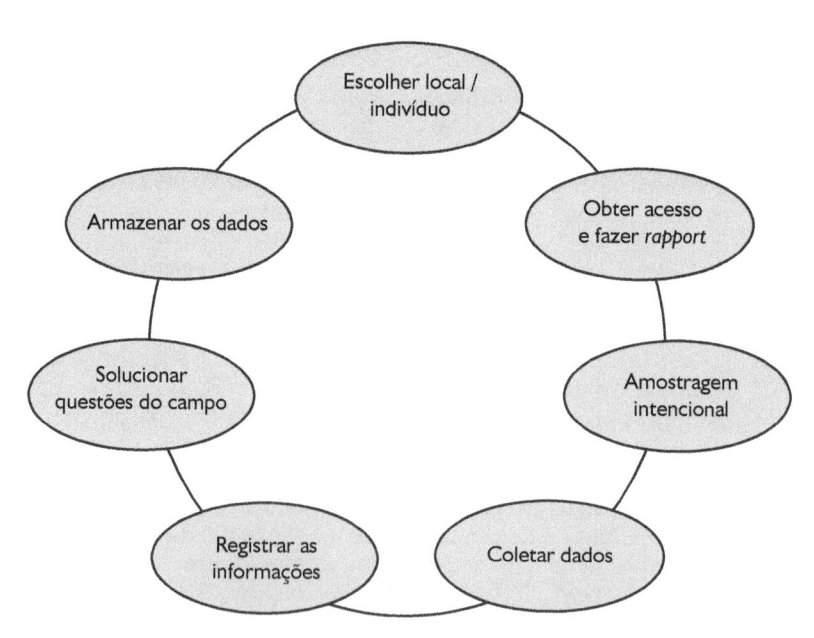

FIGURA 7.1

Atividades de coleta de dados.

Depois que o investigador escolhe os locais ou pessoas, decisões precisam ser tomadas quanto às abordagens mais apropriadas para a coleta de dados. Cada vez mais o pesquisador qualitativo tem mais opções quanto à coleta de dados, tais como mensagens de *e-mail* e coleta de dados *on-line*, e o pesquisador irá coletar dados de mais de uma fonte. Para coletar essas informações, ele desenvolve protocolos ou formulários escritos para o registro das informações e precisa desenvolver também o registro dos dados, como protocolos observacionais e de entrevistas. Além disso, é preciso prever dificuldades na coleta de dados, as chamadas "dificuldades do campo", que podem ser um problema, como ter dados inadequados, precisar deixar o campo ou local prematuramente ou perder informações. Por fim, um pesquisador qualitativo deve decidir como irá armazenar os dados de forma que possam ser facilmente encontrados e protegê-los contra danos ou perda.

Agora irei me deter em cada uma dessas atividades de coleta de dados, abordando-as quanto aos procedimentos gerais e dentro de cada abordagem de investigação. Conforme mostra a Tabela 7.1, essas atividades podem ser diferentes ou similares nas cinco abordagens de investigação.

O local ou indivíduo

Em um estudo narrativo, é preciso encontrar um ou mais indivíduos para estudar, indivíduos esses que sejam acessíveis, dispostos a dar informações peculiares quanto às suas realizações ou aos seus costumes, ou que lancem luz sobre um fenômeno específico ou questão a ser explorada. Plummer (1983) recomenda duas fontes de indivíduos para estudo. A abordagem pragmática refere-se a quando os indivíduos são identificados em um encontro casual, emergem de um estudo mais amplo ou são voluntários. Pode-se, também, identificar uma "pessoa marginal", que viva em uma cultura conflituosa; uma "pessoa de destaque", que cause impacto na época em que vive; ou uma "pessoa comum", que sirva como exemplo de uma grande população. Uma perspectiva alternativa está disponível em Gergen (1994), que sugere que as narrativas "se originam" (p. 280) não como produto de um indivíduo, mas como uma faceta das relações, como parte de uma cultura, refletida em aspectos como gênero e idade. Assim, perguntar quais indivíduos irão participar não deve ser o foco da pergunta. Em vez disso, os pesquisadores narrativos precisam focar nas histórias que surgem, reconhecendo que todas as pessoas têm histórias para contar. Também instrutivo na consideração do indivíduo em pesquisa narrativa é considerar se narrativas de primeira ordem ou segunda ordem são o foco da investigação (Elliot, 2005). Nas narrativas de primeira ordem, os indivíduos contam histórias sobre eles e suas experiências, enquanto nas narrativas de segunda ordem os pesquisadores constroem uma narrativa sobre as experiências de outras pessoas (p. ex., biografia) ou apresentam uma história coletiva que representa as vidas de muitos.

Em um estudo fenomenológico, os participantes podem estar em um único local, embora não precisem estar. O mais importante é que eles tenham experimentado o fenômeno que está sendo explorado e possam articular as experiências vividas. Quanto mais diversas as características dos indivíduos, mais difícil será para o pesquisador encontrar experiências, temas comuns e a essência geral da experiência para todos os participantes. Em um estudo de teoria fundamentada, os indivíduos podem não estar em um único local; na verdade, se estiverem dispersos, podem fornecer importantes informações contextuais, úteis para o desenvolvimento de categorias na fase de codificação axial da pesquisa. Eles devem ser indivíduos que participaram do processo ou da ação que o pesquisador está estudando no estudo de teoria fundamentada. Por exemplo, em Creswell e Brown (1992), entrevistamos 32 diretores de departamento localizados nos Estados Unidos que já haviam coordenado seus departamentos. Em um estudo etnográfico, um único local, em que um grupo intacto que compartilha uma cultura desenvolveu valores compartilhados, cren-

TABELA 7.1
Atividades de coleta de dados por meio das cinco abordagens

Atividade de coleta de dados	Narrativa	Fenomenologia	Teoria fundamentada	Etnografia	Estudo de caso
O que é estudado tradicionalmente? (Locais ou indivíduos)	Um único indivíduo, acessível e singular	Múltiplos indivíduos que experimentaram o fenômeno	Múltiplos indivíduos que responderam a uma ação ou participaram de um processo sobre um fenômeno central	Membros de um grupo que compartilha uma cultura ou indivíduos representativos do grupo	Um sistema delimitado, como um processo, uma atividade, um evento, um programa ou múltiplos indivíduos
Quais são as questões típicas de acesso e *rapport*? (Acesso e *rapport*)	Obter permissão dos indivíduos, obter acesso às informações em arquivos	Encontrar pessoas que experimentaram o fenômeno	Localizar uma amostra homogênea	Obter acesso por intermédio do guardião, ganhar a confiança dos informantes	Obter acesso por intermédio do guardião, ganhar a confiança dos participantes
Como se escolhe um local ou indivíduos para estudar? (Estratégias de amostragem intencional)	Diversas estratégias, dependendo da pessoa (p. ex., conveniente, politicamente importante, típica, um caso crítico)	Encontrando indivíduos que experimentaram o fenômeno, uma amostra com "critério"	Encontrando uma amostra homogênea, uma amostra "baseada na teoria", uma amostra "teórica"	Encontrando um grupo cultural em que se é um "estranho", uma amostra "representativa"	Encontrando um "caso" ou "casos", um caso "atípico" ou uma "variação máxima" ou "caso extremo"
Que tipo de informações são coletadas? (Formas dos dados)	Documentos e material de arquivo, entrevistas abertas, diário subjetivo, observação participante, conversa casual; em geral um único indivíduo	Entrevista com cinco a 25 pessoas (Polkinghorne, 1989)	Principalmente entrevistas com 20 a 30 pessoas para atingir um detalhamento da teoria	Observações participantes, entrevistas, artefatos e documentos de um único grupo que compartilha uma cultura	Formas amplas, como documentos e registros, entrevistas, observação e artefatos físicos para um a quatro casos

(continua)

INVESTIGAÇÃO QUALITATIVA E PROJETO DE PESQUISA **125**

TABELA 7.1
Atividades de coleta de dados por meio das cinco abordagens (continuação)

Atividade de coleta de dados	Narrativa	Fenomenologia	Teoria fundamentada	Etnografia	Estudo de caso
Como as informações são registradas? (Registro das informações)	Notas, protocolo de entrevista	Entrevistas; frequentemente múltiplas entrevistas com os mesmos indivíduos	Protocolo de entrevista, lembretes	Notas de campo, entrevista e protocolos observacionais	Notas de campo, entrevista e protocolos observacionais
Quais são as dificuldades comuns na coleta de dados? (Dificuldades do campo)	Acesso aos materiais, autenticidade do relato e materiais	Suspender as próprias experiências, logística da entrevista	Dificuldades da entrevista (p. ex., logística, transparência)	Dificuldades do campo (p. ex., reflexividade, reciprocidade, "ser nativo", divulgação de informações privadas, fraude)	Entrevista e dificuldades da observação
Como as informações são armazenadas? (Armazenamento de dados)	Pastas de arquivo, arquivos de computador	Transcrições, arquivos de computador	Transcrições, arquivos de computador	Notas de campo, transcrições, arquivos de computador	Notas de campo, transcrições, arquivos de computador

ças e suposições, é geralmente importante. O pesquisador precisa identificar um grupo (ou um indivíduo ou indivíduos representativos de um grupo) para estudar, preferencialmente um grupo ao qual o investigador seja um "estranho" (Agar, 1986) e possa ter acesso. Para um estudo de caso, o pesquisador precisa escolher um local ou locais para estudar, tais como programas, eventos, processos, atividades, indivíduos ou vários indivíduos. Embora Stake (1995) se refira a um indivíduo como um "caso" apropriado, volto-me para a abordagem biográfica narrativa ou a abordagem da história de vida ao estudar um único indivíduo. No entanto, o estudo de múltiplos indivíduos, cada um definido como um caso e considerado em um estudo de caso coletivo, é uma prática aceitável.

Uma pergunta que os alunos fazem com frequência é se eles podem estudar a sua própria organização, local de trabalho ou eles mesmos. Tal estudo pode suscitar questões de poder e risco para o pesquisador, os participantes e o local. Estudar o próprio local de trabalho, por exemplo, levanta questionamentos a respeito da possibilidade de serem coletados bons dados quando o ato da coleta pode introduzir um desequilíbrio de poder entre o pesquisador e os indivíduos que estão sendo estudados. Embora estudar o próprio "quintal" seja frequentemente conveniente e elimine muitos obstáculos à coleta de dados, os pesquisadores podem comprometer seus empregos se relatarem dados desfavoráveis, ou se os participantes divulgarem informações privadas que poderiam influenciar negativamente a organização ou o ambiente de trabalho. Uma característica de toda boa pesquisa qualitativa é o relato de múltiplas perspectivas que variam ao longo de todo um espectro de perspectivas (veja a seção no Capítulo 3 sobre as características da pesquisa qualitativa). Não estou sozinho em recomendar cautela quanto ao estudo da própria organização ou do local de trabalho. Glesne e Peshkin (1992) questionam a pesquisa que examina "seu próprio *quintal* – dentro da sua instituição ou agência, ou entre amigos e colegas" (p. 21) e sugerem que tais informações são um "conhecimento perigoso", que é político e arriscado para um investigador "interno". Quando se torna importante estudar a própria organização ou local de trabalho, recomendo, em geral, que sejam usadas múltiplas estratégias de validação (veja o Capítulo 10) para assegurar que o relato tenha exatidão e seja criterioso.

Estudar a si mesmo pode ser um problema diferente. Conforme mencionei no Capítulo 4, a autoetnografia fornece uma abordagem ou método para você estudar a si mesmo. Encontram-se disponíveis vários livros úteis que discutem como as histórias pessoais se mesclam com questões culturais mais amplas (veja Ellis, 2004; Muncey, 2010). A história de Ellis (1993) sobre a experiência da morte súbita do seu irmão ilustra a força da emoção pessoal e o uso de perspectivas culturais em torno das próprias vivências. Recomendo que os indivíduos que desejam estudar a si mesmos e as suas experiências se voltem para a autoetnografia ou memória biográfica para dominar os procedimentos acadêmicos de como conduzir seus estudos.

Acesso e *rapport*

A pesquisa qualitativa envolve o estudo de um local(is) de pesquisa e a obtenção da permissão para estudar o local, de forma a possibilitar a fácil coleta dos dados. Isso significa obter a aprovação da universidade ou do comitê institucional responsável pela avaliação, bem como dos indivíduos no local da pesquisa. Também significa encontrar indivíduos que possibilitem o acesso ao local da pesquisa, facilitando a coleta de dados.

Banca institucional.* A obtenção de acesso aos locais e indivíduos também envolve vários passos. Independentemente da abordagem de investigação, é preciso que sejam obtidas permissões de um comitê institucional,

---

* N. de R. T.: No Brasil, o que o autor chama de "Banca institucional" é representado pelos comitês de ética em pesquisa.

processo esse em que bancas examinam os estudos de pesquisa quanto ao seu impacto prejudicial e risco aos participantes. Esse processo envolve submeter a essa banca uma proposta que detalhe os procedimentos no projeto. A maior parte dos estudos qualitativos está isenta de uma revisão prolongada (p. ex., a revisão rápida ou integral), mas estudos que envolvem indivíduos menores (isto é, com menos de 18 anos) ou estudos de populações sensíveis de alto risco (p. ex., indivíduos HIV positivo) requerem uma revisão rigorosa, um processo que envolve formulários extensos e detalhados e um longo tempo para exame. Como a maioria das bancas examinadoras está muitas vezes mais familiarizada com as abordagens quantitativas da pesquisa em ciências sociais e humanas do que com as abordagens qualitativas, a descrição do projeto qualitativo pode ter de se adequar a algum dos procedimentos padrão e à linguagem da pesquisa quantitativa (p. ex., perguntas de pesquisa, resultados), além de fornecer informações sobre a proteção dos sujeitos humanos. Para a banca, pode-se alegar que as entrevistas qualitativas, se não forem estruturadas, podem na verdade possibilitar aos participantes um controle considerável sobre o processo de entrevista (Corbin e Morse, 2003). É útil examinar um exemplo de formulário de consentimento que os participantes precisam revisar e assinar em um estudo qualitativo. Um exemplo é apresentado na Figura 7.2.

Esse formulário, chamado de termo de consentimento livre e esclarecido, geralmente requer que sejam incluídos elementos específicos, como:

- ✓ o direito dos participantes de voluntariamente se retirarem do estudo a qualquer momento;
- ✓ o propósito central do estudo e os procedimentos a serem usados no coleta de dados;
- ✓ a proteção da confidencialidade dos respondentes;
- ✓ os riscos conhecidos associados à participação no estudo;
- ✓ os benefícios esperados aos participantes do estudo;
- ✓ a assinatura do participante e do pesquisador.

Acesso e rapport *dentro das cinco abordagens.* As permissões e a construção do *rapport* irão diferir dependendo do tipo de abordagem qualitativa a ser usada. Para um estudo narrativo, os investigadores recebem as informações dos indivíduos obtendo sua permissão para participarem do estudo. Os participantes do estudo devem ser informados da motivação do pesquisador para a sua seleção, ter a garantia do anonimato (se assim o desejarem) e são informados pelo pesquisador sobre o propósito do estudo. Esta divulgação ajuda a construir o *rapport*. O acesso a documentos e arquivos biográficos requer permissão e talvez uma ida a bibliotecas distantes.

Em um estudo fenomenológico em que a amostra inclui indivíduos que experimentaram o fenômeno, também é importante obter a permissão escrita dos participantes a serem estudados. No estudo de Anderson e Spencer (2002; veja o Apêndice C) das imagens que os pacientes têm da aids, 58 homens e mulheres participaram no projeto em três locais dedicados a pessoas com HIV/aids: uma clínica hospitalar, uma instituição de cuidados de longo prazo e um lar residencial. Todos eles eram indivíduos com diagnóstico de aids, acima de 18 anos, capazes de se comunicar em inglês e com um escore no Miniexame[*] do Estado Mental acima de 22. Nesse estudo, foi importante obter a permissão para ter acesso aos indivíduos vulneráveis que iriam participar.

Em um estudo de teoria fundamentada, os participantes precisam dar permissão para serem estudados, enquanto o pesquisador deve ter um *rapport* estabelecido com os par-

---

[*] N de R.T.: O Miniexame do Estado Mental é um questionário padronizado que avalia o estado e as perdas cognitivas, tais como as demências. Para detalhes, veja: Folstein, M. F et al. (1975). "MINI-MENTAL STATE" – a practical method for grading the cognitive state of patients for the clinican. *Journal of Psychiatric Research*, v. 12, nº 3, p. 189-198.

ticipantes, de modo que eles forneçam perspectivas detalhadas sobre a resposta a uma ação ou a um processo. O pesquisador começa com uma amostra homogênea, indivíduos que experimentaram em comum a ação ou o processo. Em uma etnografia, o acesso em geral começa com um "guardião", um indivíduo que é um membro ou que tem o *status* de incluído em um grupo cultural. Esse guardião é o contato inicial para o pesquisador e conduz o pesquisador até os outros participantes (Hammersley e Atkinson, 1995). Abordar progressivamente o guardião e o sistema cultural é um conselho sensato para os "estranhos" que estudam a cultura. Tanto para as etnografias quanto os estudos de caso, os guardiães requerem informações sobre os estudos, que muitas vezes incluem respostas dos pesquisadores às seguintes perguntas, como sugerem Bogdan e Biklen (1992):

✓ Por que o local foi escolhido para estudo?
✓ O que será feito no local durante o estudo de pesquisa? Quanto tempo será gasto no local pelos pesquisadores?
✓ A presença do pesquisador será perturbadora?
✓ Como os resultados serão apresentados?
✓ O que o guardião, os participantes e o local ganharão com o estudo? (reciprocidade)

Estratégia de amostragem intencional

Três considerações se incluem na abordagem da *amostragem intencional* em pes-

---

"Experiências no aprendizado da pesquisa qualitativa: um estudo de caso qualitativo"

Prezado participante,

As informações a seguir são dadas para que você decida se deseja participar do presente estudo. Você deve saber que está livre para decidir não participar ou para se retirar a qualquer momento, sem afetar seu relacionamento com este departamento, com o instrutor ou com a Universidade de Nebraska-Lincoln.

O propósito deste estudo é compreender o processo de aprendizado da pesquisa qualitativa em um curso universitário em nível de doutorado. O procedimento será um projeto de estudo de caso único e holístico. Neste estágio da pesquisa, o processo será geralmente definido como percepções a respeito do curso e o entendimento da pesquisa qualitativa nas diferentes fases do curso.

Os dados serão coletados em três momentos – no início do curso, na metade e no final do curso. A coleta de dados envolverá documentos (diários feitos pelos alunos e pelo instrutor, avaliações do aluno sobre a aula e o procedimento de pesquisa), material audiovisual (um videoteipe da aula), entrevistas (transcrições de entrevistas entre os alunos) e notas de campo de observação em sala de aula (feitas pelos alunos e pelo instrutor). Os indivíduos envolvidos na coleta de dados serão o instrutor e os alunos da turma.

Não hesite em fazer qualquer pergunta sobre o estudo, seja antes de participar ou durante o tempo em que você estiver participando. Ficaríamos felizes em compartilhar nossos achados com você depois que a pesquisa estiver concluída. No entanto, o seu nome não será associado aos achados da pesquisa em nenhum aspecto e somente os pesquisadores conhecerão a sua identidade como participante.

Não existem riscos conhecidos e/ou desconfortos associados a este estudo. Os benefícios esperados associados à sua participação são as informações sobre as experiências no aprendizado da pesquisa qualitativa, a oportunidade de participar de um estudo de pesquisa qualitativa e uma coautoria para os alunos que participarem na análise detalhada dos dados. Se submetido para publicação, a autoria indicará a participação de todos os alunos da turma.

Por favor, assine o consentimento com o amplo conhecimento da natureza e propósito dos procedimentos. Uma cópia deste termo de consentimento lhe será fornecida.

Data

Assinatura do Participante

John W. Creswell, Ed. Psy., UNL, coordenador da pesquisa

FIGURA 7.2

Exemplo de termo de consentimento livre e esclarecido para os sujeitos da pesquisa.

quisa qualitativa, e essas considerações variam dependendo da abordagem específica. Elas são a decisão de quem selecionar como participantes (ou locais) do estudo, o tipo específico de estratégia de amostragem e o tamanho da amostra a ser estudada.

Participantes da amostra. Em um estudo narrativo, o pesquisador reflete mais sobre quem incluir na amostra – o indivíduo pode ser conveniente para estudar porque está disponível, ser um indivíduo politicamente importante que atrai a atenção ou é marginalizado, ou uma pessoa comum. Todos esses indivíduos precisam ter histórias para contar sobre as suas experiências. Os investigadores podem selecionar várias opções, dependendo de se a pessoa é marginal, importante ou comum (Plummer, 1983). Vonnie Lee, que consentiu em participar e forneceu informações perspicazes sobre indivíduos com retardo mental (Angrosino, 1994), foi conveniente para o estudo, mas também foi um caso crítico para ilustrar os tipos de desafios que giram em torno das questões do retardo mental em nossa sociedade. Ai Mei Zhang era uma estudante imigrante chinesa no Canadá que podia informar uma compreensão da identidade étnica por meio de suas narrativas, de seus professores e pais (Chan, 2010; veja o Apêndice B).

Descobri, no entanto, uma variação muito mais limitada de estratégias de amostragem para os estudos fenomenológicos. É essencial que todos os participantes tenham experiência do fenômeno que está sendo estudado. O critério de amostragem funciona bem quando todos os indivíduos estudados representam as pessoas que experimentaram o fenômeno. Em um estudo de teoria fundamentada, o pesquisador escolhe os participantes que podem contribuir para o desenvolvimento da teoria. Strauss e Corbin (1998) se referem à amostragem teórica, que é um processo de amostragem de indivíduos que possam contribuir para a construção da abertura e codificação axial da teoria. Isso começa com a seleção e estudo de uma amostra homogênea de indivíduos (p. ex., todas as mulheres que vivenciaram abuso infantil) e, então, depois de desenvolver inicialmente a teoria, selecionar e estudar uma amostra heterogênea (p. ex., tipos de grupos de apoio que não sejam de mulheres que vivenciaram abuso infantil). A justificativa para estudar esta amostra heterogênea é confirmar ou negar as condições, tanto contextuais quanto intervenientes, nas quais o modelo se baseia.

Em etnografia, depois que o investigador seleciona um local com um grupo cultural, a decisão seguinte é quem e o que será estudado. Assim se desenvolve a amostragem dentro da cultura e vários autores dão sugestões para esse procedimento. Fetterman (2010) recomenda continuar com a abordagem da grande rede, em que primeiro o pesquisador convive com todos. Os etnógrafos dependem do seu julgamento para selecionar os membros da subcultura ou unidade com base nas suas perguntas de pesquisa. Eles aproveitam as oportunidades (isto é, amostragem oportunista; Miles e Huberman, 1994) ou estabelecem critérios para estudar indivíduos selecionados (amostragem por critério). Os critérios para a seleção de quem e o que estudar, de acordo com Hammersley e Atkinson (1995), são baseados na busca de alguma perspectiva no tempo cronológico da vida social do grupo, pessoas representativas do grupo que compartilham a cultura em termos de demografia e os contextos que levam a diferentes formas de comportamento.

Em um estudo de caso, prefiro selecionar casos incomuns em estudos de caso coletivos e empregar a variação máxima como uma estratégia de amostragem para representar diversos casos e descrever integralmente múltiplas perspectivas sobre os casos. Casos extremos e desviantes podem estar incluídos no meu estudo de caso coletivo, tais como o estudo do incidente incomum com o atirador no *campus* universitário (Asmussen e Creswell; veja o Apêndice F).

Tipos de amostragem. O conceito de amostragem intencional é usado em pesquisa qualitativa. Isso significa que o investigador seleciona indivíduos e locais para estudo porque eles podem intencionalmente informar uma compreensão do problema de pesquisa e o fenômeno central no estudo. Devem ser tomadas decisões sobre quem ou o que deve ser amostrado, que forma a amostragem assumirá e quantas pessoas ou locais precisam ser amostrados. Mais ainda, os pesquisadores precisam decidir se a amostragem será consistente com as informações de uma das cinco abordagens de investigação.

Começarei com alguns comentários gerais sobre amostragem e depois me voltarei para a amostragem dentro de cada uma das cinco abordagens. A descrição sobre quem e o que deve ser amostrado pode se beneficiar com a concepção de Marshall e Rossman (2010), que dão um exemplo de amostragem em quatro aspectos: eventos, contextos, atores e artefatos. Eles também observam que a amostragem pode mudar durante um estudo e que os pesquisadores precisam ser flexíveis, mas que, apesar disso, precisam planejar com a maior antecedência possível a sua estratégia de amostragem. Gosto de pensar também em termos de níveis de amostragem na pesquisa qualitativa. Os pesquisadores podem obter uma amostra em nível do local, em nível do evento ou processo e em nível dos participantes. Em um bom plano para um estudo qualitativo, um ou mais destes níveis devem estar presentes e cada um precisa ser identificado.

Em relação a que forma a amostragem irá assumir, precisamos observar que existem diversas estratégias de amostragem disponíveis (veja a Tabela 7.2 para uma lista de possibilidades). Essas estratégias têm nomes e definições e podem ser descritas em relatórios de pesquisa. Além disso, os pesquisadores podem usar uma ou mais estratégias em um único estudo. Examinando a lista, a **amostragem de variação máxima** está listada em primeiro lugar por ser uma abordagem popular em estudos qualitativos. Essa abordagem consiste da determinação antecipada de alguns critérios que diferenciam os locais ou participantes e depois a seleção dos locais ou participantes que são bem diferentes segundo os critérios. Ela é frequentemente escolhida porque, quando um pesquisador maximiza as diferenças no início do estudo, aumenta a probabilidade de que os achados reflitam diferenças ou perspectivas diferentes – um ideal em pesquisa qualitativa. Outras estratégias de amostragem frequentemente usadas são os casos críticos, os quais fornecem informações específicas sobre um problema, e os casos de conveniência, que representam locais ou indivíduos a quem o pesquisador pode ter acesso e coletar dados facilmente.

Tamanho da amostra. A questão do tamanho é uma decisão igualmente importante para a estratégia de amostragem no processo de coleta de dados. Uma diretriz geral para o **tamanho da amostra** em pesquisa qualitativa é não somente estudar alguns locais ou indivíduos, mas também coletar amplos detalhes sobre cada local ou indivíduo estudado. A intenção em pesquisa qualitativa não é generalizar as informações (exceto em algumas formas de pesquisa de estudo de caso), mas elucidar o particular, o específico (Pinnegar e Daynes, 2007). Além dessas sugestões gerais, cada uma das cinco abordagens de pesquisa acarreta em considerações específicas em relação ao tamanho da amostra.

Em pesquisa narrativa, encontrei muitos exemplos com um ou dois indivíduos, exceto em casos em que foi usado um grupo de participantes para desenvolver uma história coletiva (Huber e Whelan, 1999). Em fenomenologia, vi o número de participantes variar de um (Dukes, 1984) até 325 (Polkinghorne, 1989). Dukes (1984) recomenda o estudo de três a 10 sujeitos e uma fenomenologia, de Riemen (1986), estudou 10 indivíduos. Em teoria fundamentada, recomendo incluir de 20 a 30 indivíduos para desenvolver uma teoria bem saturada, porém, este número pode ser muito maior (Charmaz, 2006). Em etnografia, gosto de estudos bem definidos de grupos únicos que compartilham uma cultura, com numerosos artefatos, entrevistas e observações coletadas até que o funcionamento do grupo cultural esteja claro. Para pesquisa com estudo de caso, não incluiria mais do que quatro ou cinco estudos de caso em um único estudo. Esse número deve proporcionar ampla oportunidade de identificar os temas dos casos e de conduzir a análise do tema entre os casos. Wolcott (2008a) recomendou que qualquer caso acima de um dilui o nível de detalhes que um pesquisador pode fornecer.

Formas de dados

Novas formas de dados qualitativos emergem continuamente na literatura (veja Creswell, 2012), porém, todas as formas podem ser agrupadas em quatro tipos básicos de informações: observações (variando de não participante até participante), entrevistas (variando de fechadas até abertas), documentos (variando de privados até públicos) e materiais audiovisuais (incluindo materiais como fotografias, CDs e vídeos). Ao longo dos anos, montei uma lista em desenvolvimento de

TABELA 7.2
Tipologia das estratégias de amostragem em investigação qualitativa

Tipo de amostragem	Propósito
Variação máxima	Documenta diversas variações dos indivíduos ou locais com base em características específicas
Homogênea	Focaliza, reduz, simplifica e facilita a entrevista com grupos
Caso crítico	Permite generalização lógica e aplicação máxima das informações a outros casos
Baseada na teoria	Encontra exemplos de um constructo teórico e assim o elabora e o examina
Casos confirmantes e não confirmantes	Elaborar a análise inicial, procurar exceções, procurar variações
Bola de neve ou cadeia	Identifica casos de interesse de pessoas que conhecem pessoas que sabem de casos ricos em informações
Caso extremo ou desviante	Aprender a partir de manifestações altamente incomuns do fenômeno de interesse
Caso típico	Destaca o que é normal ou na média
Intensidade	Casos ricos em informações que manifestam o fenômeno intensamente, mas não extremamente
Politicamente importante	Atrai a atenção desejada ou evita atrair atenção indesejada
Aleatória intencional	Acrescenta credibilidade à amostra quando a amostra intencional potencial é muito grande
Estratificada intencional	Ilustra subgrupos e facilita comparações
Critério	Todos os casos que atendem a algum critério; útil para garantia de qualidade
Oportunista	Seguir novos caminhos; aproveitar o inesperado
Combinação ou mista	Triangulação, flexibilidade; atende a múltiplos interesses e necessidades
Conveniência	Economiza tempo, dinheiro e esforço, mas perde qualidades das informações e credibilidade

Fonte: Miles e Huberman (1994, p. 28). Reimpresso com permissão de SAGE Publications.

tipos de dados, conforme apresentado na Figura 7.3.

Organizo a minha lista em quatro tipos básicos, embora algumas formas possam não ser facilmente colocadas em uma categoria ou outra. Recentemente, surgiram novas formas de dados, como o diário para a escrita da história narrativa, usando texto de mensagens de *e-mail* e observação por meio do exame de videoteipes e fotografias.

Krueger e Casey (2009) abordam o uso de grupos focais na internet, incluindo grupos de salas de bate-papo e murais.

Eles discutem como manejar os grupos da internet e também como desenvolver perguntas para os grupos. Além disso, Stewart e Williams (2005) discutem o uso de grupos focais *on-line* para a pesquisa social. Eles examinaram aplicativos sincrônicos (tempo real) e assincrônicos (tempo não real), enfatizando novos desenvolvimentos como aplicativos de realidade virtual, bem como as suas vantagens (os participantes podem ser questionados durante longos períodos de tempo, números maiores podem ser manejados e ocorrer trocas mais acaloradas e

---

Observações
- Reunir notas de campo, conduzindo uma observação como participante.
- Reunir notas de campo, conduzindo uma observação como observador.
- Reunir notas de campo, passando mais tempo como participante do que como observador.
- Reunir notas de campo, passando mais tempo como observador do que como participante.
- Reunir notas de campo inicialmente observando como um "estranho" e depois ingressando no ambiente e observando como um "incluído".

Entrevistas
- Conduzir uma entrevista não estruturada, com questões abertas e tomar notas da entrevista.
- Conduzir uma entrevista não estruturada, com questões abertas, gravar em vídeo a entrevista e transcrever a entrevista.
- Conduzir uma entrevista semiestruturada, gravar em vídeo a entrevista e transcrever a entrevista.
- Conduzir uma entrevista de grupo focal, gravar em vídeo a entrevista e transcrever a entrevista.
- Conduzir diferentes tipos de entrevistas: *e-mail*, cara a cara, grupo focal, grupo focal *on-line*, telefone.

Documentos
- Manter um diário durante o estudo de pesquisa.
- Pedir que um participante mantenha um diário durante o estudo de pesquisa.
- Coletar cartas pessoais dos participantes.
- Analisar documentos públicos (p. ex., memorandos oficiais, minutas, registros, material de arquivo).
- Examinar autobiografias e biografias.
- Pedir aos participantes tirem fotografias ou façam vídeos (isto é, evocação de fotos).
- Conduzir o exame de gráficos.
- Examinar registros médicos.

Materiais audiovisuais
- Examinar evidências de vestígios físicos (p. ex., pegadas na neve).
- Gravar em vídeo ou filme uma situação social, individual ou em grupo.
- Examinar as páginas principais de *websites*.
- Coletar sons (p. ex., música, risos de crianças, buzinas de carro tocando).
- Coletar mensagens de *e-mail* ou murais (p. ex., Facebook).
- Reunir mensagens de texto por telefone (p. ex., Twitter).*
- Examinar objetos favoritos ou objetos de rituais.

FIGURA 7.3

Uma coletânea de abordagens de coleta de dados em pesquisa qualitativa.

---

* N. de R.T.: Ao mencionar o exemplo Twitter o autor usa a finalidade primeira do sistema, que era criar mensagem de texto para grupos de telefones (SMS). Hoje é baseada na internet.

abertas). Surgem problemas com grupos focais *on-line*, tais como a obtenção de consentimento informado completo, o recrutamento de indivíduos para participarem e a escolha de horários para reunir diferentes fusos horários internacionais.

Os formatos comuns de coleta de dados *on-line* para pesquisa qualitativa incluem grupos focais virtuais e entrevistas baseadas na *web* via *e-mail* ou salas de bate-papo baseadas em textos, *weblogs* e diários (como os diários *on-line* abertos) e foros de discussão na internet (Garcia, Standlee, Beckhoff e Cui, 2009; James e Busher, 2007; Nicholas et al., 2010). Alguns pesquisadores também conduziram *on-line* estudos qualitativos avançados, como pesquisa etnográfica (Garcia et al., 2009). Eles coletaram dados por meio de *e-mails*, interações em salas de bate-papo, mensagens instantâneas, videoconferência e imagens e som dos *websites*. A coleta de dados qualitativos via internet tem as vantagens do custo e eficiência de tempo em termos dos custos reduzidos para viagem e transcrição de dados. Também proporciona aos participantes flexibilidade de tempo e espaço e lhes possibilita mais tempo para pensarem e responderem às solicitações de informação. Assim, eles podem fornecer uma reflexão mais profunda sobre os tópicos discutidos (Nicholas et al., 2010). Além do mais, a coleta de dados *on-line* ajuda a criar um ambiente não ameaçador e confortável e proporciona maior facilidade para que os participantes discutam questões delicadas (Nicholas et al., 2010). Mais importante, a coleta de dados *on-line* oferece uma alternativa para grupos de difícil acesso (devido a restrições práticas, deficiências, barreiras de língua ou comunicação) que poderiam acabar marginalizados da pesquisa qualitativa (James e Busher, 2007).

Existe, no entanto, um aumento nas preocupações éticas com a coleta de dados *on-line*, como as relativas à proteção da privacidade dos participantes, novos diferenciais de poder, a propriedade dos dados, autenticidade e confiança nos dados coletados (James e Busher, 2007; Nicholas et al., 2010). Além do mais, a pesquisa baseada na *web* acarreta novas exigências tanto para os participantes quanto para os pesquisadores. Por exemplo, é necessário que os participantes tenham algumas habilidades técnicas, acesso à internet e a necessária proficiência na leitura e escrita. Ao usarem as informações *on-line*, os pesquisadores têm de se adaptar a uma nova forma de observação ao examinarem os textos em uma tela, reforçando suas habilidades de interpretação dos dados textuais e aperfeiçoando as habilidades de entrevista *on-line* (Garcia et al., 2009; Nicholas et al., 2010).

Apesar de problemas como esses na coleta de dados inovadora, incentivo os indivíduos a criarem projetos qualitativos para incluir métodos novos e criativos de coleta de dados que estimularão os leitores e editores a examinarem seus estudos. Os pesquisadores precisam levar em consideração a etnografia visual (Pink, 2001) ou as possibilidades da pesquisa narrativa de incluir histórias vivas, narrativas visuais metafóricas e arquivos digitais (veja Clandinin, 2006). Gosto da técnica de "evocação de fotos" em que são mostradas fotos aos participantes (deles mesmos ou tiradas pelo pesquisador) e o investigador lhes pede que discutam o conteúdo das fotos como no Photovoice (Wang e Burris, 1994). Ziller (1990), por exemplo, entregou uma câmera Polaroide carregada para cada um dos 40 meninos e 40 meninas do 4º ano do ensino fundamental na Flórida e na Alemanha Ocidental e lhes pediu que fotografassem imagens que representavam guerra e paz.

A abordagem particular da pesquisa geralmente direciona a atenção de um pesquisador qualitativo para as abordagens preferidas de coleta de dados, embora estas não possam ser vistas como diretrizes rígidas. Para um estudo narrativo, Czarniawska (2004) menciona três formas de coletar dados para histórias: registrando incidentes espontâneos de narrativas, obtendo histórias por meio de entrevistas e solicitando histórias utilizando-se de meios como a internet. Clandinin e Connelly (2000) sugerem a coleta de textos de campo por meio de um amplo leque de fontes – autobiografias, diários, notas de campo do pesquisador, cartas, conversas, entrevistas, histórias de famílias, documentos, fotografias e artefatos pessoais-familiares-sociais. Para um estudo fenomenológico, o processo de coleta de informação envolve principalmente entrevistas em profundidade (veja, por exemplo, a discussão sobre a entrevista longa em McCracken, 1988) com 10 indivíduos. O ponto importante é descrever o significado do fenômeno para um pequeno número de indivíduos que o experimentaram. Geralmente as entrevistas múltiplas são conduzidas com cada um dos participantes da pesquisa. Além da entrevista e da autorreflexão, Polkinghorne (1989) defende a reunião de informações das descrições da experiência fora do contexto dos projetos de pesquisa, tais como as descrições extraídas de novelistas, poetas, pintores e coreógrafos. Recomendo Lauterbach (1993), o estudo de mães de bebês desejados, como um exemplo especialmente rico de pesquisa fenomenológica usando diversas formas de coleta de dados.

As entrevistas desempenham um papel central na coleta de dados em um estudo de teoria fundamentada. No estudo que Brown e eu conduzimos com presidentes acadêmicos (Creswell e Brown, 1992), cada uma das nossas entrevistas com 33 indivíduos durou aproximadamente uma hora. Outras formas de dados além de entrevistas, como observação participante, reflexão do pesquisador ou redação de diários, redação participante de diários e grupos focais podem ser usados para ajudar a desenvolver a teoria (Morrow e Smith, 1995, usaram estas formas nos seu estudo do abuso infantil de mulheres). No entanto, na minha experiência essas múltiplas formas de dados frequentemente desempenham um papel secundário à entrevista nos estudos de teoria fundamentada.

Em um estudo etnográfico, o investigador coleta descrições de comportamentos por meio de observações, entrevistas, documentos e artefatos (Fetterman, 2010; Hammersley e Atkinson, 1995; Spradley, 1980), embora a observação e a entrevista pareçam ser as formas mais populares de coleta de dados etnográficos. Considero que a etnografia tem a distinção entre as cinco abordagens de defender o uso de investigações quantitativas e testes e medidas como parte da coleta de dados. Por exemplo, examine a ampla gama de formas de dados em etnografia como as desenvolvidas por LeCompte e Schensul (1999). Eles revisaram técnicas de observação para coleta de dados etnográficos, testes e medidas repetidas, inquérito por amostragem, entrevistas, análise de conteúdo de dados secundários ou visuais, métodos de elucidação, informação audiovisual, mapeamento espacial e pesquisa de rede. A observação participante, por exemplo, oferece possibilidades para o pesquisador em um *continuum* que se estende desde ser um completo *outsider* (estranho) até ser um indivíduo completamente *insider* (incluído) (Jorgensen, 1989). A abordagem de mudar o papel de *outsider* para um *insider* durante o curso do estudo etnográfico está bem documentada na pesquisa de campo (Jorgensen, 1989). O estudo de Wolcott (1994b) do Principal Selection Commitee ilustra uma perspectiva *outsider*, quando ele observou e registrou eventos no processo de seleção de um diretor para uma escola sem se tornar um participante ativo nas conversações e atividades do comitê.

Assim como a etnografia, a coleta de dados para estudo de caso envolve um amplo leque de procedimentos enquanto o pesquisador monta um quadro em profundidade do caso. Lembro-me das múltiplas formas de coleta de dados recomendadas por Yin (2009) em seu livro sobre estudos de caso. Ele se referiu a seis formas: documentos, registros de arquivos, entrevistas, observação direta, observação participante e artefatos físicos. Devido à extensa coleta de dados no estudo de caso do atirador, Asmussen e eu apresentamos uma matriz de fontes de informações para o leitor (Asmussen e Creswell, 1995; veja o Apêndice F). Essa matriz continha quatro tipos de dados (entrevistas, observações, documentos e materiais audiovisuais) nas colunas e identificava formas específicas de informações (p. ex., os estudantes como um todo, a administração central) nas linhas. Nossa intenção foi transmitir, por meio dessa matriz, a profundidade e as múltiplas formas de coleta de dados, inferindo assim a complexidade do nosso caso. O uso de uma matriz, que é especialmente aplicável em um estudo de caso rico em informações, pode ter serventia ao investigador igualmente bem em todas as abordagens de investigação.

Todas as fontes de coleta de dados na Figura 7.3, entrevista e observação merecem atenção especial porque são frequentemente usadas em todas as cinco abordagens de pesquisa. Livros inteiros estão disponíveis sobre estes dois tópicos (p. ex., Kvale e Brinkmann, 2009; e Rubin e Rubin, 2012, sobre entrevista; Spradley, 1980 e Angrosino, 2007, sobre observação); assim sendo, destaco apenas os procedimentos básicos que recomendo para os potenciais entrevistadores e observadores.

Entrevista. Podemos encarar a entrevista como uma série de passos em um procedimento. Vários autores já bordaram os passos necessários na condução de entrevistas qualitativas, como Kvale e Brinkmann (2009) e Rubin e Rubin (2012). Os sete estágios de Kvale e Brinkmann (2009) de uma investigação por meio de entrevista relatam uma sequência lógica de estágios, desde a tematização da investigação, até o projeto do estudo, a entrevista, a transcrição da entrevista, a análise dos dados, a verificação da validade, a confiabilidade e generalizabilidade dos achados e finalmente o relato do estudo. Os sete passos de Rubin e Rubin (2012), chamados de modelo responsivo de entrevista, são similares no âmbito para Kvale e Brinkmann (2009), mas eles encaram a sequência como não fixa, permitindo que o pesquisador mude as perguntas feitas, os locais escolhidos e as situações a serem estudadas. As duas abordagens dos estágios da entrevista atravessam as muitas fases da pesquisa, desde a decisão sobre um tópico até a própria escrita do estudo. Na minha abordagem, aqui apresentada, foco o processo de coleta de dados em alguns detalhes, reconhecendo que esse processo está incluído em uma sequência maior da pesquisa. No processo de coleta de dados, vejo os passos para a entrevista como a seguir:

- ✓ Decida sobre as *perguntas de pesquisa* que serão respondidas pelas entrevistas. Essas perguntas são abertas, gerais e focadas na compreensão do seu fenômeno central no estudo.
- ✓ *Identifique os entrevistados* que podem melhor responder a essas perguntas com base em um dos procedimentos de amostragem intencional mencionados na discussão anterior (veja Miles e Huberman, 1994).
- ✓ Determine que *tipo de entrevista* é mais prático e que irá abranger as informações mais úteis para responder às perguntas da pesquisa. Avalie os tipos disponíveis, como uma entrevista por telefone, uma entrevista com um grupo ou uma entrevista individual. Uma entrevista por telefone oferece a melhor fonte de informações quando o pesquisador não tem acesso direto aos indivíduos. As desvantagens dessa abordagem são que o pesquisador não consegue observar a comunicação informal e precisa incorrer em despesas telefônicas. Os grupos são vantajosos quando a interação entre os entrevistados provavelmente produzirá as melhores informações, quando os entrevistados são semelhantes e cooperativos uns com os outros, quando o tempo para coletar informações é limitado e quando os indivíduos entrevistados individualmente podem se mostrar hesitantes em prestar informações (Krueger e Casey, 2009; Morgan, 1988; Stewart e Shadasani, 1990). Com essa abordagem, no entanto, deve-se ter cuidado para encorajar todos os participantes a falar e monitorar os indivíduos que possam dominar a conversa. Para entrevistas individuais, o pesquisador precisa de indivíduos que não sejam hesitantes em falar e compartilhar ideias e precisa encontrar um ambiente em que isto seja possível. O entrevistado menos articulado e tímido acarretará um desafio para o pesquisador e apresentará dados menos do que adequados.
- ✓ Use *procedimentos de registro* adequados durante a condução das entrevistas individuais ou com grupo focal. Recomendo equipamentos como um microfone de lapela para o entrevistador e o entrevistado ou um microfone adequado que seja

sensível à acústica da sala para gravar as entrevistas.
✓ Use um *protocolo de entrevista* ou um guia de entrevista (Kvale e Brinkmann, 2009), isto é, um formulário de aproximadamente quatro ou cinco páginas (com espaço para anotar as respostas), com cinco a sete perguntas e um bom espaço entre as perguntas para anotar as respostas com comentários do entrevistado (veja o modelo de protocolo na Figura 7.4, a seguir). Como as perguntas são desenvolvidas? Elas são frequentemente as subperguntas no estudo da pesquisa, expressas de uma forma que os entrevistados possam entender. Elas podem ser encaradas como o aspecto essencial do protocolo de entrevista, iniciando por perguntas que convidem o participante a se abrir e a falar e encerrando com perguntas sobre "Com quem eu deveria falar para saber mais?"

ou comentários agradecendo aos participantes pelo tempo que dedicaram à entrevista.
✓ Refine as perguntas e os procedimentos da entrevista por meio de um *teste piloto*. Sampson (2004), que fez um estudo com pilotos de barco que estavam a bordo de um navio de carga, recomenda o uso de um teste piloto para aperfeiçoar e desenvolver os instrumentos da pesquisa, avaliar o grau de viés do observador, estruturar as perguntas, coletar informações básicas e adaptar os procedimentos da pesquisa. Durante seu teste piloto, Sampson compareceu ao local, tomou notas de campo e conduziu entrevistas confidenciais que foram gravadas. Em pesquisa de estudo de caso, Yin (2009) também recomenda um teste piloto para aperfeiçoar os planos de coleta de dados e desenvolver linhas de perguntas relevantes. Esses casos piloto são selecionados

---

Projeto do protocolo de entrevista: reação da universidade a um incidente terrorista

Hora da entrevista:

Data:

Local:

Entrevistador:

Entrevistado:

Posição do entrevistado:

(descrever brevemente o projeto)

Perguntas:

1. Qual foi o seu papel no incidente?
2. O que aconteceu desde o evento em que você esteve envolvido?
3. Qual foi o impacto desse evento na comunidade universitária?
4. Que desdobramentos mais amplos ocorreram a partir do incidente, se existiram?
5. Com quem deveríamos falar para saber mais sobre a reação do *campus* ao incidente?
6. (Agradeça ao indivíduo por participar da entrevista. Assegure a confidencialidade das respostas e de possíveis entrevistas futuras.)

FIGURA 7.4

Modelo de protocolo ou guia de entrevista.

com base na conveniência, no acesso e na proximidade geográfica.
✓ Determine o *local* para conduzir a entrevista. Encontre, se possível, um local silencioso, livre de distrações. Avalie se o ambiente é propício para gravações, o que considero uma necessidade para que as informações sejam registradas com precisão.
✓ Depois de chegar ao local da entrevista, obtenha o consentimento do entrevistado para participar do estudo. Peça ao entrevistado que preencha um *termo de consentimento* para o comitê revisor de relações humanas. Revise o propósito do estudo, a quantidade de tempo que será necessário para concluir a entrevista e os planos para uso dos resultados da entrevista (ofereça uma cópia do relatório ou um resumo dele ao entrevistado).
✓ Durante a entrevista, use bons *procedimentos de entrevista*. Atenha-se às perguntas, conclua a entrevista dentro do tempo especificado (se possível), seja respeitoso e gentil e faça poucas perguntas e recomendações. Este último ponto pode ser o mais importante e é um lembrete de como um bom entrevistador é um bom ouvinte, mais do que um participante frequente durante uma entrevista. Além disso, registre as informações no protocolo de entrevista no caso de a gravação em áudio não funcionar. Reconheça que anotações feitas rapidamente podem ser incompletas e parciais devido à dificuldade de fazer perguntas e escrever as respostas ao mesmo tempo.

Observação. A observação é uma das ferramentas-chave para a coleta de dados em pesquisa qualitativa. É o ato de observar um fenômeno no contexto do campo por meio dos cinco sentidos do observador, frequentemente com um instrumento, e registrá-lo com propósitos científicos (Angrosino, 2007). As observações estão baseadas no seu propósito e nas perguntas de pesquisa. Você pode observar o ambiente físico, os participantes, as atividades, as interações, as conversas e os seus próprios comportamentos durante a observação. Use os seus sentidos, incluindo visão, audição, tato, olfato e paladar. Você deve se dar conta de que anotar tudo é impossível. Assim, comece a observação de forma mais abrangente e depois se concentre nas perguntas de pesquisa.

Até certo ponto, o observador geralmente está envolvido naquilo que ele está observando. Considerando o foco nas duas formas de envolvimento em termos de participação e observação, geralmente distinguimos as observações em *quatro tipos*:

✓ *Participante completo.* O pesquisador está totalmente envolvido com as pessoas que está observando. Isso pode ajudá-lo a estabelecer um melhor *rapport* com as pessoas que estão sendo observadas (Angrosino, 2007).
✓ *Participante como observador.* O pesquisador está participando da atividade no local. O papel do participante é mais destacado do que o papel do pesquisador, o que pode ajudar o pesquisador a obter a visão e os dados subjetivos de quem está incluído na atividade (*insider*). Entretanto, pode causar distração para o pesquisador registrar os dados quando ele está integrado à atividade.
✓ *Não participante/Observador como participante.* O pesquisador é alguém externo ao grupo em estudo, observando e tomando notas de campo a distância. Ele pode registrar dados sem envolvimento direto com a atividade ou as pessoas.
✓ *Observador completo.* O pesquisador não é visto nem notado pelas pessoas em estudo.

Como um bom observador qualitativo, você pode mudar seu papel durante uma observação, por exemplo, começando como não participante e depois passando para o papel de participante, ou vice-versa.

A observação em um ambiente é uma habilidade especial que requer estar atento a questões como a **fraude** potencial daqueles que estão sendo entrevistados, o manejo das impressões e a marginalidade potencial do pesquisador em um ambiente estranho (Hammersley e Atkinson, 1995). Assim como para a entrevista, também vejo a observação como uma série de passos:

✓ Escolha um *local* a ser observado. Obtenha as permissões necessárias para obter acesso ao local.
✓ No local, identifique quem ou o que observar, quando e por quanto tempo. Um guardião ajuda neste processo.
✓ Determine, inicialmente, um *papel* a ser assumido como observador. Esse papel pode variar desde o de um completo participante (ser nativo) até o de um completo observador. Gosto especialmente do procedimento de inicialmente ser alguém externo e gradualmente com o tempo ir me tornando um *insider* (incluído).
✓ Crie um *protocolo* observacional como método para registro das observações no campo. Inclua neste protocolo observações descritivas e reflexivas (isto é, notas sobre suas experiências, impressões e aprendizados). Certifique-se de colocar data, local e hora da observação (Angrosino, 2007).
✓ *Registre aspectos* como retratos do informante, ambiente físico, eventos e atividades particulares e as suas próprias reações (Bogdan e Biklen, 1992). Descreva o que aconteceu e também reflita sobre estes aspectos, incluindo reflexões pessoais, percepções, ideias, confusões, impressões, interpretações iniciais e descobertas.
✓ Durante a observação, peça que alguém *lhe apresente* se você for um estranho, seja passivo e amistoso e comece com objetivos limitados nas primeiras sessões de observação. As sessões iniciais de observação podem ser momentos para fazer poucas anotações e simplesmente observar.
✓ Depois da observação, *retire-se com calma* do local, agradecendo aos participantes e informando-lhes sobre o uso dos dados e sua acessibilidade ao estudo.
✓ *Prepare suas anotações completas* imediatamente após a observação. Faça uma descrição narrativa consistente e rica das pessoas e eventos em observação.

Registrando os procedimentos

Na discussão da observação e de procedimentos de entrevista, menciono o uso de um protocolo, uma maneira preconcebida de registrar as informações coletadas durante uma observação ou entrevista. O **protocolo de entrevista** permite que se façam anotações durante a entrevista sobre as respostas do entrevistado. Também ajuda o pesquisador a organizar os pensamentos em itens tais como títulos, informações sobre o início da entrevista, ideias finais, informações sobre o encerramento da entrevista e agradecimentos ao respondente. Na Figura 7.4, apresentei o protocolo de entrevista usado no estudo de caso do atirador (Asmussen e Creswell, 1995; veja o Apêndice F).

Além das cinco perguntas abertas no estudo, esse formulário contém várias características que recomendo. As instruções para uso do protocolo de entrevista são as seguintes:

✓ Use um cabeçalho para registrar as informações essenciais sobre o projeto e como um lembrete para revisar o propósito do estudo com o entrevistado. Esse cabeçalho também pode incluir informações sobre confidencialidade e abordar aspectos incluídos no formulário de consentimento.
✓ Deixe espaço entre as perguntas no formulário do protocolo. Reconheça que um indivíduo pode nem sempre responder diretamente às perguntas que estão sendo feitas. Por exemplo, o pesquisador pode fazer a Pergunta 2, mas a resposta do entrevistado pode ser à Pergunta 4. Esteja preparado para tomar notas sobre todas as perguntas enquanto o entrevistado fala.
✓ Memorize as perguntas e a sua ordem para minimizar a perda do contato visual com o participante. Faça transições verbais apropriadas de uma pergunta para a seguinte.
✓ Escreva os comentários de encerramento que agradecem ao indivíduo pela entrevista e lhe peça informações de acompanhamento, se necessário.

Durante uma observação, utilize um **protocolo observacional** para registrar as informações. Conforme apresentado na Figura 7.5, esse protocolo contém anotações

Duração da atividade: 90 minutos	
Notas descritivas	**Notas reflexivas**
Geral: Quais são as experiências dos estudantes de pós-graduação enquanto aprendem pesquisa qualitativa na sala de aula?	
Ver o esboço da sala de aula e comentários sobre o ambiente físico na parte inferior desta página.	*Retroprojetor com abas: eu me pergunto se o fundo da sala conseguiria ler.*
Aproximadamente às 17h17, Dr. Creswell entra na sala lotada, apresenta Dr. Wolcott. Membros da turma parecem aliviados.	*Retroprojetor não conectado no início da aula: penso se isso foi uma distração (quando foi preciso um tempo extra para ligá-lo).*
Dr. Creswell faz uma breve apresentação do convidado, concentrando-se nas suas experiências internacionais; apresenta um comentário sobre a etnografia educacional, "O homem no gabinete do diretor".	*Atraso na chegada dos Drs. Creswell e Wolcott. Alunos pareciam um pouco ansiosos. Talvez tivesse a ver com a mudança da hora de início para 17h (alguns podem ter aula às 18h30 ou algum compromisso).*
Dr. Wolcott começa contando à classe que agora escreve etnografia educacional e destaca sua ocupação principal, mencionando dois livros: *Transferência de dados qualitativos* e *A arte do trabalho de campo*.	*Drs. Creswell e Wolcott parecem ter uma boa relação, julgando a partir de algumas rápidas trocas entre eles.*
Enquanto Dr. Wolcott começa sua apresentação se desculpando por sua voz cansada (por ter falado o dia inteiro, aparentemente), Dr. Creswell sai da sala de aula para pegar as transparências do convidado para o retroprojetor.	
Parece haver três partes nessa atividade: 1. o desafio do palestrante à turma de detectar metodologias etnográficas puras; 2. a apresentação do palestrante da "árvore" que retrata várias estratégias e subestratégias para pesquisa qualitativa em educação; e 3. perguntas informais ao "velho estadista", principalmente sobre projetos potenciais de pesquisa dos alunos e estudos anteriores que o Dr. Wolcott havia escrito.	ESBOÇO DA SALA DE AULA (tela, lousa, cadeira, escrivaninha, palestrantes, retroprojetor, cadeiras para os participantes, porta)
A primeira pergunta foi "como você vê a pesquisa qualitativa?" Seguida de "como a etnografia se encaixa?"	

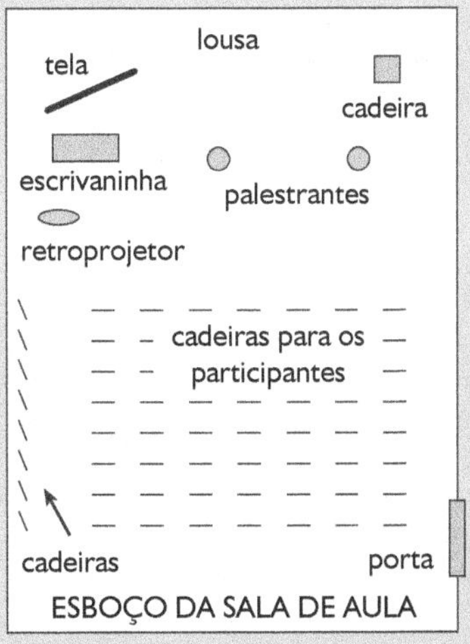

FIGURA 7.5

Modelo de protocolo observacional.

feitas por um dos meus alunos em uma visita de classe feita por Harry Wolcott. Apresento apenas uma página do protocolo, mas isto é suficiente para que se possa ver o que ele inclui. Ele tem um cabeçalho dando informações sobre a sessão observacional e depois inclui uma seção de "notas descritivas" para o registro de uma descrição das atividades. A seção com um quadro na coluna das "notas descritivas" indica a tentativa do observador de sintetizar, em ordem cronológica, o fluxo de atividades na sala de aula. Essas podem ser informações úteis para o desenvolvimento de uma cronologia de como as atividades se desenvolveram durante a sessão da classe. Há também uma seção de "notas reflexivas" para anotações sobre o processo, reflexões sobre as atividades e conclusões resumidas sobre as atividades para posterior desenvolvimento do tema. Uma linha vertical no centro da página divide as notas descritivas das notas reflexivas. Um esboço visual do ambiente e uma legenda fornecem informações adicionais úteis.

Independentemente de o pesquisador usar um protocolo observacional ou de entrevista, o processo essencial é o registro das informações ou, como dizem Lofland e Lofland (1995), "registro de dados" (p. 66). Esse processo envolve o registro de informações por meio de variadas formas, como notas de campo observacionais, anotações da entrevista, mapeamento, recenseamento, fotografias, gravações sonoras e documentos. Pode ocorrer um processo informal no registro de informações composto de "rascunhos" iniciais (Emerson, Fretz e Shaw, 1995), diários ou resumos e resumos descritivos (veja Sanjek, 1990, para exemplos de notas de campo). Essas formas de registro de informações são populares em pesquisa narrativa, etnografias e estudos de caso.

Dificuldades no campo

Os pesquisadores envolvidos em estudos dentro das cinco abordagens enfrentam dificuldades no campo quando da reunião dos dados. Durante os últimos anos, o número de livros e artigos sobre dificuldades no campo se ampliou consideravelmente à medida que as estruturas interpretativas (veja o Capítulo 2) foram sendo amplamente discutidas. Os pesquisadores iniciantes frequentemente se sentem sobrecarregados pela quantidade de tempo necessária para coletar dados qualitativos e pela riqueza dos dados encontrados. Como recomendação prática, sugiro que os iniciantes comecem por uma coleta de dados limitada e se envolvam em um projeto piloto para que tenham algumas experiências iniciais (Sampson, 2004). Essa coleta de dados limitada pode consistir de uma ou duas entrevistas ou observações, de modo que os pesquisadores possam estimar o tempo necessário para coletar os dados.

Uma forma de pensar a respeito e prever os tipos de dificuldades que podem surgir durante a coleta de dados é encarar as dificuldades na sua relação com os vários aspectos da coleta de dados, como entrada e acesso, tipos de informações coletadas e questões éticas potenciais.

Acesso à organização. Obter acesso a organizações, locais e indivíduos para estudo tem seus próprios desafios. Convencer os indivíduos a participarem do estudo, desenvolver confiança e credibilidade no campo e obter pessoas de um local para responder são todos importantes desafios de acesso. Fatores relacionados à avaliação da adequação de um local também precisam ser considerados (veja Weis e Fine, 2000). Por exemplo, os pesquisadores podem escolher um local em que têm um interesse direto (p. ex., empregado no local, um estudo dos superiores ou subordinados no local) que limitaria a sua capacidade de desenvolver diversas perspectivas na codificação dos dados ou no desenvolvimento dos temas. A própria "postura" particular do pesquisador dentro do grupo pode impedi-lo de reconhecer todas as dimensões das experiências. Os pesquisadores podem ouvir ou ver algo desconfortável quando coletam os dados. Além disso, os participantes podem temer que as suas dificuldades sejam expostas às pessoas de fora da sua comunidade, levando à não aceitação da interpretação que o pesquisador faz da situação.

Também relacionada ao acesso está a dificuldade de trabalhar com uma banca avaliadora institucional que possa não estar familiarizada com entrevistas não estruturadas (Corbin e Morse, 2003). Weis e Fine (2000) levantaram a importante questão da influência dessa avaliação institucional em um projeto, sobretudo em como o pesquisador narra a história.

Observações. Os tipos de desafios experimentados durante as observações estarão intimamente relacionados ao papel do investigador na observação, por exemplo, se o pesquisador assume uma posição participante, não participante ou intermediária. Também existem desafios com a mecânica da observação, como lembrar-se de fazer anotações de campo, registrar citações com precisão para inclusão nas notas de campo, determinar o melhor momento para passar de não participante para participante (se for recomendada esta mudança de papéis), evitar ficar sobrecarregado no local com as informações e saber como afunilar as observações de um quadro mais amplo para um mais delimitado no tempo. A observação participante atraiu vários comentários de autores (Ezeh, 2003; Labaree, 2002). Labaree (2002), que foi participante em uma comissão de graduação de um *campus*, nota as vantagens desse papel, mas também discute os dilemas de entrar no campo, se expor aos participantes, compartilhar relações com outros indivíduos e tentar se desvincular do local. Ezeh (2003), um nigeriano, estudou os Orring, um grupo de minoria étnica muito pouco conhecido da Nigéria. Embora o seu contato inicial com o grupo tenha sido de apoio, quanto mais o pesquisador se integrava à comunidade, mais ele experimentava problemas de relações humanas, como ser acusado de espionagem, ser pressionado para ser mais generoso nos seus presentes materiais e ser suspeito de encontros amorosos com as mulheres. Ezeh concluiu que ser da mesma nacionalidade não era garantia de menos desafios no local.

Entrevistas. Os desafios em entrevistas qualitativas têm a ver, em geral, com a técnica de condução da entrevista. Roulston, deMarrais e Lewis (2003) relatam os desafios nas entrevistas feitas por estudantes de pós-graduação durante um curso intensivo de 15 dias. Esses desafios estavam relacionados a comportamentos inesperados do participante e a habilidade dos estudantes para criar boas instruções, formular e negociar as perguntas, lidar com questões delicadas e desenvolver transcrições. Suoninen e Jokinen (2005), do campo do trabalho social, questionam se a formulação das nossas perguntas de pesquisa conduz a perguntas persuasivas sutis, respostas ou explicações.

Não restam dúvidas de que conduzir entrevistas é desgastante, especialmente para pesquisadores inexperientes envolvidos em estudos que requerem extensas entrevistas, como a pesquisa em fenomenologia, teoria fundamentada e estudo de caso. Questões relativas ao equipamento surgem como um problema na entrevista e tanto o equipamento de gravação quanto o de transcrição precisam ser organizados antes da entrevista. O processo de questionamento durante uma entrevista (p. ex., falar "pouco", manejar "explosões emocionais", usar um "quebra-gelo") inclui problemas que o entrevistador precisa enfrentar. Muitos pesquisadores inexperientes expressam surpresa com a dificuldade de conduzir entrevistas e o longo processo envolvido na transcrição do áudio das entrevistas. Além disso, em entrevistas fenomenológicas, fazer perguntas apropriadas e basear-se nos participantes para discutir o significado das suas experiências requer paciência e habilidade por parte do pesquisador.

Discussões recentes sobre entrevista qualitativa destacam a importância de refletir sobre a relação que existe entre o entrevistador e o entrevistado (Kvale e Brinkmann, 2009; Nunkoosing, 2005; Weis e Fine, 2000). Kvale e Brinkmann (2009), por exemplo, discutem a assimetria de poder, segundo a qual a entrevista de pesquisa não deve ser considerada como um diálogo completamente aberto e livre entre parceiros igualitários. Em vez disso, a natureza de uma entrevista estabelece uma dinâmica de poder desigual entre o entrevistador e o entrevistado. Nessa dinâmica, a entrevista é "regulada" pelo entrevistador. Trata-se de um diálogo que é conduzido em uma direção, fornecendo informações para o pesquisador e baseando-se em seu plano, para conduzir as suas interpretações. Contém, ainda, elementos de "contra controle" por parte do entrevistado que detém as informações. Para corrigir essa assimetria, Kvale e Brinkman (2009) sugerem uma entrevista mais colaborativa, na qual o pesquisador e o participante se aproximam igualmente no questionamento, interpretação e relato. Nunkoosing (2005) amplia a discussão refletindo sobre os problemas de poder e resistência, distinguindo verdade de autenticidade, a impossibilidade de consentimento e a projeção do próprio *self* dos entrevistadores (seu *status*, raça, cultura e gênero). Weis e Fine (2000) levantam outras questões para consideração: os seus entrevistados são capazes de articular as forças que interrompem, suprimem ou os oprimem? Eles apagam sua história, abordagens e identidade cultural? Eles optam por não expor sua história ou continuar a registrar a respeito de aspectos difíceis das suas vidas? Essas perguntas e os pontos levantados sobre a natureza da relação entrevistador-entrevistado não podem ser respondidos facilmente com decisões pragmáticas que abrangem todas as situações de entrevista. No entanto, elas nos sensibilizam para os importantes desafios em entrevista qualitativa que precisam ser previstos.

Documentos e materiais audiovisuais. Na pesquisa com documentos, as dificuldades envolvem a localização de materiais, frequentemente em locais distantes, e a obtenção da permissão para usar os materiais. Para os biógrafos, a forma principal de coleta de dados pode ser a pesquisa de documentos em arquivos. Quando os pesquisadores pedem aos participantes de um estudo que façam diários, surgem dificuldades de campo adicionais. O diário é um processo popular para coleta de dados em estudos de caso e pesquisa narrativa. Que instruções devem ser dadas aos participantes antes de escreverem seus diários? Todos os participantes estão igualmente confortáveis com o uso de diários? É apropriado, por exemplo, com crianças pequenas que se expressam bem verbalmente, mas têm habilidades de escrita limitadas? O pesquisador também pode ter dificuldades em ler a caligrafia dos participantes que fazem o diário. A gravação em vídeo levanta dificuldades para o pesquisador qualitativo, tais como manter um mínimo de sons que perturbem a sala, decidir sobre a melhor localização da câmera e determinar se fará imagens em *close* ou a distância.

Questões éticas. Independentemente da abordagem de investigação qualitativa, um pesquisador qualitativo se defronta com muitas questões éticas, que surgem durante a coleta de dados no campo e a análise e divulgação dos relatórios qualitativos. No Capítulo 3, passamos por algumas dessas questões, porém, as questões éticas surgem em grande escala na fase da coleta de dados da pesquisa qualitativa. Lipson (1994) agrupa as questões éticas em procedimentos de consentimento informado; fraude ou atividades encobertas; confidencialidade em relação aos participantes, patrocinadores e colegas; benefícios da pesquisa aos participantes em relação aos riscos; e solicitações dos participantes que vão além das normas sociais. Os critérios da American Anthropological Association (1967) (veja também Glesne e Peshkin, 1992) refletem padrões apropriados. Um pesquisador protege o anonimato dos informantes, por exemplo, atribuindo números ou pseudônimos aos indivíduos. Um pesquisador desenvolve estudos de caso de indivíduos que representam um quadro composto em vez de um quadro individual. Além do mais, para obter apoio dos participantes, um pesquisador qualitativo informa aos participantes que eles estão participando de um estudo, explica o propósito do estudo e não se envolve em enganações quanto à natureza do estudo. E se o estudo for sobre um tópico delicado, e os participantes se recusarem a se envolver se tomarem conhecimento do tópico? Quanto a essa questão de divulgação, amplamente discutida em antropologia cultural (p. ex.,

Hammersley e Atkinson, 1995), o pesquisador apresenta informações gerais, não informações específicas sobre o estudo. Outra questão provável de se desenvolver refere-se a quando os participantes compartilham informações "extraoficialmente". Embora na maioria dos casos essas informações sejam excluídas da análise pelo pesquisador, a questão se torna problemática quando a informação, se relatada, prejudica os indivíduos. Lembro-me de um pesquisador que estudou nativos americanos encarcerados e tomou conhecimento de uma possível fuga durante uma das entrevistas. Essa pesquisadora concluiu que seria uma violação da confiança para com os participantes se relatasse o problema e ela permaneceu em silêncio. Felizmente, a fuga não aconteceu.

Uma questão ética final é se o pesquisador pode compartilhar experiências pessoais com os participantes no contexto de uma entrevista, como em um estudo de caso, uma fenomenologia ou uma etnografia. Esse compartilhamento minimiza o *bracketing*, que é essencial para construir o significado dos participantes em uma fenomenologia e reduz as informações compartilhadas pelos participantes nos estudos de caso e etnografias.

Armazenamento dos dados

Fico surpreso com a pouca atenção que é dada em livros e artigos ao armazenamento dos dados qualitativos. A abordagem do armazenamento irá refletir o tipo de informações coletadas, o que varia com a abordagem da investigação. Ao escrever uma história de vida narrativa, o pesquisador precisa desenvolver um sistema de arquivos para o "chumaço de notas manuscritas ou uma fita" (Plummer, 1983, p. 98). A sugestão de Davidson (1996) sobre fazer cópias de segurança das informações coletadas e mudanças nas anotações feitas na base de dados é um conselho importante para todos os tipos de estudos de pesquisa. Com o amplo uso de computadores em pesquisa qualitativa, provavelmente será dada mais atenção a como os dados qualitativos são organizados e armazenados, sejam esses dados notas de campo, transcrições ou rascunhos. Com bases de dados extremamente grandes sendo usadas por alguns pesquisadores qualitativos, esse aspecto assume grande importância.

Entre os princípios sobre armazenamento e manuseio de dados especialmente adequados para a pesquisa qualitativa estão os seguintes:

✓ Sempre faça cópias de segurança dos arquivos do computador (Davidson, 1996).
✓ Utilize fitas de alta qualidade para a gravação em áudio das informações durante as entrevistas. Além disso, certifique-se de que o tamanho das fitas seja adequado à máquina de transcrição.
✓ Desenvolva uma lista geral dos tipos de informações reunidas.
✓ Proteja o anonimato dos participantes, alterando seus nomes na reunião dos dados.
✓ Desenvolva uma matriz da coleta de dados como um meio visual de localizar e identificar as informações para um estudo.

CINCO ABORDAGENS COMPARADAS

Retornando à Tabela 7.1, existem diferenças e semelhanças nas atividades de coleta de dados das cinco abordagens de investigação. Em relação às diferenças, certas abordagens parecem mais direcionadas para tipos específicos de coleta de dados do que outras. Para estudos de caso e narrativos, o pesquisador usa múltiplas formas de dados para montar o caso em profundidade ou as experiências contadas. Para estudos de teoria fundamentada e projetos fenomenológicos, os investigadores se baseiam principalmente nas entrevistas como dados. Os etnógrafos destacam a importância da observação participante e das entrevistas, mas, conforme observado anteriormente, eles podem usar muitas fontes diferentes de informação. Inquestionavelmente, ocorre alguma mistura de formas, mas em geral esses padrões de coleta por abordagem se mantêm. Os escritores de estudo de caso empregam múltiplas formas de coleta de dados.

Em segundo lugar, a unidade de análise para a coleta de dados varia. Os pesquisadores narrativos, fenomenologistas e teóricos fundamentados estudam indivíduos; os pesquisadores de estudo de caso examinam grupos de indivíduos que participam de um evento, atividade ou uma organização; os etnógrafos estudam sistemas culturais integralmente ou algumas subculturas dos sistemas.

Em terceiro lugar, notei que a quantidade de discussão sobre questões do campo variam entre as cinco abordagens. Os etnógrafos escreveram amplamente sobre as dificuldades no campo (p. ex., Hammersley e Atkinson, 1995). Isso pode refletir preocupações históricas quanto ao desequilíbrio nas relações de poder, impondo padrões externos e objetivos aos participantes e o problema do excesso de sensibilidade em relação aos grupos marginalizados. Os pesquisadores narrativos são menos específicos sobre as questões do campo, embora suas preocupações sejam maiores sobre como conduzir a entrevista (Elliot, 2005). Em todas as abordagens, as questões éticas são amplamente discutidas.

Em quarto lugar, as abordagens variam de grau de intrusão na coleta de dados. Conduzir entrevistas parece ser menos intrusivo nos projetos fenomenológicos e estudos de teoria fundamentada do que no alto nível de acesso necessário em narrativas pessoais, a permanência prolongada no campo nas etnografias e a imersão nos programas ou eventos em estudos de caso.

Essas diferenças não diminuem algumas semelhanças importantes que precisam ser observadas. Todos os estudos qualitativos patrocinados por instituições públicas precisam ser aprovados por uma banca examinadora que leve em consideração os direitos civis dos envolvidos. Além disso, o uso de entrevistas e observações é central para muitas das abordagens. Os dispositivos de registro, como protocolos observacionais e de entrevista, podem ser similares independentemente da abordagem (embora as perguntas específicas em cada protocolo reflitam a linguagem da abordagem). Por fim, a questão do armazenamento de dados das informações está intimamente relacionada à forma da coleta de dados e ao objetivo básico dos pesquisadores, que é, independentemente da abordagem, desenvolver um sistema de arquivos e armazenamento para a recuperação organizada das informações.

✓ Resumo

Neste capítulo, abordei vários componentes do processo de coleta de dados. O pesquisador localiza um lugar ou pessoa a ser estudado; obtém acesso e desenvolve um *rapport* nesse lugar ou com o indivíduo; faz uma amostragem intencional usando uma ou mais das muitas abordagens de amostragem em pesquisa qualitativa; coleta informações de muitas formas, como entrevistas, observações, documentos e materiais audiovisuais e outras novas formas que estão surgindo na literatura; estabelecem abordagens para o registro das informações, tais como o uso de protocolos de entrevista ou observacionais; preveem e abordam dificuldades do campo que variam desde o acesso até questões éticas; e desenvolvem um sistema para armazenamento e manuseio das bases de dados. As cinco abordagens de investigação diferem na diversidade das informações coletadas, na unidade de estudo a ser examinada, na extensão das dificuldades do campo discutidas na literatura e no esforço de coleta de dados. Os pesquisadores, independentemente da abordagem, precisam da aprovação de bancas examinadoras, se envolvem igualmente na coleta de dados de entrevistas e observações e usam o registro de protocolos e formas de armazenamento de dados.

Leituras adicionais

Para uma discussão sobre estratégias de amostragem intencional

Creswell, J. W. (2012). *Educational research: Planning, conducting, and evaluating quantitative and qualitative research* (4th ed.). Upper Saddle River, NJ: Pearson Education.

Miles, M. B., & Huberman, A. M. (1994). *Qualitative data analysis: A sourcebook of new methods* (2nd ed.). Thousand Oaks, CA: Sage.

Para entrevistas

Gubrium, J. F., & Holstein, J. A. (2003). *Postmodern interviewing.* Thousand Oaks, CA: Sage.

Krueger, R. A., & Casey, M. A. (2009). *Focus groups: A practical guide for applied research* (4th ed.). Thousand Oaks, CA: Sage.

Kvale, S., & Brinkmann, S. (2009). *InterViews: Learning the craft of qualitative research interviewing* (2nd ed.). Thousand Oaks, CA: Sage.

McCracken, G. (1988). *The long interview.* Newbury Park, CA: Sage.

Rubin, H. J., & Rubin, I. S. (2012). *Qualitative interviewing: The art of hearing data* (3rd ed.). Los Angeles, CA: Sage.

Para discussões sobre observações e notas de campo

Angrosino, M. V. (2007). *Doing ethnographic and observational research.* Thousand Oaks, CA: Sage.

Bernard, H. R. (1994). *Research methods in anthropology: Qualitative and quantitative approaches* (2nd ed.). Thousand Oaks, CA: Sage.

Bogdewic, S. P. (1992). Participant observation. In B. F. Crabtree & W. L. Miller (Eds.), *Doing qualitative research* (pp. 45–69). Newbury Park, CA: Sage.

Emerson, R. M., Fretz, R. I., & Shaw, L. L. (1995). *Writing ethnographic fieldnotes.* Chicago: University of Chicago Press.

Hammersley, M., & Atkinson, P. (1995). *Ethnography: Principles in practice* (2nd ed.). New York: Routledge.

Jorgensen, D. L. (1989). *Participant observation: A methodology for human studies.* Newbury Park, CA: Sage.

Sanjek, R. (1990). *Fieldnotes: The makings of anthropology.* Ithaca, NY: Cornell University Press.

Para informações sobre as dificuldades e o uso de documentos

Prior, L. (2003). *Using documents in social research.* London: Sage.

Para uma discussão sobre as relações entre os campos e questões éticas

Hammersley, M., & Atkinson, P. (1995). *Ethnography: Principles in practice* (2nd ed.). New York: Routledge.

Kvale, S. (2006). Dominance through interviews and dialogues. *Qualitative Inquiry,* 12, 480–500.

Lofland, J., & Lofland, L. H. (1995). *Analyzing social settings: A guide to qualitative observation and analysis* (3rd ed.). Belmont, CA: Wadsworth.

Mertens, D. M., & Ginsberg, P. E. (2009). *The handbook of social research ethics.* Los Angeles: Sage.

Nunkoosing, K. (2005). The problems with interviews. *Qualitative Health Research,* 15, 698–706.

EXERCÍCIOS

1. Ganhe experiência na coleta de dados para o seu projeto. Planeje um protocolo observacional ou de entrevista e registre as informações no protocolo que você desenvolveu. Depois dessa experiência, identifique as questões que representaram desafios durante essa coleta de dados.

2. É útil planejar as atividades de coleta de dados para um projeto. Examine a Figura 7.1 para as sete atividades. Desenvolva uma matriz que descreva a coleta de dados para todas as sete atividades para o seu projeto. Forneça detalhes nessa matriz para cada uma das sete atividades.

8

Análise e representação dos dados

Analisar um texto e múltiplas outras formas de dados representa uma tarefa desafiadora para os pesquisadores qualitativos. Decidir como representar os dados em tabelas, matrizes e na forma narrativa se soma a esse desafio. Muitas vezes os pesquisadores entendem que as análises de dados serão apenas análises de textos e imagens. O processo de análise é muito mais do que isso. Ele também envolve a organização dos dados, a realização de uma leitura preliminar da base de dados, a codificação e organização dos temas, a representação dos dados e a formulação de uma interpretação deles. Esses passos estão interconectados e formam uma espiral de atividades, todas elas relacionadas à análise e representação dos dados.

Neste capítulo, inicio resumindo as três abordagens gerais de análise fornecidas pelos principais autores, para que possamos ver como seguem processos similares e também diferentes. Apresento a seguir um modelo visual – uma espiral de análise dos dados – que considero útil para montar um quadro mais amplo de todos os passos no processo de análise dos dados em pesquisa qualitativa. Uso essa espiral para explorar mais cada uma das cinco abordagens da investigação, examinando procedimentos específicos de análise de dados dentro de cada abordagem e comparo esses procedimentos. Encerro com o uso de computadores em análise qualitativa e apresento quatro programas de *software* – MAXQDA, ATLAS.ti, NVivo e HyperRESEARCH –, discutindo as suas características comuns e também como funcionariam para a codificação dos dados dentro de cada uma das cinco abordagens.

QUESTÕES PARA DISCUSSÃO

✓ Quais são as estratégias comuns em análise de dados usadas em pesquisa qualitativa?
✓ Como o processo geral da análise de dados poderia ser aplicado à pesquisa qualitativa?

✓ Quais são os procedimentos específicos em análise de dados usados em cada uma das abordagens de investigação e em que aspectos eles diferem?
✓ Quais são os procedimentos disponíveis em programas de análise qualitativa por computador e em que esses procedimentos se diferenciam em cada tipo de abordagem de investigação qualitativa?

TRÊS ESTRATÉGIAS DE ANÁLISE

A análise de dados em pesquisa qualitativa consiste da preparação e organização dos dados (isto é, dados em texto como nas transcrições, ou dados em imagens como em fotografias) para análise, depois a redução dos dados em temas por meio de um processo de criação e condensação dos códigos e, finalmente, da representação dos dados em figuras, tabelas ou uma discussão. Em muitos livros sobre pesquisa qualitativa, esse é o processo geral que os pesquisadores usam. Não há dúvida de que haverá algumas variações nessa abordagem. Além desses passos, as cinco abordagens de investigação têm passos adicionais de análise. Antes de examinar os passos específicos de análise nas cinco abordagens, é útil ter em mente os procedimentos gerais de análise.

A Tabela 8.1 apresenta os procedimentos típicos da análise geral, conforme ilustrado por meio dos escritos de três pesquisadores qualitativos. Escolhi esses três autores porque eles representam diferentes perspectivas. Madison (2005) apresenta uma estrutura interpretativa extraída da etnografia crítica; Huberman e Miles (1994) adotam uma abordagem sistemática de análise, que tem uma longa história de uso em investigação qualitativa; e Wolcott (1994b) usa uma abordagem mais tradicional de pesquisa, proveniente da análise de etnografia e estudo de caso. Essas três fontes defendem muitos processos similares, assim como algumas abordagens diferentes para a fase analítica da pesquisa qualitativa.

Todos esses autores comentam sobre os passos centrais da codificação dos dados (reduzir os dados a segmentos significativos e atribuir nomes aos segmentos), combinando os códigos em categorias ou temas mais amplos e apresentando e fazendo comparações nos gráficos, tabelas e quadros de dados. Esses são os elementos centrais da análise de dados qualitativos.

Além desses elementos, os autores apresentam diferentes fases no processo de análise de dados. Huberman e Miles (1994), por exemplo, apresentam passos mais detalhados no processo, tais como a escrita de notas, resumos das notas de campo e observação das relações entre as categorias. Madison (2005), no entanto, introduz a necessidade de criar um ponto de vista – uma postura que sinaliza a estrutura interpretativa (p. ex., crítica, feminista) assumido no estudo. Esse ponto de vista é essencial para a análise de estudos qualitativos críticos orientados teoricamente. Wolcott (1994b), por outro lado, discute a importância de formar uma descrição a partir dos dados, além de relacionar a descrição à literatura e temas culturais em antropologia cultural.

A ESPIRAL DA ANÁLISE DE DADOS

A análise dos dados não é algo pronto; ao contrário, ela é feita sob medida, revisada e "coreografada" (Huberman e Miles, 1994). O processo de coleta de dados, análise de dados e redação do relatório não são passos distintos no processo – eles estão inter-relacionados e muitas vezes ocorrem simultaneamente em um projeto de pesquisa. Os pesquisadores qualitativos em geral "aprendem fazendo" (Dey, 1993, p. 6) a análise de dados. Isso leva os críticos a argumentarem que a pesquisa qualitativa é em grande parte intuitiva, suave e relativista, ou que os analistas de dados qualitativos se enquadram nos três "Is" – "*insight*, intuição e impressão" (Dey, 1995, p. 78). Inegavelmente, os pesquisadores qualitativos preservam o incomum e o insólito, formulando os estudos de forma diferente, com o uso de procedimentos analíticos que muitas vezes evoluem enquanto eles estão no campo. Apesar dessa peculiaridade, acredito que o processo de análise se conforma a um contorno geral.

O contorno é mais bem representado em uma imagem em espiral; uma espiral da análise de dados. Conforme apresentado na Figura 8.1, para analisar os dados qualitativos, o pesquisador se envolve no processo de um movimento em círculos analíticos em vez de usar uma abordagem linear. Entra-se com dados de texto ou imagens (p. ex., fotografias, videoteipes), e o resultado é um relato ou uma narrativa. Nesse intervalo, o pesquisador toca em várias facetas de análise, avançando de modo circular.

TABELA 8.1
Estratégias de análise geral dos dados desenvolvidos pelos autores selecionados

Estratégia analítica	Madison (2005)	Huberman e Miles (1994)	Wolcott (1994b)
Esboçar ideias		Escrever anotações marginais nas notas de campo	Destacar certas informações na descrição
Fazer anotações		Escrever passagens reflexivas nas notas	
Resumir notas de campo		Redigir uma folha com resumo sobre as notas de campo	
Trabalhar com as palavras		Fazer metáforas	
Identificar os códigos	Fazer codificação abstrata ou codificação concreta	Escrever códigos, lembretes	
Reduzir os códigos a temas	Identificar temas ou padrões marcantes	Anotar padrões e temas	Identificar regularidades padronizadas
Contar a frequência dos códigos		Contar a frequência dos códigos	
Relacionar categorias		Observar as relações entre as variáveis, montar uma cadeia lógica de evidências	
Relacionar as categorias com a estrutura analítica na literatura			Contextualizar com a estrutura da literatura
Criar um ponto de vista	Para cenas, público, leitores		
Apresentar os dados	Criar um gráfico ou imagem da estrutura	Fazer contrastes e comparações	Apresentar os achados em tabelas, quadros, diagramas e figuras; comparar os casos; comparar com um caso padrão

Organização dos dados

O manejo dos dados, a primeira volta da espiral, dá início ao processo. Em um estágio inicial no processo de análise, os pesquisadores organizam seus dados em arquivos de computador. Além de organizarem os arquivos, os pesquisadores convertem seus arquivos em unidades de texto apropriadas (p. ex., uma palavra, uma frase, uma história inteira) para análise manual ou por computador. Os materiais devem ser facilmente localizados em grandes bases de dados de texto (ou imagens). Como diz Patton (1980),

> Os dados gerados pelos métodos qualitativos são volumosos. Não encontrei formas de preparar os alunos para os volumes massivos de informações com os quais eles irão se defrontar quando a coleta de dados tiver terminado. Sentar para tentar extrair um sentido das páginas de entrevistas e arquivos inteiros de notas de campo pode ser avassalador. (p. 297)

Programas de computador ajudam com essa fase da análise e o seu papel nesse processo será abordado mais adiante neste capítulo.

Leitura e lembretes

Após a organização dos dados, os pesquisadores continuam a análise para ter uma noção de toda a base de dados. Agar (1980), por exemplo, sugeriu aos pesquisadores: "leiam as transcrições integralmente por várias vezes. Mergulhem nos detalhes, tentando ter uma ideia da entrevista como um todo antes de separá-la em partes" (p. 103). Fazer anotações ou escrever lembretes nas margens das notas de campo, transcrições ou abaixo das fotografias ajuda nesse processo inicial de exploração da base de dados. Essas anotações são frases curtas, ideias ou conceitos-chave que ocorrem ao leitor. Usamos esse procedimento em nosso estudo de caso do atirador (Asmussen e Creswell, 1995; veja o Apêndice F). Digitalizamos toda a nossa base de dados para identificar as principais ideias organizadoras. Examinando nossas notas de campo a partir das observações, transcrições de entrevistas, evidências físicas e imagens de áudio e visuais, desconsideramos as perguntas predeterminadas para que pudéssemos "ver" o que os entrevistados disseram. Refletimos sobre os pensamentos mais amplos apresentados nos dados e formamos categorias iniciais. Essas categorias têm número reduzido (em torno

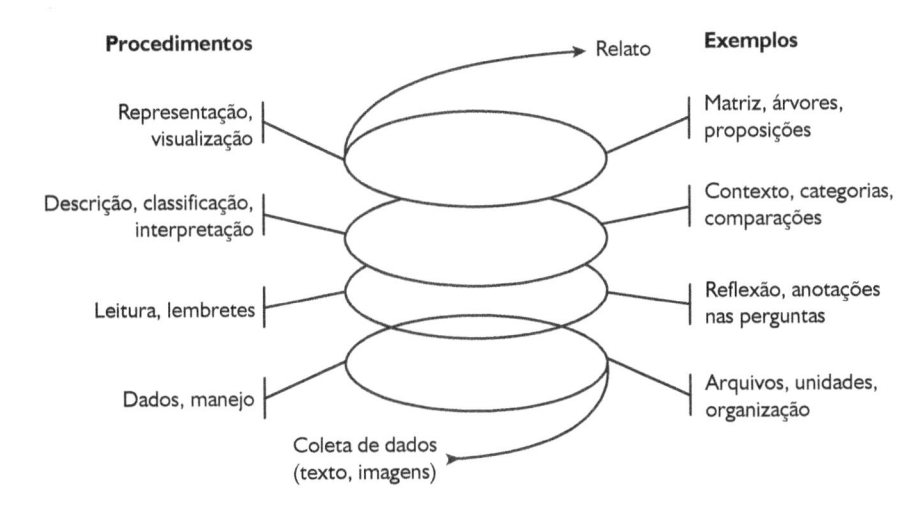

FIGURA 8.1

A espiral da análise de dados.

de 10) e procuramos múltiplas formas de evidências para apoiar cada uma. Além do mais, encontramos evidências que retratavam múltiplas perspectivas sobre cada categoria (Stake, 1995).

Descrição, classificação e interpretação dos dados em códigos e temas

O passo seguinte consiste da evolução na espiral da leitura e lembretes para a descrição, classificação e interpretação dos dados. Nesta curva da espiral, formar *códigos* ou *categorias* (e esses dois termos serão usados indistintamente) representa o coração da análise qualitativa dos dados. Aqui os pesquisadores montam descrições detalhadas, desenvolvem temas ou dimensões e fornecem uma interpretação à luz da sua própria visão ou das visões de perspectivas na literatura. *Descrição detalhada* significa que os autores descrevem o que eles veem. Esses detalhes são fornecidos *in situ*, isto é, dentro do contexto do ambiente da pessoa, local ou evento. A descrição se torna um bom lugar por onde começar em um estudo qualitativo (depois da leitura e gerenciamento dos dados) e desempenha um papel central nos estudos etnográficos e de caso.

O processo de *codificação (coding)* envolve a separação do texto ou dados visuais em pequenas categorias de informação, buscando evidências para o código a partir de diferentes bases de dados a serem usadas em um estudo, e depois atribuindo um rótulo ao código. Penso aqui em "seleção" dos dados; nem todas as informações são usadas em um estudo qualitativo e algumas podem ser descartadas (Wolcott, 1994b). Os pesquisadores desenvolvem uma pequena lista de códigos provisórios (p. ex., 25 a 30 ou mais) que correspondem aos segmentos de texto, independentemente do tamanho da base de dados. Pesquisadores iniciantes tendem a desenvolver listas elaboradas de códigos quando revisam suas bases de dados. Eu procedo de forma diferente. Inicio por uma pequena lista, que chamo de "codificação simples" – cinco ou seis categorias com rótulos ou códigos abreviados – e depois amplio as categorias à medida que continuo a examinar e reexaminar a minha base de dados. Independentemente do tamanho da base de dados, não desenvolvo mais de 25 a 30 categorias de informação e trabalho para reduzi-las e combiná-las em cinco ou seis temas que usarei no final para escrever a minha narrativa. Pesquisadores que acabam com 100 ou 200 categorias – e é fácil encontrar essa quantidade em uma base de dados complexa – precisam de um grande esforço para reduzir o quadro a cinco ou seis temas aos quais eles precisam chegar para a maioria das publicações.

Várias questões são importantes nesse processo de codificação. A primeira é se os pesquisadores qualitativos devem contar os códigos. Huberman e Miles (1994), por exemplo, sugerem que os investigadores façam contagens preliminares dos códigos dos dados e determinem a frequência com que os códigos aparecem na base de dados. Alguns (mas não todos) pesquisadores qualitativos se sentem confortáveis contando e relatando o número de vezes em que o código aparece nas suas bases de dados. Isso na verdade fornece um indicador da frequência da ocorrência, algo em geral associado à pesquisa quantitativa ou abordagens sistemáticas da pesquisa qualitativa. Em meu trabalho, olho para o número de passagens associadas a cada código como um indicador de interesse do participante em um código, mas não relato as contagens em meus artigos (veja Asmussen e Creswell, 1995). Isso se justifica porque a contagem transmite uma orientação quantitativa da magnitude e frequência, que é contrária à pesquisa qualitativa. Além disso, uma contagem transmite a ideia de que todos os códigos devem receber igual ênfase e desconsidera que as passagens codificadas possam na verdade representar visões contraditórias.

Outra questão é o uso de códigos preexistentes ou *a priori*, que guiam o meu processo de codificação. Mais uma vez, temos reações diversas ao uso deste procedimento. Crabtree e Miller (1992) discutem um *continuum* de estratégias de codificação que variam desde as categorias "prefiguradas" até categorias "emergentes" (p. 151). O uso de códigos ou categorias "prefiguradas" (frequentemente a partir de um modelo teórico ou a literatura) é popular nas ciências da saúde (Crabtree e Miller, 1992). Porém, o uso desses códigos serve para limitar a análise aos códigos prefigurados em vez de abrir os códigos para refletirem as visões dos participantes de uma forma qualitativa tradicional. Se um esquema de codificação "prefigurado" for usado em análise, encorajo os pesquisadores a ficarem abertos a códigos adicionais que surjam durante a análise.

Outra questão se refere à origem dos nomes ou rótulos dos códigos. Os rótulos dos códigos surgem a partir de várias fontes. Eles podem ser *códigos* in vivo, nomes que são as palavras exatas usadas pelos participantes. Também podem ser nomes de códigos extraídos das ciências sociais ou da saúde (p. ex., estratégias de enfrentamento) ou nomes que o pesquisador cria e que parecem melhor descrever a informação. No processo de análise dos dados, encorajo os pesquisadores qualitativos a procurarem segmentos de código que possam ser usados para descrever informações e desenvolver temas. Esses códigos podem representar

✓ informações que os pesquisadores esperam encontrar antes do estudo;
✓ informações surpreendentes que os pesquisadores não esperavam encontrar; e
✓ informações que são conceitualmente interessantes ou incomuns para os pesquisadores (e potencialmente os participantes e o público).

Indo além da codificação, a classificação refere-se a desmembrar o texto ou a informação e buscar por categorias, temas ou dimensões da informação. Como uma forma popular de análise, a classificação envolve a identificação de cinco a sete temas. *Temas* em pesquisa qualitativa (também chamados de categorias) são unidades amplas de informação que consistem em diversos códigos agregados para formarem uma ideia comum. Encaro esses temas, por sua vez, como uma "família" de temas, com seus filhos ou subtemas, e com os netos representados por segmentos de dados. É difícil, especialmente em uma grande base de dados, reduzir as informações a cinco ou sete "famílias", porém, o meu processo envolve a seleção dos dados, reduzindo-os a um grupo de temas pequeno e manejável para redigir a minha narrativa final.

Um tópico relacionado diz respeito aos tipos de informações que um pesquisador qualitativo codifica. O pesquisador pode procurar por histórias (como na pesquisa narrativa); experiências individuais e o contexto dessas experiências (em fenomenologia); processos, ações ou interações (em teoria fundamentada); temas culturais e como funciona o grupo que compartilha a cultura e que pode ser descrito e categorizado (em etnografia); ou uma descrição detalhada do caso ou casos particulares (em uma pesquisa de estudo de caso). Outra maneira de pensar sobre os tipos de informação seria usar uma atitude desconstrutiva, uma atitude focada em questões de desejo e poder (Czarniawska, 2004). Czarniawska (2004) identifica as estratégias de análise de dados usadas na desconstrução, adaptadas de Martin (1990, p. 355), que ajudam a enfatizar os tipos de informação para analisar a partir dos dados qualitativos em todas as abordagens:

✓ desmontando uma dicotomia, expondo-a como uma distinção falsa (p. ex., público/privado, natureza/cultura);
✓ examinando os silêncios – o que não é dito (p. ex., observando quem ou o que é excluído pelo uso de pronomes como *nós*);
✓ prestando atenção às interrupções e contradições; pontos em que um texto não faz sentido ou não continua;
✓ focando no elemento que é mais estranho ou peculiar no texto – para encontrar os limites do que é concebível ou permissível;
✓ interpretando metáforas como uma estrutura rica de múltiplos significados;
✓ analisando duplos sentidos que podem apontar para um subtexto subconsciente, frequentemente de conteúdo sexual;
✓ separando fontes de viés específicas do grupo e mais gerais por meio da "recons-

trução" do texto com substituição dos seus elementos principais.

Interpretação dos dados

Os pesquisadores se envolvem na interpretação dos dados quando conduzem pesquisa qualitativa. Interpretação envolve dar um sentido aos dados, as "lições aprendidas", conforme descrito por Lincoln e Guba (1985). *Interpretação* em pesquisa qualitativa envolve abstrair além dos códigos e temas para um significado maior dos dados. É um processo que se inicia com o desenvolvimento dos códigos, a formação de temas a partir dos códigos e depois a organização de temas em unidades maiores de abstração para compreender os dados. Existem várias formas, como a interpretação baseada em impressões, *insights* e intuição. A interpretação também pode estar inserida dentro de um constructo ou ideia da ciência social, ou ser uma combinação de visões pessoais em contraste com um constructo ou ideia da ciência social. Assim sendo, o pesquisador vincularia a sua interpretação à literatura de pesquisa mais ampla desenvolvida por outros. Para os pesquisadores pós-modernos e interpretativos, essas interpretações são encaradas como provisórias, inconclusivas e questionadoras.

Representação e visualização dos dados

Na fase final da espiral, os pesquisadores **representam os dados**, em uma síntese do que foi encontrado, em forma de texto, tabelas e/ou figuras. Por exemplo, criando uma imagem visual das informações, um pesquisador pode apresentar uma tabela de comparação (veja Spradley, 1980) ou uma matriz – por exemplo, uma tabela 2 x 2, que compare homens e mulheres sob a perspectiva de um dos temas ou categorias do estudo (veja Miles e Huberman, 1994). As células contêm texto, não números. Um diagrama em uma árvore hierárquica representa outra forma de apresentação. Ele mostra diferentes níveis de abstração, com os quadros no topo da árvore representando as informações mais abstratas e os quadros da base representando os temas menos abstratos. A Figura 8.2 ilustra os níveis de abstração

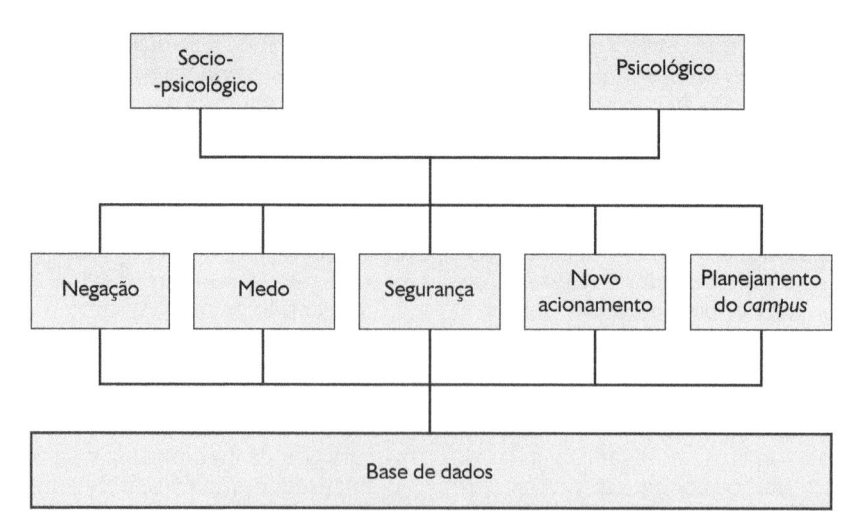

FIGURA 8.2

Camadas de análise no caso do atirador.
Fonte: Asmussen e Creswell (1995).

que usamos no caso do atirador (Asmussen e Creswell, 1995; veja o Apêndice F). Embora eu tenha apresentado essa figura em conferências, não a incluímos na versão do estudo que foi publicada em forma de artigo. Essa ilustração mostra a análise indutiva que começa com os dados brutos, consistindo de múltiplas fontes de informação, e depois se amplia para vários temas específicos (p. ex., segurança, negação) e para os temas mais gerais representados pelas duas perspectivas de fatores sociopsicológicos e psicológicos.

Hipóteses ou proposições que especificam a relação entre as categorias de informação também representam dados qualitativos. Na teoria fundamentada, por exemplo, os investigadores desenvolvem proposições que inter-relacionam as causas de um fenômeno com seu contexto e estratégias. Finalmente, os autores apresentam metáforas para analisar os dados, artifícios literários em que algo tomado emprestado de um domínio se aplica a outro (Hammersley e Atkinson, 1995). Os escritores qualitativos podem compor estudos inteiros moldados por análises de metáforas.

Nesse ponto, o pesquisador pode obter *feedback* sobre os resumos iniciais, retomando as informações com os informantes, um procedimento a ser discutido no Capítulo 10 como um passo-chave de validação na pesquisa.

ANÁLISE DENTRO DAS ABORDAGENS DE INVESTIGAÇÃO

Além dos processos gerais da análise em espiral, posso agora relacionar os procedimentos a cada uma das cinco abordagens de investigação e destacar diferenças específicas na análise e representação dos dados. A minha estrutura de organização para essa discussão é encontrada na Tabela 8.2. Trato de cada abordagem e discuto características específicas da análise e representação. No final dessa discussão, retorno às diferenças e semelhanças significativas entre as cinco abordagens.

Análise e representação em pesquisa narrativa

Acredito que Riessman (2008) se expressa bem quando comenta que a análise narrativa "se refere a uma família de métodos para interpretação de textos que têm em comum uma forma que contar histórias" (p. 11). Os dados coletados em um estudo narrativo precisam ser analisados para a história que eles têm a contar, uma cronologia de eventos que se desenrolam e momentos de mudança ou epifanias. Dentro desse esboço amplo de análise, existem várias opções para o pesquisador narrativo.

Um pesquisador narrativo pode assumir uma orientação literária para a sua análise. Por exemplo, usando uma história da ciência da educação contada por quatro alunos do 5º ano do ensino fundamental, Ollerenshaw e eu (Ollerenshaw e Creswell, 2002) incluímos diversas abordagens de análise narrativa. Uma delas é um processo desenvolvido por Yussen e Ozcan (1997), que envolve a análise de dados de texto para cinco elementos da estrutura do enredo (isto é, personagens, ambiente, problema, ações e resolução). Um pesquisador narrativo pode usar uma abordagem que incorpora diferentes elementos que entram na história. A abordagem do espaço tridimensional de Clandinin e Connelly (2000) inclui a análise de dados para três elementos: interação (pessoal e social), continuidade (passado, presente e futuro) e situação (locais físicos e locais do contador da história). Na narrativa de Ollerenshaw e Creswell (2002), vemos elementos comuns da análise narrativa: coleta de histórias de experiências pessoais na forma de textos de campo, tais como entrevistas ou conversas; recontagem de histórias com base em elementos narrativos (p. ex., abordagem do espaço tridimensional e os cinco elementos do enredo); reescrita das histórias em uma sequência cronológica e a incorporação do contexto ou local das experiências dos participantes.

Uma abordagem cronológica também pode ser usada na análise das narrativas. Denzin (1989b) sugere que o pesquisador comece a análise biográfica identificando um

TABELA 8.2
Análise e representação dos dados pelas abordagens de pesquisa

Análise e representação dos dados	Narrativa	Fenomenologia	Teoria fundamentada	Etnografia	Estudo de caso
Organização dos dados	✓ Criar e organizar arquivos para os dados	✓ Criar e organizar arquivos para os dados	✓ Criar e organizar arquivos para os dados	✓ Criar e organizar arquivos para os dados	✓ Criar e organizar arquivos para os dados
Leitura, lembretes	✓ Examinar o texto, fazer anotações nas margens, formar códigos iniciais	✓ Examinar o texto, fazer anotações nas margens, formar códigos iniciais	✓ Examinar o texto, fazer anotações nas margens, formar códigos iniciais	✓ Examinar o texto, fazer anotações nas margens, formar códigos iniciais	✓ Examinar o texto, fazer anotações nas margens, formar códigos iniciais
Descrição dos dados em códigos e temas	✓ Descrever a história ou grupo de experiências objetivas e colocá-la em uma cronologia	✓ Descrever experiências pessoais ao longo de períodos ✓ Descrever a essência do fenômeno	✓ Descrever categorias codificadoras abertas	✓ Descrever o contexto social, atores, eventos; desenhar o ambiente	✓ Descrever o caso e seu contexto
Classificação dos dados em códigos e temas	✓ Identificar histórias ✓ Localizar epifanias ✓ Identificar materiais contextuais	✓ Desenvolver declarações significativas ✓ Agrupar as declarações em unidades de significado	✓ Selecionar uma categoria codificadora aberta para o fenômeno central no processo ✓ Fazer codificação axial – condição causal, contexto, condições intervenientes, estratégias, consequências	✓ Analisar dados para temas e regularidades padronizadas	✓ Usar agregação em categorias para estabelecer temas ou padrões

(continua)

TABELA 8.2

Análise e representação dos dados pelas abordagens de pesquisa (continuação)

Análise e representação dos dados	Narrativa	Fenomenologia	Teoria fundamentada	Etnografia	Estudo de caso
Interpretação dos dados	✓ Interpretar o significado mais amplo da história	✓ Desenvolver uma descrição textual, "o que aconteceu" ✓ Desenvolver uma descrição estrutural, "como" o fenômeno foi experimentado ✓ Desenvolver a "essência"	✓ Fazer a codificação seletiva e inter-relacionar as categorias para desenvolver uma "história ou proposições"	✓ Interpretar e dar um sentido aos achados, como a cultura "funciona"	✓ Usar interpretação direta ✓ Desenvolver generalizações naturalistas do que foi "aprendido"
Representação, visualização dos dados	✓ Apresentar a narração focando nos processos, teorias e características únicas e gerais da vida	✓ Apresentar a narração da "essência" da experiência, em tabelas, figuras ou discussão	✓ Apresentar um modelo ou teoria visual ✓ Apresentar proposições	✓ Fazer apresentação da narrativa aumentada por tabelas, figuras e desenhos	✓ Apresentar um quadro em profundidade do caso (ou casos) usando narrativa, tabelas e figuras

conjunto objetivo de experiências na vida do sujeito. Pedir ao indivíduo que faça um diário com um esboço da sua vida pode ser um bom ponto de partida para a análise. Nesse esboço, o pesquisador procura por estágios ou experiências no curso da vida (p. ex., infância, casamento, emprego) para desenvolver uma *cronologia* da vida do indivíduo. Histórias e epifanias surgirão a partir do diário do indivíduo ou de entrevistas. O pesquisador procura na base de dados (em geral, entrevistas ou documentos) materiais biográficos concretos e contextuais. Durante a entrevista, o pesquisador incentiva o participante a expandir várias seções das histórias e pede ao entrevistado para teorizar sobre a sua vida. Essas teorias podem se relacionar a modelos de carreira, processos no curso da vida, modelos do mundo social, modelos relacionais da biografia e modelos da história natural do curso da vida. A seguir, o pesquisador organiza padrões e significados maiores a partir dos segmentos da narrativa e categorias. Por fim, a biografia do indivíduo é reconstruída, e o pesquisador identifica fatores que moldaram a vida. Isso conduz à escrita de uma abstração analítica do caso que destaca

a) os processos na vida do indivíduo,
b) as diferentes teorias que se relacionam a estas experiências de vida e
c) as características únicas e gerais da vida.

Outra abordagem da análise narrativa se volta para como é composto o relatório da narrativa. Riessman (2008) sugere uma tipologia de quatro estratégias analíticas que refletem essa diversidade na composição das histórias. Riessman a denomina análise temática quando o pesquisador analisa "o que" é falado ou escrito durante a coleta de dados. Ela comenta que essa abordagem é a forma mais popular dos estudos narrativos, e a encontramos no projeto narrativo de Chan (2010), relatado no Apêndice B. Uma segunda forma na tipologia de Riessman (2008) é chamada de forma estrutural e enfatiza "como" uma história é contada. Isso introduz a análise linguística, em que o indivíduo que conta a história usa forma e linguagem para alcançar um efeito particular. A análise do discurso, baseada no método de Gee (1991), examinaria a narrativa do contador da história para elementos como a sequência das formulações, o volume da voz e a entonação. Uma terceira forma para Riessman (2008) é a análise dialógica/do desempenho, na qual a conversa é produzida interativamente pelo pesquisador e pelo participante ou é ativamente desempenhada pelo participante por meio de atividades como poesia ou uma peça. A quarta forma é uma área emergente do uso da análise visual de imagens ou interpretação de imagens juntamente com as palavras. Também poderia ser uma história contada sobre a produção de uma imagem ou como os diferentes públicos veem uma imagem.

No estudo narrativo de Ai Mei Zhang, a estudante imigrante chinesa apresentada por Chan (2010) no Apêndice B, a abordagem analítica começa com uma análise temática similar à abordagem de Riessman (2008). Depois de mencionar brevemente uma descrição da escola de Ai Mei, Chan discute vários temas, todos eles relacionados com conflitos (p. ex., conflitos da língua de casa com a língua da escola). O fato de Chan ter visto conflito introduz a ideia de que ela analisou os dados para esse fenômeno e apresentou o desenvolvimento do tema a partir de um tipo pós-moderno de lente interpretativa. Chan então continua a analisar os dados além dos temas para explorar seu papel como uma pesquisadora narrativa aprendendo sobre as experiências de Ai Mei. Assim, enquanto de um modo geral a análise está baseada em uma abordagem temática, a introdução do conflito e das experiências da pesquisadora acrescenta uma cuidadosa análise conceitual ao estudo.

Análise e representação fenomenológica

As sugestões para análise narrativa apresentam um modelo geral para os pesquisadores qualitativos. Em contraste, em fenomenologia existem métodos estruturados específicos de análise desenvolvidos, especialmente por Moustakas (1994). Moustakas examina várias abordagens em seu livro, mas vejo a sua modificação do método de Stevick-Colaizzi-Keen como fornecendo a abordagem mais útil e prática. Minha abordagem, uma versão simplificada deste método discutido por Moustakas (1994), é a seguinte:

✓ Primeiro descrever as experiências pessoais com o fenômeno em estudo. O pesquisador começa com uma descrição completa da sua própria experiência do fenômeno. Essa é uma tentativa de excluir as experiências pessoais do pesquisador (o que não pode ser feito inteiramente), de modo que o foco possa ser direcionado para os participantes do estudo.
✓ Desenvolver uma lista de declarações significativas. O pesquisador então encontra declarações (nas entrevistas ou em outras fontes de dados) sobre como os indivíduos estão se relacionando com o tópico, lista essas declarações significativas (horizontalização dos dados) e trata cada uma delas como se tivessem o mesmo valor, trabalhando para desenvolver uma lista de declarações não repetitivas e não sobrepostas.
✓ Tomar as declarações significativas e agrupá-las em unidades maiores de informação, denominadas "unidades de significado" ou temas.
✓ Redigir uma descrição do "que" os participantes do estudo experimentaram com o fenômeno. Isto é chamado de "descrição textual" da experiência – o que aconteceu – e inclui exemplos literais.
✓ A seguir, escrever uma descrição de "como" a experiência aconteceu. Isto é denominado "descrição estrutural" e o investigador reflete sobre o ambiente e o contexto em que o fenômeno foi experimentado. Por exemplo, em um estudo fenomenológico do comportamento de fumar de estudantes do ensino médio (McVea, Harter, McEntarffer e Creswell, 1999), meus colegas e eu apresentamos uma descrição estrutural sobre onde ocorre o fenômeno de fumar, como no estacionamento, fora da escola, perto dos vestiários dos alunos, em locais afastados na escola e assim por diante.
✓ Finalmente, redigir uma descrição composta do fenômeno, incorporando as descrições textual e estrutural. Esta passagem é a "essência" da experiência e representa o aspecto culminante de um estudo fenomenológico. Este é um parágrafo longo, que conta ao leitor "o que" os participantes experimentaram com o fenômeno e "como" eles o experimentaram (isto é, o contexto).

Moustakas (1994) é um psicólogo, e a "essência" é a de um fenômeno em geral na psicologia, como o luto ou a perda. Giorgi (2009), também psicólogo, fornece uma abordagem analítica semelhante à de Stevick-Colaizzi-Keen. Giorgi discute como os pesquisadores leem para terem uma compreensão do todo, determinam unidades de significado, transformam as expressões dos participantes em expressões psicologicamente sensíveis e, por último, compõem uma descrição da "essência". O mais útil na discussão de Giorgi é o exemplo que ele fornece da descrição do ciúme conforme analisado por ele e outro pesquisador.

O estudo fenomenológico de Riemen (1986) tende a seguir uma abordagem analítica estruturada. No estudo de Riemen sobre os cuidados de pacientes e suas enfermeiras, ela apresenta declarações significativas de interações de cuidado e não cuidado para homens e mulheres. Além disso, Riemen formula ideias a partir dessas declarações significativas e as apresenta em tabelas. Por fim, Riemen desenvolve duas descrições "exaustivas" para a essência da experiência – dois parágrafos curtos – e os separa colocando-os em tabelas. No estudo fenomenológico de indivíduos com aids de Anderson e Spencer (2002; veja o Apêndice C), examinado no Capítulo 5, os autores usam o método de análise de Colaizzi (1978), uma das abordagens mencionadas por Moustakas (1994). Essa abordagem segue a diretriz geral de análise dos dados na busca de expressões significativas, desenvolvendo significados, agrupando-os em temas e apresentando uma descrição exaustiva do fenômeno.

Uma abordagem menos estruturada é encontrada em van Manen (1990). Ele começa discutindo a análise de dados chamando-a de "reflexão fenomenológica" (van Manen, 1990, p. 77). A ideia básica dessa reflexão é captar o significado essencial de alguma coisa. O amplo leque de fontes de dados das expressões ou formas sobre as quais refletiríamos podem ser conversas gravadas, materiais de entrevistas, relatos diários ou histórias, conversas na hora do jantar, respostas escritas formalmente, diários, escritos de outras pessoas, filme, teatro, poesia, romances, etc. Van Manen (1990) deu ênfase na obtenção de uma compreensão dos temas, perguntando: "Esse exemplo ilustra o quê?" (p. 86). Esses temas devem ter certas qualidades, como foco, simplificação de ideias e uma descrição da estrutura da experiência vivida. O processo envolvia atentar a todo o texto (abordagem de leitura holística), procurar declarações ou expressões (abordagem seletiva ou de destaque) e examinar cada frase (abordagem detalhada ou linha por linha). Atentar para os quatro guias de reflexão também era importante: o espaço sentido pelos indivíduos (p. ex., o banco moderno), presença física ou corporal (p. ex., como é uma pessoa apaixonada?), tempo (p. ex., as dimensões do passado, presente e futuro) e as relações com os outros (p. ex., expressas com um aperto de mão). No final, a análise dos dados para os temas, o uso de diferentes abordagens para examinar as informações e considerar os guias para reflexão devem produzir uma estrutura explícita de significado da experiência vivida.

Análise e representação em teoria fundamentada

Semelhante à fenomenologia, a teoria fundamentada usa procedimentos detalhados para a análise. Ela consiste em três fases de codificação – aberta, axial e seletiva –, conforme desenvolvido por Strauss e Corbin (1990, 1998). A teoria fundamentada fornece um procedimento para o desenvolvimento de categorias de informação (codificação aberta), interconexão das categorias (codificação axial) e construção de uma "história" que conecta as categorias (codificação seletiva), terminando com um conjunto discursivo de proposições teóricas (Strauss e Corbin, 1990).

Na fase de codificação aberta, o pesquisador examina o texto (p. ex., transcrições, notas de campo, documentos) procurando categorias de informação que se destacam apoiadas pelo texto. Usando a abordagem comparativa constante, o pesquisador tenta "saturar" as categorias – procurar exemplos que representam a categoria e continuar examinando (e entrevistando) até que as novas informações obtidas não contribuam para o maior entendimento da categoria. Essas categorias são compostas de subcategorias, denominadas "propriedades", que representam múltiplas perspectivas sobre as categorias. As propriedades, por sua vez, são **dimensionalizadas** e apresentadas em um *continuum*. De um modo geral, esse é o processo de redução da base de dados a um pequeno grupo de temas ou categorias que caracterizam o processo ou a ação que estão sendo explorados no estudo da teoria fundamentada.

Depois de ter sido desenvolvido um conjunto inicial de categorias, o pesquisador identifica uma categoria da lista de codificação aberta como o fenômeno central de interesse. A categoria de codificação aberta selecionada para esse propósito é em geral discutida amplamente pelos participantes ou é de particular interesse conceitual porque parece central ao processo que está sendo estudado no projeto de teoria fundamentada. O investigador seleciona essa categoria de codificação aberta (um fenômeno central), posiciona-a como a característica central da teoria e depois retorna para a base de dados (ou coleta dados adicionais) para entender as categorias que se relacionam a esse fenômeno central. Especificamente, o pesquisador se compromete com um processo de codificação denominado codificação axial, em que a base de dados é examinada (ou novos dados são coletados) para fornecer uma compreensão das categorias específicas de codificação que se relacionam ou explicam o fenômeno central. Essas são condições causais que influenciam o fenômeno central, as estratégias para abordar o fenômeno, o contexto e condições intervenientes que moldam as estratégias e as consequências de assumir as estratégias. As informações dessa fase de codificação são então organizadas em uma figura, um paradigma da codificação, que apresenta um modelo teórico do processo em estudo. Dessa maneira, uma teoria é construída ou gerada. A partir dessa teoria, o investigador gera proposições (ou hipóteses) ou declarações que inter-relacionam as categorias no paradigma de codificação. Isso é chamado de codificação seletiva. Finalmente, no nível mais amplo da análise, o pesquisador pode criar uma matriz condicional. Essa matriz é um auxílio analítico – um diagrama – que ajuda o pesquisador a visualizar a ampla gama de condições e consequências (p. ex., sociedade, mundo) relacionadas ao fenômeno central (Strauss e Corbin, 1990). Raramente encontrei a matriz condicional usada nos estudos.

Uma chave para a compreensão da diferença que Charmaz (2006) traz para a análise de dados da teoria fundamentada é ouvi-la dizer: "evite impor uma estrutura forçada" (p. 66). Sua abordagem enfatizou um processo emergente de formação da teoria. Seus passos analíticos começaram com uma fase inicial de codificação de cada palavra, linha ou segmento de dados. Nesse estágio inicial, ela estava interessada em ter os códigos iniciais tratados analiticamente para entender um processo e as categorias teóricas maiores. Esse início foi seguido pela codificação focada, usando os códigos iniciais para filtrar a grande quantidade de dados, analisando sínteses e explicações maiores. Ela não apoiou os procedimentos formais de Strauss e Corbin (1998) de codificação axial que organizavam os dados em condições, ações/interações, consequências e assim por diante. Entretanto, Charmaz (2006) examinou as categorias e começou a desenvolver ligações entre elas. Ela também acreditava no uso da codificação teórica, desenvolvida inicialmente por Glaser (1978). Esse passo envolvia a especificação das possíveis relações entre as categorias com base em famílias codificadoras teóricas *a priori* (p. ex., causas, contexto, organização). Contudo, Charmaz (2006) diz que esses códigos teóricos precisavam encontrar seu caminho na teoria fundamentada que emerge. A teoria de Charmaz enfatiza mais a compreensão do que a explicação. Ela assume realidades múltiplas emergentes; a ligação de fatos e valores; informações provisórias; e uma narrativa sobre a vida social como um processo. Ela pode ser apresentada como uma figura ou uma narrativa que reúne experiências e mostra a variedade de significados.

A forma específica para apresentação da teoria difere. Em nosso estudo dos diretores de departamento, Brown e eu a apresentamos como hipóteses (Creswell e Brown, 1992) e, no seu estudo do processo da evolução da atividade física das mulheres afro-americanas (veja o Apêndice D), Hartley e colaboradores (2009) apresentaram uma discussão de um modelo teórico conforme exibido em uma figura com três fases. No estudo de Harley e colaboradores, a análise consistia em citar Strauss e Corbin (1998) e depois criar códigos, agrupando-os em conceitos e formando uma estrutura teórica. Os passos específicos da codificação aberta não foram relatados; no entanto, a seção dos resultados focou nas fases teóricas do modelo e nos passos de codificação axial do contexto e das condições, e uma elaboração sobre a condição mais integral do movimento feminino por meio do processo e dos métodos de planejamento.

Análise e representação etnográfica

Para a pesquisa etnográfica, recomendo os três aspectos da análise de dados desenvolvida por Wolcott (1994b): descrição, análise e *interpretação do grupo que compartilha a cultura*. Wolcott (1990b) acredita que um bom ponto de partida para escrever a etnografia é descrever o grupo que compartilha a cultura e o ambiente:

> A descrição é a base sobre a qual a pesquisa qualitativa é construída... Aqui você se torna o contador da história,

convidando o leitor a enxergar através dos seus olhos o que você viu... Comece apresentando uma descrição simples do ambiente e os eventos. Sem notas de rodapé, sem análise intrusiva – apenas os fatos, cuidadosamente apresentados e relatados de forma interessante com um nível apropriado de detalhes. (p. 28)

A partir de uma perspectiva interpretativa, o pesquisador pode somente apresentar um conjunto de fatos; outros fatos e interpretações esperam a leitura da etnografia pelos participantes e outros. Porém, esta descrição pode ser analisada apresentando as informações em ordem cronológica. O escritor descreve focando progressivamente a descrição ou narrando um "dia na vida" do grupo ou indivíduo. Finalmente, outras técnicas envolvem focar um evento crítico ou chave, desenvolvendo uma "história" completa com um enredo e personagens, redigindo-a como um "mistério", examinando os grupos em interação, seguido de uma estrutura analítica ou apresentando diferentes perspectivas por meio das visões dos participantes.

A análise de Wolcott (1994b) é um procedimento de triagem – "o lado quantitativo da pesquisa qualitativa" (p. 26). Isso envolve destacar o material específico, introduzido na fase descritiva ou exibir os achados por meio de tabelas, quadros, diagramas e figuras. O pesquisador também analisa utilizando procedimentos sistemáticos como os desenvolvidos por Spradley (1979, 1980), que requeriam a construção de taxonomias, gerando tabelas de comparação e desenvolvendo tabelas semânticas. Talvez o procedimento de análise mais popular, também mencionado por Wolcott (1994b), seja a busca por regularidades padronizadas nos dados. Outra forma de análise consiste na comparação do grupo cultural a outros, avaliando o grupo em termos de padrões e fazendo conexões entre o grupo que compartilha a cultura e estruturas teóricas maiores. Outros passos de análise incluem a crítica ao processo de pesquisa e a proposição de uma reformulação do projeto para o estudo.

Fazer uma interpretação etnográfica do grupo que compartilha a cultura é também um passo de transformação dos dados. Aqui o pesquisador vai além da base de dados e sonda "o que vai ser feito com eles" (Wolcott, 1994b, p. 36). O pesquisador especula interpretações comparativas insólitas que levantariam dúvidas ou questões por parte do leitor. Ele faz inferências a partir dos dados ou se volta para a teoria para fornecer uma estrutura para as suas interpretações. O pesquisador também personaliza a interpretação: "Isto é o que eu faço com ela" ou "Isto é como a experiência da pesquisa me afetou" (p. 44). Finalmente, o investigador forja uma interpretação por meio de expressões como poesia, ficção ou teatro.

Múltiplas formas de análise representam a abordagem de Fetterman (2010) da etnografia. Ele não tinha um procedimento rígido, mas recomendava a triangulação dos dados por meio do teste de uma fonte de dados contra outra, procurando padrões de pensamento e comportamento, e focando eventos-chave que a etnografia pode usar para analisar uma cultura inteira (p. ex., observação do ritual do Sabbath). Os etnógrafos também desenham mapas do ambiente, desenvolvem quadros, projetam matrizes e, por vezes, empregam análise estatística para examinar frequência e magnitude. Eles também podem cristalizar seus pensamentos para fornecer "uma conclusão mundana, um novo *insight* ou uma epifania impactante" (Fetterman, 2010, p. 109).

A etnografia apresentada no Apêndice E por Haenfler (2004) aplicou uma perspectiva crítica a esses procedimentos analíticos de etnografia. Haenfler apresentou uma descrição detalhada dos valores centrais do movimento *straight edge* de resistência a outras culturas e depois discutiu cinco temas relacionados a esses valores centrais (p.. ex., hábitos positivos de vida). A seguir, a conclusão do artigo incluiu interpretações abrangentes dos valores centrais do grupo, tais como os significados individualizados e coletivos da participação na subcultura. Entretanto, Haenfler iniciou a discussão dos métodos com uma declaração de posicionamento e autorrevelação a respeito do seu *background* e participação no movimento *straight edge*. Esse posicionamento também foi apresentado como uma cronologia das suas experiências de 1989 até 2001.

Análise e representação em estudo de caso

Para um estudo de caso, a análise consiste em fazer uma descrição detalhada do caso e de seu contexto. Se o caso apresenta uma cronologia de eventos, então recomendo a análise das múltiplas fontes de dados para determinar evidências para cada passo ou fase na evolução do caso. Além do mais, o contexto é particularmente importante. Em nosso caso do atirador (Asmussen e Creswell, 1995; veja o Apêndice F), analisamos as informações para determinar como o incidente se enquadrava no contexto – na nossa situação, uma comunidade pacífica e tranquila do meio-oeste americano.

Além disso, Stake (1995) advoga quatro formas de análise e interpretação dos dados em pesquisa de estudo de caso. Na agregação categórica, o pesquisador procura uma coleção de exemplos a partir dos dados, esperando a emergência de significados relevantes para a questão. Na **interpretação direta**, por outro lado, o pesquisador do estudo de caso se direciona para um único exemplo e extrai significado dele sem procurar outros exemplos. Esse é um processo de separação dos dados, voltando a reuni-los de formas mais significativas. O pesquisador também estabelece **padrões** e procura uma correspondência entre duas ou mais categorias. Essa correspondência pode assumir a forma de uma tabela, possivelmente uma tabela de 2 x 2, mostrando a relação entre duas categorias. Yin (2009) desenvolve uma síntese entre os casos como uma técnica analítica quando o pesquisador estuda dois ou mais casos. Ele sugere que seja criada uma tabela de palavras para exibir os dados dos casos individuais de acordo com alguma estrutura uniforme. A implicação disso é que o pesquisador pode então procurar semelhanças e diferenças entre os casos. Por fim, o pesquisador desenvolve **generalizações naturalistas** a partir da análise dos dados; generalizações essas que as pessoas podem aprender com o caso para elas mesmas ou aplicar a outra população de casos.

Para esses passos de análise, acrescentaria a descrição do caso e uma visão detalhada de aspectos sobre o caso – os "fatos". Em nosso estudo de caso do atirador (Asmussen e Creswell, 1995; Apêndice F), descrevemos os eventos após o incidente durante duas semanas, destacando os principais atores, os ambientes e as atividades. Depois, agregamos os dados em aproximadamente 20 categorias (agregação categórica) e as dividimos em cinco temas. Na seção final do estudo, desenvolvemos generalizações sobre o caso no que dizia respeito aos temas e como eles se comparavam e contrastavam com a literatura publicada sobre violência no *campus*.

COMPARANDO AS CINCO ABORDAGENS

Voltando à Tabela 8.2, a análise e a representação dos dados nas cinco abordagens têm várias características comuns e distintivas. Nas cinco abordagens, o pesquisador começa criando e organizando arquivos com as informações. A seguir, o processo consiste em uma leitura geral e em lembretes sobre as informações para desenvolver uma compreensão dos dados e começar a processar o entendimento deles. A seguir, todas as abordagens têm uma fase de descrição, com exceção da teoria fundamentada, na qual o investigador procura dar início à construção de uma teoria da ação ou do processo.

No entanto, existem várias diferenças importantes entre as cinco abordagens. A teoria fundamentada e a fenomenologia têm o procedimento mais detalhado e explicado para análise dos dados, dependendo do autor escolhido para a orientação da análise. A etnografia e os estudos de caso têm procedimentos similares de análise, e a pesquisa narrativa representa o procedimento menos estruturado. Além disso, os termos usados na fase de classificação apresentam linguagens distintas entre essas abordagens (veja o Apêndice A para um glossário dos termos usados em cada abordagem); o que é chamado de codificação aberta em teoria fundamentada é semelhante ao primeiro estágio de identificação das declarações significativas em fenomenologia e à agregação categórica em pesquisa de estudo de caso. O pesquisador precisa se familiarizar com a definição desses termos de análise e empregá-los corretamente na abordagem de investigação escolhida. Por fim, a apresentação dos dados, por sua vez, reflete os passos da análise dos dados e varia de uma narração na narrativa até declarações apresentadas, significados e descrição em fenomenologia, além de um modelo ou teoria visual na teoria fundamentada.

USO DO COMPUTADOR NA ANÁLISE DOS DADOS QUALITATIVOS

Programas de computador qualitativos estão disponíveis desde o final da década de 1980 e se tornaram cada vez mais refinados e úteis no processamento de análise de dados de texto e imagem (veja Weitzman e Miles, 1995, para uma revisão de 24 programas). Friese (2012) debate as vantagens e desvantagens de um programa, ATLAS.ti. O livro de Corbin e Strauss (2007) contém uma extensa ilustração do uso do programa de *software* MAXQDA para discutir a teoria fundamentada.

O processo usado para a análise de dados qualitativos no computador é o mesmo adotado na codificação manual: o investigador identifica um segmento de texto ou de imagem; atribui um rótulo ao código; procura na base de dados todos os segmentos de texto que têm o mesmo rótulo de código e desenvolve uma cópia desses segmentos de texto para o código. Nesse processo, o pesquisador, não o programa de computador, faz a codificação e a classificação.

Vantagens e desvantagens

O programa de computador simplesmente oferece um meio de armazenamento de dados e de fácil acesso aos códigos fornecidos pelo pesquisador. Penso que os programas de computador são mais úteis no caso de grandes bases de dados, como 500 ou mais páginas de texto, embora também possam ter valor para bases de dados pequenas. Ainda que o uso do computador não seja de interesse de todos os pesquisadores qualitativos, podem-se destacar diversas vantagens em seu uso:

- ✓ O computador fornece um sistema organizado de armazenamento em arquivos, de forma que o pesquisador possa rápida e facilmente localizar material e armazená-lo em um único local desejado. Esse aspecto se torna especialmente importante na localização de casos inteiros ou de casos com características específicas.
- ✓ Os programas de computador ajudam o pesquisador a localizar o material com facilidade, seja esse material uma ideia, uma declaração, uma expressão ou uma palavra. Já não precisamos mais "recortar e colar" o material em fichas e classificá-las e reclassificá-las de acordo com os temas. Não precisamos mais desenvolver um sistema elaborado de "códigos por cores" para um texto que lista temas e tópicos diferentes. A busca por um texto pode ser facilmente realizada com um programa de computador. Após a definição das categorias pelos pesquisadores, seja em uma teoria fundamentada ou em um estudo de caso, os nomes dessas categorias podem ser buscados usando o programa de computador para localizar outras ocorrências na base de dados.
- ✓ Um programa de computador encoraja o pesquisador a examinar cuidadosamente os dados, mesmo linha por linha, e pensar a respeito do significado de cada sentença ou ideia. Às vezes, sem um programa, é provável que o pesquisador leia casualmente os arquivos de texto ou transcrições e não analise cada ideia cuidadosamente.
- ✓ Os programas de computador de mapeamento de conceitos possibilita ao pesquisador visualizar a relação entre os códigos e temas ao elaborar um modelo visual.
- ✓ O programa de computador permite que o pesquisador recupere rapidamente as anotações associadas aos códigos, temas ou documentos.

As desvantagens de usar programas de computador vão além de seu custo:

✓ O uso de programas de computador requer que o pesquisador aprenda a comandar o programa. Essa é, por vezes, uma tarefa assustadora, que está acima e além da aprendizagem requerida para compreender os procedimentos de pesquisa qualitativa. É claro que algumas pessoas aprendem programas de computador com maior facilidade do que outras, e a experiência anterior com outros programas reduz para elas o tempo de aprendizagem.
✓ Um programa de computador pode, para alguns indivíduos, representar uma máquina entre ele e os dados. Essa distância entre o pesquisador e as suas informações pode ser desconfortável.
✓ Embora os pesquisadores possam encarar como fixas as categorias desenvolvidas durante a análise por computador, elas podem ser modificadas em programas de *software* (Kelle, 1995). Alguns indivíduos podem considerar menos desejável alterar as categorias ou movimentar as informações do que outros e achar que o computador atrasa ou inibe esse processo.
✓ As instruções para uso dos programas de computador variam quanto à sua facilidade de uso e acessibilidade. Muitos manuais de programas de computador não fornecem informações sobre como usar o programa para gerar um estudo qualitativo ou uma das cinco abordagens de pesquisa discutidas neste livro.
✓ Um programa de computador pode não ter as características ou capacidade de que os pesquisadores precisam, portanto, os pesquisadores devem comparar antes de fazer a compra de um programa que atenda às suas necessidades.

Uma amostra dos programas de computador

Existem muitos programas de computador disponíveis para análise; alguns foram desenvolvidos por indivíduos em *campi* de universidades e outros estão disponíveis comercialmente. Destaco quatro programas comerciais que são populares e que já examinei detalhadamente (veja Creswell, 2012; Creswell e Maietta, 2002) – MAXQDA, ATLAS.ti, NVivo e HyperRESEARCH. Deixei de fora intencionalmente os números das versões e apresentei uma discussão geral dos programas, porque os técnicos que os desenvolvem estão continuamente os aperfeiçoando.

MAXQDA (http://www.masqda.com/). O MAXQDA é um *software* que ajuda o pesquisador a avaliar sistematicamente e interpretar textos qualitativos. Ele também é uma ferramenta poderosa para o desenvolvimento de teorias e teste das conclusões teóricas. O *menu* principal tem quatro janelas: os dados, o sistema de códigos ou categorias, o texto que está sendo analisado e os resultados das pesquisas básicas e complexas. Ele usa um sistema hierárquico de códigos, e o pesquisador pode atribuir um peso a um segmento do texto para indicar a sua relevância. As anotações podem ser facilmente escritas e armazenadas como tipos diferentes de anotações (p. ex., anotações de teoria ou metodológicas). Ele possui um recurso de mapeamento visual. Os dados podem ser exportados para programas estatísticos, como SPSS ou Excel, e o *software* também pode importar programas de Excel ou SPSS. Ele é facilmente usado por múltiplos codificadores de um único projeto. Os segmentos de imagens e vídeos também podem ser armazenados e codificados nesse programa. O MAXQDA é distribuído pela VERBI Software, na Alemanha. Um programa de demonstração está disponível para que se possa saber mais a respeito das características peculiares desse programa.

ATLAS.ti (http://www.atlasti.com). Este programa possibilita que você organize seus arquivos de texto, gráficos, de áudio e visuais, juntamente com a sua codificação, anotações e achados dentro de um projeto. Além do mais, você pode codificar, anotar e comparar segmentos de informação. Você pode arrastar e soltar códigos dentro de uma tela interativa na margem. Você pode rapidamente fazer uma busca, recuperar e navegar em segmentos de dados e notas relevantes para uma ideia e, o que é muito importante, montar redes visuais únicas que permitam que você conecte visualmente passagens selecionadas, anotações e códigos em um mapa conceitual. Os dados podem ser exportados para programas como SPSS, HTML, XML e CSV. O programa também possibilita que um grupo de pesquisadores trabalhe no mesmo projeto e faça comparações de como cada pesquisador codificou os dados. Há um pacote de teste disponível do programa, que é descrito no Scientific Software Development, na Alemanha.

QSR NVivo (http://ww.qsrinternational. com/). O NVivo é a versão mais recente do *software* do QSR International. NVivo combina as características do popular programa de *software* N6 (ou NUD*IST 6) e do NVivo 2.0. O NVivo ajuda a analisar, manejar, moldar e analisar dados qualitativos. O seu visual simplificado o torna fácil de usar. Ele proporciona segurança para o armazenamento da base de dados e arquivos juntos em um único arquivo, possibilita que o pesquisador utilize múltiplas linguagens, tem uma função de agrupamento para pesquisa em equipe e possibilita que o pesquisador manipule os dados com facilidade e realize buscas. Além do mais, ele pode exibir graficamente os códigos e as categorias. Uma boa visão geral da evolução do *software* de N6 para O NVivo está disponível em Bazeley (2002). NVivo é distribuído pela QSR International, na Austrália. Uma cópia de demonstração está disponível para ver e experimentar as características desse programa de *software*.

HyperRESEARCH (http://www.researchware.com/). Este programa é um pacote de *software* qualitativo fácil de usar, que lhe possibilita codificar e recuperar dados, construir teorias e conduzir análises dos dados. Agora com as capacidades multimídia avançadas, o HyperRESEARCH permite que o pesquisador trabalhe com texto, gráficos, áudio e fontes de vídeo – transformando-o em uma valiosa ferramenta de análise em pesquisa. O HyperRESEARCH é um programa sólido de codificação e recuperação para análise de dados, com características adicionais para construção de teorias por meio do Hypothesis Tester. Este programa também permite que o pesquisador desenhe diagramas visuais e agora possui um módulo que pode ser adicionado, chamado "HyperTranscriber", que possibilitará que os pesquisadores criem uma transferência de dados em vídeo e áudio. Esse programa, desenvolvido pelo ResearchWare, está disponível nos Estados Unidos.

Uso de programas de computador com as cinco abordagens

Depois de examinar todos esses programas de computador, posso ver várias formas pelas quais eles podem facilitar a análise dos dados qualitativos:

✓ Os programas de computador ajudam a armazenar e organizar os dados qualitativos. Eles oferecem uma maneira conveniente de armazenar dados qualitativos. Os dados são armazenados em arquivos de documentos (arquivos convertidos a partir de um programa de processamento de palavras para DOS, ASCII ou arquivos de *rich-text*, em alguns programas). Esses arquivos de documentos consistem em informações de uma unidade discreta de informação como a transcrição de uma entrevista, um conjunto de notas observacionais ou um artigo escaneado de um jornal. Para todas as cinco abordagens de investigação qualitativa, o documento pode ser uma entrevista, uma observação ou um documento de texto.

✓ Os programas de computador ajudam a localizar segmentos de texto ou imagens associados a um código ou tema. Ao usar um programa de computador, o pesquisador examina o texto ou imagens, uma linha ou imagem por vez, e pergunta: "O que a pessoa está dizendo (ou fazendo) nesta passagem?". Ele pode, então, atribuir um rótulo ao código, usando as palavras do participante, empregando termos das ciências sociais ou humanas ou compondo um termo que pareça se relacionar à situação. Após examinar muitas páginas ou imagens, o pesquisador pode usar a função de busca do programa para localizar em todo o texto trechos ou imagens que se encaixem em um rótulo de código. Assim, ele pode facilmente ver como os participantes estão discutindo o código de uma forma semelhante ou diferente.

✓ Os programas de computador ajudam a localizar passagens ou segmentos comuns que se relacionam a dois ou mais rótulos de códigos. O processo de busca pode ser ampliado para incluir dois ou mais rótulos de códigos. Por exemplo, o rótulo de código "famílias com os dois genitores" pode ser combinado com "mulheres" para produzir segmentos de texto em que as mulheres estão discutindo "famílias com os dois genitores". Ou então "famílias com os dois genitores" pode ser combinado com "homens" para gerar segmentos de texto em que os homens falam sobre "famílias com os dois genitores". Um rótulo de código útil é "citações" e os pesquisadores podem incluir neste rótulo de código citações interessantes para usar em um relato qualitativo e facilmente recuperá-los para um relatório. Os programas de computador também possibilitam que o usuário faça a busca de palavras específicas para ver a frequência com que elas ocorrem no texto; dessa forma, palavras específicas podem ser elevadas ao *status* de rótulos de códigos ou possíveis temas com base na frequência do seu uso. Em outra utilização, um rótulo de código pode ser criado para o "título" do estudo, e as informações no rótulo podem se modificar à medida que o autor revisa o título no processo de condução do estudo.

✓ Os programas de computador ajudam a fazer comparações entre os rótulos de código. Se o pesquisador fizer duas solicitações de busca, sobre homens e mulheres, existirão dados para fazer comparações entre as respostas das mulheres e dos homens segundo as suas visões sobre "famílias com os dois genitores". Assim, o programa de computador possibilita que o pesquisador interrogue a base de dados a respeito da inter-relação entre os códigos ou as categorias.

✓ Os programas de computador ajudam o pesquisador a conceber diferentes níveis de abstração na análise de dados qualitativos. O processo de análise dos dados qualitativos, conforme discutido anteriormente neste capítulo, começa com o pesquisador analisando os dados brutos (p. ex., entrevistas), organizando os dados em códigos e depois combinando os códigos em temas mais amplos. Esses temas podem ser e frequentemente são "títulos" usados em um estudo qualitativo. Os *softwares* proporcionam um meio de organizar hierarquicamente os códigos de modo que unidades menores, como os códigos, possam ser incluídas em unidades maiores, como os temas. No NVivo, o conceito dos códigos para filhos e pais ilustra dois níveis de abstração. Assim, o programa de computador ajuda o pesquisador a construir níveis de análise e a ver a relação entre os dados brutos e os temas mais amplos.

✓ Os programas de computador fornecem uma imagem visual de códigos e temas. Muitos programas de computador contêm a característica de mapeamento do conceito de forma que o usuário possa gerar um diagrama visual dos códigos e temas e das suas inter-relações. Esses códigos e temas podem ser continuamente movimentados e organizados em novas categorias de informação à medida que o projeto evolui.

✓ Os programas de computador oferecem a capacidade de fazer anotações e armazená-las como códigos. Dessa forma, o pesquisador pode começar a criar o relato qualitativo durante a análise dos dados ou simplesmente registrar percepções à medida que elas emergem.

✓ Com programas de computador, o pesquisador pode criar um modelo para codificar os dados dentro de cada uma das cinco abordagens. Ele também pode estabelecer uma lista atual de códigos que combinem com o procedimento de análise dos dados dentro da abordagem de escolha. A seguir, quando os dados forem examinados durante a análise por computador, o pesquisador pode identificar as informações que se enquadram nos códigos ou fazer anotações que se transformam em códigos. Conforme apresentado nas Figuras 8.3 até 8.7, criei modelos para codificação dentro de cada abordagem que se enquadram na estrutura geral na análise de dados dentro da abordagem. Desenvolvi esses códigos como uma figura hierárquica, mas eles podem ser desenhados como círculos ou de um modo menos linear. A organização hierárquica dos códigos é a abordagem usada frequentemente na característica de mapeamento do conceito dos programas de *software*.

Em uma pesquisa narrativa (veja a Figura 8.3), criei códigos que se relacionam à história, tais como a cronologia, o enredo ou o modelo do espaço tridimensional, e os temas que podem surgir a partir da história. A análise pode prosseguir usando a abordagem da estrutura do enredo ou o modelo tridimensional, mas coloquei ambos na figura para dar mais opções para análise. O pesquisador não saberá qual abordagem usar até que realmente inicie o processo de análise dos dados. Ele pode desenvolver um código, ou "história", e começar a redigir a história com base nos elementos analisados.

No modelo para a codificação de um estudo fenomenológico (veja a Figura 8.4), usei as categorias mencionadas anteriormente na análise dos dados. Coloquei códigos para *epoché* ou *bracketing* (se for usado), declarações significativas, unidades de significado e descrições textuais e estruturais (que podem ser escritas como lembretes). O código no topo, "essência do fenômeno", é escrito como um lembrete sobre a "essência", que se transformará na descrição dessa "essência" no relatório final. No modelo para codificação de um estudo de teoria fundamentada (veja a Figura 8.5), incluí as três principais fases da codificação: codificação aberta, codificação axial e codifica-

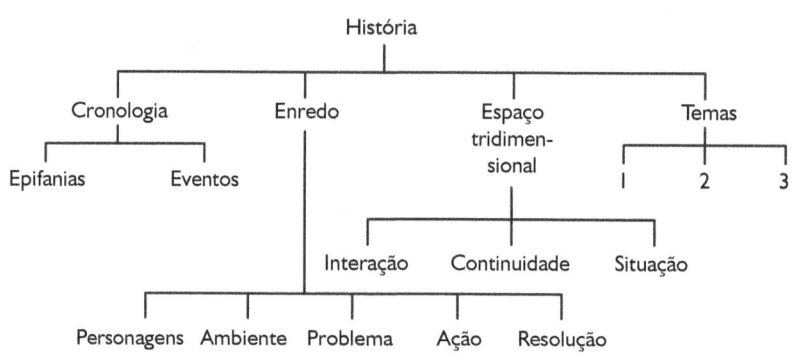

FIGURA 8.3

Modelo para codificação de um estudo narrativo.

FIGURA 8.4

Modelo para codificação de um estudo fenomenológico.

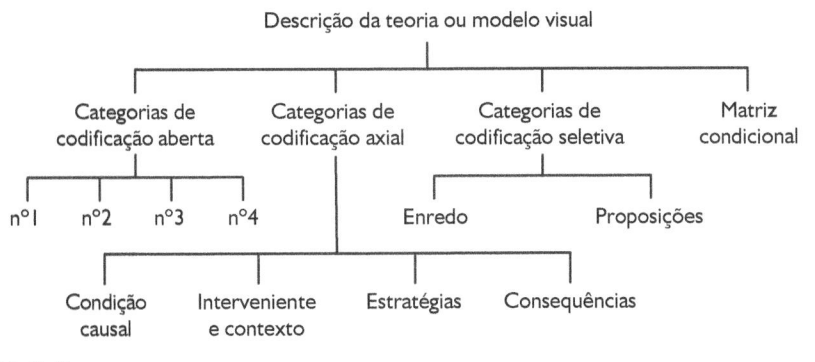

FIGURA 8.5

Modelo para codificação de um estudo de teoria fundamentada.

ção seletiva. Também incluí um código para a matriz condicional se esta característica for usada pelo pesquisador da teoria fundamentada. O pesquisador pode usar o código no topo, a "descrição da teoria ou modelo visual", para criar um modelo visual do processo vinculado a esse código.

No modelo para codificação de uma etnografia (veja a Figura 8.6), incluí um código que pode ser um lembrete ou referência ao texto sobre a lente teórica usada na etnografia, códigos sobre a descrição da cultura e uma análise dos temas, um código sobre as questões de campo e um código sobre interpretação. O código no topo, "retrato cultural do grupo que compartilha a cultura – como ele funciona", pode ser um código em que o etnógrafo escreve um lembrete resumindo as principais regras culturais que pertencem ao grupo. Finalmente, no modelo para codificar um estudo de caso (veja a Figura 8.7), escolho um estudo de caso múltiplo para ilustrar a especificação pré-codificada. Para cada caso, existem códigos para o contexto e a descrição do caso. Além disso, desenvolvi códigos para os temas dentro de cada caso e para temas que são similares e diferentes na análise entre os casos. Finalmente, incluí códigos para asserções e generalizações entre todos os casos.

Como escolher entre os programas de computador

Com diferentes programas disponíveis, é preciso escolher adequadamente um *software* qualitativo. Basicamente, todos os programas dispõem de características similares, mas alguns têm mais recursos do que outros. Muitos dos programas possuem uma cópia de demonstração disponível em seus *websites*, para que você possa examinar e experimentar o programa. Além disso, podem

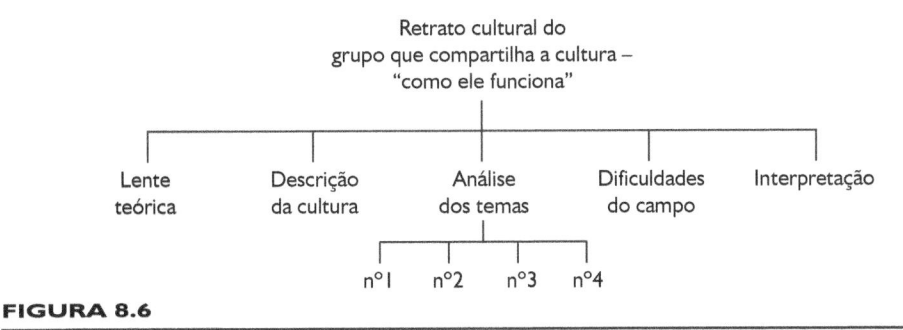

FIGURA 8.6

Modelo para codificação de uma etnografia.

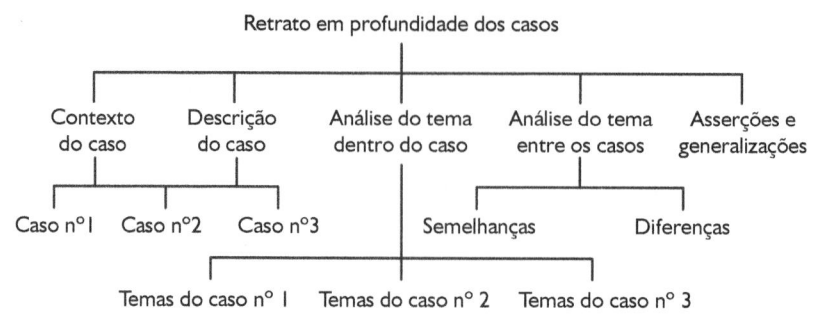

```
                    Retrato em profundidade dos casos
     ┌──────────┬──────────────┬──────────────┬──────────────┐
  Contexto   Descrição    Análise do tema  Análise do tema  Asserções e
  do caso    do caso      dentro do caso   entre os casos   generalizações

  ┌────┬────┐                  ┌──────────┬──────────┐
Caso nº1 Caso nº2 Caso nº3   Semelhanças        Diferenças

        ┌──────────────┬──────────────┐
   Temas do caso nº 1  Temas do caso nº 2  Temas do caso nº 3
```

FIGURA 8.7

Modelo para codificação de um estudo de caso (usando uma abordagem múltipla ou coletiva de caso).

ser identificados outros pesquisadores que usaram o programa e você poderá ter acesso à visão deles sobre o produto. Em 2002, escrevi um capítulo com Maietta (Creswell e Maietta, 2002) em que examinamos vários programas de computador com base em oito critérios. Conforme apresentado na Figura 8.8, os critérios para seleção de um programa

Facilidade de integração no uso do programa
✓ Ao iniciar, o seu uso parece fácil?
✓ Você consegue trabalhar com facilidade em um documento?

Tipos de dados aceitos pelo programa
✓ Ele vai processar dados de texto?
✓ Ele vai processar dados de multimídia (imagem)?

Leitura e revisão do texto
✓ Ele destaca e conecta citações?
✓ Ele faz a busca de passagens específicas no texto?

Lembretes
✓ Ele possibilita que você acrescente notas ou lembretes?
✓ Você consegue acessar com facilidade as suas anotações?

Categorização
✓ Você consegue desenvolver códigos?
✓ Você consegue aplicar facilmente os códigos ao texto ou às imagens?
✓ Você consegue exibir os códigos com facilidade?
✓ Você consegue revisar os códigos e alterá-los com facilidade?

Inventário da análise e avaliação
✓ Você consegue ordenar códigos específicos?
✓ Você consegue combinar códigos em uma busca?
✓ Você consegue desenvolver um mapa de conceitos com os códigos?
✓ Você consegue fazer comparações demográficas com os códigos?

Dados quantitativos
✓ Você consegue importar uma base de dados quantitativa (p. ex., SPSS)?
✓ Você consegue exportar uma palavra ou imagem de uma base de dados qualitativa para um programa quantitativo?

Unificação do projeto
✓ Dois ou mais pesquisadores conseguem analisar os dados? Essas análises podem ser unificadas?

FIGURA 8.8

Características a serem consideradas ao comparar *softwares* para análise de dados qualitativos.
Fonte: Adaptada de Creswell e Maietta (2002), *Qualitative research*. In D. C. Miller & N. J. Salkind (Eds.), *Handbook of social research* (pp. 143-184). Thousand Oaks, CA: Sage. Usado com permissão.

Resumo

Este capítulo apresentou a análise e a representação dos dados. Iniciei com uma revisão dos procedimentos de análise de dados desenvolvidos por três autores e observei as características comuns de codificação, desenvolvimento de temas e confecção de um diagrama visual dos dados. Também observei algumas das diferenças entre as suas abordagens. Depois desenvolvi uma espiral de análise, que capta o processo geral. Essa espiral contém aspectos de manejo dos dados; leitura e anotações; descrição, classificação e interpretação; e representação e visualização dos dados. A seguir, apresentei cada uma das cinco abordagens de investigação e discuti como elas tinham passos particulares para análise dos dados, que vão além do conceito da espiral. Finalmente, descrevi como os programas de computador auxiliam na análise e representação dos dados. Abordei quatro programas, as características comuns do uso de *software* e modelos para codificação de cada uma das cinco abordagens de investigação. Encerrei, por fim, com informações sobre os critérios para a escolha de um *software*.

eram a facilidade de uso do programa; o tipo de dados que ele aceitava; a sua capacidade de ler e revisar o texto; sua provisão de funções para anotações de lembretes; seus processos de categorização; suas características de análise, tais como mapeamento de conceitos; a capacidade do programa de entrada de dados quantitativos; e seu suporte para múltiplos pesquisadores e a unificação de bases de dados diferentes. Esses critérios podem ser usados para identificar um programa de computador que atenderá às necessidades de um pesquisador.

Leituras adicionais

Livros sobre a análise de dados qualitativos

Marshall, C., & Rossman, G. B. (2010). *Designing qualitative research* (5th ed.). Thousand Oaks, CA: Sage.

Miles, M. B., & Huberman, A. M. (1994). *Qualitative data analysis: A sourcebook of new methods* (2nd ed.). Thousand Oaks, CA: Sage.

Estratégias específicas de análise de dados para cada uma das cinco abordagens de investigação

Clandinin, D. J., & Connelly, F. M. (2000). *Narrative inquiry: Experience and story in qualitative research*. San Francisco: Jossey-Bass.

Czarniawska, B. (2004). *Narratives in social science research*. Thousand Oaks, CA: Sage.

Denzin, N. K. (1989). *Interpretive biography*. Newbury Park, CA: Sage.

Fetterman, D. M. (2010). *Ethnography: Step by step* (3rd ed.). Thousand Oaks, CA: Sage.

Giorgi, A. (2009). *The descriptive phenomenological method in psychology: A modified Husserlian approach*. Pittsburg, PA: Duquesne University.

Moustakas, C. (1994). *Phenomenological research methods*. Thousand Oaks, CA: Sage.

Riessman, C. K. (2008). *Narrative methods for the human sciences*. Los Angeles, CA: Sage.

Stake, R. (1995). *The art of case study research*. Thousand Oaks, CA: Sage.

Strauss, A., & Corbin, J. (1990). *Basics of qualitative research: Grounded theory procedures and techniques*. Newbury Park, CA: Sage.

van Manen, M. (1990). *Researching lived experience*. New York: State University of New York Press.

Wolcott, H. F. (1994). *Transforming qualitative data: Description, analysis, and interpretation*. Thousand Oaks, CA: Sage.

Yin, R. K. (2009). *Case study research: Design and method* (4th ed.). Thousand Oaks, CA: Sage.

Para uma revisão dos programas de análise de dados por computador na pesquisa qualitativa

Creswell, J. W., & Maietta, R. C. (2002). Qualitative research. In D. C. Miller & N. J. Salkind (Eds.), *Handbook of social research* (pp. 143–184). Thousand Oaks, CA: Sage.

Friese, S. (2012). *Qualitative data analysis with ATLAS.ti*. Thousand Oaks, CA: Sage.

Kelle, E. (Ed.). (1995). *Computer-aided qualitative data analysis*. Thousand Oaks, CA: Sage.

Weitzman, E. A., & Miles, M. B. (1995). *Computer programs for qualitative data analysis*. Thousand Oaks, CA: Sage.

EXERCÍCIOS

1. É importante praticar a codificação de dados de texto em um sentido geral antes de codificar para desenvolver uma análise dentro de uma das cinco abordagens. Para conduzir essa prática, obtenha um arquivo com um texto curto, que pode ser uma transcrição de uma entrevista, notas de campo digitadas a partir de uma observação ou um arquivo de texto escaneado de um documento, como um artigo de jornal. A seguir, codifique o texto, fazendo o *bracketing* de trechos, e se perguntando: "Qual é o conteúdo que está sendo discutido aqui?". Atribua rótulos de códigos aos trechos do texto. Usando as informações deste capítulo, atribua rótulos que combinem com
   a) o que você esperaria encontrar na base de dados,
   b) informações surpreendentes que você não esperava encontrar e
   c) informações que são conceitualmente interessantes ou incomuns para os participantes e o público.

   Dessa forma, você criará rótulos de códigos que podem ser úteis na formação de temas no seu estudo, e esses procedimentos direcionarão você a partir de então, afastando-o de códigos fracos como "positivos" e "negativos".

2. Obtenha algumas figuras com os estudantes ou participantes que estão em um dos seus projetos (ou então selecione algumas figuras de artigos de revista). Pratique a codificação desses dados visuais. Comece se perguntando: "O que está ocorrendo na figura?". Atribua rótulos de código a essas figuras procurando novamente:
   a) o que você esperaria encontrar na base de dados,
   b) informações surpreendentes que você não esperava encontrar e
   c) informações que são conceitualmente interessantes ou incomuns para os participantes e o público.

3. Ganhe alguma experiência com o uso de um *software*. Escolha um dos programas de computador mencionados neste capítulo, acesse o seu *website* e encontre as versões de teste. Experimente o programa. Essas demonstrações gratuitas possibilitam a introdução de uma pequena base de dados, de forma que se possa experimentar as características do programa. Assim, você pode testar *demos* de diferentes *software*.

9
Escrevendo um estudo qualitativo

A escrita e a composição do relato narrativo organizam todo o estudo. Tomando emprestado um termo de Strauss e Corbin (1990), sou fascinado pela *arquitetura* de um estudo, por como ele é composto e organizado pelos escritores. Também gosto da sugestão de Strauss e Corbin (1990) de que os autores usam uma "metáfora espacial" (p. 231) para visualizar seus relatos ou estudos integralmente. Para considerar um estudo "espacialmente", eles fazem as seguintes perguntas: conceber uma ideia, como caminhar lentamente em torno de uma estátua, é estudá-la a partir de vários pontos de vista? Como descer uma colina passo a passo? Como caminhar pelos quartos de uma casa?

Neste capítulo, avalio a arquitetura geral de um estudo qualitativo e, depois, convido o leitor a entrar em quartos específicos do estudo para ver como eles são compostos. Neste processo, inicio com quatro questões sobre a redação da apresentação de um estudo, independentemente da abordagem escolhida: reflexividade e representação, público, codificação (*encoding*) e citações. A seguir, passo pelas cinco abordagens de investigação, avaliando duas estruturas da escrita: a estrutura geral (isto é, a organização geral do relato ou estudo) e a estrutura embutida (isto é, mecanismos e técnicas que o autor usa no relato). Retorno mais uma vez aos cinco exemplos de estudos no Capítulo 5 para ilustrar as estruturas gerais e embutidas. Finalmente, comparo as estruturas narrativas para as cinco abordagens com base em quatro dimensões. Neste capítulo, não abordarei o uso da gramática e sintaxe e remeterei os leitores a livros que apresentam um tratamento detalhado desses assuntos (p. ex., Creswell, 2009).

QUESTÕES PARA DISCUSSÃO

✓ Quais são as diversas estratégias de escrita associadas à elaboração de um estudo qualitativo?

✓ Quais são as principais estruturas de escrita usadas em cada uma das cinco abordagens de investigação?
✓ Quais são as estruturas de escrita embutidas em cada uma das cinco abordagens de investigação?
✓ Em que aspectos diferem as estruturas narrativas das cinco abordagens?

DIVERSAS ESTRATÉGIAS DE ESCRITA

Quando se trata de pesquisa qualitativa, o que não faltam são formas narrativas diversas. Ao examinar essas formas, Glesne e Peshkin (1992) observam que as narrativas nos modos de uma "narrativa de história" atenuam as fronteiras entre ficção, jornalismo e estudos acadêmicos. Outras formas qualitativas envolvem o leitor por meio de uma abordagem cronológica, à medida que os eventos se desenrolam lentamente ao longo do tempo, seja o tema o estudo de um grupo que compartilha uma cultura, a história narrativa da vida de um indivíduo ou a evolução de um programa ou de uma organização. Outra forma é reduzir e expandir o foco, evocando a metáfora da lente de uma câmera que focaliza, aproxima o *zoom* e depois o afasta novamente. Alguns relatos se baseiam fortemente na descrição de eventos, enquanto outros desenvolvem um pequeno número de "temas" ou perspectivas. Uma narrativa pode capturar um "dia típico na vida" de um indivíduo ou grupo. Alguns relatos são fortemente orientados para a teoria, enquanto outros, como o da Escola Harper, de Stake (1995), empregam pouca literatura especializada e teoria. Além disso, desde a publicação do livro editado por Clifford e Marcus (1986), *Writing culture* [Escrevendo cultura] na área de etnografia, a escrita qualitativa tem sido moldada pela necessidade de os pesquisadores se revelarem quanto ao seu papel na escrita, o impacto disso sobre os participantes e como as informações transmitidas são lidas pelo público. A reflexividade e representações do pesquisador são a primeira questão para a qual nos voltaremos.

Reflexividade e representações na escrita

Os pesquisadores qualitativos de hoje se revelam muito mais em sua escrita qualitativa do que alguns anos atrás. Não é mais aceitável assumir aquela postura de narrador qualitativo onisciente e distanciado. Como escreveu Laurel Richardson, os pesquisadores "não têm de tentar fazer o papel de Deus, escrevendo como narradores oniscientes descorporificados, alegando conhecimento geral universal e atemporal" (Richardson e St. Pierre, 2005, p. 961). Por meio desses narradores oniscientes, os pensadores pós-modernos "desconstroem" a narrativa, tornando-a um texto desafiador, como um terreno pantanoso que não pode ser entendido sem referências às ideias que estão sendo ocultadas pelo autor e ao contexto em que o autor está inserido em sua vida (Agger, 1991). Essa linha é defendida por Denzin (1989a) em sua abordagem "interpretativa" da escrita biográfica. Como resposta, os pesquisadores qualitativos hoje reconhecem que a redação de um texto qualitativo não pode ser separada do autor, de como ela é recebida pelos leitores e de como impacta os participantes e os locais em estudo.

A forma como escrevemos é um reflexo da nossa própria interpretação, baseada na política cultural, social, de gênero, classe e pessoal que trazemos para a pesquisa. Toda escrita está "posicionada" e inserida em uma determinada postura. Todos os pesquisadores moldam a sua escrita, e os pesquisadores qualitativos precisam aceitar essa interpretação e manterem-se abertos quanto a isso em seus escritos. De acordo com Richardson (1994), a melhor escrita reconhece honesta e abertamente a sua própria "indecidibilidade", partindo do princípio de que toda escrita possui "subtextos" que situam ou posicionam o material em um determinado tempo e lugar histórico particular e específico. Sob essa perspectiva, nenhuma escrita tem "*status* privilegiado" (Richardson, 1994, p. 518) ou superioridade sobre outras. De fato, a redação é sempre uma construção, uma representação de processos interativos entre os pesquisadores e o pesquisado (Gilgun, 2005).

Além disso, existe uma preocupação crescente quanto ao impacto da escrita nos participantes do estudo. Como eles irão encarar as anotações? Eles serão marginalizados por causa delas? Ficarão ofendidos? Irão esconder seus verdadeiros sentimentos e opiniões? Os participantes examinaram o material e interpretaram, questionaram e discordaram da interpretação (Weis e Fine, 2000)? Talvez a escrita objetiva dos pesquisadores, de uma maneira científica, tenha o impacto de silenciar os participantes e também silenciar os pesquisadores (Czarniawska, 2004). Gilgun (2005) assinala que esse silêncio é contraditório para a pesquisa qualitativa, que procura escutar todas as vozes e perspectivas.

Além disso, a escrita tem um impacto no leitor, que, por sua vez, também faz uma interpretação do relato e pode formar uma interpretação inteiramente diferente da do autor ou dos participantes. O pesquisador deve temer que determinadas pessoas vejam o relatório final? É possível ao pesquisador propor um relatório definitivo, quando é o leitor, na verdade, que fará a interpretação final dos eventos? A escrita pode ser considerada uma forma de *performance*, e a redação padrão da pesquisa qualitativa se ampliou para incluir quebras de página, teatro, poesia, fotografia, música, colagem, desenho, escultura, colchas, vitrais e dança (Gilgun, 2005). A linguagem pode "matar" o que quer que ela toque, e os pesquisadores qualitativos entendem que é impossível "dizer" verdadeiramente alguma coisa (van Manen, 2006).

Weis e Fine (2000) discutem um "conjunto de pontos autorreflexivos de consciência crítica em torno de perguntas sobre como representar a responsabilidade" nos escritos qualitativos (p. 33). Há perguntas que podem ser formuladas a partir de seus pontos mais importantes, e que devem ser consideradas por todos os pesquisadores qualitativos em relação à sua escrita:

- ✓ Devo escrever somente sobre o que as pessoas dizem, ou também sobre o que às vezes admitem que não conseguem lembrar ou optam por não lembrar?
- ✓ Quais são as minhas opiniões políticas que precisam constar em meu relato?
- ✓ A minha escrita conectou as vozes e as histórias dos indivíduos com o conjunto de relações históricas, estruturais e econômicas em que eles estão inseridos?
- ✓ Até que ponto devo ir na teorização das palavras dos participantes?
- ✓ Considerei como as minhas palavras podem ser usadas para políticas sociais progressistas, conservadoras ou repressivas?
- ✓ Assumi uma voz passiva e dissociei a minha responsabilidade da minha interpretação?
- ✓ Até que ponto a minha análise (e escrita) ofereceu uma alternativa para o senso comum ou o discurso dominante?

Os pesquisadores qualitativos precisam se posicionar em seus escritos. Este é o conceito de *reflexividade*, em que o autor está consciente de vieses, valores e experiências que ele traz para um estudo de pesquisa qualitativa. Uma das características da boa pesquisa qualitativa é que o investigador torna explícita a sua "posição" (Hammersley e Atkinson, 1995). Penso na reflexividade como sendo composta por duas partes. O pesquisador primeiro fala sobre as suas experiências com o fenômeno que está sendo explorado. Isso envolve a transmissão de experiências passadas por meio do trabalho, da instrução, da dinâmica familiar, etc. A segunda parte é discutir como essas experiências moldam a interpretação do pesquisador do fenômeno. Esse segundo ingrediente é importante, mas acaba frequentemente negligenciado ou deixado de fora. Ele é, na verdade, a essência da postura reflexiva em um estudo, já que é fundamental que o pesquisador não só detalhe as suas experiências com o fenômeno, como também esteja autoconsciente de como essas experiências podem potencialmente ter moldado os achados, as conclusões e as interpretações extraídas de um estudo. A colocação de comentários reflexivos em um estudo também precisa ser considerada.

Eles podem ser inseridos na passagem de abertura do estudo (como é às vezes o caso em fenomenologia); podem consistir de uma discussão dos métodos, em que o autor fala sobre o seu papel no estudo (veja Anderson e Spencer, 2002, estudo fenomenológico no Apêndice C); podem ser tecidos ao longo do estudo (p. ex., o pesquisador fala sobre a sua "postura" na introdução, nos métodos e nos achados ou temas); ou podem ser reunidos no final do estudo, em um epílogo, como é encontrado no estudo de caso de Asmussen e Creswell (1995), no Apêndice F. Uma vinheta pessoal é outra opção para uma declaração reflexiva no início ou no final de estudos de caso (veja Stake, 1995).

O público de nosso texto

Um axioma básico afirma que todos os autores escrevem para um público. Como dizem Clandinin e Connelly (2000), "a impressão de um público espreitando sobre o ombro do escritor precisa permear o ato de escrever e o texto escrito" (p. 149). Assim, os escritores conscientemente pensam sobre o público ou múltiplos públicos de seus estudos (Richardson, 1990, 1994). Tierney (1995), por exemplo, identifica quatro públicos potenciais: colegas, aqueles envolvidos nas entrevistas e observações, legisladores e o público em geral. Em resumo, a forma como os achados são apresentados depende do público com quem estamos nos comunicando (Giorgi, 1985). Por exemplo, como Fischer e Wertz (1979) divulgaram informações sobre seu estudo fenomenológico em fóruns públicos, eles produziram diversas expressões dos seus achados, todas respondendo aos diferentes públicos. Uma delas foi uma estrutura geral, em quatro parágrafos, na qual eles mesmos admitiram ter perdido sua riqueza e objetividade. Outra forma consistiu de sinopses de casos, cada qual relatando as experiências de um indivíduo, em duas páginas e meia.

Codificando a nossa escrita

Um tópico intimamente relacionado é o reconhecimento da importância da linguagem na moldagem dos textos qualitativos. As palavras que usamos codificam o nosso relato, revelando como percebemos as necessidades do público. Anteriormente, no Capítulo 6, apresentei a codificação (*encoding*) do problema, o propósito e as perguntas de pesquisa; agora, considero a codificação de todo o relato narrativo. O estudo de Richardson (1990), sobre mulheres que têm casos com homens casados, ilustra como um autor pode moldar um trabalho diferentemente para um público comercial, um público acadêmico ou um público moral/político. Para um público comercial, ela codificou seu trabalho com estratégias literárias, tais como

> títulos de *jazz*,* capas atraentes, ausência de jargão especializado, métodos de marginalização, metáforas, imagens e sinopses de livros e material preliminar sobre o interesse "leigo" no material. (Richardson, 1990, p. 32)

Para o público moral/político, ela codificou por meio de artifícios como

> palavras características daquele determinado grupo no título, por exemplo, mulher/mulheres/feminista em um escrito feminista; as "credenciais" morais ou ativistas do autor, por exemplo, e o papel do autor em movimentos sociais particulares; referências a autoridades morais e ativistas; metáforas fortalecedoras e sinopses de livros, além de materiais preliminares que mostram como o seu trabalho se relaciona às vidas de pessoas reais. (Richardson, 1990, p. 32-33)

Finalmente, para o público acadêmico (p. ex., publicações acadêmicas, trabalhos para conferências, livros acadêmicos), ela caracterizou por uma

---

* N. de R.T.: No original, *jazzy titles*: são títulos "atraentes" ou "sonoros" que chamam a atenção do leitor.

exibição proeminente de credenciais acadêmicas do autor, referências, notas de rodapé e seções de metodologia e pelo uso de metáforas e imagens acadêmicas familiares (tais como "intercâmbios de teoria", "funções" e "estratificação") e de sinopses de livros e material preliminar sobre a ciência ou conhecimento envolvidos. (Richardson, 1990, p. 32)

Embora eu enfatize aqui a escrita acadêmica, os pesquisadores codificam estudos qualitativos para outros públicos além do acadêmico. Por exemplo, nas ciências sociais e humanas, os legisladores podem ser o público principal, e isso pede uma escrita com métodos minimalistas, mais parcimônia e um foco na prática e nos resultados.

As ideias de Richardson (1990) serviram de ponto de partida para o meu pensamento sobre como se poderia codificar uma narrativa qualitativa. Essa codificação poderia incluir o seguinte:

✓ Uma estrutura geral que não se enquadre no formato padrão de introdução, métodos, resultados e discussão quantitativos. Em vez disso, os métodos podem ser denominados como "procedimentos", enquanto os resultados poderiam ser chamados de "achados". O pesquisador pode dar destaque, inclusive, a expressões usadas pelos próprios participantes do estudo nos títulos, tais como "negação", "reação" e assim por diante, como fizemos no caso do atirador (Asmussen e Creswell, 1995; veja o Apêndice F).
✓ Um estilo de escrita que seja pessoal, familiar, talvez até "íntimo", fácil de ser lido, amistoso e voltado a um público amplo. Nossos escritos qualitativos devem se empenhar para obter um efeito "persuasivo" (Czarniawska, 2004, p. 124). Os leitores devem achar o material interessante e memorável, sentirem-se "agarrados" pelo texto (Gilgun, 2005).
✓ Um nível de detalhes que faça o trabalho ganhar vida – *verossimilhança* vem à mente (Richardson, 1994, p. 521). Essa palavra indica a apresentação de um bom estudo literário, em que a escrita se torne

"real" e "viva"; um texto que transporte o leitor diretamente para dentro do mundo do estudo, seja este o contexto da resistência de jovens à contracultura ou da cultura dominante (Haenfler, 2004; veja o Apêndice E), ou o de uma estudante imigrante na sala de aula de uma escola (Chan, 2010; veja o Apêndice B). Precisamos, ainda, reconhecer que a escrita é apenas uma representação do que vemos ou entendemos.

Citações em nossa escrita

Além de codificar o texto com a linguagem da pesquisa qualitativa, os autores introduzem a voz dos participantes do estudo, usando longas citações. Considero a discussão de Richardson (1990), sobre os três tipos de citações, a mais útil. O primeiro consiste em citações curtas e chamativas. Elas são fáceis de ler, ocupam pouco espaço e se destacam do texto; têm por intenção mostrar diferentes perspectivas. Por exemplo, no estudo fenomenológico de como as pessoas vivem com aids, Anderson e Spencer (2002, veja o Apêndice C) usaram citações de longos parágrafos de homens e mulheres participantes do estudo para transmitir o tema da "mágica de não pensar":

> É uma doença, mas, na minha cabeça, não acho que a peguei. Porque, se você pensa sobre ter aids, ela recai ainda mais sobre você. É como um jogo mental. Tentar ficar vivo é nem mesmo pensar nisso. Não está no pensamento. (p. 1347)

A segunda abordagem consiste de citações embutidas, expressões brevemente citadas dentro da narrativa do analista. Essas citações, de acordo com Richardson (1990), preparam o leitor para uma mudança na ênfase do texto ou na apresentação de um novo ponto de vista, e permite que o autor (e o leitor) siga em frente. Asmussen e eu usamos com frequência citações curtas e embutidas em nosso estudo do atirador (Asmussen e Creswell, 1995; veja o Apêndice F), porque elas ocupam pouco espaço e fornecem evidências concretas e específicas para, nas palavras dos participantes, apoiar um tema.

O terceiro tipo é a citação mais longa, usada para transmitir entendimentos mais complexos. São difíceis de usar, devido às limitações de espaço nas publicações. Além disso, como essas citações condensam muitas ideias, o leitor precisa ser guiado "para dentro" delas e "para fora" delas, de modo a focar a sua atenção na ideia dominante que o autor gostaria que ele apreendesse.

ESTRATÉGIAS DE ESCRITA GERAIS E EMBUTIDAS

Além dessas diferentes abordagens de escrita, o pesquisador qualitativo precisa demonstrar como ele vai compor a estrutura geral da narrativa e usar estruturas embutidas dentro do relato, compondo assim uma narrativa condizente com a abordagem de sua escolha. Apresento, como um guia para a discussão a seguir, a Tabela 9.1, na qual listo muitas abordagens estruturais gerais e embutidas, na forma como se aplicam às cinco abordagens de investigação.

Estrutura da narração

Quando leio sobre a escrita de estudos em pesquisa narrativa, deparo com autores pouco dispostos a prescrever uma estratégia firmemente estruturada (Clandinin e Connelly, 2000; Czarniawska, 2004; Riessman, 2008). Em vez disso, eles sugerem uma flexibilidade máxima na estrutura (veja Ely, 2007), mas enfatizando elementos essenciais que podem entrar no estudo narrativo.

Estrutura geral. Os pesquisadores narrativos incentivam outros pesquisadores a escreverem estudos que experimentam novas formas (Clandinin e Connelly, 2000). Pode-se chegar a uma forma narrativa partindo das próprias preferências de leitura (p. ex., biografias, romances), lendo outras dissertações e livros narrativos e encarando o estudo narrativo como uma escrita com avanços e recuos, como um processo (Clandinin e Connelly, 2000). No contexto dessas diretrizes gerais, Clandinin e Connelly (2000) examinam duas teses de doutorado que empregam pesquisa narrativa. Cada uma apresenta uma estrutura narrativa diferente: uma propõe uma cronologia das vidas de três mulheres; a outra adota uma abordagem dissertativa mais clássica, com introdução, revisão da literatura e metodologia. Nesse segundo exemplo, os capítulos restantes discutem as experiências do autor com os participantes. Ao ler esses dois exemplos, fico surpreso de como ambos refletem o espaço de investigação tridimensional que Clandinin e Connelly (2000) propõem. Esse espaço, conforme mencionado anteriormente, aparece em um texto que olha para trás e para frente, para dentro e para fora, situando, assim, as experiências no contexto daquele determinado local. Por exemplo, a tese de He, citada por Clandinin, é um estudo sobre as vidas de duas participantes e da própria autora, de seus períodos de vida passados na China e suas presentes situações no Canadá. A história

> tem o olhar voltado para o passado dela e das suas duas participantes e também voltado para frente, para o enigma de quem elas são e em quem estão se transformando na sua nova terra. Ela olha para dentro de si, para os motivos pessoais que a levam a realizar esse estudo, e para fora, para o significado social do trabalho. Ela pinta as paisagens da China e do Canadá e dos lugares intermediários onde ela se imagina morando. (Clandinin e Connelly, 2000, p. 156)

Mais adiante em Clandinin e Connelly (2000), há um relato sobre o conselho de Clandinin para os alunos sobre a forma narrativa dos seus estudos. Essa forma mais uma vez se relaciona com o modelo espacial tridimensional:

> Quando eles vieram até Jean para conversar sobre os textos que estavam es-

TABELA 9.1
Estruturas de escrita gerais e embutidas e as cinco abordagens

	Estruturas gerais de escrita	Estruturas embutidas de escrita
Narrativa	✓ Processos flexíveis e em desenvolvimento (Clandinin e Connelly, 2000) ✓ Modelo de investigação do espaço tridimensional (Clandinin e Connelly, 2000) ✓ Cronologias de histórias (Clandinin e Connelly, 2000) ✓ Ordenamento temporal e episódico das informações (Riessman, 2008) ✓ Relato do que os participantes disseram (temas), de como disseram (ordem de sua história) ou como interagiram com os outros (diálogo e desempenho) (Riessman, 2008)	✓ Epifanias (Denzin, 1989b) ✓ Temas, eventos-chave e enredos (Czarniawska, 2004; Smith, 1994) ✓ Metáforas e transições (Clandinin e Connelly, 2000; Lomask, 1986) ✓ Métodos progressivos-regressivos ou de aproximação (*zoom in*) e de distanciamento (*zoom out*) (Czarniawska, 2004; Denzin, 1989b) ✓ Temas ou categorias (Riessman, 2008) ✓ Diálogos ou conversas (Riessman, 2008)
Fenomenologia	✓ Estrutura de um "manuscrito de pesquisa" (Moustakas, 1994) ✓ Formato de "relatório de pesquisa" (Polkinghorne, 1989) ✓ Temas; análise; introdução apresentando a essência do estudo; engajamento com outros autores; usam tempo, espaço e outras dimensões (van Manen, 1990)	✓ Figuras ou tabelas relatando as essências (Grigsby e Megel, 1995) ✓ Discussões filosóficas (Harper, 1981) ✓ Encerramentos criativos (Moustakas, 1994)
Teoria Fundamentada	✓ Componentes de estudo da teoria fundamentada (May, 1986) ✓ Resulta de codificação aberta, axial e seletiva (Strauss e Corbin, 1990, 1998) ✓ Foco na teoria e argumentos que a apoiam (Charmaz, 2006)	✓ Análise extensiva (Chenitz e Swanson, 1990) ✓ Proposições (Strauss e Corbin, 1990) ✓ Diagramas visuais (Harley et al., 2009) ✓ Emoções, linguagem simples, ritmo e *timing*; definições e asserções inesperadas; perguntas retóricas; tom e ritmo; expressões evocativas (Charmaz, 2006)

(continua)

TABELA 9.1
Estruturas de escrita gerais e embutidas e as cinco abordagens (continuação)

Etnografia	✓ Tipos de contos (Van Maanen, 1988) ✓ Descrição, análise e interpretação (Wolcott, 1994b) ✓ "Narrativa temática" (Emerson, Fretz e Shaw, 1995)	✓ Tropos (Hammersley e Atkinson, 1995) ✓ Descrição "densa" (Denzin, 1989b; Fetterman, 2010) ✓ Diálogo (Nelson, 1990); citações literais (Fetterman, 2010) ✓ Cenas (Emerson, Fretz e Shaw, 1995) ✓ Recursos literários, como vozes de diferentes locutores, expansão e contração do ritmo da narrativa, metáforas, ironia e analogias (Fetterman, 2010; Richardson, 1990)
Estudo de caso	✓ Formato com vinhetas (Stake, 1995) ✓ Formato de relatório de caso substantivo (Licoln e Guba, 1985) ✓ Tipos de casos (Yin, 2009) ✓ Estruturas alternativas baseadas em abordagens lineares e não lineares (Yin, 2009)	✓ Abordagem em funil (Asmussen e Creswell, 1995) ✓ Descrição (Merriam, 1988)

crevendo, ela se percebeu respondendo não tanto com comentários sobre formas preestabelecidas e aceitas, mas com respostas que levantavam perguntas no contexto do espaço de investigação narrativa tridimensional. (Clandinin e Connelly, 2000, p. 165)

Observe nessa passagem como Clandinin "levantou perguntas" em vez de dizer ao aluno como proceder, e como ela retornou à estrutura **retórica** mais ampla do modelo de investigação de espaço tridimensional, que funciona como uma moldura para a reflexão sobre a escrita de um estudo narrativo. Essa estrutura também sugere uma cronologia para o relato narrativo, e o ordenamento dentro da cronologia pode ser ainda mais organizado por época ou por episódios específicos (Riessman, 2008).

Em pesquisa narrativa, como em todas as formas de investigação qualitativa, existe uma relação íntima entre os procedimentos de coleta de dados, a análise e a forma e estrutura de escrita do relato. Por exemplo, a estrutura da escrita mais ampla em uma análise temática seria a apresentação de diversos temas (Riessman, 2008). Em uma abordagem mais estruturada – analisando como o indivíduo conta uma história – os aspectos apresentados no relato podem seguir seis elementos, o que Riessman chama de "uma narrativa formada integralmente" (p. 84). Os elementos seriam os seguintes:

✓ um resumo e/ou a apresentação do porquê do relato;
✓ orientação (tempo, lugar, personagens e situações);
✓ ação complicadora (a sequência de eventos ou enredo, nos quais consta, em geral, uma crise ou momento decisivo);
✓ avaliação (quando o narrador comenta sobre significados ou emoções);
✓ resolução (o desfecho da história); e
✓ epílogo (finalizando a história e trazendo-a ao contexto presente).

Em um estudo narrativo focado na conversa entre os interlocutores (como entrevistador e entrevistado), a estrutura mais ampla da escrita focaria o discurso e o diálogo diretos. O diálogo pode conter, inclusive, características de encenação, com discursos diretos, periféricos ao público, repetições, sons expressivos e trocas de tempo verbal. Todo o relato pode ser um poema, uma peça de teatro ou outra representação dramática.

Estrutura embutida. Partindo do princípio de que a estrutura mais ampla de escrita propõe experimentação e flexibilidade, a estrutura da escrita nos níveis mais micro relaciona-se a várias estratégias que os autores podem usar na composição de um estudo narrativo. Essas estratégias aparecem em Clandinin e Connelly (2000), Czarniawska (2004) e Riessman (2008).

A escrita de uma narrativa não deve silenciar algumas das vozes, e, em última análise, ela dá mais espaço a certas vozes do que a outras (Czarniawska, 2004).

Pode haver um elemento espacial para a escrita, como no **método progressivo-regressivo** (Denzin, 1989b), em que o biógrafo começa por um evento-chave na vida do participante e, depois, avança e retrocede a partir daquele evento, como no estudo de Denzin (1989b) sobre os alcoólicos. Ou, então, pode haver um *zoom in* (aproximação) e um *zoom out* (distanciamento), como quando se descreve mais amplamente um campo concreto de estudo (p. ex., um local) e, depois, se telescopa novamente (Czarniawska, 2004).

A escrita pode enfatizar o "evento-chave" ou a **epifania**, definida como momentos e experiências interacionais que marcam as vidas das pessoas (Denzin, 1989b). Denzin (1989b) distingue quatro tipos: o evento principal que toca o tecido da vida do indivíduo; os eventos e experiências cumulativos ou representativos que se estendem por algum tempo; a epifania menor, que representa um momento na vida de um indivíduo; e episódios ou epifanias revividas, que envolvem a revivência da experiência. Czarniawska (2004) sugere a introdução do elemento-chave do enredo como um meio de apresentar uma estrutura que permite compreender os eventos relatados.

Os temas podem ser relatados em escrita narrativa. Smith (1994) recomenda encontrar um tema para guiar o desenvolvimento da vida relatada. Esse tema emerge do conhecimento preliminar ou de um exame da vida inteira, embora os pesquisadores frequentemente tenham dificuldade em distinguir o tema principal de temas menos importantes. Clandinin e Connelly (2000) propõem um texto de pesquisa na fronteira reducionista, uma abordagem que consiste em uma "redução no sentido descendente" (p. 143) a temas nos quais o pesquisador procura por ligações ou elementos comuns entre os participantes.

As estratégias específicas de escrita narrativa também incluem o uso de diálogos, como o que ocorre entre o pesquisador e os participantes (Riessman, 2008). Às vezes, nessa abordagem, a língua específica do narrador é interrogada e não é tomada como um valor nominal. O diálogo se desenvolve no estudo e, frequentemente, é apresentado em diferentes línguas, incluindo a língua do narrador e uma tradução em inglês.

Outros instrumentos retóricos narrativos incluem o uso de transições. Lomask (1986) refere-se a elas como incluídas nas narrativas em ligações cronológicas naturais. Os autores as inserem por meio de palavras ou expressões, perguntas (o que Lomask chama de ser "preguiçoso") e mudanças no tempo e lugar, movendo a ação para frente e para trás. Além das transições, os pesquisadores narrativos empregam a *previsão*, o uso frequente de alusões narrativas de coisas que estão por vir ou eventos ou temas a serem desenvolvidos posteriormente. Eles também usam metáforas, e Clandinin e Connelly (2000) sugerem a metáfora de uma sopa (isto é, com descrição de pessoas, lugares e coisas; argumentos para as compreensões; e narrativas ricamente texturizadas de pessoas situadas no lugar, no tempo, na cena e no enredo) dentro de recipientes (isto é, dissertação, artigo acadêmico) para descrever seus textos narrativos.

O estudo de pesquisa narrativa de Chan (2010) (veja o Apêndice B) ilustrou vários desses elementos narrativos. Ela contou a história de uma estudante imigrante chinesa e de sua relação com outros alunos, seu professor e sua família. A estrutura narrativa mais ampla se encaixa dentro da abordagem temática de Riessman (2008) e, por meio dos achados, o leitor foi apresentado a temas relacionados aos conflitos que a estudante tinha com a escola, com a sua família em casa, com os colegas na escola e com os seus pais. Uma técnica narrativa embutida específica usada por Chan foi fornecer evidências para cada tema usando o diálogo entre a pesquisadora e a estudante. Cada segmento de diálogo recebeu um título para moldar o significado da conversa, tal como "Susan não fala fujianês" (Chan, 2010, p. 117).

Estrutura da escrita fenomenológica

Aqueles que escrevem sobre fenomenologia (p. ex., Moustakas, 1994) dão maior atenção às estruturas gerais da escrita do que às embutidas. Entretanto, como em todas as formas de pesquisa qualitativa, pode-se aprender muito a partir de um estudo cuidadoso de relatos de pesquisa na forma de artigos acadêmicos, monografias ou livros.

Estrutura geral. A abordagem de análise altamente estruturada de Moustakas (1994) apresenta uma forma detalhada para a composição de um estudo fenomenológico. Os passos da análise – identificar declarações significativas, criar unidades de significado, agrupar temas, desenvolver descrições textuais e estruturais e terminar com uma descrição composta dessas duas descrições anteriores, abordando de forma exaustiva a estrutura invariante essencial (ou essência) da experiência – oferecem um procedimento claramente articulado para a organização de um relato (Moustakas, 1994). Na minha experiência, os indivíduos ficam muito surpresos em encontrar abordagens altamente estruturadas de estudos fenomenológicos sobre tópicos delicados (p. ex., "ser deixado de fora", "insônia", "ser vítima de um crime", "o significado da vida", "mudança voluntária de carreira na meia-idade", "saudade", "adultos que foram abusados quando crianças"; Moustakas, 1994, p. 153). Mas o procedimento de análise de dados, acredito, guia o pesquisador nessa direção e apresenta uma estrutura geral para análise e, por fim, para a organização do relato.

Considere a organização geral de um relato conforme sugerido por Moustakas (1994). Ele recomenda capítulos específicos na "criação de um manuscrito da pesquisa":

> Capítulo 1: Introdução e declaração do tópico e esboço. Os tópicos incluem uma declaração autobiográfica sobre as experiências do autor que conduzem ao tópico, incidentes que levaram a uma perplexidade ou curiosidade sobre o tópico, as implicações sociais e relevância do tópico, novos conhecimentos e contribuições para a profissão a partir do estudo do tópico, conhecimento a ser obtido pelo pesquisador, a pergunta de pesquisa e os termos do estudo.
>
> Capítulo 2: Revisão da literatura relevante. Os tópicos incluem uma revisão das bases de dados pesquisadas, uma introdução à literatura, um procedimento para selecionar os estudos, a conduta desses estudos e os temas que emergiram deles, além de um resumo dos achados e das declarações centrais sobre como a presente pesquisa difere de pesquisas anteriores (no que diz respeito à pergunta, ao modelo, à metodologia e aos dados coletados).
>
> Capítulo 3: Estrutura conceitual do modelo. Os tópicos incluem a teoria a ser usada, bem como os conceitos e processos relacionados ao projeto da pesquisa (os Capítulos 3 e 4 podem ser combinados).
>
> Capítulo 4: Metodologia. Os tópicos incluem os métodos e procedimentos na preparação para conduzir o estudo, na coleta de dados e na organização, na análise e na sintetização dos dados.
>
> Capítulo 5: Apresentação dos dados. Os tópicos incluem exemplos literais da coleta de dados, análise dos dados, uma síntese dos dados, horizontalização, unidades de significado, temas agrupados, descrições textuais e estruturais e uma síntese dos significados e da essência da experiência.
>
> Capítulo 6: Resumo, implicações e resultados. As seções incluem um sumário do estudo, declarações sobre como os achados diferem dos encontrados na revisão da literatura, recomendações para estudos futuros, identificação de limitações, uma discussão sobre as implicações e a inclusão de um fechamento criativo que se refira à essência do estudo e a sua inspiração para o pesquisador.

Um segundo modelo, não tão específico, é encontrado em Polkinghorne (1989), em que ele discute o "relatório de pesquisa". Nesse modelo, o pesquisador descreve os procedimentos para coletar os dados e os passos para evoluir dos dados brutos para uma descrição mais geral da experiência. Além disso, o investigador inclui uma revisão de pesquisas anteriores, a teoria relativa ao tópico e as implicações para a teoria e a aplicação psicológica. Gosto especialmente do comentário de Polkinghorne sobre o impacto de tal relato:

> Produzir um relatório de pesquisa que forneça uma descrição precisa, clara e articulada de uma experiência. O leitor do relatório deve chegar à sensação de "entendo melhor como é para alguém passar por isso". (Polkinghorne, 1989, p. 46)

Um terceiro modelo de estrutura geral da escrita de um estudo fenomenológico provém de van Manen (1990). Ele inicia a sua discussão de "trabalhar o texto" (van

Manen, 1990, p. 167) com a ideia de que os estudos que apresentam e organizam transcrições para o relatório final estão aquém de ser um bom estudo fenomenológico. Em vez disso, ele recomenda várias opções para a escrita do estudo. Este pode ser organizado tematicamente, examinando os aspectos essenciais do fenômeno abordado. Ele também pode ser apresentado analiticamente, retrabalhando os dados do texto em ideias mais amplas (p. ex., ideias contrastantes) ou com um foco mais delimitado na descrição de uma situação particular na vida. Ele poderia começar com a descrição da essência e, depois, apresentar exemplos variados de como a essência se manifesta. Outras abordagens incluem engajar a própria escrita em um diálogo com outros autores fenomenológicos e construir a descrição em contraste com tempo, espaço, corpo físico e relações com os outros. Ao final, van Manen sugere que os autores invistam em novas maneiras de relatar seus dados ou combinar as abordagens.

Estrutura embutida. Voltando-nos para as estruturas retóricas embutidas, a literatura oferece as melhores evidências. Um autor apresenta a "essência" da experiência para os participantes de um estudo esboçando um pequeno parágrafo a respeito na narrativa ou incluindo esse parágrafo em uma figura. Esse segundo tipo de abordagem é usado com eficiência em um estudo das experiências de cuidados de enfermeiras professoras (Grigsby e Megel, 1995). Outro recurso estrutural é "educar" o leitor por meio de uma discussão sobre fenomenologia e de seus pressupostos filosóficos. Harper (1981) usa essa abordagem e descreve vários dos fundamentos principais de Husserl, bem como as vantagens de estudar o significado de "lazer" em uma fenomenologia.

Por fim, pessoalmente, gosto da sugestão de Moustakas: "Escreva uma breve conclusão que fale da essência do estudo e de sua inspiração para você, em termos do valor do conhecimento e das direções futuras da sua vida pessoal-profissional" (p. 184). Apesar da tendência do fenomenologista de se afastar da narrativa, Moustakas introduz a reflexividade que os fenomenologistas podem trazer para um estudo como, por exemplo, lançar sua declaração inicial do problema dentro de um contexto autobiográfico.

A fenomenologia de Anderson e Spencer (2002), de como as pessoas que convivem com a aids veem essa doença, utilizou muitas dessas estruturas gerais e embutidas (veja o Apêndice C). O artigo geral tem uma organização estruturada, com uma introdução, uma revisão da literatura, métodos e resultados. Seguiu os métodos fenomenológicos de Colaizzi (1978), apresentando uma tabela de declarações significativas e uma tabela dos temas significativos. Anderson e Spencer encerraram com uma exaustiva descrição em profundidade do fenômeno. Eles descreveram a seguinte descrição exaustiva:

> Os resultados foram integrados em um esquema essencial da aids. A experiência vivida da aids foi inicialmente assustadora, com um pavor pelo definhamento do corpo e perda pessoal. As representações cognitivas da aids incluíram morte inevitável, destruição do corpo, lutar em uma batalha e ter uma doença crônica. Os métodos de enfrentamento incluíram a busca pelo "medicamento certo", os cuidados deles mesmos, a aceitação do diagnóstico, o "varrer" a aids do pensamento, voltar-se para Deus e manter-se vigilante. Com o tempo, a maioria das pessoas se adaptou à convivência com a aids. Os sentimentos variaram de "devastador", "triste" e "furioso" até estar "em paz" e "não se preocupar". (Anderson e Spencer, 2002, p. 1349)

Anderson e Spencer iniciaram a fenomenologia com uma citação de um homem de 53 anos com aids, mas não mencionaram a si mesmos de uma forma reflexiva. Eles também não discutiram os princípios filosóficos por trás da fenomenologia.

Estrutura da escrita da teoria fundamentada

A partir do estudo de teorias fundamentadas em artigos acadêmicos, os pesquisadores qualitativos podem deduzir uma forma geral (e variações) para a composição da narrativa. O problema com os artigos acadêmicos é que os autores apresentam versões truncadas dos estudos para se adaptarem aos parâmetros da publicação. Assim, o leitor emerge do exame de um estudo particular sem uma noção completa de todo o projeto.

Estrutura geral. O mais importante é que os autores precisam apresentar a teoria em uma narrativa de teoria fundamentada. Como May (1986) comenta: "Em termos estritos, os achados são a teoria em si, isto é, um conjunto de conceitos e proposições ligados entre si" (p. 148). May continua a descrever os procedimentos de pesquisa em teoria fundamentada:

✓ As perguntas de pesquisa são amplas e se modificarão várias vezes durante a coleta e a análise dos dados.
✓ A revisão da literatura "não fornece conceitos-chave, nem sugere hipóteses" (May, 1986, p. 149). Em vez disso, a revisão da literatura em teoria fundamentada mostra as lacunas ou os vieses no conhecimento já existente, apresentando assim uma justificativa para esse tipo de estudo qualitativo.
✓ A metodologia se desenvolve durante o curso do estudo. Portanto, escrevê-la no início de um estudo impõe algumas dificuldades. Entretanto, o pesquisador parte de algum lugar e descreve preliminarmente ideias a respeito da amostra, do contexto e dos procedimentos para a coleta dos dados.
✓ A seção dos achados apresenta o esquema teórico. O autor inclui referências da literatura para mostrar o apoio externo para o modelo teórico. Além disso, segmentos de dados reais na forma de vinhetas e citações fornecem um material explanatório útil. Esse material ajuda o leitor a formar um julgamento sobre o quanto a teoria está bem fundamentada nos dados.
✓ A seção da discussão final aborda a relação da teoria com outros conhecimentos existentes e as implicações da teoria para a pesquisa e prática futuras.

Strauss e Corbin (1990) também fornecem parâmetros amplos de escrita para os seus estudos de teoria fundamentada. Eles sugerem o seguinte:

✓ Desenvolva uma história analítica clara. Isso deverá ser feito na fase de codificação (*coding*) seletiva do estudo.
✓ Escreva em um nível conceitual, com a descrição sendo secundária aos conceitos e à história analítica. Isso significa que se encontra pouca descrição do fenômeno que está sendo estudado e mais teoria analítica em nível abstrato.
✓ Especifique a relação entre as categorias. Essa é a parte da teorização da teoria fundamentada encontrada na codificação axial, quando o pesquisador conta a história e apresenta proposições.
✓ Especifique as variações e as condições relevantes, as consequências, etc., para as relações entre as categorias. Em uma boa teoria, encontram-se variações e diferentes condições sob as quais a teoria se baseia. Isso significa que as múltiplas perspectivas ou variações em cada componente da codificação axial são desenvolvidas integralmente. Por exemplo, as consequências na teoria são múltiplas e detalhadas.

Mais especificamente, em uma abordagem estruturada da teoria fundamentada, conforme desenvolvida por Strauss e Corbin (1990; 1998), aspectos específicos do relatório final escrito contêm uma seção sobre codificação aberta, que identifica os vários códigos abertos que o pesquisador descobriu nos dados, e a codificação axial, que inclui um diagrama da teoria e uma discussão sobre cada componente no diagrama (isto é, condições causais, o fenômeno central, as condições intervenientes, o contexto, as estratégias e as consequências). Além disso, o relato contém uma seção sobre a teoria a partir da qual o pesquisador desenvolve as proposições teóricas, unindo os elementos das categorias no diagrama, ou discute a teoria inter-relacionando as categorias.

Para Charmaz (2006), uma abordagem menos estruturada se volta para as suas sugestões de escrita de um esboço do estudo da teoria fundamentada. Ela enfatiza a importância de permitir que as ideias surjam enquanto a teoria se desenvolve, revisando os rascunhos iniciais, fazendo a si mesmo perguntas sobre a teoria (p. ex., você levantou as principais categorias de conceitos na teoria?), construindo um argumento sobre a importância da teoria e examinando de perto as categorias na teoria. Assim, Charmaz não tem um modelo para a escrita de uma teoria fundamentada, mas foca a nossa atenção na importância do argumento na teoria e a natureza da teoria.

Estrutura embutida. Em estudos de teoria fundamentada, o pesquisador varia o relato da narrativa com base na extensão da análise dos dados. Chenitz e Swanson (1986), por exemplo, apresentam seis estudos de teoria fundamentada que variam nos tipos de análise relatada na narrativa. Em um prefácio para esses exemplos, eles mencionam que a análise (e narrativa) pode abordar um ou mais dos seguintes aspectos: descrição; a geração de categorias por meio da codificação aberta; ligação das categorias em torno de uma categoria central na codificação axial, desenvolvendo assim uma teoria substantiva de nível baixo; e/ou uma teoria substantiva vinculada a uma teoria formal.

Já encontrei estudos de teoria fundamentada que incluem uma ou mais dessas análises. Por exemplo, em um estudo sobre homossexuais e seu processo de "sair do armário", Kus (1986) usa apenas a codificação aberta na análise e identifica quatro estágios nesse processo de assumir publicamente a sua sexualidade: identificação, em que o indivíduo passa por uma transformação radical da identidade; mudanças cognitivas, em que ele transforma visões negativas sobre os *gays* em ideias positivas; aceitação, um estágio no qual ele aceita ser *gay* como uma força vital positiva; e ação, o processo de engajamento do indivíduo em um comportamento que resulta da aceitação de ser *gay*, como a autorrevelação, a expansão do círculo de amizades para incluir outros homossexuais, o envolvimento político em causas *gays* e o trabalho voluntário em grupos de defesa dos homossexuais. Em contraste com esse foco no processo, Brown e eu (Creswell e Brown, 1992) seguimos os passos de codificação em Strauss e Corbin (1990). Examinamos as práticas de desenvolvimento do corpo docente por diretores que estimulam a produtividade da pesquisa de seus docentes. Iniciamos pela codificação aberta, avançamos para a codificação axial com um diagrama lógico e declaramos uma série de proposições explícitas na forma direcional (em contraste com a nula).

Outra característica da narrativa embutida é examinar a forma de declarar as proposições ou relações teóricas nos estudos de teoria fundamentada. Por vezes, elas são apresentadas em forma "discursiva" ou descrevendo a teoria em forma narrativa. Strauss e Corbin (1990) apresentam esse modelo na sua teoria de "administração de proteção" (p. 134) no contexto da atenção à saúde. Outro exemplo é visto nas proposições formais de Conrad (1978) sobre mudança acadêmica na academia.

Outra estrutura embutida é a apresentação do "diagrama lógico", a "miniestrutura" ou o diagrama "integrativo", em que o pesquisador apresenta a teoria atual na forma de um modelo visual. O pesquisador identifica elementos dessa estrutura na fase de codificação axial e depois conta a "história" em codificação axial como uma versão narrativa dela. Como esse modelo visual é apresentado? Um bom exemplo desse diagrama é encontrado no estudo de Morrow e Smith (1995) de mulheres que sobreviveram ao abuso sexual na infância. Seu diagrama mostra um modelo teórico que contém as categorias de codificação axial das condições causais, o fenômeno central, o contexto, as condições intervenientes, as estratégias e as consequências. Ele é apresentado com setas direcionais indicando o fluxo de causalidade da esquerda para a direita, das condições causais para as consequências. As setas também mostram que o contexto e as condições intervenientes impactam diretamente as estratégias. Apresentada quase no final desse estudo, essa forma visual representa a teoria culminante do trabalho.

Charmaz (2006) fornece um amplo leque de estratégias de escrita embutidas úteis nos relatos da teoria fundamentada. Exemplos de estudos de teoria fundamentada ilustram a comunicação do humor ou das emoções em uma discussão teórica, a linguagem simples e as formas pelas quais a escrita pode ser acessível aos leitores, tais como o uso de ritmo e tempo (p. ex., "Days Slip By" [Charmaz, 2006, p. 173]). Charmaz também convida ao uso de definições e asserções inesperadas para o autor da teoria fundamentada. Perguntas retóricas também são úteis, e a escrita inclui um ritmo e um tom que conduz o leitor até o tópico. Podem ser contadas histórias em estudos de teoria fundamentada e, de modo geral, a escrita leva a linguagem evocativa a persuadir o leitor da teoria.

O estudo de teoria fundamentada de Harley e colaboradores (2009), apresentado no Apêndice D, ilustrou a estrutura mais formal da pesquisa científica em teoria fundamentada. Ele começou com o problema e a revisão da literatura e, depois, evoluiu para o método, os resultados, a discussão e as implicações práticas. A estrutura retórica mais ampla focou o desenvolvimento de um modelo teórico sobre a evolução da atividade física. Na seção dos resultados, as categorias e os códigos específicos não foram apresentados. Em vez disso, a discussão entrou rapidamente no modelo teórico e em uma discussão detalhada das fases do modelo. Um aspecto do modelo – planejamento de métodos – foi destacado para uma discussão detalhada. Em termos das estratégias de escrita embutidas, ela desenvolveu um modelo visual da teoria e mencionou que os pesquisadores empregaram os princípios básicos da análise de dados da teoria fundamentada (códigos agrupados em conceitos, conceitos comparados entre si, conceitos integrados em uma estrutura teórica). Nesse sentido, a abordagem detalhada da escrita e a apresentação mais ampla da teoria fundamentada neste estudo refletem mais do processo de escrita de um estudo de teoria fundamentada com um foco na teoria e os argumentos da teoria, conforme discutido por Charmaz (2006). Ele posiciona as "estruturas analíticas no palco central" (Charmaz, 2006, p. 151).

Estrutura da escrita etnográfica

Os etnógrafos escrevem amplamente sobre a construção narrativa, desde como a natureza do texto molda o assunto em questão até as convenções e recursos "literários" usados pelos autores (Atkinson e Hammersley, 1994). O formato geral das etnografias e das estruturas embutidas está bem detalhado na literatura.

Estrutura geral. A estrutura geral da escrita de etnografias varia. Por exemplo, Van Maanen (1988) apresenta as formas alternativas de etnografia. Algumas etnografias são escritas como reportagens realistas, relatos que fornecem retratos diretos e práticos das culturas estudadas sem muitas informações sobre como os etnógrafos produziram os retratos. Nesse tipo de relato, um autor usa um ponto de vista impessoal, transmitindo uma perspectiva "científica" e "objetiva". Um relato confessional assume a abordagem oposta, e o pesquisador foca mais nas suas experiências no campo de trabalho do que na cultura. O tipo final, o relato impressionista, é um relato personalizado do "caso no campo de trabalho em forma dramática" (Van Maanen, 1988, p. 7). Ela tem elementos tanto da escrita realista quanto confessional e, em minha opinião, apresenta uma história envolvente e persuasiva. Em ambas as histórias, confessional e impressionista, é usado o ponto de vista na primeira pessoa, transmitindo um estilo pessoal de escrita. Van Maanen afirma que também existem outros tipos de relatos, escritos menos frequentemente – relatos críticos que focam amplas questões sociais, políticas, simbólicas ou econômicas; relatos formalistas que montam, testam, generalizam e exibem a teoria; reportagens literárias, em que os etnógrafos escrevem como jornalistas, tomando emprestado dos romancistas técnicas de escrita de ficção; e histórias contadas em conjunto, nas quais a produção dos estudos tem autoria conjunta dos trabalhadores no campo e os informantes, revelando narrativas compartilhadas e discursivas.

Em uma nota um pouco diferente, mas ainda relacionada à estrutura retórica mais ampla, Wolcott (1994b) apresenta três componentes de uma boa investigação qualitativa que são um ponto central da boa escrita etnográfica, além dos passos na análise dos dados. Primeiro, um etnógrafo escreve uma "descrição" da cultura que responde à pergunta: "O que está acontecendo aqui?" (Wolcott, 1994b, p. 12). Wolcott fornece técnicas úteis para a escrita dessa descrição: ordem cronológica, a ordem do pesquisador ou narrador, uma focalização progressiva, um evento crítico ou chave, enredos e personagens, grupos em interação, uma estrutura analítica e uma história contada por meio de várias perspectivas. Em segundo lugar, após descrever a cultura usando uma dessas abordagens, o pesquisador "analisa" os dados. A análise inclui ressaltar os achados, exibir os achados, relatar procedimentos do campo de trabalho, identificar regularidades padronizadas nos dados, comparar o caso com um caso conhecido, avaliar as informações, contextualizar as informações dentro de uma estrutura analítica mais ampla, criticar o processo de pesquisa e propor um redesenho do estudo. De todas essas técnicas analíticas, a identificação de "padrões" ou temas é central para a escrita etnográfica. Em terceiro lugar, a interpretação está envolvida na estrutura retórica. Isso significa que o pesquisador pode estender a análise, fazer inferências a partir das informações, agir conforme direcionado ou sugerido pelos guardiões, voltar para a teoria, focar de novo na própria interpretação, conectar-se com a experiência pessoal, analisar ou interpretar o processo interpretativo ou explorar formatos alternativos. Dentre essas estratégias interpretativas, gosto pessoalmente da abordagem de interpretação dos achados dentro do contexto das experiências do pesquisador e dentro do corpo mais amplo da pesquisa acadêmica sobre o tópico.

Uma descrição mais detalhada e estruturada para a etnografia foi encontrada em Emerson, Fretz e Shaw (1995). Eles discutem o desenvolvimento de um estudo etnográfico como uma "narrativa temática", uma história "tematizada analiticamente, mas frequentemente de formas relativamente soltas... construída a partir de uma série de unidades de trechos das notas de campo e comentários analíticos organizados tematicamente" (p. 170). Essa narrativa temática se constrói indutivamente a partir de uma ideia ou tese principal que incorpora diversos temas analíticos e é elaborada durante o estudo. Ela é estruturada da seguinte forma:

✓ Primeiro, existe uma introdução que atrai a atenção do leitor e focaliza o estudo; então, o pesquisador prossegue ligando a sua interpretação a questões mais amplas de interesse acadêmico na disciplina.
✓ Depois disso, o pesquisador apresenta o contexto e os métodos para conhecê-lo. Nessa seção, também, o etnógrafo relata detalhes sobre a entrada e a participação no contexto, bem como as vantagens e restrições do papel de pesquisa do etnógrafo.
✓ A seguir, o pesquisador apresenta afirmações analíticas, e Emerson e colegas (1995) indicam a utilidade das unidades "comentários de trechos", onde o autor incorpora uma questão analítica, fornece informações orientadoras sobre a questão, apresenta o trecho ou citação direta e então desenvolve comentários analíticos sobre a citação na sua relação com a questão analítica.
✓ Na conclusão, o pesquisador reflete e desenvolve a tese apresentada no início. Essa interpretação pode ampliar ou modificar a tese à luz dos materiais examinados, relacionar a tese à teoria geral ou a uma questão atual, ou apresentar um

metacomentário sobre a tese, os métodos ou as suposições do estudo.

Estrutura embutida. Os etnógrafos usam recursos retóricos embutidos tais como figuras de linguagem ou "tropos" (Fetterman, 2010; Hammersey e Atkinson, 1995). As metáforas, por exemplo, proporcionam imagens visuais e espaciais ou caracterizações dramatúrgicas das ações sociais, como o teatro. Outro tropo é a sinédoque, em que os etnógrafos apresentam exemplos, ilustrações, casos e/ou vinhetas que formam uma parte, mas representam o todo. Os etnógrafos apresentam tropos de narrativas examinando causa e consequência que seguem grandes narrativas até parábolas menores. Um tropo final é a ironia, em que os pesquisadores trazem à luz contrastes das estruturas concorrentes de referência e racionalidade.

Recursos retóricos mais específicos descrevem as cenas em etnografia (Emerson et al., 1995). Os autores podem incorporar detalhes ou "escrever com exuberância" (Goffman, 1989, p. 131) ou "de forma densa" uma descrição que cria verossimilhança e produz para os leitores o sentimento de que eles experimentam, ou talvez pudessem experimentar, os eventos descritos (Denzin, 1989b; Fetterman, 2010). Denzin (1989b) fala sobre a importância de usar a "descrição densa" na escrita da pesquisa qualitativa. Com isso, ele quer dizer que a narrativa "apresenta detalhes, contexto, emoção e as redes de relações sociais... [e] evoca emotividade e sentimentos... As vozes, sentimentos, ações e os significados dos indivíduos em interação são ouvidos" (Denzin, 1989b, p. 83). Como exemplo, Denzin (1989b) refere-se primeiro a uma ilustração de descrição "densa" de Sudnow (1978) e, a seguir, apresenta a sua própria versão, como se fosse uma descrição "fraca".

> Descrição densa: "Sentado ao piano e dando início à produção de um acorde, o acorde como um todo foi preparado à medida que a mão se movia em direção ao teclado, e o terreno era visto como um campo em relação à tarefa... Houve um acorde A e um acorde B, separados um do outro... A produção de A consistiu de uma mão firmemente comprimida e a de B... uma propagação aberta e estendida... O iniciante vai de A para B desarticuladamente". (Sudnow, 1978, p. 9-10)

> Descrição fraca: "Tive problemas em aprender o teclado do piano." (Denzin, 1989b, p. 85)

Além disso, os etnógrafos apresentam um diálogo, e esse diálogo se torna especialmente vívido quando escrito no dialeto e na língua natural da cultura (veja, p. ex., os artigos sobre o inglês vernáculo dos negros ou "troca de códigos" em Nelson, 1990). Os escritores também se baseiam na caracterização em que os seres humanos são apresentados conversando, agindo e relacionando-se com os outros. As cenas mais longas assumem a forma de esquetes, uma "fatia da vida" (Emerson et al., 1995, p. 85) ou episódios maiores e contos.

Os escritores etnográficos contam "uma boa história" (Richardson, 1990). Assim, uma das formas de escrita qualitativa experimental "evocativa" para Richardson (1990) é a forma de representação ficcional, na qual os escritores lançam mão de recursos literários, tais como *flashback*, *flash-forward*, pontos de vista alternativos, caracterização profunda, mudanças de tom, sinédoque, diálogos, monólogo interior e, às vezes, narrador onisciente.

O estudo etnográfico de Haenfler (2004) dos valores centrais do movimento *straight edge* ilustrou muitas dessas convenções de escrita (veja o Apêndice E). Esse estudo se localizou em algum ponto entre uma história realista, com seu direcionamento para o exame detalhado da resistência da subcultura, e a reflexividade do autor enquanto discutia seu envolvimento como observador participante. Ele seguiu a orientação de Wolcott (1994b) da descrição com uma discussão detalhada sobre os valores centrais do grupo *sXe*, depois analisou os temas e encerrou com uma conclusão que discutia uma estrutura analítica para o entendimento do grupo. O estudo contou uma boa história persuasiva, com elementos chamativos (p. ex., *slogans* de camisetas), descrição "densa" e citações extensas. Não incluiu alguns tipos de tropos literários, como diálogo e diálogo interior, e o tom foi o de um narrador onisciente, como é, em geral, encontrado nas histórias realistas de Van Maanen (1988).

Estrutura da escrita de estudo de caso

Voltando a atenção para os estudos de caso, sou lembrado por Merriam (1988) de que "não há um formato padrão para relatar a pesquisa de estudo de caso" (p. 193). Enquanto alguns estudos de caso sem dúvida gerem teoria, outros são simplesmente descrições de casos, e outros, ainda, são de natureza mais analítica e apresentam comparações entre os casos ou entre os locais. A intenção geral do estudo de caso molda a estrutura maior da narrativa escrita. Mais ainda, considero útil conceituar uma forma geral, e me volto para textos-chave sobre estudos de caso para ter uma orientação.

Estrutura geral. Pode-se abrir e fechar a narrativa do estudo de caso com vinhetas para incluir o leitor no caso. Essa abordagem é sugerida por Stake (1995), que apresenta uma descrição dos tópicos que podem ser incluídos em um estudo de caso qualitativo. Acredito que essa seja uma maneira útil de montar os tópicos em um bom estudo de caso:

- ✓ O autor abre com uma vinheta de forma que o leitor possa desenvolver uma experiência vicária para que tenha uma ideia do tempo e lugar do estudo.
- ✓ A seguir, o pesquisador identifica a questão, o propósito e o método de estudo para que o leitor saiba de onde surgiu o estudo, o *background* do autor e as questões que envolvem o caso.
- ✓ Segue-se com uma extensa descrição do caso e de seu contexto – um corpo de dados relativamente incontestados –, uma descrição que o leitor poderia fazer se tivesse estado lá.
- ✓ As questões são apresentadas a seguir, algumas questões-chave, de forma que o leitor possa compreender a complexidade do caso. A complexidade se constrói por meio de referências a outras pesquisas ou ao entendimento que o autor tem de outros casos.
- ✓ A seguir, várias dessas questões são mais investigadas. Nesse ponto, o autor junta evidências confirmadoras e outras que negam.
- ✓ São apresentadas asserções, um sumário do que o autor entende sobre o caso e se as generalizações naturalísticas iniciais, conclusões a que chegou por meio da experiência pessoal ou foram oferecidas ao leitor como experiências vicárias, foram alteradas conceitualmente ou questionadas.
- ✓ Finalmente, o autor termina com uma vinheta de encerramento, uma nota experiencial, lembrando ao leitor de que este relato é o encontro de uma pessoa com um caso complexo.

Gosto dessa descrição geral porque ela fornece uma descrição do caso; apresenta os temas, asserções ou interpretações do pesquisador; e começa e termina com cenários realistas.

Um modelo semelhante é encontrado no relato de caso substantivo de Lincoln e Guba (1985). Eles descrevem a necessidade de explicação de um problema, uma descrição completa do contexto ou ambiente, uma descrição das transações ou processos observados naquele contexto, ênfases no local (elementos estudados em profundidade) e resultados da investigação ("lições aprendidas").

Em um nível ainda mais geral, encontro a útil tabela de Yin (2009) em 2 x 2 dos tipos de estudos de caso. Os estudos de caso podem ser projetos de único caso ou múltiplos casos e holísticos (unidade única de análise) ou embutidos (múltiplas unidades de análise). Yin comenta, ainda, que é melhor um caso único quando existe a necessidade de estudar um caso crítico, um caso extremo ou único, ou um caso revelador. Seja o caso único ou múltiplo, o pesquisador decide estudar o caso por inteiro, um desenho holístico ou múltiplas subunidades dentro do caso (o projeto embutido). Embora o desenho holístico possa ser mais abstrato, ele capta todo o caso de uma forma melhor do que o desenho embutido. Contudo, o desenho embutido começa com um exame das subunidades e permite a perspectiva detalhada caso as perguntas comecem a se modificar durante o trabalho de campo.

Yin (2009) também apresenta várias estruturas possíveis para a composição de um relato de estudo de caso. Em uma abordagem analítica linear, uma abordagem padrão de acordo com Yin, o pesquisador discute o problema, os métodos, os achados e as conclusões. Uma estrutura alternativa repete o mesmo estudo de caso várias vezes e compara descrições ou explicações alternativas do mesmo caso. Uma estrutura cronológica apresenta o estudo de caso em uma sequência, como seções ou capítulos que abordam a fase inicial, intermediária e final de uma história de caso. As teorias também são usadas como uma estrutura, e os estudos de caso podem debater várias hipóteses ou proposições. Em uma estrutura suspensa, a "resposta" ou resultado de um estudo de caso e o seu significado são apresentados em um capítulo ou seção inicial. As seções restantes são, então, dedicadas ao desenvolvimento de uma explicação para esse resultado. Em uma estrutura final, a estrutura não sequenciada, o autor descreve um caso sem uma ordem particular nas seções ou capítulos.

Estrutura embutida. Que recursos narrativos específicos e estruturas embutidas os autores de estudo de caso usam para "marcar" seus estudos? Pode-se abordar a descrição do contexto e ambiente do caso desde um quadro mais amplo até um mais delimitado. Por exemplo, no caso do atirador (Asmussen e Creswell, 1995; veja o Apêndice F), descrevemos inicialmente o incidente real no *campus* em termos da cidade em que a situação se desenvolveu, seguida pelo *campus* e, delimitando mais ainda, a sala de aula no *campus*. Essa abordagem de afunilamento delimitou o ambiente de uma cidade calma até uma sala de aula potencialmente volátil e pareceu lançar o estudo dentro de uma cronologia dos eventos que ocorreram.

Os pesquisadores também precisam ter conhecimento da quantidade de descrição nos seus estudos de caso *versus* a quantidade de análise e interpretação ou asserções. Ao comparar descrição e análise, Merriam (1988) sugere que o equilíbrio adequado deve ser de 60 a 40% ou 70 a 30% a favor da descrição. No caso do atirador, Asmussen e eu equilibramos os elementos em terços iguais (33%-33%-33%) – uma descrição concreta do contexto e dos eventos reais (e daqueles que ocorreram nas duas semanas seguintes ao incidente); os cinco temas; e nossa interpretação, as lições aprendidas, relatadas na seção de discussão. Em nosso estudo de caso, a descrição do caso e seu contexto não surgiu tão grande como em outros estudos de caso. Mas essas questões cabem aos autores decidir, e é concebível que um estudo de caso contenha principalmente material descritivo, especialmente se o sistema delimitado, o caso, é muito grande e complexo.

Nosso estudo do atirador (Asmussen e Creswell, 1995; veja o Apêndice F) também representou um estudo de caso único (Yin, 2009), com uma narrativa única sobre o caso, seus temas e a sua interpretação. Em outro estudo, a apresentação do caso poderia ser a de múltiplos casos, com cada caso discutido separadamente, ou estudos de casos múltiplos sem discussões separadas de cada caso, mas uma análise geral entre os casos (Yin, 2009). Outro formato de narrativa de Yin (2009) é apresentar uma série de perguntas e respostas apoiadas na base de dados do estudo de caso.

Em qualquer um desses formatos, podem-se considerar estruturas alternativas embutidas para construir análises de casos. Por exemplo, em nosso estudo do atirador (Asmussen e Creswell, 1995; veja o Apêndice F), apresentamos descritivamente a cronologia dos eventos durante o incidente e imediatamente após. A abordagem cronológica pareceu funcionar melhor quando os eventos se desenrolavam e seguiam um processo; os estudos de caso frequentemente são delimitados pelo tempo e abrangem elementos ao longo do tempo (Yin, 2009).

UMA COMPARAÇÃO DAS ESTRUTURAS NARRATIVAS

Revendo a Tabela 9.1, encontramos muitas estruturas diversas para a escrita do relato qualitativo. Quais são as principais diferenças que existem nas estruturas, dependendo da escolha da abordagem?

Primeiramente, fico impressionado com a diversidade de discussões sobre as estruturas narrativas. Encontro pouco cruzamento ou compartilhamento de estruturas entre as cinco abordagens, embora na prática isso ocorra sem dúvida nenhuma. Os tropos narrativos e os recursos literários discutidos pelos etnógrafos e pesquisadores narrativos possuem aplicabilidade independentemente da abordagem. Em segundo lugar, as estruturas da escrita são altamente relacionadas aos procedimentos de análise de dados. Um estudo fenomenológico e um estudo de teoria fundamentada seguem de forma muito parecida os passos de análise dos dados. Em resumo, lembro mais uma vez que é difícil separar as atividades de coleta de dados, análise e escrita do relato em um estudo qualitativo. Em terceiro lugar, a ênfase dada à escrita da narrativa, especialmente as estruturas narrativas embutidas, varia entre as abordagens. Os etnógrafos lideram o grupo nas suas extensas discussões sobre narrativa e construção do texto. Os escritores fenomenologistas e de teoria fundamentada passam menos tempo discutindo este tópico. Em quarto lugar, a estrutura narrativa geral é claramente especificada em algumas abordagens (p. ex., um estudo de teoria fundamentada, um estudo fenomenológico e talvez um estudo de caso), enquanto é flexível e evolutiva em outras (p. ex., uma narrativa, uma etnografia). Talvez essa conclusão reflita a abordagem mais estruturada *versus* a abordagem menos estruturada e geral entre as cinco abordagens de investigação.

Resumo

Neste capítulo, discuti a escrita do relato qualitativo. Iniciei pela discussão de várias questões retóricas que o escritor precisa abordar. Essas questões incluem escrever reflexivamente e com representação, o público para quem será escrito, a codificação (*encoding*) para esse público e o uso de citações. Depois me voltei para cada uma das cinco abordagens de investigação e apresentei as estruturas retóricas gerais para a organização de todo o estudo, além das estruturas específicas embutidas, recursos de escrita e técnicas que o pesquisador incorpora ao estudo. Uma tabela dessas estruturas mostra a diversidade de perspectivas sobre a estrutura que reflete diferentes procedimentos de análise de dados e afiliações de disciplinas. Concluí com observações sobre as diferenças nas estruturas da escrita entre as cinco abordagens, as diferenças refletidas na variabilidade das abordagens, as relações entre a análise dos dados e a escrita do relato, a ênfase na literatura de cada abordagem na construção narrativa e a quantidade de estrutura na arquitetura geral de um estudo dentro de cada abordagem.

Leituras adicionais

Charmaz, K. (2006). *Constructing grounded theory*. London: Sage.

Clandinin, D. J., & Connelly, F. M. (2000). *Narrative inquiry: Experience and story in qualitative research*. San Francisco: Jossey-Bass.

Clifford, J., & Marcus, G. E. (Eds.). (1986). *Writing culture: The poetics and politics of ethnography*. Berkeley: University of California Press.

Czarniawka, B. (2004). *Narratives in social science research*. Thousand Oaks, CA: Sage.

Denzin, N. K. (1989). *Interpretive interactionism*. Newbury Park, CA: Sage.

Fetterman, D. M. (2010). *Ethnography: Step by step* (3rd ed.). Thousand Oaks, CA: Sage.

Gilgun, J. F. (2005). "Grab" and good science: Writing up the results of qualitative research. *Qualitative Health Research*, 15, 256–262.

Moustakas, C. (1994). *Phenomenological research methods*. Thousand Oaks, CA: Sage.

Richardson, L., & St. Pierre, E. A. (2005). Writing: A method of inquiry. In N. K. Denzin & Y. S. Lincoln (Eds.), *The Sage handbook of qualitative research* (3rd ed., pp. 959–978). Thousand Oaks, CA: Sage.

Riessman, C. K. (2008). *Narrative methods for the human sciences*. Los Angeles, CA: Sage.

Stake, R. (1995). *The art of case study research*. Thousand Oaks, CA: Sage.

Strauss, A., & Corbin, J. (1990). *Basics of qualitative research: Grounded theory procedures and techniques*. Newbury Park, CA: Sage.

Strauss, A., & Corbin, J. (1998). *Basics of qualitative research: Grounded theory procedures and techniques* (2nd ed.). Thousand Oaks, CA: Sage.

Van Maanen, J. (1988). *Tales of the field: On writing ethnography*. Chicago: University of Chicago Press.

van Manen, M. (1990). *Researching lived experience*. New York: State University of New York Press.

van Manen, M. (2006). Writing qualitatively, or the demands of writing. *Qualitative Health Research*, 16, 713–722.

Weis, L., & Fine, M. (2000). *Speed bumps: A student-friendly guide to qualitative research*. New York: Teachers College Press.

Wolcott, H. F. (1994). *Transforming qualitative data: Description, analysis, and interpretation*. Thousand Oaks, CA: Sage.

Wolcott, H. F. (2008). *Writing up qualitative research* (3rd ed.). Thousand Oaks, CA: Sage.

Yin, R. K. (2009). *Case study research: Design and method* (4th ed.). Thousand Oaks, CA: Sage.

EXERCÍCIOS

1. É útil que seja visto o fluxo geral de ideias em um estudo qualitativo de um artigo acadêmico dentro de uma abordagem particular de pesquisa qualitativa. O fluxo de ideias pode então ser adaptado para usar no seu projeto específico. Retorne ao Capítulo 5 e escolha um dos artigos acadêmicos que se adapte à sua abordagem particular (narrativa, fenomenologia, etc.). Encontre o artigo e faça um diagrama da sua estrutura geral, compondo um desenho com círculos, quadros e setas. Onde o artigo começa? Com uma observação pessoal, uma apresentação do problema, uma revisão da literatura? Faça um esboço do fluxo de ideias no artigo para usar como um modelo para o seu trabalho.

2. Examine o estudo de caso do atirador no Apêndice F. Aprenda como escrever uma passagem do tema, examinando um dos temas neste estudo de caso. Tome, por exemplo, a passagem do tema sobre "segurança". Sublinhe (a) as múltiplas perspectivas que são desenvolvidas, (b) as diferentes fontes de informação usadas e (c) as citações e se elas são curtas, médias ou longas. Nesse tipo de análise, você terá uma compreensão mais profunda da escrita de uma passagem do tema no seu estudo qualitativo.

3. É útil ver realmente a descrição "densa" em ação ao escrever pesquisa qualitativa. Para fazer isso, volte-se para os bons romances, em que o autor fornece detalhes excepcionais sobre um evento, coisa ou uma pessoa. Por exemplo, consulte o livro de Paul Harding, *Tinkers* (2009), e leia a passagem sobre como George consertou um relógio estragado de uma liquidação. Escreva sobre como Harding incorpora uma descrição física, inclui uma descrição dos passos (ou movimentos), usa verbos fortes de ação, faz uso de referências ou citações e se apoia nos cinco sentidos para transmitir detalhes (visão, audição, paladar, olfato, tato). Use esse tipo de detalhes nas suas descrições ou temas qualitativos.

10
Padrões de validação e avaliação

Os pesquisadores qualitativos se esforçam para obter "compreensão", aquela estrutura profunda de conhecimento que provém de consultar pessoalmente os participantes, passar um longo tempo no campo e investigar para obter significados detalhados. Durante ou depois de um estudo, os pesquisadores qualitativos perguntam: "será que fizemos certo?" (Stake, 1995, p. 107) ou "publicamos um relato 'errado' ou impreciso?" (Thomas, 1993, p. 39). É possível, na verdade, ter uma resposta "certa"? Para responder a essas perguntas, os pesquisadores precisam olhar para si mesmos, para os participantes e para os leitores. Existem aqui discursos multi ou polivocais em funcionamento, que proporcionam uma percepção da validação e avaliação de uma narrativa qualitativa.

Neste capítulo, abordo duas questões inter-relacionadas: o relato é válido, e pelos padrões de quem? Como avaliamos a qualidade da pesquisa qualitativa? As respostas a estas perguntas nos conduzirão às muitas perspectivas sobre validação que surgem dentro da comunidade qualitativa e os múltiplos padrões para avaliação discutidos pelos autores com perspectivas processuais, interpretativas, emancipatórias e pós-modernas.

QUESTÕES PARA DISCUSSÃO

✓ Quais são algumas das perspectivas qualitativas sobre validação?
✓ Quais são alguns procedimentos alternativos úteis no estabelecimento da validação?
✓ Como a confiabilidade é usada em pesquisa qualitativa?
✓ Quais são algumas posturas alternativas na avaliação da qualidade da pesquisa qualitativa?
✓ Como essas posturas diferem de acordo com os tipos de abordagens de investigação qualitativa?

VALIDAÇÃO E CONFIABILIDADE EM PESQUISA QUALITATIVA

Perspectivas sobre validação

Existem muitas perspectivas referentes à importância da validação em pesquisa qualitativa, à sua definição, aos termos para descrevê-la e aos procedimentos para estabelecê-la. Na Tabela 10.1, ilustro várias das perspectivas disponíveis sobre validação na literatura qualitativa. Essas perspectivas encaram a validação qualitativa em termos de equivalentes qualitativos, usam termos qualitativos que são distintos dos termos quantitativos, empregam perspectivas pós-modernas e interpretativas, consideram a validação como não importante, combinam ou sintetizam muitas perspectivas e as visualizam metaforicamente, como um cristal.

Os autores procuraram e encontraram equivalentes qualitativos que se comparam às abordagens quantitativas tradicionais de validação. LeCompte e Goetz (1982) usaram essa abordagem quando compararam as questões de validação e confiabilidade com suas contrapartes em projeto e pesquisa experimental. Eles argumentam que a pesquisa qualitativa recebeu muitas críticas na comunidade científica por "não aderir aos cânones de confiabilidade e validação" (LeCompte e Goetz, 1982, p. 31) no sentido tradicional. Eles identificam ameaças à validação interna em pesquisa experimental de pesquisa etnográfica (p. ex., história e maturação, efeitos do observador, seleção e regressão, mortalidade, conclusões espúrias). Eles identificam ainda ameaças à validação externa como "efeitos que obstruem ou reduzem a comparabilidade ou traduzibilidade de um estudo" (LeCompte e Goetz, 1982, p. 51).

Alguns escritores argumentam que os autores que usam terminologia positivista facilitam a aceitação da pesquisa qualitativa em um mundo quantitativo. Ely e colegas (Ely, Anzul, Friedman, Garner e Steinmetz, 1991) afirmam que o uso de termos quantitativos tende a ser uma medida defensiva que piora a situação e que "a linguagem da pesquisa positivista não é congruente ou adequada ao trabalho qualitativo" (p. 95). Lincoln e Guba (1985) usam termos alternativos que, argumentam eles, aderem mais à pesquisa naturalista. Para estabelecer a "confiança" de um estudo, Lincoln e Guba (1985) usam termos, tais como *credibilidade, autenticidade, "transferabilidade" (possibilidade de transferência), fidelidade* e *"confirmabilidade"(possibilidade de confirmação)* como "equivalentes naturalistas" para *validação interna, validação externa, confiabilidade e objetividade* (p. 300). Para operacionalizar esses novos termos, eles propõem técnicas, como o envolvimento prolongado no campo e a triangulação das fontes de dados, métodos e investigadores para estabelecer a credibilidade. Para assegurar que os achados sejam transferíveis entre o pesquisador e aqueles que estão sendo estudados, a descrição densa é necessária. Em vez de confiabilidade, o que se procura é a fidelidade, testando a possibilidade de os resultados estarem sujeitos a mudança e instabilidade. O pesquisador naturalista procura por "confirmabilidade" em vez de objetividade no estabelecimento do valor dos dados. Tanto a fidelidade quanto a confirmabilidade são estabelecidas por meio de um exame do processo de pesquisa. Os critérios de Lincoln e Guba ainda são populares nos relatos qualitativos que encontro.

Em vez de usar o termo *validação*, Eisner (1991) discute a credibilidade da pesquisa qualitativa. Ele constrói padrões como a corroboração estrutural, validação consensual e adequação referencial. Na corroboração estrutural, o pesquisador usa múltiplos tipos de dados para apoiar ou contradizer a interpretação. Como afirma Eisner (1991), "Procuramos uma confluência de evidências que produza credibilidade, que permita que nos sintamos confiantes quanto a nossas observações, interpretações e conclusões" (p. 110). Ele ainda ilustra esse ponto com uma analogia extraída do trabalho do detetive: o pesquisador compila pequenas partes de evidências para formular um "todo convincente". Nesse estágio, o pesquisador procura comportamentos ou ações recorrentes e considera a negação de evidências e interpretações contrárias. Além do mais, Eisner recomenda que para demonstrar credibilidade, o peso das evidências deve ser persuasivo. A validação consensual procura a opinião de outros e Eisner (1991) se refere a "uma concordância entre outros competentes de que a descrição, interpretação, avaliação e temática de uma situação educacional estão corretas" (p. 112). A adequação

TABELA 10.1
Perspectivas e termos usados em validação qualitativa

Estudo	Perspectiva	Termos
LeCompte e Goetz (1982)	Uso de paralelos, equivalentes qualitativos às suas contrapartes quantitativas em pesquisa experimental e levantamentos	Validade interna Validade externa Confiabilidade Objetividade
Lincoln e Guba (1985)	Uso de termos alternativos que se aplicam mais a axiomas naturalistas	Credibilidade Fidelidade Transferibilidade Confirmabilidade
Eisner (1991)	Uso de termos alternativos que fornecem padrões razoáveis para julgamento da credibilidade da pesquisa qualitativa	Corroboração estrutural Validação consensual Adequação referencial Validade irônica
Lather (1993)	Uso de validade reconceitualizada em quatro tipos	Validade paralógica Validade rizomática Validade sensorial situada/embutida
Wolcott (1994b)	Uso de termos diferentes de *validade*, porque este não guia nem informa a pesquisa qualitativa	Compreensão melhor do que validade
Angen (2000)	Uso de validação dentro do contexto de investigação interpretativa	Dois tipos: ético e substantivo
Whittemore, Chase e Mandle (2001)	Uso de perspectivas sintetizadas de validade, organizadas em critérios primários e critérios secundários	Critérios primários: credibilidade, autenticidade, criticidade e integridade Critérios secundários: explicitação, vivacidade, criatividade, minúcia, congruência e sensibilidade
Richardsonn e St. Pierre (2005) Lincoln, Lynham e Guba (2011)	Uso de uma forma de validade metafórica e reconceituada, como um cristal Uso de autenticidade, transgressão e relações éticas	Cristais: crescem, mudam, alteram, refletem externalidades, refratam dentro si mesmos Veracidade representando as visões, consciência aumentada e ação; suposições ocultas e repressões, o cristal que pode ser transformado de muitas maneiras; relações com os participantes da pesquisa

referencial sugere a importância da crítica e Eisner descreve o objetivo da crítica como o esclarecimento do assunto e originando uma percepção e compreensão humana mais complexa e sensível.

Os pesquisadores qualitativos também reconceituaram a validação com uma sensibilidade pós-moderna. Lather (1991) comenta que a atual "incerteza paradigmática nas ciências humanas está levando à reconceituação da validação" e requer "novas técnicas e conceitos para a obtenção da definição de dados confiáveis que evite armadilhas ou noções ortodoxas de validação" (p. 66). Para Lather, o caráter do relato de uma ciência social se modifica de uma narrativa fechada com uma estrutura estrita de argumentos para uma narrativa mais aberta, com lacunas e perguntas, e que admite um contexto e a possibilidade de parcialidade. Em *Getting Smart* (1991), Lather desenvolve uma "reconceituação de validação". Ela identifica quatro tipos de validação, incluindo triangulação (múltiplas fontes de dados, métodos, e esquemas teóricos), validação do constructo (reconhecimento dos constructos que existem, em vez de imposição de teorias/constructos sobre os informantes ou o contexto), validação de face (como um "clique de reconhecimento" e um "sim, é claro", em vez da experiência "sim, mas" [Kidder, 1982, p. 56]) e validação catalítica (que energiza os participantes para conhecerem a realidade para transformá-la).

Em um artigo posterior, os termos de Lather (1993) se tornaram mais peculiares e intimamente relacionados à pesquisa feminista em "quatro estruturas de validação". A primeira, validação *irônica*, é quando o pesquisador apresenta a verdade como um problema. A segunda, validação *paralógica*, refere-se a limites, paradoxos e complexidades, um movimento que se afasta da teorização das coisas e se aproxima da exposição direta a outras vozes de uma forma quase não mediada. A terceira, validação *rizomática*, pertence ao questionamento de proliferações, cruzamentos e sobreposições sem estruturas subjacentes ou conexões profundamente enraizadas. O pesquisador também questiona taxonomias, constructos e redes interconectadas em que o leitor salta de uma montagem para outra e consequentemente passa do julgamento para o entendimento. O quarto tipo é a validação situada, incorporada ou *sensorial*, que significa que o pesquisador procura entender mais do que se consegue saber e escrever sobre o que não se entende.

Outros autores, tais como Wolcott (1990a), fazem pouco uso da validação. Ele sugere que "a validação não guia nem informa" seu trabalho (Wolcott, 1990a, p. 136). Ele não descarta a validação, mas em vez disso a coloca em uma perspectiva mais ampla. O objetivo de Wolcott (1990a) é identificar "elementos críticos" e escrever "interpretações plausíveis para eles" (p. 146). Ele por fim procura entender em vez de convencer e expressa a visão de que a validação desvia do seu trabalho de compreensão do que realmente está acontecendo. Wolcott alega que o termo *validação* não capta a essência do que ele procura, acrescentando que talvez alguém possa cunhar um termo apropriado para o paradigma naturalista. Mas, por enquanto, diz ele, o termo *compreender* parece conter a ideia tanto quanto qualquer outra.

A validação também foi incluída em uma abordagem interpretativa da pesquisa qualitativa marcada por um foco na importância do pesquisador, uma ausência da verdade na validação, uma forma de validação baseada na negociação e no diálogo com os participantes e interpretações que são temporais, localizadas e sempre abertas à reinterpretação (Angen, 2000). Angen (2000) sugere que dentro da pesquisa interpretativa, a validação é "um julgamento da confiança ou correção de uma pesquisa" (p. 387). Ela adota um diálogo aberto constante sobre o tópico, tornando a pesquisa interpretativa digna da nossa confiança. As considerações da validação não são definitivas como a palavra final sobre o tópico, nem se deve esperar que todos os estudos as abordem. Além do mais, ela desenvolve dois tipos de validação: validação ética e validação substantiva. Validação ética significa que todas as agendas de pesquisa precisam questionar suas suposições morais subjacentes, suas implicações politicas e éticas e o tratamento equitativo das diversas vozes. Também requer que a pesquisa forneça algumas respostas práticas às perguntas. Nossa pesquisa também deve ter uma "promessa geradora" (Ansen, 2000, p. 389) e levantar novas possibilidades, dar vez a novos questionamentos e estimular novos diálogos. Nossa pesquisa precisa ter valor informativo que conduza à ação e mudança. Nossa pesquisa também deve fornecer respostas não dogmáticas às perguntas que fazemos.

Validação substantiva significa a compreensão dos próprios tópicos, compreensões derivadas de outras fontes, e a documentação deste processo no estudo escrito. A autorreflexão contribui para a validação do trabalho. O pesquisador, como um intérprete sócio-histórico, interage com o assunto em questão para criar conjuntamente a interpretação derivada. As compreensões derivadas de pesquisas anteriores acrescentam substância à investigação. A pesquisa interpretativa também é uma cadeia de interpretações que devem ser documentadas para os outros julgarem a confiabilidade dos significados alcançada no final. Os relatos escritos devem ter ressonância junto ao seu público pretendido e devem ser atraentes, poderosos e convincentes.

Uma síntese das perspectivas de validação provém de Whittemore, Chase e Mandle (2001), que analisam 13 escritos sobre validação e extraem desses estudos critérios-chave para validação. Eles organizam estes critérios em critérios primários e secundários. Eles encontram quatro critérios primários: credibilidade (os resultados são uma interpretação acurada do significado dos participantes?); autenticidade (as diferentes vozes são ouvidas?); criticidade (existe uma avaliação crítica de todos os aspectos da pesquisa?); e integridade (os investigadores são autocríticos?). Os critérios secundários relacionam-se à explicitação, vivacidade, criatividade, minúcia, congruência e sensibilidade. Em resumo, com esses critérios, é como se a validação padrão tenha se direcionado para as lentes interpretativas da pesquisa qualitativa, com uma ênfase na reflexividade do pesquisador e nos desafios do pesquisador que incluem levantar questões a respeito das ideias desenvolvidas durante um estudo de pesquisa.

Uma perspectiva pós-moderna recente se baseia na imagem metafórica de um cristal. Richardson (em Richardson e St. Pierre, 2005) descreve essa imagem:

> Proponho que o imaginário central para a "validação" em um texto pós-moderno não seja um triângulo – um objeto rígido, fixo, bidimensional. Em vez disso, o imaginário central é o cristal, que combina simetria e substância com uma variedade infinita de formas, substâncias, transmutações, multidimensionalidades e ângulos de abordagem. Os cristais crescem, mudam e são alterados, mas não são amorfos. Os cristais são prismas que refletem externalidades e refratam dentro de si, criando diferentes cores, padrões e variedades que se lançam em diferentes direções. O que vemos depende do nosso ângulo de resposta – não triangulação, mas, em vez disso, cristalização. (p. 963)

Uma perspectiva final é a obtida de Lincoln, Lynham e Guba (2011). Eles captam as muitas perspectivas a serem desenvolvidas ao longo dos anos. Eles sugerem que a questão dos critérios de validade não seja se devemos ter tais critérios ou os critérios de quem a comunidade científica adotaria, mas em vez disso como os critérios precisam ser desenvolvidos dentro das transformações projetadas que estão sendo sugeridas pelos cientistas sociais. Para esse fim, eles revisam seu foco no estabelecimento da autenticidade, porém, o estruturam dentro das perspectivas de um equilíbrio das visões, aumentando o nível de consciência entre os participantes e as partes interessadas e desenvolvendo a capacidade da investigação de conduzir à ação por parte dos participantes da pesquisa e treinando esses participantes a tomarem atitudes. Lincoln e colegas (2011) também veem um papel para a validade na compreensão das suposições ocultas por meio da imagem (também compartilhado por Richardson e St. Pierre, 2005) de um cristal que reflete e refrata os processos de pesquisa, tais como descoberta, visão, narração e representação. Finalmente, para esses autores, validade é uma relação ética com os participantes por meio de padrões tais como se posicionarem, terem discursos, encorajar a expressão e serem autorreflexivos.

Considerando essas muitas perspectivas, irei resumir a minha posição. Considero "validação" em pesquisa qualitativa como uma tentativa de avaliar a "acurácia" dos achados, como melhor descritos pelo pesquisador e os participantes. Essa visão também sugere que um relatório de pesquisa seja uma representação por parte do autor.

Também encaro a validação como uma força distinta da pesquisa qualitativa na qual o relato feito durante o longo tempo passado no campo, a descrição densa detalhada e a proximidade do pesquisador aos participantes se somam ao valor ou precisão de um estudo.

Uso o termo *validação* para enfatizar um processo (veja Angen, 2000), em vez de *verificação* (que tem implicações quantitativas) ou palavras históricas como *confiabilidade* e *autenticidade* (reconhecendo que muitos autores qualitativos retornam a estas palavras, sugerindo a "força da permanência" dos padrões de Lincoln e Guba, 1985; veja Whittemore et al., 2001). Reconheço que existem muitos tipos de validação qualitativa e que os autores precisam escolher os tipos e termos com os quais se sentem confortáveis. Recomendo que os escritores façam referência aos seus termos e estratégias de validação.

O assunto da validação surge em várias das abordagens de pesquisa qualitativa (p. ex., Riessman, 2008; Stake, 1995; Strauss e Corbin, 1998), mas não acho que existam distintas abordagens de validação para as cinco abordagens de pesquisa qualitativa. No máximo, pode haver menos ênfase na validação em pesquisa narrativa e mais ênfase nela em teoria fundamentada, estudo de caso e etnografia, especialmente quando os autores destas abordagens desejam empregar procedimentos sistemáticos.

Recomendaria o uso de estratégias múltiplas de validação independentemente do tipo de abordagem qualitativa.

A minha estrutura para pensar em validação em pesquisa qualitativa é sugerir que os pesquisadores empreguem estratégias aceitas para documentar a "precisão" dos seus estudos. Eu as chamo de "estratégias de validação".

Estratégias de validação

Não é suficiente obterem-se perspectivas e termos; em última análise, essas ideias são traduzidas na prática como estratégias ou técnicas. Whittemore e colegas (2001) organizam as técnicas em 29 formas que se aplicam à consideração do projeto, geração, análise e apresentação dos dados. Meu colega e eu (Creswell e Miller, 2000) focamos em oito estratégias que são frequentemente usadas pelos pesquisadores qualitativos. Elas não estão apresentadas em ordem de importância.

Envolvimento prolongado e observação persistente no campo incluem desenvolver confiança com os participantes, aprender a cultura e verificar as desinformações que provêm de distorções introduzidas pelo pesquisador ou informantes (Ely et al., 1991; Erlandson, Harris, Skipper e Allen, 1993; Glesne e Peshkin, 1992; Lincoln e Guba, 1985; Merriam, 1988). No campo, o pesquisador toma decisões sobre o que se destaca para estudar, é relevante para o propósito do estudo e de interesse para o foco. Fetterman (2010) argumenta que "a observação participante requer um contato próximo e de longa duração com as pessoas em estudo" (p. 39).

Na **triangulação**, os pesquisadores fazem uso de múltiplas e diferentes fontes, métodos, investigadores e teorias para fornecer evidências confirmadoras (Ely et al, 1991; Erlandson et al., 1993; Glesne e Peshkin, 1992; Lincoln e Guba, 1985; Merriam, 1988; Miles e Huberman, 1994; Patton, 1980, 1990). Em geral, esse processo envolve evidências confirmadoras de diferentes fontes para lançar luz sobre um tema ou perspectiva. Quando os pesquisadores qualitativos localizam evidências para documentar um código ou tema em diferentes fontes de dados, eles estão triangulando as informações e fornecendo validade aos seus achados.

O *exame ou questionamento (debriefing) dos pares* possibilita uma checagem externa do processo de pesquisa (Ely et al., 1991; Erlandson et al., 1993; Glesne e Peshkin, 1992; Lincoln e Guba, 1985; Merriam, 1988), em boa parte no mesmo espírito que a confiabilidade entre os avaliadores na pesquisa quantitativa. Lincoln e Guba (1985) definem o papel dos pares questionadores como o de um "advogado do diabo", um indivíduo que mantém o pesquisador honesto; faz perguntas difíceis sobre os métodos, os significados e as interpretações; e dá ao pesquisador a oportunidade de catarse dando ouvidos simpaticamente aos sentimentos do pesquisador. Este examinador pode ser um dos pares e ambos, o par e o pesquisador fazem relatos por escrito das sessões, chamadas de "sessões de *debriefing* dos pares" (Lincoln e Guba, 1985).

Na *análise de caso negativa*, o pesquisador aperfeiçoa hipóteses de trabalho à medida que a investigação avança (Ely et al., 1991; Lincoln e Guba, 1985; Miles e Huberman, 1994; Patton, 1980, 1990) à luz de evidências negativas e que não confirmam os pressupostos originais. Nem todas as evidências se enquadrarão no padrão de um código ou tema. É necessário, então, relatar esta análise negativa e, fazendo isso, o pesquisador apresenta uma avaliação realista do fenômeno em estudo. Na vida real, nem todas as evidências são positivas ou negativas; elas são um pouco das duas.

Esclarecer o viés do pesquisador desde o início do estudo é importante para que o leitor entenda a posição do pesquisador e eventuais vieses ou suposições que possam impactar a investigação (Merriam, 1988). Nesse esclarecimento, o pesquisador comenta sobre experiências passadas, vieses, preconceitos e orientações que provavelmente moldaram a interpretação e a abordagem do estudo.

Na *verificação dos membros*, o pesquisador solicita a visão dos participantes quanto à credibilidade dos achados e interpretações (Ely et al., 1991; Erlandson et al., 1993; Glesne e Peshkin, 1992; Lincoln e Guba, 1985; Merriam, 1988; Miles e Huberman, 1994). Essa técnica é considerada por Lincoln e Guba (1985) com "a técnica mais crítica para o estabelecimento da credibilidade" (p. 314). Essa abordagem, em *versão ampliada* na maioria dos estudos qualitativos, envolve devolver os dados, análises, interpretações e conclusões aos participantes de forma que eles possam julgar a precisão e credibilidade do relato. De acordo com Stake (1995), os participantes devem "desempenhar um papel importante conduzindo e também agindo em pesquisa de estudo de caso" (p. 115). Eles devem ser solicitados a examinar os rascunhos do trabalho do pesquisador e apresentar uma linguagem alternativa, "observações críticas ou interpretações" (Stake, 1995, p. 115). Para essa estratégia de validação, convoco um grupo focal composto de participantes do meu estudo e lhes peço que reflitam sobre a precisão do relato. Não entrego aos participantes as minhas transcrições ou os dados brutos, mas lhes forneço minhas análises preliminares que consistem em descrição ou temas. Estou interessado nos seus pontos de vista dessas análises escritas, bem como no que está faltando.

A *descrição rica e densa* permite que os leitores tomem decisões quanto à transferabilidade (Erlandson et al., 1993; Lincoln e Guba, 1985; Merriam, 1988) porque o autor descreve em detalhes os participantes ou o contexto em estudo. Com essa descrição detalhada, o pesquisador possibilita que os leitores transfiram informações para outros contextos e determinem se os achados podem ser transferidos "devido às características compartilhadas" (Erlandson et al., 1993, p. 32). Descrição densa significa que o pesquisador fornece detalhes quando descreve um caso ou quando escreve a respeito de um tema. De acordo com Stake (2010), "uma descrição é rica se fornece detalhes abundantes e interconectados..." (p. 49). Os detalhes podem emergir por meio da descrição física, descrição dos movimentos e descrição da atividade. Também podem envolver uma descrição a partir de ideias gerais até os pormenores (como no estudo de caso de Asmussen e Creswell, 1995; veja o Apêndice F), interconectando os detalhes, usando verbos fortes de ação e citações.

Auditorias externas (Erlandson et al., 1993; Lincoln e Guba, 1985; Merriam, 1988; Miles e Huberman, 1994) permitem que um consultor externo, o auditor, examine o processo e o produto do relato, avaliando a sua precisão. Esse auditor não deve ter nenhuma ligação com o estudo. Ao avaliar o produto, o auditor examina se os achados, as interpretações e as conclusões são ou não apoiados pelos dados. Lincoln e Guba (1985) comparam isso, metaforicamente, a uma auditoria fiscal e o procedimento fornece ao estudo uma noção de confiabilidade interobservador.

Examinando esses oito procedimentos como um todo, recomendo que os pesquisadores qualitativos se engajem em pelo menos dois deles em um determinado estudo. Inquestionavelmente, procedimentos tais como a triangulação entre as diferentes fontes de dados (presumindo que o investigador colete mais de uma), fazer uma descrição detalhada e densa e devolver toda a narrativa escrita aos participantes na checagem dos membros são todos procedimentos razoavelmente fáceis de conduzir. Eles são os procedimentos mais populares e custo-efetivos. Outros procedimentos, como as auditorias dos pares e as auditorias externas, consomem mais tempo na sua aplicação e também podem envolver custos substanciais para o pesquisador.

Perspectivas de confiabilidade

A confiabilidade pode ser abordada em pesquisa qualitativa de diversas maneiras (Silverman, 2005). A confiabilidade pode ser aumentada se o pesquisador obtiver notas de campo detalhadas, empregando material de boa qualidade para a gravação e transcrevendo a gravação. Além disso, a gravação precisa ser transcrita para indicar as pausas e sobreposições triviais, mas frequentemente fundamentais. Uma codificação adicional pode ser feita "às cegas" com a equipe de codificação (*coding*) e os analistas que conduzem sua pesquisa sem o conhecimento das expectativas e perguntas dos diretores do projeto e por meio do uso de programas de computador para auxiliar no registro e na análise dos dados. Silverman também apoia a concordância interobservador.

Nosso foco na confiabilidade aqui será na *concordância interobservador* baseada no uso de múltiplos codificadores para analisar os dados transcritos. Em pesquisa qualitativa, *confiabilidade* geralmente se refere à estabilidade das respostas a múltiplos codificadores de conjuntos de dados. Encontro essa prática especialmente usada em pesquisa qualitativa em ciência da saúde e na forma de pesquisa qualitativa em que os investigadores desejam uma checagem externa no processo altamente interpretativo de codificação. O que parece estar em grande falta na literatura (com exceção de Miles e Huberman, 1994, e Armstrong, Gosling, Weinman e Marteau, 1997) é uma discussão sobre os reais procedimentos de condução de checagens de concordância interobservador. Uma das questões-chave é determinar com o que exatamente as codificações estão concordando, se elas procuram concordância nos nomes de código, nas passagens codificadas ou as mesmas passagens codificadas da mesma forma. Também precisamos decidir se procuramos concordância com base em códigos, em temas ou em ambos (veja Armstrong et al., 1997).

Não resta dúvida de que existe flexibilidade no processo e os pesquisadores precisam moldar uma abordagem consistente com os recursos e o tempo para se engajarem na codificação. No Veterans Affairs (VA) Healthcare System, em Ann Arbor, Michigan, tive a oportunidade de ajudar a projetar um processo de concordância interobservador usando dados relacionados ao Health Insurance Portability and Accountability Act (HIPPAA; L. J. Damschroder, comunicação pessoal, março de 2006). Em um projeto no VA Healthcare System, usamos os seguintes passos em nosso processo de concordância interobservador:

Procuramos desenvolver um livro de códigos que seria estável e representaria a análise da codificação de quatro codificadores independentes. Todos nós usamos o NVivo como programa de *software* para ajudar nesta codificação. Para atingir esse objetivo, lemos, cada um, várias transcrições e codificamos cada manuscrito.

Depois da codificação de, digamos, três a quatro transcrições, nos reunimos e examinamos os códigos, seus nomes e os segmentos de texto que codificamos. Começamos a desenvolver um livro de códigos qualitativos preliminar dos principais códigos. Esse livro de códigos continha uma definição de cada código e os segmentos de texto que nós atribuímos a cada um. Nesse livro inicial de códigos, tínhamos códigos "pais" e códigos "filhos". Nele, estávamos mais interessados nos principais códigos que estávamos encontrando na base de dados do que em uma lista exaustiva. Acreditávamos que poderíamos fazer acréscimos a esses códigos à medida que as análises prosseguissem.

Então, cada um de nós codificou independentemente três transcrições adicionais, digamos as Transcrições 5, 6 e 7. Agora estávamos prontos para realmente compararmos nossos códigos. Achávamos que era mais importante termos concordância quanto aos segmentos de texto a que estávamos atribuindo códigos do que termos as mesmas passagens exatas codificadas. Concordância interobservador para nós significava que concordávamos que, quando atribuíamos uma palavra código a uma passagem, todos nós atribuíamos esta mesma palavra código à passagem. Isso não significava que todos nós codificávamos as mesmas passagens – um ideal que acho que seria difícil de atingir porque algumas pessoas codificam passagens curtas e outras passagens mais longas. E também não significava que todos nós separávamos exatamente as mesmas linhas para nossa palavra código, outro ideal difícil de atingir.

Portanto, assumimos uma postura realista e examinamos as passagens que nós quatro codificamos e nos perguntamos se havíamos atribuído a mesma palavra código à passagem, com base em nossas definições provisórias no livro de códigos. A decisão seria um sim ou um não e poderíamos calcular a porcentagem de concordância entre nós quatro em relação a esta passagem que todos nós codificamos. Procuramos estabelecer uma concordância de 80% na codificação destas passagens (Miles e Huberman, 1994, recomendam uma concordância de 80%). Outros pesquisadores poderiam na verdade ter calculado um coeficiente de confiabilidade *kappa** quanto à concordância, mas achamos que uma porcentagem seria suficiente para relatar em nosso estudo publicado.

Depois que transformamos os códigos em temas mais amplos, pudemos conduzir o mesmo processo com os temas para ver se as passagens que todos nós codificamos como temas eram consistentes no uso do mesmo tema.

Depois que o processo continuou por meio de várias outras transcrições, examinamos o livro de códigos e conduzimos novamente uma avaliação das passagens que todos codificamos e determinamos se usamos os mesmos ou diferentes códigos ou os mesmos ou diferentes temas. Em cada fase do processo de concordância interobservador, alcançamos uma porcentagem mais alta de concordância quanto aos códigos e temas para os segmentos de texto.

CRITÉRIOS DE AVALIAÇÃO
Perspectivas qualitativas

Ao revisar a validação na literatura de pesquisa qualitativa, fico impressionado com como a validação é às vezes usada na discussão da qualidade de um estudo (p. ex., Angen, 2000). Embora a validação seja certamente um aspecto da avaliação da qualidade de um estudo, outros critérios também são úteis. Ao revisar os critérios, descubro também que aqui os padrões variam dentro da comunidade qualitativa (veja meu contraste das três abordagens da avaliação qua-

---

* N. de R.T.: Coeficiente de confiabilidade *kappa* – é um teste estatístico de concordância inter e intraobservadoras. É usado para avaliar a concordância das respostas de duas avaliações.

litativa, Creswell, 2012). Primeiramente, examinarei os três padrões gerais e, depois, me voltarei para critérios específicos dentro de cada uma das nossas cinco abordagens da pesquisa qualitativa.

Uma perspectiva metodológica provém de Howe e Eisenhardt (1990), que sugerem que apenas os padrões amplos e abstratos são possíveis para pesquisa qualitativa (e quantitativa). Além do mais, determinar, por exemplo, se um estudo é uma boa etnografia não pode ser respondido separado da avaliação do quanto o estudo contribui para a nossa compreensão de questões importantes. Howe e Eisenhardt vão mais além, sugerindo que podem ser aplicados cinco padrões a todas as pesquisas. Primeiro, eles avaliam um estudo em termos de se as perguntas de pesquisa guiam a coleta e análise de dados em vez do contrário. Segundo, eles examinam até que ponto a coleta de dados e as técnicas de análise são aplicadas com competência em um sentido técnico. Terceiro, eles indagam se as suposições do pesquisador são explicitadas como, por exemplo, a própria subjetividade do pesquisador. Quarto, eles questionam se o estudo tem uma garantia geral, por exemplo, se é robusto, usa explicações teóricas respeitadas e discute explicações teóricas que não foram confirmadas. Quinto, o estudo deve ter "valor" em informar e melhorar a prática (a pergunta "E daí?") e na proteção da confidencialidade, privacidade e divulgação da verdade dos participantes (a questão ética).

Uma estrutura interpretativa pós-moderna forma uma segunda perspectiva, de Lincoln (1995), que pensa na questão da qualidade em termos de critérios emergentes. Ela acompanha o seu próprio pensamento (e o do seu falecido amigo, Guba) desde as abordagens iniciais de desenvolvimento de critérios metodológicos paralelos (Lincoln e Guba, 1985), passando pelo estabelecimento de critérios de "justiça" (um equilíbrio das visões das partes interessadas), compartilhando o conhecimento e fomentando a ação social (Guba e Lincoln, 1989) até a sua posição atual. A nova abordagem emergente da qualidade está baseada em ter novos compromissos: com as relações emergentes com os respondentes, com um conjunto de posturas e com uma visão da pesquisa que possibilita e promove a justiça. Baseado nestes compromissos, Lincoln (1995) identifica oito padrões:

- ✓ O padrão definido na comunidade investigativa, tal como diretrizes para publicação. Essas diretrizes admitem que dentro de diversas abordagens de pesquisa, as comunidades investigativas desenvolveram suas próprias tradições de rigor, comunicação e formas de trabalhar em direção ao consenso. Ela também declara que essas diretrizes servem para excluir o conhecimento legítimo da pesquisa e os pesquisadores das ciências sociais.
- ✓ O padrão de tendência guia a pesquisa interpretativa ou qualitativa. Baseando-se naqueles preocupados com a epistemologia do ponto de vista, isso significa que o "texto" deve exibir honestidade ou autenticidade quanto à sua própria postura e sobre a posição do autor.
- ✓ Outro padrão está sob a rubrica da comunidade. Este padrão reconhece que toda a pesquisa ocorre, é direcionada e serve aos propósitos da comunidade em que ela é realizada. Tais comunidades podem ser o pensamento feminista, bolsas de estudos para negros, estudos dos nativos americanos ou estudos ecológicos.
- ✓ A pesquisa interpretativa ou qualitativa precisa dar voz aos participantes para que suas vozes não sejam silenciadas, dispensadas ou marginalizadas. Além do mais, este padrão requer que vozes alternativas ou múltiplas sejam ouvidas em um texto.
- ✓ Subjetividade crítica como um padrão significa que o pesquisador precisa ter a autoconsciência aumentada no processo de pesquisa e criar transformações pessoais e sociais. Essa "consciência de alta qualidade" possibilita que o pesquisador entenda seus estados psicológicos e emocionais antes, durante e depois da experiência da pesquisa.
- ✓ A pesquisa interpretativa ou qualitativa de alta qualidade envolve reciprocidade entre o pesquisador e aqueles que estão sendo pesquisados. Esse padrão requer

que exista compartilhamento intenso, confiança e mutualidade.

✓ O pesquisador deve respeitar o aspecto sagrado das relações no *continuum* pesquisa para a ação. Esse padrão significa que o pesquisador respeita os aspectos colaborativos e igualitários da pesquisa e "cria espaços para o estilo de vida dos outros" (Lincoln, 1995, p. 284).

✓ O compartilhamento dos privilégios reconhece que, na boa pesquisa qualitativa, os pesquisadores compartilham sua remuneração com as pessoas cujas vidas eles retratam. Esse compartilhamento pode ser na forma de *royalties* dos livros ou o compartilhamento dos direitos de publicação.

Uma perspectiva final utiliza padrões interpretativos de condução de pesquisa qualitativa. Richardson (em Richardson e St. Pierre, 2005) identifica quatro critérios que ela usa quando examina trabalhos ou monografias submetidos para publicação em ciências sociais:

✓ **Contribuição substantiva.** Esse trabalho contribui para a nossa compreensão da vida social? Demonstra uma perspectiva social profundamente fundamentada? Parece "verdadeiro"?

✓ **Mérito estético.** Esse trabalho funciona esteticamente? O uso de práticas analíticas criativas abre o texto e convida a respostas interpretativas? O texto é moldado artisticamente, de maneira agradável à leitura, é complexo e não enfadonho?

✓ **Reflexividade.** Como a subjetividade do autor foi um produtor e produto desse texto? Existe autoconsciência e honestidade? O autor foi fiel aos padrões de saber e expressão das pessoas que ele estudou?

✓ **Impacto.** Este trabalho me afeta emocional ou intelectualmente? Gera novas questões ou me impulsiona a escrever? Experimenta novas práticas de pesquisa ou me impulsiona para a ação? (p. 964)

Como metodologista de pesquisa aplicada, prefiro os padrões metodológicos de avaliação, mas também posso apoiar as perspectivas pós-moderna e interpretativa. O que parece estar faltando em todas as abordagens discutidas até agora é a sua conexão com as cinco abordagens de investigação qualitativa. Que padrões de avaliação, além dos já mencionados, sinalizariam um estudo narrativo, uma fenomenologia, um estudo de teoria fundamentada, uma etnografia e um estudo de caso de alta qualidade?

Pesquisa narrativa

Denzin (1989a) é primariamente interessado no problema de "como localizar e interpretar o sujeito nos materiais biográficos" (p. 26). Ele apresenta várias diretrizes para a escrita de uma biografia interpretativa:

> As experiências vividas dos indivíduos em interação são a própria matéria da sociologia. Os significados dessas experiências são mais bem transmitidos pelas pessoas que os vivenciam; assim sendo, a preocupação com método, validação, confiabilidade, possibilidade de generalização e relevância teórica do método biográfico deve ser deixada de lado em favor de uma preocupação com o significado e a interpretação.
>
> Os estudantes do método biográfico devem aprender a usar as estratégias e técnicas de interpretação e crítica literária (isto é, manter seu método em consonância com a preocupação com a leitura e a escrita dos textos sociais, em que os textos são vistos como "ficções narrativas"). (Denzin, 1989a, p. 26)

Quando um indivíduo escreve uma biografia, ele se inscreve na vida do sujeito sobre quem ele está escrevendo; desta forma, o leitor lê sob a perspectiva dele.

Assim, dentro de uma postura humanista interpretativa, Denzin (1989b) identifica "critérios de interpretação" como um padrão para julgamento da qualidade de uma biografia. Estes critérios estão baseados no respeito à perspectiva do pesquisador, como também na descrição densa.

Denzin (1989b) advoga a habilidade do pesquisador de iluminar o fenômeno de uma maneira densamente contextualizada (isto é, a descrição densa do contexto desenvolvido), de modo a revelar as características históricas, processuais e interacionais da experiência. Além disso, a interpretação do pesquisador deve abranger o que é aprendido sobre o fenômeno e incorporar entendimentos anteriores, embora sempre permanecendo incompleta e inacabada.

Esse foco na interpretação e descrição densa está em contraste com os critérios estabelecidos dentro da abordagem mais tradicional da escrita biográfica. Por exemplo, Plummer (1983) afirma que três conjuntos de perguntas relacionadas à amostragem, às fontes e à validação do relato devem guiar o pesquisador para um bom estudo da história de vida:

- ✓ O indivíduo é representativo? Edel (1984) faz uma pergunta similar: como o biógrafo distinguiu entre as testemunhas confiáveis e não confiáveis?
- ✓ Quais são as fontes de viés (a respeito do participante, do pesquisador e da interação participante-pesquisador)? Ou, como questiona Edel (1984), como o pesquisador evitou tornar-se simplesmente a voz do sujeito?
- ✓ O relato é válido quando os indivíduos são solicitados a lê-lo, quando é comparado aos registros oficiais e quando é comparado com os relatos de outro participante?

Em um estudo narrativo, eu procuraria os seguintes aspectos de um "bom" estudo. O autor:

- ✓ foca-se em um único indivíduo (ou dois ou três indivíduos);
- ✓ coleta histórias sobre uma questão significativa relacionada à vida desse indivíduo;
- ✓ desenvolve uma cronologia que conecta diferentes fases ou aspectos de uma história;
- ✓ conta uma história que relata o que foi dito (temas), como foi dito (o desenrolar da história) e como os interlocutores agem ou encenam a narrativa;
- ✓ coloca-se reflexivamente dentro do estudo.

Pesquisa fenomenológica

Que critérios devem ser usados para julgar a qualidade de um estudo fenomenológico? A partir de muitas leituras sobre fenomenologia, podem-se inferir critérios a partir das discussões sobre os passos (Giorgi, 1985) ou as "facetas essenciais" da fenomenologia transcendental (Moustakas, 1994, p. 58). Não encontrei discussões diretas dos critérios, mas talvez Polkinghorne (1989) seja o que mais se aproxime em minhas leituras, quando discute se os achados são "válidos" (p. 57). Para ele, validação refere-se à noção de que uma ideia é bem fundamentada e bem apoiada. Ele pergunta: "A descrição estrutural geral oferece um retrato preciso das características comuns e conexões estruturais que estão manifestas nos exemplos coletados?" (Polkinghorne, 1989, p. 57). Ele então prossegue, identificando cinco perguntas que os pesquisadores podem se fazer:

- ✓ O entrevistador influenciou os conteúdos das descrições dos participantes de tal forma que as descrições não reflitam verdadeiramente a experiência real dos participantes?
- ✓ A transcrição é precisa e transmite o significado da apresentação oral na entrevista?
- ✓ Na análise das transcrições, houve outras conclusões que poderiam ter sido tiradas, além das oferecidas pelo pesquisador? O pesquisador identificou essas alternativas?
- ✓ É possível partir da descrição estrutural geral das transcrições e explicar os conteúdos e as conexões específicos nos exemplos originais da experiência?
- ✓ A descrição estrutural é específica para a situação, ou vale em geral para a experiência em outras situações? (Polkinghorne, 1989).

Os padrões que eu usaria para avaliar a qualidade de uma fenomenologia seriam:

- ✓ O autor expressa uma compreensão dos princípios filosóficos da fenomenologia?
- ✓ O autor tem um "fenômeno" claro para estudar que seja articulado de uma forma concisa?

✓ O autor usa procedimentos de análise de dados em fenomenologia, como os procedimentos recomendados por Moustakas (1994) ou van Manen (1990)?
✓ O autor transmite a essência geral da experiência dos participantes? Essa essência inclui uma descrição da experiência e do contexto em que ela ocorreu?
✓ O autor é reflexivo durante todo o estudo?

Pesquisa de teoria fundamentada

Strauss e Corbin (1990) identificam os critérios pelos quais se julga a qualidade de um estudo de teoria fundamentada. Eles apresentam sete critérios relacionados ao processo geral de pesquisa:

Critério nº1: Como a amostra original foi selecionada? Quais são os seus fundamentos?

Critério nº2: Quais são as categorias principais que emergiram?

Critério nº3: Quais são alguns dos eventos, incidentes, ações, etc. (como indicadores) que apontaram para algumas dessas categorias principais?

Critério nº4: Com base em quais categorias a amostragem teórica procedeu? Guiou a coleta de dados? Ela foi representativa das categorias?

Critério nº5: Quais são algumas das hipóteses pertencentes às relações conceituais (isto é, entre as categorias) e sobre quais fundamentos elas foram formuladas e testadas?

Critério nº6: Houve casos em que as hipóteses não se sustentaram em relação ao que era realmente visto? Como foram explicadas essas discrepâncias? Como elas afetaram as hipóteses?

Critério nº7: Como e por que a categoria essencial foi selecionada (repentina, gradual, difícil, fácil)? Sobre que bases? (Strauss e Corbin, 1990, p. 253)

Eles também apresentam seis critérios relacionados à fundamentação empírica de um estudo:

Critério nº1: São gerados conceitos?

Critério nº2: Os conceitos estão sistematicamente relacionados?

Critério nº3: Existem muitas ligações conceituais e as categorias são bem desenvolvidas? Com densidade?

Critério nº4: Existe muita variação dentro da teoria?

Critério nº5: As condições mais amplas estão integradas a essa explicação?

Critério nº6: O processo (mudança ou movimento) foi levado em consideração? (Strauss e Corbin, 1990, p. 254-256)

Charmaz (2006) reflete sobre a qualidade da teoria desenvolvida em um estudo de teoria fundamentada. Ela sugere que os teóricos dessa abordagem lancem um olhar sobre a sua teoria e se façam as seguintes perguntas:

✓ As definições das principais categorias são completas?
✓ Levantei as principais categorias para os conceitos na minha teoria?
✓ Aumentei o alcance e a profundidade da análise neste projeto?
✓ Estabeleci fortes ligações teóricas entre as categorias e entre as categorias e suas propriedades, além dos dados?
✓ Como aumentei a compreensão do fenômeno estudado?
✓ Quais são as implicações dessa análise para mover as fronteiras teóricas? Para o seu alcance e extensão teóricos? Para os métodos? Para o conhecimento substantivo? Para ações ou intervenções?
✓ Com quais problemas teóricos, substantivos ou práticos esta análise está mais intimamente relacionada? Quais os públicos que poderiam ser os mais interessados nela? Para onde irei com ela?
✓ Em que a minha teoria faz uma contribuição nova? (Charmaz, 2006, p. 155, 156)

Esses critérios, relacionados ao processo de pesquisa e à fundamentação do estudo nos dados, representam referências para avaliar a qualidade de um estudo que o autor pode mencionar em sua pesquisa. Por exemplo, em uma dissertação de teoria fundamentada, Landis (1993) não só apresentou os padrões de Strauss e Corbin (1990), como também avaliou para seus leitores até que ponto seu estudo correspondia aos critérios. Quando avalio um estudo de teoria fundamentada, também estou procurando pelo processo geral e uma relação entre os conceitos. Especificamente, procuro por:

- ✓ O estudo de um processo, ação ou uma interação como o elemento-chave na teoria.
- ✓ Um processo de codificação que funcione a partir dos dados até um modelo teórico maior.
- ✓ A apresentação do modelo teórico em uma figura ou um diagrama.
- ✓ Um enredo ou proposição que faça conexão entre as categorias no modelo teórico e que apresente mais perguntas a serem respondidas.
- ✓ O uso de lembretes durante o processo de pesquisa.
- ✓ Reflexividade ou sinceridade por parte do pesquisador sobre a sua postura no estudo.

Pesquisa etnográfica

Os etnógrafos Spindler e Spindler (1987) enfatizam que o requisito mais importante para uma abordagem etnográfica é explicar o comportamento a partir do "ponto de vista dos nativos" (p. 20) e ser sistemático no registro dessas informações, usando anotações, gravações em áudio e câmeras. Isso requer que o etnógrafo esteja presente na situação e se envolva em constante interação entre observação e entrevistas. Estes pontos são reforçados nos nove critérios de Spindler e Spindler para uma "boa etnografia":

Critério I. As observações são contextualizadas.

Critério II. As hipóteses emergem *in situ** à medida que o estudo avança.

Critério III. A observação é prolongada e repetitiva.

Critério IV. Por meio de entrevistas, observações e outros procedimentos de apuração, é obtida a visão nativa da realidade.

Critério V. Os etnógrafos obtêm conhecimento dos informantes-participantes de uma forma sistemática.

Critério VI. Instrumentos, códigos, cronogramas, questionários, agenda para entrevistas, etc., são gerados *in situ* como resultado da investigação.

Critério VII. Uma perspectiva comparativa transcultural é frequentemente uma suposição não declarada.

Critério VIII. O etnógrafo torna explícito o que está implícito e é tácito para os informantes.

Critério IX. O entrevistador etnográfico não deve predeterminar respostas pelos tipos de perguntas feitas (Spindler e Spindler, 1987, p. 18).

Essa lista, fundamentada no campo de trabalho, conduz a uma etnografia forte. Além do mais, como argumenta Lofland (1974), o estudo está localizado em estruturas conceituais amplas; apresenta a novidade, mas não necessariamente o novo; fornece evidências para a(s) estrutura(s); é dotado de eventos, incidentes, ocorrências, episódios, relatos curtos, cenas e acontecimentos interacionais concretos significativos sem serem "hipersignificativos"; e mostra uma interação entre o concreto e o analítico e o empírico e o teórico.

Meus critérios para uma boa etnografia incluiriam:

- ✓ A identificação clara de um grupo que compartilha uma cultura.
- ✓ A especificação de um tema cultural que será examinado à luz desse grupo que compartilha a cultura.
- ✓ Uma descrição detalhada do grupo cultural.
- ✓ Temas que derivam de uma compreensão do grupo cultural.
- ✓ A identificação de questões que surgiram "no campo" que se refletem na relação

---

* N. de R.T.: *In situ* – do latim "no lugar."

entre o pesquisador e os participantes, a natureza interpretativa do relato e sensibilidade e reciprocidade na criação conjunta do relato.
✓ Uma explanação geral de como funciona o grupo que compartilha a cultura.
✓ Reflexividade e sinceridade por parte do pesquisador sobre sua posição na pesquisa.

Pesquisa de estudo de caso

Stake (1995) apresenta uma "*checklist* crítica" bastante extensa (p. 131) para um relato de estudo de caso e compartilha 20 critérios para a avaliação de um bom relato de estudo de caso:

1. O relato é fácil de ler?
2. Ele se articula com cada frase contribuindo para o todo?
3. O relato tem uma estrutura conceitual (isto é, temas ou questões)?
4. Essas questões são desenvolvidas de uma forma séria e acadêmica?
5. O caso está definido adequadamente?
6. Existe uma noção de história para a apresentação?
7. O leitor recebe experiência vicária?
8. As citações foram usadas efetivamente?
9. Os títulos, figuras, artefatos, apêndices e índices são usados efetivamente?
10. Ele foi bem editado e depois recebeu um refinamento na última hora?
11. O escritor fez asserções sólidas, não superinterpretando nem subinterpretando?
12. Foi prestada atenção adequada aos vários contextos?
13. Foram apresentados dados brutos suficientes?
14. As fontes de dados foram bem escolhidas e em número suficiente?
15. As observações e interpretações parecem ter sido trianguladas?
16. O papel e o ponto de vista do pesquisador estão bem evidentes?
17. A natureza do público pretendido está evidente?
18. É demonstrada empatia para todos os lados?
19. As intenções pessoais são examinadas?
20. Parece que os indivíduos foram colocados em risco? (Stake, 1995, p. 131)

Os meus critérios para avaliação de um "bom" estudo de caso incluiriam os seguintes:

✓ Existe uma identificação clara do "caso" ou "casos" no estudo?
✓ O "caso" (ou os "casos") é usado para entender uma questão da pesquisa ou é usado porque o "caso" (ou os "casos") tem mérito intrínseco?
✓ Existe uma descrição clara do "caso"?
✓ Os temas são identificados para o "caso"?
✓ As asserções ou generalizações são feitas a partir da análise do "caso"?
✓ O pesquisador é reflexivo e honesto quanto à sua posição no estudo?

COMPARANDO OS PADRÕES DE AVALIAÇÃO DAS CINCO ABORDAGENS

Os padrões discutidos para cada abordagem diferem um pouco, dependendo dos procedimentos das abordagens. Certamente, pouco é dito sobre a pesquisa narrativa e seus padrões de qualidade, e há mais material disponível sobre as outras abordagens. A partir dos principais livros usados para cada abordagem, procurei extrair os padrões de avaliação recomendados para a sua abordagem de pesquisa. A esses, acrescentei os meus próprios padrões, que utilizo em minhas aulas qualitativas quando avalio um projeto ou estudo apresentado dentro de cada uma das cinco abordagens.

Resumo

Neste capítulo, discuto validação, confiabilidade e padrões de qualidade em pesquisa qualitativa. As abordagens de validação variam consideravelmente, como as estratégias que enfatizam o uso de termos qualitativos comparáveis aos termos quantitativos, o uso de termos distintos, perspectivas a partir de lentes pós-modernas e interpretativas, sínteses de diferentes perspectivas, descrições baseadas em imagens metafóricas ou alguma combinação dessas perspectivas sobre validade. A confiabilidade é usada em pesquisa qualitativa de várias maneiras, uma das mais populares sendo o uso de concordâncias interobservador, em que múltiplos codificadores analisam e depois comparam os seus segmentos de código para estabelecer a confiabilidade do processo de análise dos dados. É descrito neste capítulo um procedimento detalhado para o estabelecimento da concordância interobservador. Além disso, existem diversos padrões para o estabelecimento da qualidade da pesquisa qualitativa, e esses critérios estão baseados em perspectivas procedurais, perspectivas pós-modernas e perspectivas interpretativas. Dentro de cada uma das cinco abordagens de investigação, também existem padrões específicos; eles foram examinados neste capítulo. Finalmente, apresentei os critérios que uso para avaliar a qualidade dos estudos que me são apresentados durante as aulas em cada uma das cinco abordagens.

Leituras adicionais

Sobre validação

Angen, M. J. (2000). Evaluating interpretive inquiry: Reviewing the validity debate and opening the dialogue. *Qualitative Health Research*, 10, 378–395.

Lincoln, Y. S. (1995). Emerging criteria for quality in qualitative and interpretive research. *Qualitative Inquiry*, 1, 275–289.

Lincoln, Y. S., Lynham, S. A., & Guba, E. G. (2011). Paradigmatic controversies, contradictions, and emerging confluences. In N. K. Denzin & Y. S. Lincoln (Eds.), *SAGE handbook of qualitative research* (4th ed., pp. 97–128). Thousand Oaks, CA: Sage.

Silverman, D. (1993). *Interpreting qualitative data: Methods for analyzing talk, text, and interaction*. London: Sage.

Whittemore, R., Chase, S. K., & Mandle, C. L. (2001). Validity in qualitative research. *Qualitative Health Research*, 11, 522–537.

Para confiabilidade

Armstrong, D., Gosling, A., Weinman, J., & Marteau, T. (1997). The place of interrater reliability in qualitative research: An empirical study. *Sociology*, 31, 597–606.

Miles, M. B., & Huberman, A. M. (1994). *Qualitative data analysis: A sourcebook of new methods* (2nd ed.). Thousand Oaks, CA: Sage.

Silverman, D. (2005). *Doing qualitative research: A practical handbook* (2nd ed.). London: Sage.

Para avaliação

Creswell, J. W. (2012). *Educational research: Planning, conducting, and evaluating quantitative and qualitative research* (4th ed.). Upper Saddle River, NJ: Pearson Education.

Lincoln, Y. S. (1995). Emerging criteria for quality in qualitative and interpretive research. *Qualitative Inquiry*, 1, 275–289.

Richardson, L., & St. Pierre, E. A. (2005). Writing: A method of inquiry. In N. K. Denzin & Y. S. Lincoln (Eds.), *The Sage handbook of qualitative research* (3rd ed., pp. 959–978). Thousand Oaks, CA: Sage.

Além disso, padrões específicos em cada uma das cinco abordagens:

Em pesquisa narrativa

Clandinin, D. J., & Connelly, F. M. (2000). *Narrative inquiry: Experience and story in qualitative research*. San Francisco: Jossey-Bass.

Czarniawka, B. (2004). *Narratives in social science research*. Thousand Oaks, CA: Sage.

Denzin, N. K. (1989). *Interpretive biography*. Newbury Park, CA: Sage.

Riessman, C. K. (2008). *Narrative methods for the human sciences*. Los Angeles, CA: Sage

Em fenomenologia

Moustakas, C. (1994). *Phenomenological research methods*. Thousand Oaks, CA: Sage.

van Manen, M. (1990). *Researching lived experience: Human science for an action sensitive pedagogy*. Albany: State University of New York Press.

Em teoria fundamentada

Charmaz, K. (2006). *Constructing grounded theory*. London: Sage.

Strauss, A., & Corbin, J. (1990). *Basics of qualitative research: Grounded theory procedures and techniques*. Newbury Park, CA: Sage.

Em etnografia

Fetterman, D. M. (2010). *Ethnography: Step by step* (3rd ed.). Thousand Oaks, CA: Sage.

LeCompte, M. D., & Schensul, J. J. (1999). *Designing and conducting ethnographic research*. Walnut Creek, CA: AltaMira.

Madison, D. S. (2005). *Critical ethnography: Methods, ethics, and performance*. Thousand Oaks, CA: Sage.

Wolcott, H. F. (1999). *Ethnography: A way of seeing*. Walnut Creek, CA: AltaMira.

Em estudo de caso

Stake, R. (1995). *The art of case study research*. Thousand Oaks, CA: Sage.

Yin, R. K. (2009). *Case study research: Design and methods* (4th ed.). Thousand Oaks, CA: Sage.

EXERCÍCIOS

1. Uma das abordagens para validação foi escrever uma "descrição densa" na descrição de casos ou contextos e em temas. Procure uma descrição detalhada em uma história ou novela curta. Se você não encontrou uma, poderá usar a história sobre o "Cat 'n' Mouse", conforme encontrada no livro de Steven Millhauser (2008), *Dangerous Laughter*. Identifique as passagens em que Millhauser cria detalhes por meio de passagens físicas, movimentos ou descrição de atividades. Identifique também como ele interconecta os detalhes.

2. Pratique a concordância interobservador. Faça dois ou mais codificadores examinarem uma transcrição e registrarem seus códigos. Depois, examine as passagens que todos os codificadores identificaram e veja se os seus códigos são similares ou combinam. Volte ao exemplo de concordância interobservador que forneço neste capítulo como um guia para o seu procedimento.

3. Neste capítulo, identifico as características principais de cada uma das cinco abordagens que podem ser usadas na avaliação de um estudo. Escolha uma das abordagens, encontre um artigo acadêmico que a use e adote e veja se consegue encontrar as características principais da avaliação daquela abordagem no artigo.

11
"Transformando a história" e Conclusão

Como a história poderia ser transformada se ela fosse um estudo de caso, um projeto narrativo, uma fenomenologia, uma teoria fundamentada ou uma etnografia? Neste livro, sugiro que os pesquisadores tenham conhecimento dos procedimentos de pesquisa qualitativa e das diferenças entre as abordagens de investigação qualitativa. O objetivo não é sugerir uma preocupação com método ou metodologia; na verdade, vejo dois caminhos paralelos em um estudo: o conteúdo substantivo do estudo e a metodologia. Com o aumento no interesse pela pesquisa qualitativa, é importante que os estudos que estão sendo conduzidos avancem com rigor e atenção aos procedimentos desenvolvidos dentro das abordagens de investigação.

As abordagens são muitas, e seus procedimentos para pesquisa estão bem documentados em livros e artigos. Alguns escritores classificam as abordagens, e alguns autores mencionam as suas favoritas. Inquestionavelmente, a pesquisa qualitativa não pode ser caracterizada como de um tipo, atestado pelo discurso multivocal que cerca a pesquisa qualitativa hoje. Somando-se a esse discurso, estão as perspectivas sobre posturas filosóficas, teóricas e ideológicas. Para captar a essência de um bom estudo qualitativo, visualizo esse estudo como composto por três círculos interconectados. Conforme mostra a Figura 11.1, esses círculos incluem a abordagem de investigação, procedimentos do projeto de pesquisa e estruturas e suposições filosóficas e teóricas. A interação desses três fatores contribui para um estudo complexo e rigoroso.

TRANSFORMANDO A HISTÓRIA

Neste capítulo, novamente enfatizo as distinções entre as abordagens de investigação, mas parto da minha abordagem, usada em capítulos anteriores. Focalizo a lente em uma nova direção e "transformo a história" do caso do atirador (Asmussen e Creswell, 1995) em um estudo narrativo, uma fenomenologia, uma teoria fundamentada e uma etnografia. Antes de seguir com este capítulo, o leitor é aconselhado a reexaminar o estudo de caso do atirador, conforme apresentado no Apêndice F e examinado no Capítulo 5.

Transformar a história por meio das diferentes abordagens de investigação levanta a questão: devemos combinar um problema particular com uma abordagem de investigação? É colocada muita ênfase nessa relação nas pesquisas em ciências sociais e humanas. Concordo que isso precisa ser feito. Mas, para os propósitos deste livro, o meu caminho em torno da questão é apresentar um problema *geral* – "Como o *campus* reagiu?" – e depois construir cenários para problemas específicos. Por exemplo, o problema específico de estudar a reação de um único indivíduo ao incidente com uma arma é diferente do problema específico de como reagiram vários alunos como um grupo que compartilha uma cultura, mas os dois cenários são reações à questão geral de uma resposta do *campus* ao incidente. O problema geral que abordo é que sabemos pouco sobre como os *campi* respondem à violência e ainda menos sobre o quanto os diferentes grupos constitutivos no *campus* respondem a um incidente potencialmente violento. Ter conhecimento dessas informações nos ajudaria a criar planos melhores para reagir a esse tipo de problema, como também contribuiria para a literatura sobre a violência em contextos educacionais. Esse foi o problema central no estudo de caso do atirador (Asmussen e Creswell, 1995), e examino aqui brevemente as principais dimensões desse estudo.

UM ESTUDO DE CASO

Esse estudo de caso qualitativo (Asmussen e Creswell, 1995) apresentou a reação do campus a um incidente com um atirador no qual um aluno tentou atirar com uma arma em seus colegas. Asmussen e eu intitulamos este estudo com "Resposta do *campus* a um aluno atirador" e elaboramos esse estudo de caso tendo em mente o formato de "relato de caso substantivo" de Lincoln e Guba (1985) e Stake (1995). Esses for-

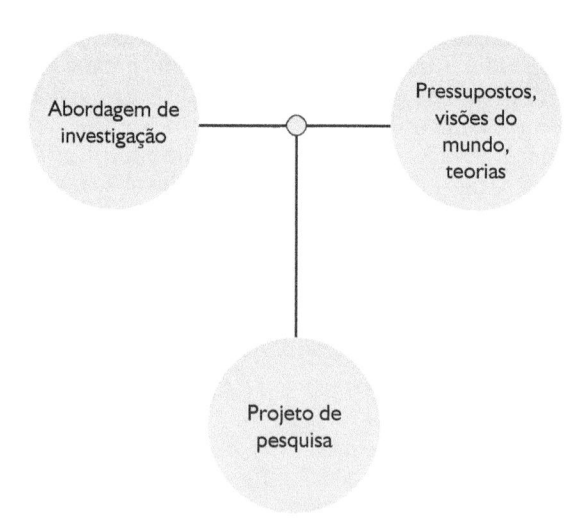

FIGURA 11.1

Digrama visual dos três componentes da pesquisa qualitativa.

matos requeriam uma explicação do problema, uma descrição completa do contexto ou ambiente e os processos observados, uma discussão de temas importantes e, finalmente, "lições a serem aprendidas" (Lincoln e Guba, 1985, p. 362). Depois da apresentação do estudo de caso com o problema da violência nos *campi* universitários, fornecemos uma descrição detalhada do ambiente e uma cronologia dos eventos imediatamente após o incidente e os eventos durante as duas semanas seguintes. A seguir, nos voltamos para temas importantes que surgiram nessa análise – temas de negação, medo, segurança e planejamento do *campus*. Em um processo de estratificação dos temas, combinamos esses temas mais específicos em dois temas abrangentes: um tema organizacional e um tema psicológico ou sociopsicológico. Reunimos dados por meio de entrevistas com os participantes, observações, documentos e materiais audiovisuais. A partir do caso, emerge um plano proposto para os *campi*, e o caso termina com uma lição implícita para o *campus* específico do meio-oeste e um conjunto específico de questões que esse *campus* e outros *campi* poderiam usar para conceber um plano para lidar com futuros incidentes terroristas.

Voltando-nos especificamente para as perguntas de pesquisa nesse caso, perguntamos o seguinte: o que aconteceu? Quem estava envolvido na resposta ao incidente? Que temas de resposta surgiram durante um período de oito meses? Que constructos teóricos nos ajudaram a entender a resposta do *campus* e que constructos se desenvolveram que eram únicos para esse caso? Entramos no *campus* dois dias após o incidente e não usamos nenhuma lente teórica *a priori* para guiar as nossas perguntas ou os resultados. A narrativa descreveu inicialmente o incidente, analisou-o conforme os níveis de abstração e forneceu algumas interpretações relacionando o contexto como estruturas teóricas mais amplas. Validamos a nossa análise do caso usando múltiplas fontes de dados para os temas e checando o relato final com participantes escolhidos ou pela verificação dos membros.

UM ESTUDO NARRATIVO

Como eu poderia ter abordado esse mesmo problema geral como um estudo biográfico interpretativo com uma abordagem narrativa? Em vez de identificar respostas a partir de múltiplos constituintes do *campus*, teria *focado em um indivíduo*, como o instrutor da turma envolvida no incidente. Teria dado um título provisório ao projeto, como "Confrontação de irmãos: uma biografia interpretativa de um professor afro-americano". Esse instrutor, assim como o atirador, era afro-americano, e a sua resposta a um incidente como esse poderia estar situada dentro de contextos raciais e culturais. Portanto, como biógrafo interpretativo, eu poderia ter feito a seguinte pergunta de pesquisa: quais são as experiências de vida do instrutor afro-americano da classe e como essas experiências formam e modelam a sua reação ao incidente? Essa abordagem biográfica teria se baseado no estudo de um único indivíduo e situado esse indivíduo dentro do seu *background* histórico. Teria examinado os *eventos da vida* ou "epifanias" selecionados a partir das *histórias* que ele teria contado. A minha abordagem teria sido *reestoriar as histórias*, compondo um relato das suas experiências com o atirador que seguiram uma cronologia de eventos. Teria me baseado no modelo espacial tridimensional de Clandinin e Connelly (2000) para organizar a história em componentes pessoais, sociais e interacionais. Ou então a história poderia ter tido um *enredo* para costurá-la, como a perspectiva teórica. Esse enredo poderia ter falado das questões de raça, discriminação e marginalidade, e de como essas questões ocorriam tanto dentro da cultura afro-americana quanto entre a cultura negra e outras culturas. Essas perspectivas podem ter moldado como o instrutor encarou o aluno atirador na classe. Também poderia ter formulado esse relato discutindo *as minhas próprias crenças situadas* seguidas pelas do instrutor e as mudanças que ele realizou como resultado das suas experiências. Por exemplo, ele continuou ensinando? Ele conversou com a turma sobre seus sentimentos? Ele viu a situação como uma confrontação dentro do seu grupo racial? Para a validação, a minha história narrativa sobre o instrutor incluiria uma descrição detalhada do contexto para revelar as características históricas e interacionais da experiência (Denzin, 1989b). Também teria reconhecido que qualquer interpretação da reação do instrutor seria incompleta e inacabada, e também apresentaria a minha própria perspectiva como um não afro-americano.

UMA FENOMENOLOGIA

Em vez de estudar um único indivíduo como em uma biografia, eu teria estudado *vários estudantes* e teria examinado um conceito psicológico na tradição da fenomenologia psicológica (Moustakas, 1994). Meu título provisório poderia ter sido: "O significado do medo para estudantes surpreendidos por uma quase tragédia no *campus*". Minha suposição teria sido que os estudantes expressaram esse conceito de medo durante o incidente, imediatamente após e várias semanas depois. Poderia ter feito as seguintes perguntas: que medo os estudantes experimentaram e como eles o experimentaram? Que significados eles atribuíram a esta experiência? Como fenomenologista, eu presumiria que a experiência humana faz sentido para aqueles que a vivem e que a experiência humana pode ser expressa conscientemente (Dukes, 1984). Assim sendo, traria para o estudo um *fenômeno* a ser explorado (medo) e uma *orientação filosófica* a ser usada (quero estudar o significado das experiências dos estudantes). Teria feito *extensas entrevistas* com até 10 estudantes e teria analisado as entrevistas usando os *passos* descritos por Moustakas (1994). Teria começado com uma descrição dos meus próprios medos e experiências (*epoché*) com a questão como uma forma de me posicionar, reconhecendo que não conseguiria me afastar completamente da situação. Então, após ler todas as declarações dos estudantes, teria localizado *declarações significativas* ou citações sobre os seus significados de medo. Essas declarações significativas seriam então agrupadas em *temas* mais amplos. Meu passo final teria sido escrever um longo parágrafo com uma descrição narrativa do que eles experimentaram (*descrição textual*) e como eles experimentaram (*descrição estrutural*), e combinaria essas duas descrições em uma descrição final mais longa, que transmitisse a *essência* das suas experiências. Esse seria o *endpoint* para a discussão.

UM ESTUDO DE TEORIA FUNDAMENTADA

Se uma teoria precisasse ser desenvolvida (ou modificada) para explicar a reação do *campus* a esse incidente, eu teria usado uma abordagem de teoria fundamentada. Por exemplo, poderia ter desenvolvido uma *teoria* em torno de um processo – as experiências "surreais" de vários estudantes imediatamente após o incidente, experiências que resultaram em ações e reações por parte dos estudantes. O título provisório do meu estudo poderia ter sido "Uma explicação em teoria fundamentada das experiências surreais dos estudantes em um incidente com um atirador no *campus*". Teria introduzido o estudo com uma citação específica sobre as experiências surreais:

> Na reunião de avaliação dos conselheiros, uma aluna comentou: "Achei que, quando ele atirasse, sairia da arma uma bandeirinha dizendo 'bang'". Para ela, o evento foi como um sonho.

As minhas perguntas de pesquisa poderiam ter sido: que teoria explica o fenômeno das experiências "surreais" dos estudantes imediatamente após o incidente? Quais foram essas experiências? O que as causou? Que estratégias os estudantes usaram para enfrentá-las? Quais foram as consequências das suas estratégias? Que questões específicas de interação e condições mais amplas influenciaram as suas estratégias? Coerentemente com a teoria fundamentada, não incluiria na coleta e análise dos dados uma orientação teórica específica que não consistisse em ver como os estudantes interagem e respondem ao incidente. Em vez disso, minha intenção seria *desenvolver* ou *gerar uma teoria*. Na seção de resultados do estudo, primeiro identificaria as *categorias de codificação aberta* que encontrei. A seguir, descreveria como delimitei o estudo a uma categoria central (p. ex., o elemento do sonho do processo) e tornei aquela categoria a característica principal de uma teoria do processo. Essa teoria teria sido apresentada como um *modelo visual*, e no modelo teria incluído as *condições causais* que influenciaram a categoria central, os *fatores intervenientes* e do *contexto* em torno dela e *estratégias* e *consequências* específicas (codificação axial) como resultado da sua ocorrência. Teria apresentado *proposições teóricas* ou hipóteses que explicassem o elemento do sonho das experiências surreais dos estudantes (codificação seletiva). Teria validado o meu relato julgando a profundidade do processo de pesquisa e checando se os achados estavam empiricamente fundamentados, dois fatores mencionados por Corbin e Strauss (1990).

UMA ETNOGRAFIA

Em teoria fundamentada, meu foco foi na geração de uma teoria fundamentada nos dados. Em etnografia, eu tiraria o foco da teoria e me voltaria para o desenvolvimento de uma descrição e compreensão do funcionamento da comunidade do *campus* como um *grupo que compartilha uma cultura*. Para manter o estudo manejável, poderia ter começado examinando como o incidente, embora imprevisível, desencadeou respostas bem previsíveis entre os membros da comunidade do *campus*. Esses membros da comunidade teriam respondido de acordo com os seus papéis e, assim, poderia ter visualizado algumas microculturas reconhecidas no *campus*. Os alunos constituíam uma dessas microculturas, e eles, por sua vez, englobavam inúmeras outras microculturas ou subculturas. Como os alunos dessa turma estiveram juntos por 16 semanas durante o semestre, eles tiveram tempo suficiente para desenvolver alguns *padrões de comportamento compartilhados* e poderiam ser vistos como um grupo que compartilha uma cultura. Ou, então, poderia estudar a comunidade inteira do *campus* composta de uma constelação de grupos, cada um reagindo à sua maneira.

Assumindo que todo o *campus* abrangesse o grupo que compartilha a cultura, o título do estudo poderia ter sido "Voltando ao normal: uma etnografia de uma resposta do *campus* a um incidente com um atirador". Observe como esse título imediatamente convida a uma perspectiva contrária no estudo. Teria feito as seguintes perguntas: como esse incidente produziu um desempenho previsível de papéis dentro dos grupos afetados? Usando todo o *campus* como um sistema cultural ou como um grupo que compartilha uma cultura, em que papéis os indivíduos e os grupos participaram? Uma possibilidade seria que eles quisessem fazer o *campus* voltar ao normal após o incidente, engajando-se em padrões previsíveis de comportamento. Embora ninguém tenha previsto o momento exato ou a natureza do incidente em si, a sua ocorrência desencadeou desempenhos de papéis previsíveis em toda a comunidade do *campus*. Os administradores não fecharam o *campus* nem alertaram: "O céu está caindo". A polícia do campus não ofereceu sessões de aconselhamento, embora o Centro de Aconselhamento o tenha feito. No entanto, o Centro de Aconselhamento serviu à população de estudantes, não a outros (que foram marginalizados), como a polícia ou os zeladores, que também se sentiram inseguros no *campus*. Resumindo, desempenhos previsíveis pelos integrantes do *campus* se seguiram após o incidente.

Na verdade, os administradores do *campus* passaram a dar rotineiramente entrevistas coletivas depois do incidente. Além disso, previsivelmente, a polícia realizou a sua investigação e os alunos por fim e com relutância fizeram contato com seus pais. O *campus* lentamente voltou ao normal – uma tentativa de voltar à rotina, a um estado constante ou à homeostase, como dizem os pensadores dos sistemas. Nesses papéis de comportamento previsíveis, vimos a cultura em funcionamento.

Quando ingressasse no campo, eu procuraria desenvolver um *rapport* com os participantes da comunidade, para não marginalizá-los mais ou perturbar o ambiente mais do que o necessário com a minha presença. Era um momento sensível no *campus*, e algumas pessoas estavam com os nervos à flor da pele. Teria explorado os temas culturais das atividades de "organização da diversidade" e "manutenção" dos indivíduos e grupos dentro do *campus* que compartilham a cultura. Wallace (1970) define a "organização da diversidade" como "a real diversidade de hábitos, de motivos, de personalidades, de costumes que, de fato, coexistem dentro das fronteiras de qualquer sociedade culturalmente organizada" (p. 23). A minha coleta de dados teria consistido de observações ao longo do tempo de atividades, comportamentos e papéis previsíveis em que as pessoas se engajavam e que ajudavam o *campus* a retornar ao normal. Essa coleta de dados dependeria muito das *entrevistas e observações* da sala de aula, onde o incidente ocorreu e relatos de jornal. A minha narrativa final do *campus* que compartilha a cultura seria consistente com as três partes de Wolcott (1994b): uma descrição detalhada do *campus*, uma análise dos temas culturais de "diversidade organizacional" e manutenção (possivelmente com taxonomias ou comparações; Spradley, 1979, 1980) e interpretação. Minha interpretação seria formulada não em termos de um relato objetivo e desapaixonado dos fatos, mas, em vez disso, estaria relacionada às minhas próprias experiências de não me sentir seguro em uma cozinha comunitária para moradores de rua (Miller, Creswell e Olander, 1998) e minhas experiências pessoais de vida de ter crescido em uma pequena e "segura" cidade do meio oeste em Illinois. Para um encerramento do estudo, poderia usar a abordagem da "canoa ao pôr do sol" (H. F. Wolcott, comunicação pessoal, 15 de novembro de 1996) ou o encerramento orientado mais metodologicamente de checar o meu relato com os participantes. Apresento aqui a abordagem da "canoa ao pôr do sol":

> A relevância do evento já terá passado há muito tempo quando o estudo etnográfico estiver pronto, mas o evento em si será de menor consequência se o foco do etnógrafo estiver na cultura do *campus*. Além disso, sem um evento como esse, o etnógrafo que trabalha com a sua própria sociedade (e talvez também em seu próprio *campus*) pode ter dificuldades em "ver" as pessoas agindo de forma cotidiana previsível, simplesmente porque é desse modo que esperamos que elas ajam. O etnógrafo que trabalha "em casa" precisa encontrar formas pelas quais faça o familiar parecer estranho. Um evento perturbador pode tornar o comportamento comum dos papéis mais fácil de discernir quando as pessoas respondem de formas previsíveis a circunstâncias imprevisíveis. Esses padrões previsíveis são a essência da cultura.

Apresentamos aqui mais encerramentos metodológicos:

> Alguns dos meus "fatos" ou hipóteses podem precisar de (e ser receptivas a) checagem ou teste se eu desenvolvi a minha análise naquela direção. Se tentei ser mais interpretativo, então talvez eu possa "experimentar" o relato em algumas das pessoas descritas, e os alertas e as exceções que elas expressarem podem ser incluídos no meu relato final, de modo a sugerir que as coisas são ainda mais complexas do que a forma como as apresentei.

CONCLUSÃO

Como respondi à minha pergunta "instigante" levantada no início: como a abordagem de investigação molda o projeto de um estudo? Em primeiro lugar, uma das formas mais pronunciadas está no foco do estudo. Conforme discutido no Capítulo 4, uma teoria difere da exploração de um fenômeno ou conceito, de um caso em profundidade e da criação do retrato de um indivíduo ou grupo. Por favor, examine novamente a Tabela 4.1, que estabelece as diferenças entre as cinco abordagens, especialmente em termos dos focos.

Contudo, isso não é tão claro quanto parece. Um estudo de caso único de um indivíduo pode ser abordado como uma biografia ou um estudo de caso. Um sistema cultural pode ser explorado como uma etnografia, ao passo que um sistema menor "delimitado", como um evento, um programa ou uma atividade, pode ser estudado como um estudo de caso. Ambos são sistemas, e o problema surge quando se realiza uma microetnografia, que poderia ser abordada como um estudo de caso ou uma etnografia. No entanto, quando se procura estudar comportamento cultural, linguagem ou artefatos, o estudo de um sistema pode ser realizado como uma etnografia.

Em segundo lugar, uma orientação interpretativa permeia toda a pesquisa qualitativa. Não podemos nos afastar e ser "objetivos" sobre o que vemos e escrevemos, já que nossas palavras fluem a partir das nossas experiências pessoais, da cultura, da história e do *background*. Quando vamos até o campo para coletar dados, precisamos abordar a tarefa com cuidado com os participantes e os locais, e ser reflexivos quanto ao nosso papel e a como ele molda o que vemos, ouvimos e escrevemos. Por fim, a nossa escrita é uma interpretação feita por nós dos eventos, das pessoas e das atividades, e é apenas a nossa interpretação. Precisamos reconhecer que os participantes no campo, os leitores e outros indivíduos que leem nossos relatos chegarão às suas próprias interpretações. Dentro dessa perspectiva, a nossa escrita só pode ser vista como um discurso, com conclusões provisórias e que estará em constante mutação e evolução. A pesquisa qualitativa tem verdadeiramente um elemento de interpretação que permeia todo o processo de pesquisa.

Em terceiro lugar, a abordagem de investigação molda a linguagem dos procedimentos de projeto da pesquisa em um estudo, especialmente no que diz respeito aos termos usados na introdução a um estudo, na coleta de dados e na análise das fases do projeto. Incorporei esses termos ao Capítulo 6, quando discuti a formulação das declarações do propósito e as perguntas de pesquisa para diferentes abordagens da pesquisa qualitativa. Meu tema prosseguiu no Capítulo 9, quando falei sobre a codificação do texto dentro de uma abordagem de pesquisa. O glossário no Apêndice A também reforça essa discussão, apresentando uma lista útil dos termos dentro de cada tradição que os pesquisadores podem incorporar à linguagem dos seus estudos.

Em quarto lugar, a abordagem de pesquisa inclui os participantes que são estudados, conforme discutido no Capítulo 7. Um estudo pode consistir de um ou dois indivíduos (isto é, estudo narrativo), grupos de pessoas (fenomenologia, teoria fundamentada) ou uma cultura inteira (etnografia). Um estudo de caso pode se enquadrar em todas essas três categorias quando se explora um único indivíduo, um evento ou um grande contexto social. Também no Capítulo 7, destaquei como as abordagens variam na extensão da coleta de dados, desde o uso de principalmente fontes únicas de informação (isto é, entrevistas narrativas, entrevistas em teoria fundamentada, entrevistas fenomenológicas) até aqueles que envolvem múltiplas fontes de informação (isto é, etnografias consistindo de observações, entrevistas e documentos; estudos de caso incorporando entrevistas, observações, documentos, arquivos e vídeo). Embora essas formas de coleta de dados não sejam fixas, vejo um padrão geral que diferencia as abordagens.

Em quinto lugar, as distinções entre as abordagens são mais pronunciadas na fase da análise dos dados, conforme discutido no Capítulo 8. A análise dos dados varia desde abordagens não estruturadas até as bem estruturadas. Entre as abordagens menos estruturadas, incluo as etnografias (com exceção de Spradley, 1979, 1980) e as narrativas (p. ex., conforme sugerido por Clandinin e Connelly, 2000; e formas interpretativas apresentadas por Denzin, 1989b). As abordagens mais estruturadas consistem em teoria fundamentada com um procedimento sistemático e fenomenologia (veja a abordagem de Colaizzi e as de Dukes, 1984 e Moustakas, 1994) e estudos de caso (Stake, 1995; Yin, 2009). Esses procedimentos dão uma direção à estrutura geral da análise dos dados no relatório qualitativo. Além disso, a abordagem molda o peso relativo que é atribuído à descrição na análise dos dados. Em etnografias, estudos de caso e biografias, os pesquisadores empregam a descrição substancial; e, em teoria fundamentada, os pesquisadores parecem não usá-la, optando por entrar diretamente na análise dos dados.

Em sexto lugar, a abordagem de investigação molda o produto final escrito, além das estruturas retóricas embutidas usadas na narrativa. Isso explica por que os estudos qualitativos parecem tão diferentes e são compostos de forma tão diferente, conforme discutido no Capítulo 9. Considere, por exemplo, a presença do pesquisador. A presença do pesquisador é pouco encontrada nos relatos mais "objetivos" apresentados em teoria fundamentada. Ou, então, no caso das etnografias, o pesquisador está no palco central e, possivelmente, também nos estudos de caso, em que a "interpretação" desempenha um papel importante.

Em sétimo lugar, os critérios para avaliação da qualidade de um estudo diferem entre as abordagens, conforme discutido no Capítulo 10. Embora exista alguma sobreposição nos procedimentos para validação, estão à disposição critérios para a avaliação do valor de um estudo para cada tradição.

Em resumo, ao planejar um estudo qualitativo, recomendo que o autor o projete dentro de uma das abordagens de investigação qualitativa. Isso significa que os componentes do processo do projeto (p. ex., estrutura interpretativa, propósito e perguntas de pesquisa, coleta de dados, análise dos dados, escrita do relato, validação) irão refletir os procedimentos da abordagem escolhida e serão compostos pela codificação e características daquela abordagem. Isso não equivale a sugerir rigidamente que não se pode misturar abordagens e empregar, por exemplo, um procedimento de análise de teoria fundamentada dentro de um modelo de estudo de caso. "Pureza" não é o meu objetivo. Mas, neste livro, sugiro que o leitor primeiro classifique as abordagens antes de combiná-las e veja cada uma como um processo rigoroso por si só.

Encontro distinções e também sobreposições entre as cinco abordagens, porém, conceber um estudo afinado com os procedimentos encontrados dentro de uma das abordagens sugeridas neste livro irá aumentar a sofisticação do projeto e transmitir um nível de *expertise* metodológica para os leitores de pesquisa qualitativa.

EXERCÍCIOS

1. Escolha um estudo qualitativo que você tenha escrito e transforme a história em uma das outras abordagens de investigação qualitativa.
2. Neste capítulo, apresentei o estudo da resposta do *campus* ao incidente com um atirador de cinco maneiras. Parta de cada cenário e defina e descreva cada parte que está marcada em itálico. Consulte o glossário no Apêndice A para ajudar nas definições.

Apêndices

Apêndice A. Um glossário anotado de termos 218

Apêndice B. Um estudo de pesquisa narrativa – "Vivendo no espaço entre participante e pesquisador como investigador narrativo: examinando a identidade étnica de estudantes chineses canadenses como histórias conflituosas" 231

Apêndice C. Um estudo fenomenológico – "Representações cognitivas da aids"....248

Apêndice D. Um estudo de teoria fundamentada – "Desenvolvendo a participação em atividade física de longo prazo: um estudo de teoria fundamentada com mulheres afro-americanas" 263

Apêndice E. Uma etnografia – "Repensando a resistência subcultural: valores centrais do movimento *straight edge*" 280

Apêndice F. Um estudo de caso – "Resposta do campus a um aluno atirador" 301

APÊNDICE A
Um glossário anotado de termos

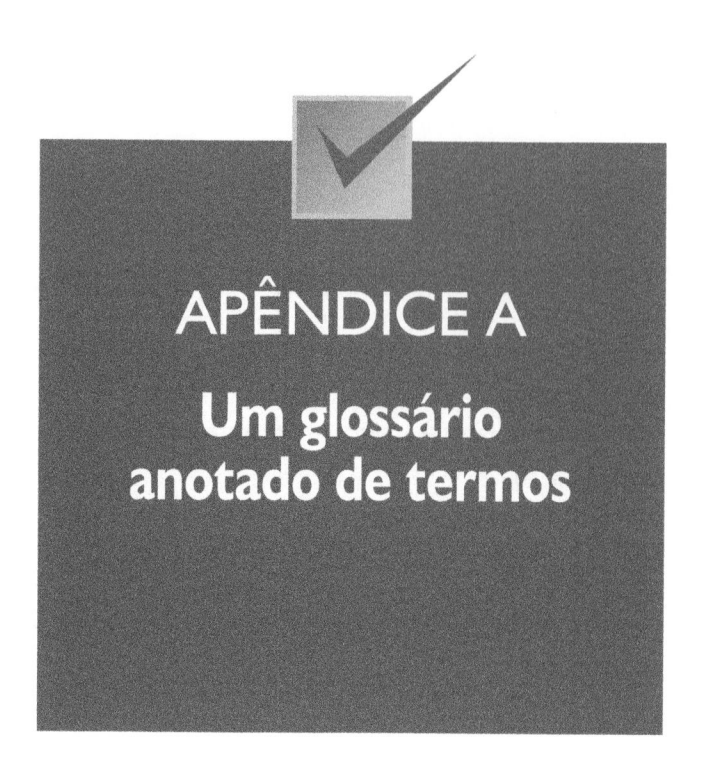

As definições deste glossário representam termos-chave conforme usados e definidos neste livro. Existem muitas definições para esses termos, porém, as definições mais funcionais para mim (e espero que para o leitor) são aquelas que refletem o conteúdo e as referências apresentadas neste livro. Agrupo os termos por abordagem de investigação (pesquisa narrativa, fenomenologia, teoria fundamentada, etnografia, estudo de caso) e as apresento em ordem alfabética dentro de cada abordagem. Ao final do glossário, defino termos adicionais que perpassam as cinco diferentes abordagens.

PESQUISA NARRATIVA

autobiografia Esta forma de escrita biográfica é o relato narrativo da vida de uma pessoa, escrito por ela mesma ou registrado de alguma outra forma (Angrosino, 1989a).

autoetnografia Esta forma de narrativa é escrita e registrada pelos indivíduos que são sujeitos do estudo (Ellis, 2004; Muncey, 2010). Muncey (2010) define autoetnografia como a ideia de múltiplas camadas de consciência, o *self* vulnerável, o *self* coerente, o *self* crítico nos contextos sociais, a subversão dos discursos dominantes e o potencial evocativo.

contexto histórico É o contexto em que o pesquisador apresenta a vida do participante. O contexto pode ser a família do participante, a sociedade ou as tendências históricas, sociais ou políticas da época do participante (Denzin, 1989a).

cronologia Esta é uma abordagem comum na narrativa escrita, em que o autor apresenta a vida em estágios ou passos de acordo com a idade do indivíduo (Clandinin e Connelly, 2000; Denzin, 1989a).

epifanias São eventos especiais na vida de um indivíduo, que representam momentos decisivos. Elas variam em seu grau de impacto; há desde epifanias menores até grandes, e podem ser positivas ou negativas (Denzin, 1989a).

estágios do curso da vida São estágios ou eventos-chave na vida de um indivíduo que se tornam o foco para o biógrafo (Denzin, 1989a).

estudo biográfico É o estudo de um único indivíduo e de suas experiências, conforme contadas ao pesquisador ou conforme encontradas em documentos e materiais de arquivo (Denzin, 1989a). Uso o termo para conotar o gênero amplo da escrita narrativa que inclui biografias individuais, autobiografias, histórias de vida e histórias orais.

história de vida É uma forma de escrita biográfica em que o pesquisador relata um amplo registro da vida de uma pessoa conforme foi contado a ele (veja Geiger, 1986). Assim, o indivíduo que está sendo estudado está vivo, e sua vida, conforme vivida no presente, é influenciada por histórias pessoais, institucionais e sociais. O investigador pode usar perspectivas de diferentes disciplinas (Smith, 1994), tais como a exploração da vida de um indivíduo como representativa de uma cultura, como em uma história de vida antropológica.

história oral Nesta abordagem biográfica, o pesquisador reúne recordações pessoais de eventos e suas causas e efeitos a partir de um indivíduo ou de vários indivíduos. Essas informações podem ser coletadas por meio de gravações em áudio ou de trabalhos escritos de indivíduos que morreram ou ainda estão vivos. Ela frequentemente está limitada à esfera distintamente "moderna" e a pessoas de fácil acesso (Plummer, 1983).

histórias São aspectos que vêm à tona durante uma entrevista em que o participante descreve uma situação, em geral com um começo, meio e fim, de modo que o pesquisador consegue captar uma ideia completa e integrá-la, intacta, à narrativa qualitativa (Clandinin e Connelly, 2000; Czarniawska, 2004; Denzin, 1989a; Riessman, 2008).

método progressivo-regressivo É uma abordagem para escrever uma narrativa em que o pesquisador começa por um evento-chave na vida do participante e depois avança e recua a partir daquele evento (Denzin, 1989a).

pesquisa narrativa É uma abordagem de pesquisa qualitativa que é tanto um produto quanto um método. É um estudo de histórias ou a narrativa ou descrições de uma série de eventos que representam as experiências humanas (Pinnegar e Daynes, 2007).

re-historiar É uma abordagem de análise de dados narrativa, em que os pesquisadores recontam histórias de experiências individuais, e a nova história em geral tem início, meio e fim (Ollerenshaw e Creswell, 2002).

único indivíduo É a pessoa estudada em uma pesquisa narrativa. Pode ser um indivíduo com grande distinção ou uma pessoa comum. A vida dessa pessoa pode ser uma vida menor ou uma grande vida, uma vida frustrada, uma vida curta ou uma vida milagrosa em suas realizações não reconhecidas (Heilbrun, 1988).

FENOMENOLOGIA

abordagem psicológica É a abordagem assumida pelos psicólogos que discutem os procedimentos de investigação da fenomenologia (p. ex., Giorgi, 1994, 2009; Moustakas, 1994; Polkinghorne, 1989). Em seus escritos, eles examinam temas para significado e podem incorporar seus próprios *selves* aos estudos.

análise fenomenológica dos dados Várias abordagens de análise fenomenológica dos dados estão representadas na literatura. Moustakas (1994) examina essas abordagens e depois desenvolve a sua. Eu me baseio na modificação de Moustakas, que inclui o pesquisador, trazendo suas experiências pessoais para dentro do estudo, o registro de declarações significativas e unidades de significado, além do desenvolvimento de descrições para chegar até a essência das experiências.

descrição estrutural A partir dos três primeiros passos em análise de dados fenomenológica, o pesquisador escreve uma descrição de *como* o fenômeno foi experimentado pelos indivíduos do estudo (Moustakas, 1994).

descrição textual A partir dos três primeiros passos em análise de dados fenomenológica, o pesquisador escreve sobre *o que* foi experimentado, uma descrição do significado que os indivíduos experimentaram (Moustakas, 1994).

epoché ou *bracketing* Este é o primeiro passo na "redução fenomenológica", o processo de análise de dados em que o pesquisador se afasta o mais humanamente possível de todas as experiências preconcebidas, para melhor entender as experiências dos participantes do estudo (Moustakas, 1994).

estrutura essencial invariante (ou essência) Este é o objetivo do fenomenologista; reduzir os significados textuais (*o quê*) e estruturais (*como*) das experiências a uma breve descrição que tipifique as experiências de todos os participantes em um estudo. Todos os indivíduos a experimentam; portanto, ela é invariante e é uma redução dos "aspectos essenciais" das experiências (Moustakas, 1994).

estudo fenomenológico Este tipo de estudo descreve o significado comum das experiências de um fenômeno (ou tópico ou conceito) para vários indivíduos. Nesse tipo de estudo qualitativo, o pesquisador reduz as experiências a um significado central ou a uma "essência" da experiência (Moustakas, 1994).

experiências vividas Este termo é usado em estudos fenomenológicos para enfatizar a importância das experiências individuais das pessoas como seres humanos conscientes (Moustakas, 1994).

fenômeno Este é o conceito central examinado pelo fenomenologista. É o conceito sendo experimentado pelos sujeitos em um estudo, que pode incluir conceitos psicológicos como pesar, raiva ou amor.

fenomenologia hermenêutica Uma forma de fenomenologia na qual a pesquisa está orientada para a interpretação dos "textos" da vida (hermenêutica) e experiências vividas (fenomenologia) (van Manen, 1990).

fenomenologia transcendental De acordo com Moustakas (1994), Husserl adotou a fenomenologia transcendental, e esta, posteriormente, se tornou um conceito orientador também para Moustakas. Segundo essa abordagem, o pesquisador se afasta de prejulgamentos referentes ao fenômeno que está sendo investigado. Além disso, o pesquisador se baseia na intuição, imaginação e estruturas universais para obter um quadro da experiência, e o investigador usa métodos sistemáticos de análise, conforme desenvolvido por Moustakas (1994).

grupos de significados Este é o terceiro passo na análise fenomenológica dos dados, em que o pesquisador agrupa as declarações em temas ou unidades de significado, removendo declarações sobrepostas ou repetitivas (Mustakas, 1994).

horizontalização Este é o segundo passo na análise de dados fenomenológica, em que o pesquisador lista todas as declarações significativas que sejam relevantes para o tópico e lhes atribui igual valor (Moustakas, 1994).

intencionalidade da consciência Estar consciente dos objetos é sempre intencional. Assim, ao perceber uma árvore, "minha experiência intencional é uma combinação de uma aparência externa da árvore e a árvore conforme contida na minha consciência baseada na memória, imagem e significado" (Moustakas, 1994, p. 55).

perspectivas filosóficas Perspectivas filosóficas específicas fornecem as bases para os estudos fenomenológicos. Elas se originaram nos escritos de Husserl, na década de 1930. Segundo essas perspectivas, o pesquisador conduz a pesquisa com uma perspectiva mais ampla do que a da ciência quantitativa empírica tradicional; suspende as suas preconcepções das experiências; experimenta um objeto por meio dos próprios sentidos (isto é, tendo a consciência de um objeto), além de enxergá-lo "lá fora" como real; e relata os significados que os indivíduos atribuem a uma experiência em algumas declarações que captam a "essência" (Stewart e Mickunas, 1990).

variação imaginativa ou descrição estrutural Após a descrição textual, o pesquisador escreve um descrição "estrutural" de uma experiência, abordando *como* o fenômeno foi experimentado. Envolve a busca de todos os significados possíveis, procurando perspectivas divergentes e variando as estruturas de referência sobre o fenômeno ou usando a variação imaginativa (Moustakas, 1994).

TEORIA FUNDAMENTADA

amostragem discriminante É uma forma de amostragem que ocorre no final de um projeto de teoria fundamentada, depois que o pesquisador desenvolveu um modelo. A questão neste ponto é: como o modelo se manteria se eu reunisse mais informações de pessoas similares àquelas que entrevistei inicialmente? Assim, para verificar o modelo, o pesquisador escolhe locais, pessoas e/ou documentos que "irão maximizar as oportunidades de verificação da linha da história, relações entre as categorias e para preencher categorias pouco desenvolvidas" (Strauss e Corbin, 1990, p. 187).

amostragem teórica Na coleta de dados para pesquisa de teoria fundamentada, o investigador seleciona uma amostra de indivíduos para estudar, com base na sua contribuição para o desenvolvimento da teoria. Em geral, esse processo se inicia com uma amostra homogênea de indivíduos que são semelhantes e, à medida que a coleta de dados prossegue e as categorias emergem, o pesquisador se volta para uma amostra heterogênea, para ver sob quais condições de amostra as categorias são válidas.

categoria É uma unidade de informação analisada em pesquisa de teoria fundamentada. Ela é composta de eventos, acontecimentos e ilustrações do fenômeno (Strauss e Corbin, 1990) e recebe um rótulo curto. Quando os pesquisadores analisam dados de teoria fundamentada, a sua análise conduz, inicialmente, à formação de inúmeras categorias durante o processo chamado "codificação aberta". Então, na "codificação axial", o analista inter-relaciona as categorias e forma um modelo visual.

codificação aberta Este é o primeiro passo no processo de análise de dados para um pesquisador da teoria fundamentada. Envolve tomar os dados (p. ex., transcrições de entrevistas) e segmentá-los em categorias de informação (Strauss e Corbin, 1990). Recomendo que os pesquisadores procurem desenvolver um pequeno número de categorias, reduzindo gradualmente o número até cerca de 30 códigos, que são então combinados em temas maiores no estudo.

codificação axial Este passo no processo de codificação segue a codificação aberta. O pesquisador toma as categorias de codificação aberta, identifica uma como um fenômeno central e depois retorna à base de dados para identificar (a) o que possibilitou que esse fenômeno ocorresse, (b) que estratégias ou ações os atores empregaram em resposta a ele, (c) que contexto (contexto específico) e condições intervenientes (contexto amplo) influenciaram as estratégias e (d) que consequências resultaram dessas estratégias. O processo geral relaciona categorias de informação com a categoria do fenômeno central (Strauss e Corbin, 1990, 1998).

codificação seletiva Esta é a fase final de codificação das informações. O pesquisador toma o fenômeno central e o relaciona sistematicamente a outras categorias, validando as relações e preenchendo as categorias que precisam de maior refinamento e desenvolvimento (Strauss e Corbin, 1990). Gosto de desenvolver uma "história" que narre essas categorias e apresente a sua inter-relação (veja Creswell e Brown, 1992).

códigos *in vivo* Na pesquisa de teoria fundamentada, o investigador usa as palavras exatas do entrevistado para formar os nomes para estes códigos ou categorias. Os nomes são sugestivos e imediatamente chamam a atenção do leitor (Strauss e Corbin, 1990, p. 69).

comparativo constante Este foi um termo inicial (Conrad, 1978) em pesquisa de teoria fundamentada que se referia à identificação pelo pesquisador de incidentes, eventos e atividades e a sua comparação constante com uma categoria emergente para desenvolver e saturar a categoria.

condições causais Na codificação axial, essas são as categorias de condições que identifico em minha base de dados que causam ou influenciam a ocorrência do fenômeno central.

condições intervenientes Na codificação axial, estas são as condições mais amplas – mais amplas do que o contexto – dentro das quais ocorrem as estratégias. Elas podem ser forças sociais, econômicas e políticas que influenciam as estratégias em resposta ao fenômeno central (Strauss e Corbin, 1990).

consequências Na codificação axial, elas são os resultados de estratégias assumidas pelos participantes no estudo. Estes resultados podem ser positivos, negativos ou neutros (Strauss e Corbin, 1990).

contexto Na codificação axial, este é o conjunto particular de condições dentro das quais as estratégias ocorrem (Strauss e Corbin, 1990). Elas são de natureza específica e próximas às ações e interações.

dimensionalizada Esta é a menor unidade de informação analisada em pesquisa de teoria fundamentada. O pesquisador toma as propriedades e as insere em um *continuum* ou as dimensiona para ver as possibilidades extremas para a propriedade. A informação dimensionalizada aparece na análise da "codificação aberta" (Strauss e Corbin, 1990).

estratégias Na codificação axial, essas são ações ou interações específicas que ocorrem como consequência do fenômeno central (Strauss e Corbin, 1990).

fenômeno central É um aspecto da codificação axial e a formação da teoria, do modelo ou do paradigma visual. Na codificação aberta, o pesquisador escolhe uma categoria central em torno da qual desenvolver a teoria examinando as suas categorias abertas e selecionando uma que contenha o interesse mais conceitual, seja mais frequentemente discutida pelos participantes do estudo e seja a mais "saturada" com informações. O pesquisador então a coloca no centro do seu modelo de teoria fundamentada e a rotula como "fenômeno central".

gerar ou descobrir uma teoria A pesquisa em teoria fundamentada é o processo de desenvolvimento de uma teoria, não de teste de uma teoria. Os pesquisadores podem começar com uma teoria provisória que desejem modificar, ou com nenhuma teoria, com a intenção de "fundamentar" o estudo nas visões dos participantes. Em qualquer um dos casos, um modelo indutivo de desenvolvimento da teoria está em funcionamento aqui, e o processo é de geração e descoberta de uma teoria fundamentada nas visões dos participantes no campo.

lembrete Este é o processo em pesquisa de teoria fundamentada em que o pesquisador faz anotações de ideias sobre a teoria em desenvolvimento. A escrita deve ser na forma de proposições preliminares (hipóteses), ideias sobre as categorias emergentes ou alguns aspectos da conexão das categorias como na codificação axial. Em geral, esses são registros escritos de análise que auxiliam na formulação da teoria (Strauss e Corbin, 1990).

matriz condicional É um diagrama, em geral desenhado no final de um estudo de teoria fundamentada, que apresenta as condições e consequências relacionadas ao fenômeno em estudo. Possibilita que o pesquisador faça a distinção e una os níveis de condições e consequências especificadas no modelo de codificação axial (Strauss e Corbin, 1990). Este é um passo raramente visto em análise de dados em estudos de teoria fundamentada.

paradigma codificador ou diagrama lógico Na codificação axial, o fenômeno central, as condições causais, o contexto, as condições intervenientes, as estratégias e as consequências são retratados em um diagrama visual. Esse diagrama é desenhado com quadros e setas indicando o processo ou fluxo das atividades. É útil encarar esse diagrama como mais do que codificação axial; ele é o modelo teórico desenvolvido em um estudo de teoria fundamentada (veja Harley et al., 2009).

pesquisa fundamentada Nesse tipo de estudo, o pesquisador gera um esquema analítico abstrato de um fenômeno, uma teoria que explica alguma ação, interação ou processo. Isso é atingido primariamente por meio da coleta de dados de entrevista, fazendo múltiplas visitas ao campo (amostragem teórica), tentando desenvolver e inter-relacionar categorias de informação (comparação constante) e escrevendo uma teoria substantiva ou específica do contexto (Strauss e Corbin, 1990).

proposições São hipóteses, em geral escritas de forma direcional, que relacionam as categorias em um estudo. Elas são escritas a partir do modelo ou paradigma de codificação axial e podem, por exemplo, sugerir por que uma determinada causa influencia o fenômeno central que, por sua vez, influencia o uso de uma estratégia específica.

propriedades São outras unidades de informação analisadas em pesquisa de teoria fundamentada. Cada categoria em pesquisa de teoria fundamentada pode ser subdividida em propriedades que fornecem as dimensões amplas para a categoria. Strauss e Corbin (1990) se referem a elas como "atributos ou características pertencentes a uma categoria" (p. 61). Elas aparecem na análise de "codificação aberta".

saturar, saturado ou saturação No desenvolvimento de categorias e na fase de análise dos dados da pesquisa em teoria fundamentada, os pesquisadores procuram encontrar tantos incidentes, eventos ou atividades quanto seja possível para apoiarem as categorias. Nesse processo, eles chegam a um ponto em que as categorias estão "saturadas", e o investigador não mais encontra informações novas que se somem à compreensão da categoria.

teoria de nível substantivo É uma teoria aplicável a situações imediatas. Ela se desenvolve a partir do estudo de um fenômeno situado em "um contexto situacional particular" (Strauss e Corbin, 1990, p. 174). Os pesquisadores diferenciam essa forma de teoria das teorias de maior abstração e aplicabilidade, chamadas teorias de nível médio, teorias grandes e teorias formais.

teoria fundamentada construtivista É uma forma de teoria fundamentada diretamente na tradição interpretativa da pesquisa qualitativa. Como tal, ela é menos estruturada do que as abordagens tradicionais de teoria fundamentada. A abordagem construtivista incorpora as visões do pesquisador; revela experiências com redes embutidas, ocultas, situações e relações; e torna visíveis hierarquias de poder, comunicação e oportunidade (Charmaz, 2006).

ETNOGRAFIA

análise do grupo que compartilha uma cultura Neste estágio da etnografia, o etnógrafo desenvolve temas – culturais – na análise dos dados. Esse é um processo de exame de todos os dados e da sua segmentação em um pequeno conjunto de temas comuns, bem apoiados pelas evidências nos dados (Wolcott, 1994b).

artefatos Este é o foco de atenção para o etnógrafo quando determina o que as pessoas fazem e usam, tais como roupas e ferramentas (artefatos culturais) (Spradley, 1980).

campo de trabalho Na coleta de dados etnográfica, o pesquisador conduz a reunião dos dados no "campo" indo até o local ou locais onde o grupo que compartilha a cultura pode ser estudado. Em geral, isso envolve um período prolongado de tempo, com graus variados de imersão em atividades, eventos, rituais e ambientes do grupo cultural (Sanjek, 1990).

comportamentos São o foco de atenção para o etnógrafo quando tenta compreender o que as pessoas fazem (comportamento cultural) (Spradley, 1980).

cultura Este termo é uma abstração, algo que não se pode estudar diretamente. Ao observar e participar de um grupo que compartilha uma cultura, um etnógrafo pode ver a "cultura em funcionamento" e fazer uma descrição e interpretação dela (H. F. Wolcott, comunicação pessoal, 10 de outubro de 1996; Wolcott, 2010). Ela pode ser vista nos comportamentos, na linguagem e nos artefatos (Spradley, 1980).

descrição do grupo que compartilha a cultura Uma das primeiras tarefas de um etnógrafo é simplesmente registrar uma descrição do grupo que compartilha a cultura e os incidentes e atividades que ilustram a cultura (Wolcott, 1994b). Por exemplo, pode ser feito um relato factual, desenhos do ambiente, ou os eventos podem ser narrados.

emic Este termo se refere ao tipo de informação que está sendo relatada e escrita em uma etnografia quando o pesquisador relata as suas visões a respeito dos participantes. Quando o pesquisador relata as suas visões pessoais, o termo usado é *etic* (Fetterman, 2010).

estrutura É um tema ou conceito sobre o sistema ou grupo sociocultural que o etnógrafo tenta conhecer. Refere-se à estrutura ou configuração social do grupo, como o parentesco ou a estrutura política do grupo. Essa estrutura pode ser ilustrada por um quadro organizacional (Fetterman, 2010).

etic Este termo se refere ao tipo de informações que são relatadas e escritas em uma etnografia quando o pesquisador relata as suas visões pessoais. Quando o pesquisador relata as visões dos participantes, o termo usado é *emic* (Fetterman, 2010).

etnografia É o estudo de um grupo cultural ou social intacto (ou um indivíduo ou indivíduos dentro do grupo) baseado primariamente em observações e um período prolongado de tempo passado pelo pesquisador no campo. O etnógrafo ouve e registra as vozes dos informantes com a intenção de gerar um retrato cultural (Thomas, 1993; Wolcott, 1987).

etnografia crítica Este tipo de etnografia examina sistemas culturais de poder, prestígio, privilégio e autoridade na sociedade. Os etnógrafos críticos estudam grupos marginalizados de diferentes classes, raças e gêneros com o objetivo de defender as necessidades desses participantes (Madison, 2005; Thomas, 1993).

etnografia realista Uma abordagem tradicional da etnografia adotada por antropólogos culturais, que envolve o pesquisador como um observador "objetivo", registrando os fatos e narrando o estudo com uma postura onisciente e desapaixonada (Van Maanen, 1988).

fraude Esta é uma questão do campo que se tornou cada vez menos um problema desde que os padrões éticos foram publicados em 1967 pela Associação Antropológica Americana. Ela se refere ao ato de o pesquisador enganar intencionalmente os informantes para obter informações. A fraude pode mascarar o propósito da pesquisa, retendo informações importantes sobre o propósito do estudo ou reunindo informações secretamente.

função Tema ou conceito sobre o sistema ou grupo sociocultural que o etnógrafo estuda. Função refere-se às relações sociais entre os membros do grupo que ajudam a regular o comportamento. Por exemplo, o pesquisador pode documentar os padrões de comportamento das brigas dentro e entre várias gangues urbanas (Fetterman, 2010).

grupo que compartilha uma cultura É a unidade de análise do etnógrafo quando tenta compreender e interpretar o comportamento, a linguagem e os artefatos das pessoas. O etnógrafo, em geral, foca um grupo inteiro – que compartilha comportamentos aprendidos, adquiridos – para explicitar como o grupo "funciona". Alguns etnógrafos focarão em parte o sistema sociocultural para análise e irão se comprometer com uma microetnografia.

guardião É um termo da coleta de dados e se refere ao indivíduo que o pesquisador precisa visitar antes de ingressar em um grupo ou ambiente cultural. Para obter acesso, o pesquisador precisa receber a aprovação desse indivíduo (Hammersley e Atkinson, 1995).

holístico O etnógrafo assume essa posição na pesquisa para obter um quadro abrangente e completo de um grupo social. Ele pode incluir a história, religião, política, economia e/ou ambiente do grupo. Dessa forma, o pesquisador coloca as informações sobre o grupo dentro de uma perspectiva mais ampla ou "contextualiza" o estudo (Fetterman, 2010).

informantes (ou participantes) chave São indivíduos com os quais o pesquisador começa na coleta de dados, porque eles são bem informados, acessíveis e podem fornecer pistas sobre outras informações (Gilchrist, 1992).

interpretação do grupo que compartilha a cultura O pesquisador faz uma interpretação do significado do grupo que compartilha a cultura. Ele interpreta essa informação por meio da literatura, de experiências pessoais ou de perspectivas teóricas (Wolcott, 1994b).

linguagem Este é o foco de atenção do etnógrafo quando identifica o que as pessoas dizem (mensagens de voz) (Spradley, 1980).

mergulho O pesquisador etnográfico fica submerso no campo por meio de uma permanência prolongada, em geral durante um ano. Uma questão muito discutida na literatura etnográfica é se o indivíduo perde a perspectiva e "vira nativo".

não participante/observador como participante O pesquisador é alguém externo (*outsider*) ao grupo em estudo, observando e fazendo anotações de campo a distância. Ele pode registrar dados sem o envolvimento direto com a atividade ou as pessoas.

observação participante O etnógrafo reúne informações de muitas maneiras, porém, a abordagem principal é observar o grupo que compartilha a cultura e tornar-se um participante do contexto cultural (Jorgensen, 1989).

observador completo O pesquisador não é visto nem notado pelas pessoas em estudo.

participante como observador O pesquisador está participando da atividade no local. O papel de participante é mais destacado do que o papel de pesquisador. Isso pode ajudar o pesquisador a obter visões internas e dados subjetivos. No entanto, também pode distrair o pesquisador de registrar os dados quando ele está integrado à atividade.

participante completo O pesquisador está completamente envolvido com as pessoas que ele está observando. Isto pode ajudá-lo a estabelecer um maior *rapport* com as pessoas que estão sendo observadas (Angrosino, 2007).

reflexividade Significa que o autor está consciente dos vieses, valores e experiências que ele traz consigo para um estudo de pesquisa qualitativa. Em geral, o autor deixa isto explícito no texto (Hammersley e Atkinson, 1995).

retrato cultural Um componente-chave da pesquisa etnográfica é a composição de uma visão holística do grupo que compartilha a cultura ou indivíduo. O produto final de uma etnografia deve ser esse retrato mais amplo ou a visão geral da cena cultural apresentada em toda a sua complexidade (Spradley, 1979).

ESTUDO DE CASO

amostragem intencional Esta é uma questão importante na pesquisa de estudo de caso, e o pesquisador precisa especificar claramente o tipo de estratégia de amostragem na escolha do caso (ou casos) e uma justificativa para ele. Isto se aplica tanto à seleção do caso a ser estudado quanto à amostragem das informações usadas dentro do caso. Utilizo a lista de estratégias de amostragem de Miles e Huberman (1994) e a aplico neste livro aos estudos de caso e também a outras abordagens de investigação.

análise cruzada Esta forma de análise se aplica a um caso coletivo (Stake, 1995; Yin, 2009) em que o pesquisador examina mais de um caso. Envolve o exame de temas para discernir aqueles que são comuns e diferentes entre todos os casos. É um passo da análise que, em geral, segue a análise interna do caso quando o pesquisador estuda múltiplos casos.

análise de temas Depois da descrição, o pesquisador analisa os dados para temas específicos, agregando informações aos grandes grupos de ideias e fornecendo detalhes que apoiam os temas. Stake (1995) chama essa análise de "desenvolvimento de questões" (p. 123).

análise dentro do caso Esta análise pode se aplicar a um caso único ou a múltiplos estudos de caso coletivos. Na análise dentro do caso, o pesquisador analisa cada caso por temas. No estudo de múltiplos casos, o pesquisador pode comparar os temas de um determinado caso com os de múltiplos casos, fazendo uma análise cruzada dos casos.

análise holística Nesta abordagem da análise de dados, o pesquisador examina o caso inteiro (Yin, 2009) e apresenta a descrição, os temas e as interpretações ou asserções relacionados a todo o caso.

análise incorporada Nesta abordagem da análise de dados, o pesquisador seleciona um aspecto analítico do caso para apresentação (Yin, 2009).

asserções Este é o último passo na análise, quando o pesquisador dá um sentido aos dados e faz uma interpretação dos dados formulada em termos de visões pessoais ou em termos de teorias ou constructos na literatura.

caso É a unidade de análise em um estudo de caso. Envolve o estudo de um caso específico dentro de um contexto ou ambiente contemporâneo da vida real (Yin, 2009). O caso pode ser um evento, um processo, um programa ou várias pessoas (Stake, 1995). O caso pode ser o foco da atenção (estudo de caso intrínseco) ou a questão e o caso usados para ilustrar o caso (Stake, 1995).

contexto do caso Na análise e descrição de um caso, o pesquisador insere o caso no seu contexto. Esse contexto pode ser amplamente conceituado (p. ex., grandes questões históricas, sociais, políticas) ou limitadamente conceituado (p.ex., a família imediata, a localização física, o período de tempo em que o estudo ocorreu) (Stake, 1995).

descrição do caso Significa simplesmente declarar os "fatos" sobre o caso, conforme registrado pelo investigador. Esse é o primeiro passo na análise dos dados em um estudo de caso qualitativo e Stake (1995) o chama de "descrição narrativa" (p. 123).

estudo de caso Este tipo de pesquisa envolve o estudo de um caso dentro de um contexto ou ambiente contemporâneo da vida real (Yin, 2009).

estudo de caso coletivo Este tipo de estudo de caso consiste em múltiplos casos. Pode ser intrínseco ou instrumental, mas sua característica definidora é que o pesquisador examina vários casos (p. ex., estudos de caso múltiplos) (Stake, 1995).

estudo de caso instrumental Tipo de estudo de caso com o foco em uma questão específica, em vez de no caso em si. O caso então se transforma em um veículo para melhor entender a questão (Stake, 1995). Consideraria o estudo de caso do atirador (Asmussen e Creswell, 1995) mencionado no Capítulo 5 e reproduzido no Apêndice F deste livro como um exemplo de um estudo de caso instrumental.

estudo de caso intrínseco Tipo de estudo de caso com o foco do estudo no caso porque possui interesse intrínseco ou incomum (Stake, 1995).

generalizações naturalistas Na interpretação de um caso, o investigador realiza um estudo de caso para tornar o caso compreensível. Essa compreensão pode ser o que o leitor aprende com o caso ou a sua aplicação a outros casos (Stake, 1995).

interpretação direta Este é um aspecto da interpretação em pesquisa de estudo de caso em que o pesquisador examina um único exemplo e extrai significados dele sem procurar múltiplos exemplos dele. Esse é um processo de separação dos dados, reunindo-os novamente de formas mais significativas (Stake, 1995).

intralocal Quando um local é escolhido para o "caso", ele pode estar posicionado em uma única localização geográfica. Se assim for, ele é considerado um estudo "intralocal". Ou, então, o caso pode se encontrar em diferentes localizações e ser considerado "plurilocal".

múltiplas fontes de informação Um aspecto que caracteriza a boa pesquisa de estudo de caso é o uso de muitas fontes diferentes de informação para proporcionar "profundidade" ao caso. Yin (2009), por exemplo, recomenda que o pesquisador use seis tipos diferentes de informação no seu estudo de caso.

padrões Este é um aspecto da análise dos dados em uma pesquisa de estudo de caso em que o pesquisador estabelece padrões e procura uma correspondência entre duas ou mais categorias para estabelecer um número pequeno de categorias (Stake, 1995).

plurilocal Quando os locais são selecionados para o "caso", eles devem estar em diferentes localizações geográficas. Esse tipo de estudo é considerado como "plurilocal". Ou então o caso pode se passar em um único local e ser considerado um estudo "intralocal".

sistema delimitado O "caso" selecionado para estudo tem fronteiras, em geral, delimitadas pelo tempo e pelo local. Ele também tem partes inter-relacionadas que formam um todo. Portanto, o próprio caso a ser estudado é tanto "delimitado" quanto um "sistema" (Stake, 1995).

temas de caso São um aspecto dos achados principais em um estudo de caso. Nos termos de Stake (1995), seriam chamados de "agregações categóricas", as categorias mais amplas derivadas durante a análise dos dados do estudo de caso e compostas de múltiplos incidentes que estão agregados.

TERMOS QUALITATIVOS GERAIS

abordagens de investigação Esta é uma abordagem de pesquisa qualitativa que tem uma história distinta em uma das disciplinas das ciências sociais e que gerou livros, periódicos e metodologias distintas. Essas abordagens, como as denomino, são conhecidas em outros livros como "estratégias de investigação" (Denzin e Lincoln, 1994) ou "variedades" (Tesch, 1990). Neste livro, refiro-me a pesquisa narrativa, fenomenologia, teoria fundamentada, etnografia e estudos de caso como abordagens de investigação.

abordagens de pesquisa feminista Nos métodos de pesquisa feminista, os objetivos são estabelecer relações colaborativas e não exploradoras, colocar o pesquisador dentro do estudo de modo a evitar a objetificação e conduzir uma pesquisa que seja transformadora (Olesen, 2011; Stewart, 1994).

amostragem de variação máxima Esta é uma forma popular de amostragem qualitativa. Esta abordagem consiste da determinação antecipada de alguns critérios que diferenciam os locais ou os participantes e, depois, a seleção dos locais ou dos participantes que são bem diferentes nos critérios.

amostragem intencional Esta é a principal estratégia de amostragem usada em pesquisa qualitativa. Significa que o investigador seleciona indivíduos e locais para estudo porque eles podem intencionalmente informar uma compreensão do problema de pesquisa e o fenômeno central do estudo.

apresentação do propósito Esta é uma apresentação em geral encontrada em uma introdução de um estudo qualitativo, em que o autor estabelece o objetivo principal ou intenção do estudo. Pode ser considerada como "um mapa da estrada" para todo o estudo.

axiológico Este pressuposto qualitativo sustenta que toda a pesquisa é imbuída de valores e inclui os sistemas de valores do investigador, a teoria, o paradigma usado e as normas sociais e culturais para o investigador ou os respondentes (Creswell, 2009; Guba e Lincoln, 1988). Portanto, o pesquisador admite e discute esses valores na sua pesquisa.

codificação (*coding*) Este é o processo de agregação do texto ou dados visuais em pequenas categorias de informação, buscando evidências para o código a partir de diferentes bases de dados que são usadas em um estudo e depois atribuindo um rótulo ao código.

codificação (*encoding*) Este termo significa que o autor coloca certas características na sua escrita para auxiliar o leitor a saber o que esperar. Essas características não somente ajudam o leitor, mas também auxiliam o autor, que pode então se basear nos hábitos de pensamento e conhecimento especializado do leitor (Richardson, 1990). Tais características podem ser a organização geral, palavras código, imagens e outras "indicações" para o leitor. Conforme foi mostrado neste livro, as características consistem em termos e procedimentos de uma tradição que se tornou parte da linguagem de todas as facetas do projeto de pesquisa (p. ex., a apresentação do propósito, subperguntas de pesquisa, métodos).

concordância interobservador Este termo significa que os pesquisadores checam a confiabilidade da sua codificação. Isso envolve a codificação das concordâncias quando múltiplos codificadores atribuem e checam seus segmentos de códigos para estabelecer a confiabilidade do processo de análise dos dados.

construtivismo social Nessa estrutura interpretativa, os pesquisadores qualitativos procuram compreender o mundo em que vivem e trabalham. Eles desenvolvem significados subjetivos das suas experiências – significados direcionados para certos objetos ou coisas. Esses significados são variados e múltiplos, levando o pesquisador a procurar a complexidade das visões em vez de reduzir os significados a poucas categorias ou ideias. O objetivo da pesquisa, então, é se basear tanto quanto possível nas visões que os participantes têm da situação. Em geral, esses significados subjetivos são negociados social e historicamente.

contribuição substantiva Um trabalho presta uma contribuição substantiva quando auxilia o nosso entendimento da vida social e demonstra uma perspectiva social científica profundamente fundamentada, além de parecer "verdadeiro".

epistemológico Este é outro pressuposto filosófico para o pesquisador qualitativo. Aborda a relação entre o pesquisador e o que está sendo estudado como inter-relacionados, não independentes. Em vez da "distância", como eu denomino, ocorre uma "proximidade" entre o pesquisador e o que está sendo pesquisado. Essa proximidade, por exemplo, se manifesta por meio do tempo no campo, colaboração e o impacto do que está sendo pesquisado sobre o pesquisador.

estrutura transformadora Os pesquisadores que usam essa estrutura interpretativa defendem que o conhecimento não é neutro, mas sim reflete o poder e as relações sociais no contexto de uma determinada sociedade e, assim, o propósito da construção de conhecimento é auxiliar as pessoas a melhorarem a sociedade (Mertens, 2003). Esses indivíduos incluem grupos marginalizados, como lésbicas, *gays*, travestis e transexuais, e sociedades que precisam de uma psicologia mais positiva e esperançosa e de resiliência (Mertens, 2009).

impacto Um trabalho tem um impacto quando afeta o leitor emocional ou intelectualmente, gera novas perguntas ou o estimula a escrever, a experimentar novas práticas de pesquisa ou a se encaminhar para a ação.

interpretação Em pesquisa qualitativa, este termo representa uma fase na análise de dados qualitativos que envolve abstrair além dos códigos e temas até o significado mais amplo dos dados.

lente interpretativa da incapacidade A incapacidade é focada como uma dimensão das diferenças humanas e não como um defeito. Como uma diferença humana, o seu significado é derivado da construção social (isto é, a resposta da sociedade aos indivíduos) e é simplesmente uma dimensão das diferenças humanas.

mérito estético Um estudo tem sucesso esteticamente quando o uso de práticas analíticas criativas abre o texto e convida a respostas interpretativas. O texto é artisticamente moldado, agradável, complexo e não enfadonho.

metodologia Este pressuposto defende que um pesquisador qualitativo conceitua o processo de pesquisa de uma certa maneira. Por exemplo, um investigador qualitativo se baseia nas visões dos participantes e discute as suas visões dentro do contexto em que elas ocorrem, para indutivamente desenvolver ideias em um estudo que parte de detalhes particulares até as abstrações (Creswell, 1994, 2009).

ontológico Este é um pressuposto filosófico sobre a natureza da realidade. Aborda a pergunta: quando alguma coisa é real? A resposta dada é a de que alguma coisa é real quando for construída nas mentes dos atores envolvidos na situação (Guba e Lincoln, 1988). Por conseguinte, a realidade não está "lá fora", separada da mente dos atores.

paradigma Esta é a postura filosófica assumida pelo pesquisador que fornece um conjunto básico de crenças e que guia a ação (Denzin e Lincoln, 1994). O paradigma define, para quem o detém, "a natureza do mundo, o lugar do indivíduo dentro dele e a variedade das possíveis relações com esse mundo" (Denzin e Lincoln, 1994, p. 107). Denzin e Lincoln (1994) denominam como a "rede que contém as premissas epistemológicas, ontológicas e metodológicas do pesquisador" (p. 13). Nessa discussão, estendo essa "rede" para também incluir os pressupostos axiológicos.

pergunta central Uma pergunta central em um estudo é a pergunta ampla e abrangente que está sendo respondida no estudo de pesquisa. É a pergunta mais geral que pode ser feita para abordar o problema de pesquisa.

pesquisa qualitativa É um processo de investigação da compreensão baseada em uma abordagem metodológica distinta de investigação, que exporá um problema social ou humano. O pesquisador monta um quadro holístico completo, analisa as palavras, relata visões detalhadas dos participantes e conduz o estudo em um contexto natural.

pós-modernismo Esta perspectiva interpretativa é considerada uma família de teorias que têm algo comum (Slife e Williams, 1995). Os pós-modernistas apresentam uma reação ou crítica ao Iluminismo do século XIX e uma ênfase ao início do século XX no que diz respeito à tecnologia, à racionalidade, às universalidades, à ciência e ao método científico positivista (Bloland, 1995; Stringer, 1993). Os pós-modernistas afirmam que as reinvindicações de conhecimento devem ser estabelecidas dentro das condições do mundo de hoje e nas múltiplas perspectivas de classe, raça, gênero e outras afiliações de grupo.

pós-positivismo Esta perspectiva interpretativa tem como características ser reducionista, lógica, empírica, orientada para causa e efeito e determinista com base em teorias *a priori*.

pragmatismo Esta lente interpretativa focaliza os resultados da pesquisa – ações, situações e consequências da investigação – em vez de nas condições precedentes. Existe uma preocupação com a aplicação prática – "o que funciona" – e com as soluções dos problemas. Assim, em vez de um foco nos métodos, o aspecto importante da pesquisa é o problema que está sendo estudado e as perguntas feitas sobre esse problema.

previsão O termo se refere à técnica usada para prognosticar o desenvolvimento das ideias (Hammersley e Atkinson, 1995). O enunciado da apresentação do problema, da apresentação do propósito e das subperguntas de pesquisa antevê os métodos – a coleta de dados e a análise dos dados – usados no estudo.

problema de pesquisa Um problema de pesquisa introduz um estudo qualitativo, e, nessa abertura do estudo, o autor apresenta a questão ou preocupação que conduz à necessidade de realizar o trabalho. Discuto esse problema como estruturado a partir de uma perspectiva da "vida real", ou a partir de uma lacuna na literatura especializada.

projeto de pesquisa Utilizo este termo para me referir ao processo inteiro da pesquisa, desde a conceitualização de um problema até a escrita da narrativa, não simplesmente aos métodos, como a coleta de dados, a análise e a escrita do relato (Bogdan e Taylor, 1975).

protocolo de entrevista O protocolo de entrevista é uma forma na coleta de dados qualitativos em que o pesquisador direciona as atividades de uma entrevista e registra as informações fornecidas pelo entrevistado. Consiste de um cabeçalho, da pergunta substantiva principal (dividida, em geral, em cinco a sete subperguntas expressas de uma forma que os entrevistados possam responder) e das instruções de encerramento.

protocolo observacional É um formulário usado na coleta de dados qualitativos para orientar e registrar dados observacionais. Ele consiste, em geral, de duas colunas representando as anotações descritivas e reflexivas. O pesquisador registra informações nesse formulário a partir da sua observação.

reciprocidade Este é um aspecto da boa coleta de dados, em que o autor retribui aos participantes, dando recompensas pela sua participação no estudo. Essas recompensas podem ser dinheiro, presentes ou outras formas de gratificação. A ideia é que o pesquisador retribua aos participantes em vez de obter os dados do participante e ir embora sem oferecer algo em troca.

reflexividade Uma abordagem na escrita da pesquisa qualitativa em que o escritor está consciente das tendências, dos valores e das experiências que ele traz consigo para um estudo de pesquisa qualitativa. Ao escrever uma passagem reflexiva, o pesquisador discute as suas experiências com o fenômeno central e, depois, como essas experiências podem potencialmente moldar a interpretação que ele fará. Essa passagem pode ser escrita em um projeto qualitativo em diferentes lugares no relatório final (p. ex., métodos, vinheta, permeando todo o trabalho, no final).

representar os dados Este é um passo no processo de análise dos dados de síntese dos achados (códigos, temas) na forma de texto, tabulação ou figuras.

retórica Essa suposição significa que o investigador qualitativo usa termos e uma narrativa única da abordagem qualitativa. A narrativa é pessoal e literária (Creswell, 1994, 2009). Por exemplo, o pesquisador pode usar o pronome "eu" na primeira pessoa em vez da terceira pessoa, mais impessoal.

subperguntas As subperguntas são uma forma de pergunta de pesquisa em um estudo qualitativo na qual o pesquisador subdivide a pergunta central em partes e examina essas partes. São frequentemente usadas em protocolos de entrevista e protocolos observacionais como tópicos principais.

tamanho da amostra O tamanho da amostra em pesquisa qualitativa geralmente segue as diretrizes para o estudo de alguns indivíduos ou locais, mas coleta amplos detalhes sobre os indivíduos ou locais estudados.

temas Em pesquisa qualitativa, os temas (também chamados de categorias) são unidades amplas de informação, que consistem em diversos códigos agregados para formar uma ideia comum.

teoria crítica Esta é uma lente interpretativa usada em pesquisa qualitativa na qual o pesquisador examina o estudo de instituições sociais e suas transformações por meio da interpretação dos significados da vida social; os problemas históricos de dominação, alienação e lutas sociais; e uma crítica da sociedade e a projeção de novas possibilidades (Fay, 1987; Madison, 2005; Morrow e Brown, 1994).

teoria *queer* Esta é uma lente interpretativa que pode ser usada em pesquisa qualitativa que tem seu foco na identidade *gay*, lésbica ou transexual, e em como ela é cultural e historicamente constituída, como está vinculada ao discurso e em como sobrepõe gênero e sexualidade (Watson, 2005).

teoria racial crítica (TRC) Esta é uma lente interpretativa usada em pesquisa qualitativa que focaliza a atenção na raça e em como o racismo está profundamente arraigado dentro da estrutura da sociedade americana (Parker e Lynn, 2002).

teorias da ciência social São as explicações teóricas que os cientistas sociais usam para explicar o mundo (Slife e Williams, 1995). São baseadas em evidências empíricas que se acumularam no campo das ciências sociais, tais como sociologia, psicologia, educação, economia, estudos urbanos e comunicação. Como um conjunto de conceitos, variáveis e proposições inter-relacionados, elas servem para explicar, predizer e fazer generalizações sobre fenômenos no mundo (Kerlinger, 1979). Elas podem ter ampla aplicabilidade (com nas grandes teorias) ou aplicações restritas (como em hipóteses de trabalho menores) (Flinders e Mills, 1993).

teorias da justiça social Essas teorias de defesa/participativas procuram promover alterações ou abordar questões de justiça social na nossa sociedade.

triangulação Os pesquisadores fazem uso de múltiplas e diferentes fontes, métodos, investigações e teorias para fornecer evidências confirmadoras para a validação da precisão do seu estudo.

verossimilhança Este é um critério para um bom estudo literário, em que a escrita parece "real" e "viva", transportando o leitor diretamente para o mundo do estudo (Richardson, 1994).

APÊNDICE B

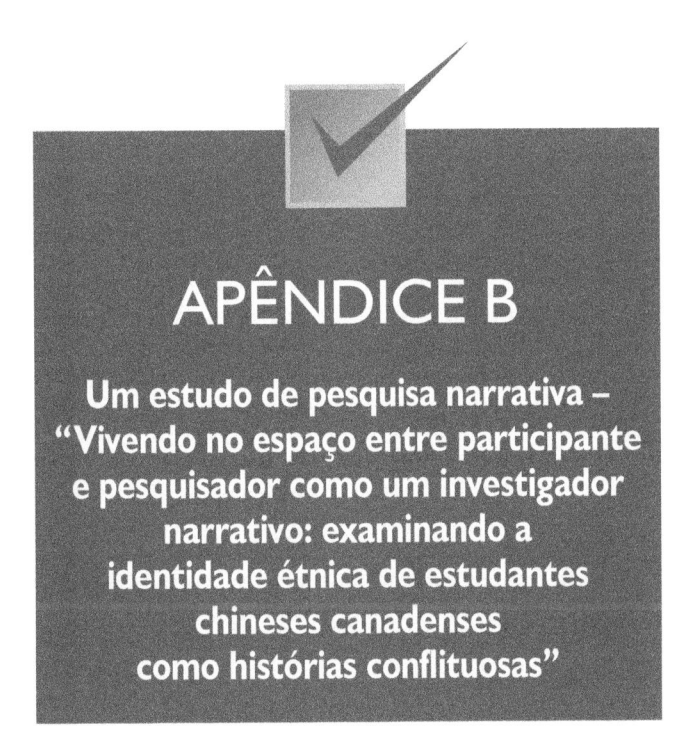

Um estudo de pesquisa narrativa – "Vivendo no espaço entre participante e pesquisador como um investigador narrativo: examinando a identidade étnica de estudantes chineses canadenses como histórias conflituosas"

ELAINE CHAN

RESUMO. As experiências educacionais dos canadenses da primeira geração conflitam com as experiências culturais em suas famílias imigrantes, moldando-lhes, assim, uma noção específica de identidade étnica, tanto como canadenses quanto como membros de uma comunidade estrangeira. Esta investigação narrativa de longo prazo, baseada no ambiente escolar, é um exame de como as expectativas em relação ao desempenho acadêmico e o comportamento por parte dos professores e colegas de escola, além dos pais imigrantes em casa, contribuíram para moldar a identidade étnica de uma estudante imigrante chinesa, cuja história é considerada conflituosa. A abordagem narrativa revelou desafios no acolhimento a alunos imigrantes em escolas da América do Norte e contribuiu para entender as particularidades da educação multicultural.

Palavras-chave: investigação narrativa, identidade étnica, currículo, educação multicultural, experiências dos alunos

---

Nota da Autora: Correspondência para Elaine Chan, Departamento de Ensino, Aprendizagem e Educação de Professores, College of Education and Human Sciences, Universidade de Nebraska--Lincoln, 24 Henzlik Hall, Lincoln, NE 68588-0355. (E-mail: echan2@unl.edu)
Os direitos de reprodução do Journal of Educational Research são de propriedade de Taylor & Francis Ltd., e seu conteúdo não pode ser reproduzido ou enviado por *e-mail* para *sites* ou ser postado em listas de discussão sem a expressa permissão por escrito do detentor dos direitos de reprodução. Entretanto, os usuários podem imprimir, fazer *download* ou enviar os artigos por *e--mail*, para uso individual.

Para as crianças, a escola tem enormes implicações em sua noção de identidade como membros da sociedade, de suas famílias e de sua comunidade étnica. Cada indivíduo traz para o contexto escolar experiências moldadas em sua vivência em outras escolas, seja no Canadá ou em seu país de origem, sejam elas positivas ou negativas, enriquecedoras ou desmoralizantes. Para um filho de pais imigrantes, as tensões entre o lar e a escola, a interação das experiências educacionais de pais e professores e suas próprias experiências educacionais podem ser vividas com especial intensidade, até o ponto de serem experimentadas como conflituosas (Connelly e Clandinin, 1999). Esses estudantes têm suas próprias ideias de como deveriam se inserir no contexto de sua escola, moldadas pela interação com os colegas, pela exposição à cultura popular e à mídia e por experiências anteriores com educação, escolas e professores. Ao mesmo tempo, eles são avaliados pelos professores e apoiados pelos pais, cujas experiências educacionais podem ser imensamente diferentes, devido à natureza das influências sociais e políticas, além de circunstâncias particulares das sociedades das quais as escolas de sua infância fizeram parte.

No presente estudo, examinei as experiências de uma estudante imigrante chinesa, Ai Mei Zhang. Exploro a sua vivência em uma escola canadense de ensino fundamental, levando em consideração a interação entre as histórias da aluna, dos professores e de seus pais, compondo assim uma narrativa de vidas interligadas (Clandinin et al., 2006). Examinei as formas pelas quais a sua noção de identidade étnica pode ser moldada pelas expectativas em relação ao seu desempenho acadêmico, além de seu comportamento na escola e em casa. Foco, particularmente, as formas pelas quais a sua participação no contexto de uma escola urbana e multicultural podem contribuir para moldar a sua noção de parentesco com os membros de sua família e de relação com os membros da sua comunidade étnica e escolar, e incentivar o desenvolvimento e a manutenção de sua língua materna. Também examinei a forma como ela experimentou práticas escolares direcionadas e atividades curriculares bem intencionadas, concebidas para apoiar o seu desempenho acadêmico de maneira não prevista por legisladores e educadores. Explorei essas influências como experiências conflituosas para ela (Connelly e Clandinin, 1999).

Examinei, experimentalmente, a intersecção das influências da escola e de casa a partir da perspectiva de uma estudante do ensino fundamental, assumindo a posição de investigadora narrativa de longo prazo baseada na escola. Explorei as características da investigação narrativa, como o papel essencial da relação pesquisador-participante e o papel dos fatores temporais e espaciais (Clandinin e Connelly, 2000) do contexto da pesquisa na contribuição para uma compreensão das particularidades da educação multicultural nesse contexto escolar diverso. O presente estudo é holístico na medida em que examinei o impacto das múltiplas influências conectadas, que se cruzam e se sobrepõem umas às outras na vida de uma única estudante, em vez de analisar as formas pelas quais uma questão ou um tema podem ser experimentados por diferentes membros do mesmo grupo étnico.

Considerando a crescente diversidade na população da América do Norte (Statistics Canada, 2008; U.S. Census Bureau, 2002), que se reflete em suas escolas (Chan e Ross, 2002; He, Phillion, Chan e Xu, 2007), é essencial que seja dada atenção às necessidades curriculares de estudantes originários de minorias e apoio ao desenvolvimento profissional dos professores que trabalham com eles. O presente estudo contribui para a pesquisa existente na área de educação multicultural e, em particular, para o desenvolvimento de um currículo para as populações diversificadas e de experiências estudantis de educação multicultural.

Até o momento, as pesquisas que tratam da interação entre cultura e currículo são frequentemente apresentadas como um argumento para a inclusão da cultura no currículo escolar ou como documentação das formas pelas quais a inclusão da cultura no currículo foi bem-sucedida (Ada, 1988; Cummins et al., 2005). Existe uma abundância de pesquisas que destacam a importância da pedagogia culturalmente relevante e responsiva (Gay, 2000; Ladson-Billings, 1995, 2001; Villegas, 1991) e de um currículo culturalmente sensível que se baseie nas experiências e conhecimentos dos estudantes imigrantes e de minorias (Ada, Cummins, 2001; Igoa, 1995; Nieto e Bode, 2008).

O reconhecimento do saber cultural dos estudantes das minorias na sala de aula revelou ter implicações importantes para o seu bem-estar fora da escola. Por exemplo, Banks (1995) destacou a inclusão da cultura no currículo como um meio de auxiliar os alunos a desenvolverem atitudes raciais positivas. Rodriguez (1982), Wong-Fillmore (1991) e Kouritzin (1999) apresentaram relatos convincentes sobre casos em que a falha em apoiar a manutenção e o desenvolvimento da proficiência na língua materna para os alunos originários de minorias teve consequências terríveis para a sua noção de identidade étnica e de pertencer à sua comunidade familiar. McCaleb (1994), Cummins (2001) e Wong-Fillmore discorreram sobre alguns dos perigos, como um aumento nas taxas de evasão escolar entre os jovens imigrantes e de minorias, bem como um aumento na probabilidade de envolvimento em gangues ou de não reconhecerem a comunidade cultural da qual são provenientes.

As pesquisas existentes foram valiosas ao enfatizarem a importância do reconhecimento do saber cultural que os estudantes imigrantes e de minorias trazem consigo para o contexto escolar e também o trabalho dos educadores à medida que desenvolvem currículos e ensinam uma população de estudantes cada vez mais diversa (Banks, 1995; Cummins, 2001; Moodley, 1995). As pesquisas também acentuaram a necessidade de se desenvolverem formas de aprendizagem sobre os *backgrounds* étnicos, linguísticos e religiosos dos estudantes, a partir das quais poderiam se desenvolver o currículo e a construção de políticas para estudantes estrangeiros e/ou de minorias. Cochran-Smith (1995), Ladson-Billings (1995, 2001) e Conle (2000) exploraram a prática do aproveitamento do conhecimento cultural anterior para professores, considerando-a uma forma de prepará-los a lecionar em turmas com diversidade cultural. É interessante observar que, embora existam pesquisas que tenham reconhecido as dificuldades potenciais da saída de casa para a escola por estudantes provenientes de minorias e as dificuldades de voltar da escola para casa quando os estudantes das minorias assimilaram expectativas da escola e da sociedade que diferem daquelas da cultura das suas casas, a ida e volta cotidiana, quando os estudantes de minorias e imigrantes vão da casa para a escola e de volta para casa, parece ter sido negligenciada. No presente estudo, examino as particularidades que uma estudante vivencia quando faz essa transição em uma frequência diária.

Este trabalho aborda a necessidade de pesquisas experimentais, focando especificamente na intersecção das influências de casa e da escola a partir da perspectiva dos próprios estudantes. Atualmente, constata-se uma ausência surpreendente de pesquisas que examinem as formas pelas quais os estudantes em geral (Cook-Sather, 2002) e os estudantes imigrantes e de minorias, em particular, experimentam pessoalmente o currículo da sua escola e os contextos escolares (He et al., 2007). O exame de Bullough (2007), sobre a resposta de um estudante muçulmano ao currículo e às interações com os pares na sua escola americana, está entre os poucos trabalhos que examinam as atividades do currículo escolar segundo a perspectiva de um aluno proveniente de minorias étnicas. O trabalho etnográfico de Feuerverger (2001), explorando as tensões que jovens israelenses e palestinos experimentam na escola israelense-palestina, está entre os poucos estudos que documentam e exploram as perspectivas que os estudantes têm das suas experiências escolares. Os relatos de Sarroub (2005) e Zine (2001), de estudantes muçulmanos em escolas americanas e canadenses, respectivamente, ilustram as complexidades da negociação de um senso de identidade entre os colegas em um contexto escolar em que os valores em casa diferem significativamente.

Dentro do corpo de pesquisa relativamente limitado abordando as experiências dos estudantes com o currículo vigente, apresento tematicamente exemplos de experiências dos alunos para abordar questões e argumentos específicos, em vez de apontar formas de reconhecer as múltiplas facetas e as tensões que interagem de uma só vez, moldando as experiências de cada aluno. Smith-Hefner (1993), em seu estudo etnográfico de alunas Khmer do ensino médio, apresentou exemplos de alunas porto-riquenhas cujo sucesso acadêmico limitado foi moldado pelas influências culturais e sócio-históricas no contexto da comunidade a que pertenciam. Rolon-Dow (2004) examinou as tensões que as estudantes porto-riquenhas e os seus professores vivenciam quando os valores apoiados em suas casas e em sua comunidade parecem entrar em conflito com os que são encorajados na escola. O estudo etnográfico de Lee (1994, 1996) focou as formas pelas quais a noção de identidade e o sucesso acadêmico de alunas asiáticas do ensino médio foram influenciados pelos rótulos que elas mesmas assumiam e por suas relações com grupos específicos de colegas. Não existe um grande corpo de pesquisa que examine as experiências de um estudante no contexto da sua escola norte-americana, de forma que apresente o caso para ilustrar como a interação das múltiplas influências e questões de relevância podem impactar um estudante imigrante ou de minorias.

Esta investigação narrativa pretende lançar um olhar sobre a intersecção das influências complexas que moldam a vida de uma estudante imigrante. Usei como base para este trabalho a narrativa e os relatos etnográficos existentes de estudantes imigrantes e de minorias que frequentam escolas da América do Norte. O trabalho de Valdes (1996), que documenta as experiências de um pequeno número de famílias latinas na sua escola e comunidade, e o estudo etnográfico de Li (2002), com famílias chinesas que apoiavam o desenvolvimento da alfabetização dos seus filhos, fornecem uma visão de como as transições entre lar e escola podem ser desafiadoras, e até mesmo opressoras, devido a diferenças nas expectativas sobre o currículo escolar e o trabalho dos professores. O relato narrativo de longo prazo de Carger (1996), sobre as experiências de uma família mexicana, apresenta uma estrutura organizacional que inspirou o presente estudo, na medida em que é um relato em profundidade das experiências de uma família no apoio ao seu filho na escola, levando em consideração a intersecção das múltiplas influências que moldam a educação da criança. O relato narrativo de Ross e Chan (2008) sobre um estudante imigrante, Raj, e as dificuldades familiares, acadêmicas e financeiras de sua família, destacou os muitos desafios que a família encontrou no processo de apoio à adaptação dos seus filhos à escola e à comunidade canadense. O exame das experiências de Ai Mei contribui para o crescente, mas ainda limitado, corpo de pesquisa que se direciona para os estudantes chineses em escolas da América do Norte (Chan, 2004; Kao, 1995; Kim e Chun, 1994; Lee, 1994, 1996, 2001; Li, 2002, 2005).

Estrutura teórica

Enfatizando as experiências que contribuem para a noção de identidade étnica de Ai Mei, usei a filosofia de Dewey (1938) da interconectividade entre experiência e educação como fundamento teórico para este estudo. Examinei, em particular, formas pelas quais as muitas influências na sua vida em casa, na escola e na vizinhança, com os membros de sua família, além de com colegas, professores, administradores e com o próprio currículo escolar, se entrecruzaram para contribuir para a sua experiência global ou para o aprendizado de uma noção de identidade étnica como uma estudante imigrante em um contexto escolar canadense. As histórias de Ai Mei são inseridas na estrutura de um espaço tridimensional de investigação narrativa (Clandinin e Connelly, 2000), com a Bay Street School como a dimensão espacial, os anos 2001-2003 como a dimensão temporal e as minhas interações com Ai Mei, seus colegas, professores, pais e outros membros da comunidade da Bay Street School como a dimensão sociopessoal. As histórias são um meio de exploração da interação das influências que contribuem para a noção de identidade de Ai Mei; elas enfatizam até que ponto essa interação pode ser interpretada como conflitos a serem vividos (Connelly e Clandinin, 1999).

Método

Conheci Ai Mei quando comecei as observações em sua turma de 7º ano do ensino fundamental. Era observadora participante em sala de aula para um projeto de pesquisa que explorava a identidade étnica de estudantes da primeira geração canadense (portanto, filhos de estrangeiros). O foco no exame da intersecção da cultura e do currículo, conforme experimentado pelos estudantes chineses canadenses no curso dos seus dois anos no ensino fundamental II, foi deliberado desde o início. À medida que tomei conhecimento dos detalhes sobre as experiências dos estudantes, a interação complexa dos fatores que contribuíam para o senso de identidade étnica de Ai Mei se tornou evidente e merecedora de maior análise.

O professor-tutor de Ai Mei, William, me contou sobre como ela havia chegado à escola Bay Street School vinda de uma área urbana da província de Fuchien, na China, quando tinha 7 anos. Embora inicialmente não falasse nada de inglês, ela já era proficiente na época em que a conheci, quatro anos e meio depois da sua chegada. Seu inglês era distinto do de seus colegas nativos de língua inglesa pelas trocas incomuns de expressões e usos não convencionais de algumas palavras, mas a forma animada com falava sobre as suas experiências chamou a minha atenção desde o começo. Posteriormente, apreciei essa qualidade ainda mais, quando comecei a trabalhar mais de perto com ela como participante da pesquisa. Seus olhos escuros, parcialmente escondidos por trás de mechas de cabelo, pareciam vibrar e dançar quando ela dava detalhes sobre as interações com os colegas e membros da família, especialmente quando relatava situações engraçadas ou difíceis relativas às dificuldades que havia tido na comunicação com os outros. Ela também parecia gostar de me contar sobre os incidentes que ocorriam em casa, na escola ou na comunidade. Quando fui conhecendo as histórias de Ai Mei sobre a imigração e a adaptação, as influências conflitantes e as expectativas dos membros da sua família, dos colegas e dos professores na escola, além dos membros da sua comunidade étnica, ficaram mais evidentes, contribuindo assim ainda mais para a minha decisão de focar em suas histórias neste estudo.

Como investigadora narrativa, tomei conhecimento das histórias (Connelly e Clandinin, 1988) de Ai Mei usando uma variedade de abordagem narrativa, que inclui observações participantes de longo prazo baseadas na escola, coleta de documentos feita no contexto de entrevistas conversacionais contínuas com participantes-chave, entrevista e interação com os participantes (Clandinin e Connelly, 1994, 2000; Clandinin et al., 2006) para explorar a qualidade entrelaçada das vidas de Ai Mei, de sua professora, de seus colegas e dos membros da sua família. Observei e interagi com ela no contexto das aulas regulares em sala de aula, enquanto eu auxiliava a ela e a seus colegas com as tarefas, acompanhava-os em excursões, assistia aos concertos e às apresentações da sua banda e participava de outras atividades escolares, como a Noite Multicultural, a Noite do Cachorro-Quente, reuniões e festivais. As visitas à escola começaram durante o outono de 2001, quando Ai Mei e seus colegas iniciaram o 7º ano, e continuaram até junho de 2003, quando se formaram no 9º ano da Bay Street School.

Conduzi as entrevistas com Ai Mei, bem como as conversas informais constantes, durante o curso dos dois anos que passei na sala de orientação da sua turma. Também coletei documentos, como avisos da escola, anúncios de eventos na comunidade e na escola, avisos nos murais e nas paredes da sala de aula, calendários e minutas das reuniões do Conselho Escolar, além de amostras do trabalho dos alunos. As notas de campo descritivas, as transcrições das entrevistas, revistas de pesquisa e lembretes teóricos escritos após as visitas à escola foram informatizados e arquivados em um sistema de arquivos do projeto de pesquisa. Examinei muitas vezes as notas de campo referentes às experiências de Ai Mei para identificar temas recorrentes. Suas histórias foram inseridas no contexto das notas de campo escritas sobre a sua professora, os seus colegas e a sua comunidade escolar, desde que iniciei a pesquisa na escola, em 2000.

RESULTADOS

As histórias de Ai Mei de casa e da escola: histórias conflituosas

A seguir, apresento algumas das histórias da experiência de Ai Mei para explorar os desafios e as complexidades, as harmonias e as tensões (Clandinin e Connelly, 2002) que ela viveu enquanto tentava equilibrar a relação com os seus colegas ao mesmo tempo em que se adaptava às expectativas dos seus professores e dos seus pais. Exploro as formas pelas quais as expectativas dos pais, professores e colegas contribuem para moldar o senso de identidade, e examino a contribuição da metodologia narrativa na revelação das particularidades da intersecção de múltiplas influências em sua vida.

O contexto da Bay Street School

As histórias de Ai Mei foram inseridas no contexto da Bay Street School, uma escola conhecida por sua comunidade diversificada de estudantes desde a época de sua fundação (Cochrane, 1950; Connelly, He, Phillion, Chan e Xu, 2004). Ela fica localizada em um bairro urbano de Toronto, onde, como se sabe, a composição étnica dos residentes reflete os padrões de imigração e de colonização do Canadá (Connelly, Phillion e He, 2003). Assim, a população de estudantes na escola reflete essa diversidade. Um censo com todos os alunos, administrado durante o ano letivo de 2001-2002 (Chan e Ross, 2002) confirmou a diversidade étnica e linguística dos estudantes. Mais especificamente, 39 países e 31 línguas estavam representados na escola. Era nesse contexto que as histórias de Ai Mei aconteciam.

A língua de casa em conflito com a língua da escola

A seguir, apresento a história "Estava tentando esconder a minha identidade", como um ponto de partida para o exame das experiências de Ai Mei com o seu programa acadêmico na Bay Street School.

"Estava tentando esconder a minha identidade"

Ai Mei: Quando eu cheguei à Bay Street School, fiquei com a professora de LI (*Língua Internacional*)[1], a Sra. Lim... Fiquei com ela durante a semana toda, e ela me ensinou coisas em inglês.
Elaine: O que ela lhe ensinou?
Ai Mei: Você sabe, coisas fáceis, como o alfabeto e como dizer "Olá". Depois, fui para a turma da Srta. Jenkins. Eu me sentei com um menino estranho.
Elaine: Um menino estranho?
Ai Mei: Bem, ele não era tão estranho assim. A minha carteira ficava de frente para a dele, e ele fez isto para mim (*Ai Mei demonstra o que o menino fez*), mostrou a língua para mim. Não sabia o que aquilo queria dizer. Ele tinha um cabelo alaranjado desarrumado.
Elaine: Você fez amigos?
Ai Mei: Não, não por um longo tempo. Algumas pessoas tentavam falar comigo, mas eu não as entendia. Então, Chao tentou conversar comigo em fujianês, e eu fingi que não entendia. Ela tentou algumas vezes e depois desistiu. Então, um dia, minha irmã me disse algu-

Elaine: ma coisa em fujianês e Chao ouviu. Ela olhou para mim – ela ficou realmente surpresa, porque tinha tentado conversar comigo e eu fingi que não conseguia entendê-la. Ela acabou por não gostar de mim.
Elaine: Por que você fez aquilo? Por que você fingiu que não conseguia entendê-la?
Ai Mei: Eu não sei. Estava tentando esconder a minha identidade.
Ai Mei: (*dirigindo-se a Chao*): Chao, lembra como eu não falava com você, como eu fingi que não entendia?
Chao: Sim, eu lembro. (*Chao faz uma cara feia para Ai Mei.*) Não gostei de você por muito tempo.
Ai Mei: É, muito tempo.

(Notas de campo, abril de 2003)

Quando Ai Mei chegou à Bay Street School, os alunos novos que ingressavam na escola passavam uma semana ou duas com a respectiva professora de Língua Internacional (LI) antes do nivelamento para uma sala de aula. A orientação aos alunos novos dava aos professores a oportunidade de avaliarem a sua proficiência em inglês e na língua materna dos novos alunos, de identificarem dificuldades potenciais na aprendizagem e de se informarem a respeito das suas experiências escolares prévias. A orientação também proporcionava aos alunos uma oportunidade de conhecerem as rotinas da escola na sua língua materna enquanto eram gradualmente introduzidos na sala de aula adequada à sua idade.

No entanto, a resposta de Ai Mei à orientação aos novos estudantes foi surpreendente por uma série de motivos. Segundo a perspectiva dos seus professores, Chao poderia parecer uma amiga ideal para Ai Mei – as duas meninas eram da mesma província rural do sul da China, cresceram falando fujianês em casa e mandarim na escola, e Chao poderia ajudar Ai Mei a se adaptar à Bay Street School, já que havia chegado dois anos antes. Porém, Ai Mei pareceu não receber bem a oportunidade de falar com Chao em fujianês. Seus professores também ficaram confusos sobre por que ela tentaria "esconder [sua] identidade", pois, sob sua perspectiva, eles haviam trabalhado arduamente para criar programas que reconheciam as culturas de origem dos alunos de uma forma positiva.

Nesse contexto, é possível que Ai Mei, assim como muitos dos alunos apresentados na pesquisa sobre estudantes imigrantes e de minorias (Cummins, 2001; Kouritzin, 1999), tenha percebido a sua associação à língua da sua família como um entrave à aceitação pelos colegas que falavam inglês. Ela parecia gostar de aprender inglês com a sua professora de LI, e talvez achasse que a sua incapacidade de falar inglês fosse um obstáculo à formação de amizades com os colegas falantes do inglês. Certo dia, quando estávamos caminhando de volta para a sua sala após a aula de artes, ela me contou sobre um incidente em que se sentiu envergonhada, quando tentou pedir refrigerantes no *shopping* e o vendedor não conseguiu entendê-la porque "[seu] sotaque inglês era muito ruim!". É possível que Ai Mei estivesse tentando se distanciar daqueles que percebia como não falantes de inglês quando disse que "tentou esconder a [sua] identidade". Wong-Fillmore (1991) se voltou para como uma criança com uma língua de minorias poderia abandonar a língua materna quando se desse conta do baixo *status* dessa língua em relação ao inglês que é usado pelos colegas na escola. Ao mesmo tempo, ao optar por não responder à sua colega que falava fujianês e tentava fazer amizade com ela, Ai Mei estava desistindo da oportunidade de fazer uma amizade em um momento em que não tinha proficiência em inglês para desenvolver amizades com facilidade com os colegas que falavam inglês.

A língua da escola em conflito com a língua de casa

Além da pressão para atingir um nível mais alto de proficiência em inglês, Ai Mei parecia estar sendo pressionada por sua professora de mandarim, a Sra. Lim, para manter e desenvolver sua proficiência em mandarim. Ela apresentava um alto nível da língua dentro do programa de mandarim para a sua série[2] e estava se saindo bem nas aulas, a julgar pelas notas que vi quando ela me mostrou seu livro didático e cadernos de exercícios de mandarim. Sua professora disse que ela se saiu bem nas tarefas e provas, e que era uma ótima aluna de mandarim. Afirmou que era importante que Ai Mei se esforçasse para manter a vantagem que tinha sobre seus colegas chineses nascidos no Canadá. A Sra. Lim acreditava que Ai Mei se divertia aprendendo os caracteres com os quais muitos estudantes chineses nascidos no Canadá tinham dificuldade, graças aos primeiros anos dela de escolarização na China antes de chegar ao Canadá. Ela também achava que Ai Mei tinha uma vantagem em relação aos seus colegas nascidos na China, pois a sua instrução antes de deixar o país havia sido regular e ininterrupta, diferentemente do que fora vivenciado por muitos de seus colegas nascidos no mesmo país.

A manutenção da sua proficiência em mandarim é uma conquista que seus pais apoiam. Ao mesmo tempo, eles gostariam que ela mantivesse a fluência no dialeto familiar, o fujianês. Para Ai Mei e seus pais, a manutenção da língua materna tem importantes implicações para a comunicação dentro da família. Ai Mei me contou sobre a seguinte conversa na hora da refeição, envolvendo a sua mãe e sua irmã mais nova, Susan.

"Susan não fala fujianês"

Ai Mei: Nós estávamos jantando, e minha mãe disse à minha irmã: "(frase em fujianês)". A minha irmã me perguntou: "O que ela disse?". Falei para ela: "Ela quer saber se você quer mais legumes".
Elaine: A sua irmã não entende fujianês?
Ai Mei: Ela entende, mas não tudo.
Elaine: O que a sua mãe disse? Ela se preocupa que a sua irmã não a entenda?
Ai Mei: Ela olhou para ela assim – (Ai Mei me mostrou como sua mãe lançou um olhar de reprovação para a sua irmã).

(Notas de campo, abril de 2003)

A partir da nota de campo, parece que os pais de Ai Mei estavam começando a sentir os efeitos da perda da língua materna dentro da família. O fujianês não é fácil de ser aprendido e mantido, porque o seu uso no Canadá não é apoiado fora de casa, com exceção da exposição ao dialeto por meio de outros imigrantes recentes vindos da província de Fuchien. A incapacidade de Susan de compreender o vocabulário básico na sua língua materna provavelmente preocupou a ela e aos pais de Ai Mei, mas dados os recursos limitados para apoiá-la e o tempo limitado para incentivá-la, eles devem ter se perguntado sobre o que pode ser feito. Ai Mei falou de como seus pais a lembravam com frequência de falar com a sua irmã em fujianês. Nesse meio tempo, as irmãs já haviam desenvolvido há tempos o hábito de falar entre si em inglês; a comunicação na sua língua materna, o fujianês, já estava perdida àquela altura, devido à pouca facilidade de ambas no uso do idioma, e também pelo vocabulário limitado de Susan. Provavelmente, quando os pais começaram a perceber a extensão da perda da língua materna pela filha, já era tarde demais para reverter a situação. Essa pressão para desenvolver e manter a proficiência na língua interagiu com outros fatores que contribuíram para o senso de identidade e pertencimento de Ai Mei na sua escola, em casa e na comunidade étnica.

Os valores dos pais em conflito com os valores dos colegas

Além da pressão pelo sucesso acadêmico, Ai Mei também estava sob pressão para se comportar de acordo com as expectativas dos colegas, professores e pais. Por meio da minha interação com Ai Mei na Bay Street School ao longo de dois anos letivos, ficou evidente que ser incluída no seu grupo de colegas era muito importante para ela. Assim como os colegas, Ai Mei estava ficando mais fortemente interessada por filmes populares, música e tendências de moda à medida que entrava na adolescência. Essas influências vinham acompanhadas de uma tendência crescente dos colegas de ridicularizar o sucesso escolar e minimizar a importância do trabalho acadêmico. Durante o outono de 2001, houve incontáveis dias em que cheguei à sala de aula de Ai Mei e encontrei suas amigas tentando consolá-la depois que um colega popular e franco, Felix, havia feito comentários indelicados a respeito da sua aparência. Sua professora-tutora também me contou sobre os incidentes em que ela havia ido embora da escola chorando depois de ter sido excluída de uma atividade após a aula que tinha sido planejada pelos colegas. Outro dia, ouvi por acaso Felix reproduzindo uma das histórias do texto de Ai Mei na aula de mandarim; embora ele falasse em inglês, o tom e a linha de história estavam de acordo com o que poderia ser encontrado no texto. Ai Mei ria das tentativas de Felix e parecia gostar que ele soubesse um pouco sobre o que ela havia feito na aula de LI, mas também me perguntei se ela estaria envergonhada ou aborrecida com ele.

Além das preocupações de ser excluída pelos colegas e sentir a pressão de múltiplas influências na escola para se comportar de determinada maneira, Ai Mei também parecia viver as tensões das expectativas e dos padrões parentais para o seu comportamento, que, por vezes, entravam em conflito com os dos seus pares e com como ela mesma se enxergava. Escrevi a seguinte nota de campo após uma conversa com Ai Mei, em que ela se queixou sobre comentários de sua mãe durante um passeio com uma amiga da família.

> *"Dim sum com a amiga da sua mãe"*
>
> Ai Mei me contou hoje sobre ter saído para comer *dim sum* com a amiga de sua mãe e sua família. Ela disse que ficou muito incomodada por ser comparada com a filha da amiga da mãe, que é próxima em idade de Ai Mei, mas que parece ser uma filha perfeita aos olhos da sua mãe. Ai Mei me disse: "A minha mãe falou: 'Olhe para Ming Ming, tão bonita e alta. E tão calma! Ela ajuda a mãe a cozinhar e a limpar a casa'. Ela disse para a mãe de Ming Ming: 'Olhe para Ai Mei, 13 anos e tão baixa. E ela não me ajuda em casa e não cozinha!'. Ela ficou nos comparando, dizendo como Ming Ming era amável e o quanto eu sou terrível". Ai Mei revirou os olhos.
>
> (Notas de campo, abril de 2003)

A interação entre Ai Mei e sua mãe destacava o potencial para tensões que se desenvolvem quando são expressas diferenças de valor a respeito de certos tipos de comportamento. Parecia que Ai Mei se ressentia do fato de sua mãe não a achar calma, útil ou suficientemente alta quando comparada com a filha da sua amiga. Embora uma lacuna geracional possa justificar parte da tensão sobre o que constituiria comportamento e objetivos adequados para Ai Mei em sua contribuição para a família, parte dessa tensão também pode estar relacionada aos contextos muito diferentes em que Ai Mei e sua mãe haviam passado suas infâncias. Ai Mei passou uma boa parte da sua infância vivendo em diferentes casas em um distrito comercial urbano de Toronto. A sua percepção de um comportamento e de práticas apropriados provavelmente foi moldada por influências diferentes das que a sua mãe experimentou na província rural de Fuchien, onde passou a infância.

As expectativas dos professores em conflito com as expectativas dos pais

Além do mais, embora os pais e professores de Ai Mei tivessem em comum o objetivo do sucesso acadêmico para ela, surgiam tensões sobre o comprometimento de tempo necessário para corresponder a essas responsabilidades escolares e familiares. Ai Mei parecia estar presa entre as pressões para ajudar no negócio da família e as expectativas da professora quanto à realização da tarefa de casa e preparação intensiva para as provas e tarefas.

Durante o outono em que estava no 9º ano, a família de Ai Mei adquiriu um restaurante especializado em bolinhos e, desde então, toda a família dedicou muito tempo e energia à construção de um negócio de sucesso. Sabia que a família de Ai Mei era proprietária de um restaurante, porque ela me contou o que fazia para ajudar.

Ai Mei: Tem uma porta que ninguém consegue fechar além de mim.
Elaine: O que há de errado com ela?
Ai Mei: Está emperrada, então eu tenho de chutá-la para fechar. (*Ela demonstra enquanto diz isso, inclinada e chutando para um lado.*) Depois vamos para casa eu, minha mãe e meu pai.
Elaine: E quanto à sua irmã?
Ai Mei: Ela vai para casa um pouco mais cedo, com a minha avó e o meu avô.

(Notas de campo, outubro de 2002)

Todos os dias após a escola, Ai Mei e sua irmã Susan, após passarem algum tempo com os seus amigos em sala de aula ou no pátio da escola, dirigiam-se ao restaurante para passar a noite ajudando os pais. A irmã de Ai Mei, Susan, me contou sobre como ela ajudava seu pai ficando do lado de fora do restaurante, onde são vendidos vegetais e frutas, para vigiar pessoas que tentassem pegar itens sem pagar. Quando perguntei se isso acontecia com frequência, ela acenou com a cabeça, concordando gravemente.

A importância da participação de Ai Mei e sua irmã no negócio da família não podia ser negada, mas os professores de Ai Mei haviam questionado o tempo de comprometimento envolvido. No final do outono, depois que a família adquiriu o restaurante, o professor de Ai Mei, William, observou que ela havia começado a vir para a escola parecendo muito cansada e sem ter feito seu trabalho de casa. Um dia, enquanto ele estava reunido com ela para discutirem o boletim escolar que logo seria mandado para os seus pais, ele lhe disse que ela poderia ter se saído melhor se tivesse apresentado todas as tarefas de casa e se saído melhor nas últimas provas. Ai Mei o surpreendeu ao cair no choro. Pouco a pouco, William ficou sabendo que Ai Mei tinha pouco tempo para fazer as suas tarefas de casa e para estudar, porque estava ajudando no restaurante à noite e durante os fins de semana. Quando a família fechava o restaurante e ia para casa jantar, já passavam das 23h ou 0h, muito além do que William considerava apropriado para uma garota de 12 anos. Com um sentimento de responsabilidade profissional para relatar às autoridades situações potencialmente negligentes e com o apoio das políticas do conselho escolar guiando as suas ações, William falou com o seu diretor sobre a situação. Ambos decidiram que esse era um caso limítrofe e, com o conhecimento do diretor, William contatou a Children's Aid Society (CAS; ou Sociedade de Apoio à Criança) sobre a família de Ai Mei. Escrevi a seguinte nota de campo no dia em que William me falou sobre o seu telefonema para a CAS.

"Liguei para a CAS"

Estava ajudando William a arrumar os livros, ordenar em pilhas as tarefas dos alunos e a organizar canetas, lápis e giz nos seus devidos lugares na sala de aula. Criamos o hábito de conversar sobre os acontecimentos do dia enquanto organizávamos a sala de aula depois da saída dos alunos para a aula de francês, no final do dia. Hoje, William me disse: "Liguei para a CAS sobre Ai Mei. Ela não faz as suas tarefas de casa nem tem tempo para estudar, porque fica acordada até tarde trabalhando no restaurante da família. Ela está exausta".

(Notas de campo, dezembro de 2002)

O restaurante estava associado aos sonhos de sucesso financeiro da família de Ai Mei e à reunificação da família. Ai Mei havia falado sobre como seus pais financiaram a vinda dos seus avós maternos para Toronto, vindos da província de Fuchien, e estavam no processo de tentar trazer seus avós paternos para também se unirem à família. A importância de ajudar a família no negócio não podia ser negada segundo a perspectiva dos seus pais e, a partir do que Ai Mei havia dito sobre como ela ajudava a família, podia-se presumir que ela também reconhecia a importância do seu papel.

Ao mesmo tempo, estava começando a ficar evidente que auxiliar seus pais no negócio da família estava desviando a sua atenção do cumprimento do desejo dos pais de se sair bem na escola, já que o período que passava no restaurante ajudando a família era a hora em que poderia estar se dedicado ao trabalho escolar. Ai Mei estava presa entre os sonhos dos seus pais de sucesso financeiro e comercial, seu senso de responsabilidade como a filha mais velha da família para ajudá-los a atingir esse sucesso, o desejo dos seus pais de que se saísse bem academicamente para garantir seu sucesso econômico futuro e a responsabilidade profissional do seu professor de relatar às autoridades situações potencialmente negligentes. Ela vivia as tensões de decidir como usar melhor o seu tempo para ajudar os pais no negócio da família, e ainda assim ter um bom desempenho acadêmico.

Essa situação também precisou ser examinada em termos das tensões profissionais do seu professor e de como essas tensões podem ter contribuído para o senso de identidade de Ai Mei. Seu professor, William, estava consciente de que as narrativas culturais e sociais que guiavam as suas práticas profissionais poderiam ser diferentes das que guiam as práticas dos pais dos seus alunos, e que havia se comprometido a reconhecer a diversidade dos seus alunos. O potencial para conflito entre as perspectivas do professor, da aluna e dos pais em relação ao uso do tempo de Ai Mei à noite e nos fins de semana ficou evidente quando William contatou as autoridades de proteção à criança para relatar que o tempo de Ai Mei no restaurante da família todas as noites estava contribuindo para os seus atrasos na escola pela manhã, sem ter concluído as tarefas dadas para fazer em casa. Ele fez isso com a crença na importância de proteger o tempo de Ai Mei, para assegurar que ela tivesse tempo adequado e condições necessárias em casa para realizar as suas tarefas escolares.

O telefonema de William para a CAS, embora bem intencionado, tinha o potencial de causar dificuldades na família de Ai Mei, além de um abalo na sua relação com Ai Mei. De fato, posteriormente ele me contou como Ai Mei, ao perceber que ele havia denunciado seus pais à CAS, não veio após a escola para passar algum tempo na sua sala, nem lhe falou mais sobre o que estava acontecendo na sua vida, como estava acostumada a fazer até aquele momento. Ele achou que tinha perdido a confiança dela e acreditava que seu telefonema à CAS tinha sido a causa. Esse exemplo destaca parte da tensão que William sentiu quando tentou equilibrar a sua obrigação profissional de relatar às autoridades de proteção à criança situações potencialmente negligentes e o seu ideal quanto ao papel do professor como um defensor que apoia os alunos, conquistando a sua confiança.

Conhecendo as experiências de Ai Mei como pesquisadora narrativa

Essas histórias destacam algumas das complexidades da interação de múltiplas influências na contribuição para a noção de identidade de Ai Mei. Subjacentes a esses relatos das experiências de Ai Mei com os seus colegas, professores e pais no contexto de eventos passados na escola e na comunidade, encontram-se os relatos das minhas interações com Ai Mei como pesquisadora narrativa. A abordagem de investigação narrativa usada neste estudo facilitou a identificação de muitas particularidades da vida de uma estudante imigrante no contexto de uma escola canadense e forneceu a base sobre a qual se pode refletir sobre essas complexidades. Para começar, as histórias documentadas a respeito das experiências de Ai Mei como estudante imigrante na Bay Street School foram reunidas durante um longo período de tempo, quando passei dois anos letivos na sala de orientação com ela, os seus professores e colegas, como observadora participante. Durante esse tempo, tornei-me um membro da sala de aula, juntando-me à turma para atividades como excursões, eventos especiais da escola, concertos da banda e reuniões. Mais importante do que isso, no entanto, era que eu fazia parte da turma durante os dias de aula sem eventos, nas atividades escolares regulares. Foi durante esses momentos que consegui desenvolver uma relação com Ai Mei e com os seus colegas e professores. Eles passaram a me ver como uma professora adicional na sala de aula, que podia ajudá-los com as tarefas, agir como um supervisor adulto durante as atividades dentro da escola ou nas visitas a outros lugares e como uma boa ouvinte quando eles tinham desavenças com os amigos ou professores.

Tomei conhecimento dos detalhes da vida de Ai Mei quando ela me contou sobre os seus colegas, seus pais, o restaurante especializado em bolinhos da sua família, a sua irmã e os passeios familiares. Ouvi sobre as suas percepções em relação aos colegas, à sua comunidade étnica e à sua família quando, por exemplo, ela me contou sobre interações específicas, como o jantar em família em que sua irmã não entendeu o que a mãe disse em fujianês, as críticas da sua mãe ao compará-la com a filha da amiga da mãe, ou suas impressões sobre a orientação aos alunos novos (em seu caso, uma nova aluna da China), realizada para facilitar a adaptação.

Quando os alunos perceberam o meu interesse por saber a respeito da sua vida escolar, eles começaram a me atualizar sobre os eventos que eu havia perdido entre as visitas e a me contar o que chamavam de "fofocas" da escola. À época em que eu estava na metade do 2º ano com a turma de Ai Mei, realizei entrevistas com os alunos. Enquanto planejava as perguntas e as discutia com William, lembro-me de me perguntar se essa mudança para um tipo mais formal de interação com os alunos alteraria a relação que havíamos estabelecido. A minha preocupação com o impacto negativo na relação se mostrou infundada. Na verdade, fiquei satisfeita ao perceber, em um dia em que Ai Mei se aproximou para me contar sobre o jantar da sua família (veja "Susan não fala fujianês"), que o processo tinha aberto mais oportunidades de saber a respeito das vidas dos alunos. Percebendo que estava interessada em ouvir sobre as suas interações em casa e na comunidade, os alunos começaram a me contar mais sobre eles. Nossa relação já estabelecida havia fornecido uma base tal, que eu podia conversar com os alunos sobre as suas experiências com a família e os membros das suas comunidades étnicas, e as entrevistas ofereceram uma oportunidade para os alunos terem conhecimento, de forma mais explícita, sobre o meu interesse em ouvir sobre outros aspectos das suas vidas fora da escola. Nossa relação era tal, que eles sabiam que podiam confiar que eu trataria suas histórias e as suas percepções dessas histórias com interesse e respeito.

Também vi Ai Mei no bairro com seus amigos durante as horas após a escola, enquanto eles iam de casa em casa para se visitarem no projeto de acomodação, enquanto seus pais trabalhavam em restaurantes e lojas próximos, e, nos fins de semana, quando ela fazia compras com a sua irmã e os pais nas lojas da área comercial perto da escola. Essas breves interações deram uma ideia melhor das influências que interagiam na sua vida e que contribuíam para a formação de uma noção de identidade de uma forma que não seria possível por meio de entrevistas formais ou um cronograma mais estruturado de observações de pesquisa. Além disso, essas interações deram oportunidade aos amigos e à família de Ai Mei de se familiarizarem com a minha presença e a minha participação na escola.

As dificuldades de agir como pesquisadora com um foco no conhecimento das experiências dos meus participantes se tornaram mais evidentes quando o meu papel de pesquisadora ficou menos claro. Quando conheci Ai Mei e sua família, senti as tensões que ela experimentava enquanto equilibrava as múltiplas influências na sua vida, e minha vontade era de defendê-la. Senti um senso de responsabilidade por Ai Mei, para apoiar o seu aprendizado e tentar aliviar algumas das tensões por que ela passava enquanto equilibrava a relação com as culturas da sua casa e da escola. Entendi um pouco da traição que ela sentiu quando seus pais foram denunciados às autoridades de proteção à criança, e também o medo que seus pais devem ter sentido. Quando ela me contou sobre como seus pais não poderiam ir à sua formatura do 9º ano porque precisavam trabalhar, quis ter certeza de que poderia ir e tirar fotos dela com a sua irmã, para que ela tivesse um registro do evento. A natureza da relação pesquisador-participante, no que diz respeito à contribuição para a compreensão das particularidades das experiências vividas pela minha participante estudante, aumentou a minha compreensão do que os eventos significavam para ela.

O papel da investigação narrativa e, mais especificamente, o papel da participação de longo prazo na vida escolar diária de uma estudante imigrante, que era essencial para essa investigação narrativa, contribuiu para a relação pesquisador-participante que consegui desenvolver com Ai Mei e com os seus colegas e professores. A atenção cuidadosa aos detalhes da vida nas salas de aula (Jackson, 1990) e dentro da escola e o respeito pela negociação constante tão essencial para o desenvolvimento de uma relação de pesquisa, desde a negociação inicial da entrada no local de pesquisa até a negociação da saída para a conclusão das investigações narrativas baseadas na escola – características fundamentais para a abordagem de Clandinin e Connelly (2000) –, contribuíram ainda mais para o desenvolvimento de uma relação de pesquisa baseada na confiança e na familiaridade com Ai Mei. Essa confiança, por sua vez, me envolveu na consideração cuidadosa das implicações potenciais de contar e recontar as histórias de Ai Mei e o que elas poderiam significar para ela, bem como de outros estudantes imigrantes e de minorias que podem se defrontar com desafios semelhantes, de equilibrar as tensões entre as culturas de casa e da escola no contexto escolar da América do Norte. Foi também por meio desse comprometimento com o exame dessas tensões, a partir das múltiplas perspectivas dos outros na escola de Ai Mei, bem como em relação às dimensões temporal, espacial e sociopessoal em jogo na escola, que me foi possível enxergar algumas das especificidades e complexidades das influências conflitantes na vida de Ai Mei. No processo de exame das experiências de Ai Mei, também me tornei participante, na medida em que as minhas experiências e interpretações das histórias de Ai Mei estavam sendo continuamente examinadas, e eu refletia sobre elas enquanto compartilhava as minhas interpretações com Ai Mei, em um processo contínuo para melhor entender as histórias que ela contava.

Essa relação, por sua vez, era essencial para que eu entendesse as complexidades das experiências de Ai Mei. Dessa forma, essa abordagem de investigação narrativa de longo prazo baseada na escola contribui não só para o conhecimento sobre as experiências dos meus participantes enquanto foco o exame das particularidades do fenômeno da pesquisa em questão, mas também aumenta a consciência sobre as complexidades e o impacto do trabalho dos pesquisadores nas vidas dos nossos participantes.

DISCUSSÃO

Histórias conflituosas dos estudantes, professores e pais: implicações para a prática, pesquisa e teoria

O exame da intersecção das influências de casa, da escola e da comunidade étnica na vida de Ai Mei proporcionou uma visão dos desafios que os estudantes imigrantes ou de minorias podem encontrar quando tentam formar um senso de identidade étnica. Mais especificamente, o exame das histórias de Ai Mei revela como os estudantes imigrantes e de minorias podem ser atraídos para muitas direções, com algumas dessas influências sendo experimentadas como conflitos, quando as expectativas dos professores, colegas e pais se cruzam no cenário de uma escola. As histórias destacam o potencial para conflito, pois estudantes imigrantes possuem valores moldados pela interação com a família e pelos membros da sua comunidade étnica, além dos valores moldados pela interação com os colegas, professores e outros membros de sua convivência no novo país.

À medida que Ai Mei cresce, ela precisa determinar quais aspectos das suas comunidades de casa e da escola ela incorpora ao seu conjunto de valores. A velha tensão entre pais e filhos quando os filhos avançam para a idade adulta e tomam decisões pertinentes à sua educação e o tipo de vida que eles se veem levando é exacerbada pelas diferenças na perspectiva que são influenciadas pelas diferenças na cultura entre a nova sociedade que está acolhendo essas crianças e o cenário que seus pais imigrantes vivenciaram quando crianças em sua terra natal. Essa tensão é mais complicada pelos esforços que os pais empreenderam no processo de imigração, quando se instalaram nos novos países. As histórias de Ai Mei revelaram até que ponto as ideias de inovação dos currículos e as boas intenções dos professores, administradores, pesquisadores e legisladores podem se desenrolar de forma inesperada. Conhecer as histórias conflituosas de Ai Mei enfatiza a importância do exame das formas pelas quais o currículo e os eventos escolares podem contribuir para moldar a identidade étnica de estudantes imigrantes e de minorias de maneira muito mais complexa do que o previsto pelos professores, pelos pais e até mesmo pelos próprios estudantes.

Esse conhecimento, por sua vez, pode colaborar com o trabalho dos professores e administradores, em sua tentativa de atender às necessidades das suas populações de estudantes cada vez mais diversificadas. Os professores precisam aprender a atender às necessidades acadêmicas e sociais dos seus alunos imigrantes e de minorias no contexto de uma escola com, às vezes, pouco conhecimento sobre as culturas e os sistemas educacionais dos quais eles são provenientes. Dessa forma, o conhecimento adquirido a partir desse estudo tem implicações para os professores que trabalham em contextos escolares diversos, o desenvolvimento profissional de educadores em serviço e pré-serviço e a tomada de decisão referente ao desenvolvimento de políticas de currículo para contextos escolares socioculturais. O exame das experiências de Ai Mei, da intersecção das influências de casa e da escola, pode servir de base para o desenvolvimento e a implantação de programas projetados para facilitar a adaptação de estudantes imigrantes em escolas da América do Norte. As histórias da experiência de Ai Mei podem ser citadas como exemplo de uma narrativa baseada em uma vida (Phillion e He, 2004) e contribuem para a tradição do corpo de estudantes introduzida por Schubert e Ayers (1992) e reconhecida por Jackson (1992) no livro de Pinar, Reynolds, Slattery e Taubman, *Understanding Curriculum* (1995). A atenção às narrativas dos estudantes e de suas famílias é um lembrete para não perder de vista a diversidade nas populações de estudantes, e enfatiza a necessidade de atenção a questões de justiça social e equidade na educação. Essa pesquisa não somente aborda a escassez de pesquisas focadas especificamente nas experiências dos estudantes a partir da perspectiva deles, mas também contribui para a compreensão das experiências de um grupo sobre o qual os educadores e legisladores envolvidos no desenvolvimento e implantação de um currículo escolar têm a necessidade desesperada de compreender melhor.

CONCLUSÃO

Os professores e administradores com quem compartilhei este estudo apreciaram o reconhecimento dos desafios que encontram no seu trabalho com os alunos. William, como professor iniciante, reconheceu a necessidade de uma maior atenção na preparação dos professores para as salas de aula com diversidade, e achou que histórias como as apresentadas neste artigo contribuíram para despertar a consciência das dificuldades que os professores podem encontrar; ele reconheceu o potencial das histórias como um fórum para gerar discussão entre professores e administradores. Seus administradores falaram sobre os desafios inerentes à busca de atender às necessidades da sua população de estudantes e se referiram às tensões da necessidade de obedecer às políticas existentes, mesmo quando viviam as dificuldades de implantação de algumas das políticas com os seus alunos e professores.

A exploração das inúmeras influências que moldam a participação dos estudantes no currículo escolar usando uma abordagem de investigação narrativa para o exame das experiências dos alunos também é uma forma de reconhecer a complexidade da instrução e da preparação dos professores (Cochran Smith, 2006) e a necessidade de orientação sobre como melhor desenvolver um currículo e a pedagogia para alunos provenientes de minorias, além de reconhecer, ainda, os desafios associados ao trabalho com populações diversificadas de estudantes. Dado o crescente contexto na América do Norte de diversidade, é essencial que educadores e legisladores sejam bem informados sobre os alunos para os quais as práticas e políticas educacionais são desenvolvidas.

NOTAS

1. Os alunos na Bay Street School escolhiam entre as aulas de LI (Língua Internacional) em chinês, cantonês ou mandarim; vietnamita, árabe, suaíli/história dos negros ou espanhol, que eram integradas ao seu dia escolar regular.
2. Os textos em mandarim usados no programa de LI eram baseados em um formato multigrau, em que cada nível era dividido em seis outros níveis de dificuldade, que variavam do iniciante até o avançado para acomodar as diferenças de proficiência na língua entre os alunos do mesmo ano.

REFERÊNCIAS

Ada, A. F. (1988). The Pajaro Valley experience: Working with Spanish-speaking parents to develop children's reading and writing skills in the home through the use of children's literature. In T. Skutnabb-Kangas & J. Cummins (Eds.), *Minority education: From shame to struggle* (pp. 223–237). Clevedon, UK: Multilingual Matters.

Banks, J. A. (1995). Multicultural education: Its effects on students' racial and gender role attitudes. In J. A. Banks & C. A. McGee Banks (Eds.), *Handbook of research on multicultural education* (pp. 617–627). Toronto, Canada: Prentice Hall International.

Bullough, R. V., Jr. (2007). Ali: Becoming a student—A life history. In D. Thiessen & A. Cook-Sather (Eds.), *International handbook of student experience in elementary and secondary school* (pp. 493–516). Dordecht, The Netherlands: Springer.

Carger, C. (1996). *Of borders and dreams: Mexican-American experience of urban education.* New York: Teachers College Press.

Chan, E. (2004). *Narratives of ethnic identity: Experiences of first generation Chinese Canadian students.* Unpublished doctoral dissertation, University of Toronto, Ontario, Canada.

Chan, E., & Ross, V. (2002). *ESL Survey Report. Sponsored by the ESL Work-group in collaboration with the OISE/UT Narrative and Diversity Research Team.* Toronto, Canada: Centre for Teacher Development, Ontario Institute for Studies in Education, University of Toronto, Ontario, Canada.

Clandinin, D. J., & Connelly, F. M. (1994). Personal experience methods. In N. K. Denzin & Y. S. Lincoln (Eds.), *Handbook of qualitative research in the social sciences* (pp. 413–427). Thousand Oaks, CA: Sage.

Clandinin, D. J., & Connelly, F. M. (2000). *Narrative inquiry: Experience and story in qualitative research.* San Francisco: Jossey-Bass.

Clandinin, D. J., & Connelly, F. M. (2002, October). Intersecting narratives: Cultural harmonies and tensions in inner-city urban Canadian schools. Proposal submitted to the Social Sciences and Humanities Research Council of Canada.

Clandinin, D. J., Huber, J., Huber, M., Murphy, M. S., Murray Orr, A., Pearce, M., et al. (2006). *Composing diverse identities: Narrative inquiries into the inter-woven lives of children and teachers.* New York: Routledge.

Cochrane, M. (Ed.). (1950). *Centennial story: Board of education for the city of Toronto: 1850–1950.* Toronto, Canada: Thomas Nelson.

Cochran-Smith, M. (1995). Uncertain allies: Understanding the boundaries of race and teaching. *Harvard Educational Review, 65,* 541–570.

Cochran-Smith, M. (2006). Thirty editorials later: Signing off as editor. *Journal of Teacher Education,* 57(2), 95–101.

Conle, C. (2000). The asset of cultural pluralism: an account of cross-cultural learning in pre-service teacher education. *Teaching and Teacher Education, 16,* 365–387.

Connelly, F. M., & Clandinin, D. J. (1988). *Teachers as curriculum planners: Narratives of experience.* New York: Teachers College Press.

Connelly, F. M., & Clandinin, D. J. (1999). Stories to live by: Teacher identities on a changing professional knowledge landscape. In F. M. Connelly & D. J. Clandinin (Eds.), *Shaping a professional identity: Stories of educational practice* (pp. 114–132). London, Canada: Althouse Press.

Connelly, F. M., He, M. F., Phillion, J., Chan, E., & Xu, S. (2004). Bay Street Community School: Where you belong. *Orbit, 34*(3), 39–42.

Connelly, F. M., Phillion, J., & He, M. F. (2003). An exploration of narrative inquiry into multiculturalism in education: Reflecting on two decades of research in an inner-city Canadian community school. *Curriculum Inquiry, 33*, 363–384.

Cook-Sather, A. (2002) Authorizing students' perspectives: toward trust, dialogue, and change in education. *Educational Researcher, 31* (4), 3–14.

Cummins, J. (2001). *Negotiating identities: Education for empowerment in a diverse society* (2nd ed.). Ontario, CA: CABE (California Association for Bilingual Education).

Cummins, J., Bismilla, V., Chow, P., Cohen, S., Giampapa, F., Leoni, L., et al. (2005). Affirming identity in multilingual classrooms. *Educational Leadership, 63*(1), 38–43.

Dewey, J. (1938). *Experience and education.* New York: Simon & Schuster. Feuerverger, G. (2001). *Oasis of dreams: Teaching and learning peace in a Jewish-Palestinian village in Israel.* New York: Routledge.

Gay, G. (2000). *Culturally responsive teaching: Theory, research, & practice.* New York: Teachers College Press.

He, M. F., Phillion, J., Chan, E., & Xu, S. (2007). Chapter 15—Immigrant students' experience of curriculum. In F. M. Connelly, M. F. He, & J. Phillion (Eds.), *Handbook of curriculum and instruction* (pp. 219–239). Thousand Oaks, CA: Sage.

Igoa, C. (1995). *The inner world of the immigrant child.* New York: St. Martin's Press. Jackson, P. (1990). *Life in classrooms.* New York: Teachers College Press. Jackson, P. (1992). Conceptions of curriculum specialists. In P. Jackson (Ed.), *Handbook of research on curriculum* (pp. 3–40). New York: Peter Lang.

Kao, G. (1995). Asian Americans as model minorities? A look at their academic performance. *American Journal of Education, 103*, 121–159.

Kim, U., & Chun, M. J. B. (1994). The educational 'success' of Asian Americans: An indigenous perspective. *Journal of Applied Developmental Psychology, 15*, 329–339.

Kouritzin, S. G. (1999). *Face(t)s of first language loss.* Mahwah, NJ: Erlbaum. Ladson-Billings, G. (1995). Multicultural teacher education: Research, practice, and policy. In J. A. Banks & C. A. McGee Banks (Eds.), *Handbook of research on multicultural education* (pp. 747–759). Toronto, Canada: Prentice Hall International.

Ladson-Billings, G. (2001). *Crossing over to Canaan: The journey of new teachers in diverse classrooms.* San Francisco: Jossey-Bass.

Lee, S. J. (1994). Behind the model-minority stereotype: Voices of high and low-achieving Asian American students. *Anthropology & Education Quarterly, 25*, 413–429.

Lee, S. J. (1996). *Unravelling the "modelminority" stereotype: Listening to Asian American youth.* New York: Teachers College Press.

Lee, S. J. (2001). More than "model minority" or "delinquents": A look at Hmong American high school students. *Harvard Educational Review, 71*, 505–528. Li, G. (2002). "East is East, West is West"? Home literacy, culture, and schooling. In J. L. Kincheloe & J. A. Jipson (Eds.), *Rethinking childhood book series* (Vol. 28). New York: Peter Lang.

Li, G. (2005). *Culturally contested pedagogy: Battles of literacy and schooling between mainstream teachers and Asian immigrant parents.* Albany, NY: SUNY Press.

McCaleb, S. P. (1994). *Building communities of learners: A collaboration among teachers, students, families and community.* New York: St. Martin's Press.

Moodley, K. A. (1995). Multicultural education in Canada: Historical development and current status. In J. A. Banks & C. A. McGee Banks (Eds.), *Handbook of research on multicultural education* (pp. 801–820). Toronto, Canada: Prentice Hall International.

Nieto, S., & Bode, P. (2008). *Affirming diversity: The sociopolitical context of multicultural education* (5th ed.). New York: Longman.

Phillion, J., & He, M. F. (2004). Using life based literary narratives in multicultural teacher education. *Multicultural Perspectives, 6*(2), 3–9.

Pinar, W. F., Reynolds, W. M., Slattery, P., & Taubman, P. M. (1995). *Understanding curriculum: An introduction to the study of historical and contemporary curriculum discourses.* New York: Peter Lang.

Rodriguez, R. (1982). *Hunger of memory: The education of Richard Rodriguez.* Boston: David R. Godine.

Rolon-Dow, R. (2004). Seduced by images: Identity and schooling in the lives of Puerto Rican girls. *Anthropology & Education Quarterly, 35,* 8–29.

Ross, V., & Chan, E. (2008). Multicultural education: Raj's story using a curricular conceptual lens of the particular. *Teaching and Teacher Education, 24,* 1705–1716.

Sarroub, L. K. (2005). *All-American Yemeni girls: Being Muslim in a public school.* Philadelphia: University of Pennsylvania Press.

Schubert, W., & Ayers, W. (Eds.) *Teacher lore: Learning from our own experience.* New York: Longman.

Smith-Hefner, N. (1993). Education, gender, and generational conflict among Khmer refugees. *Anthropology & Education Quarterly, 24,* 135–158.

Statistics Canada. (2008). *Canada's ethnocultural mosaic, 2006* census. Retrieved July 1, 2008, from http://www12.statcan.ca/english/census06/analysis/ethnic- origin/pdf/97-562-XIE2006001.pdf

U.S. Census Bureau. (2002). *United States Census 2000.* Washington, D.C: U.S. Government Printing Office.

Valdes, G. (1996). *Con respeto: Bridging the distances between culturally diverse families and schools. An ethnographic portrait.* New York: Teachers College Press.

Villegas, A. M. (1991). *Culturally responsive pedagogy for the 1990's and beyond.* Princeton, NJ: Educational Testing Service.

Wong-Fillmore, L. (1991). When learning a second language means losing the first. *Early Childhood Research Quarterly, 6,* 323–346.

Zine, J. (2001). Muslim youth in Canadian schools: Education and the politics of religious identity. *Anthropology & Education Quarterly, 32,* 399–423.

NOTA SOBRE A AUTORA

Elaine Chan é professora-assistente de Estudos da Diversidade e Currículos no Departamento de Ensino, Aprendizagem e Educação de Professores da College of Education and Human Sciences, na Universidade de Nebraska-Lincoln. Suas pesquisas e seus interesses de ensino são nas áreas de: investigação narrativa, cultura e currículo; educação multicultural; identidade étnica da primeira geração de canadenses e norte-americanos; experiências de escolaridade dos alunos; e políticas educacionais de equidade. Ela lecionou e conduziu pesquisas de longo prazo baseadas em sala de aula em escolas canadenses, japonesas e americanas. Atualmente, está trabalhando, em coautoria com Margaret Macintyre Latta, em um livro sobre o envolvimento de alunos de LI no ensino artístico.

APÊNDICE C

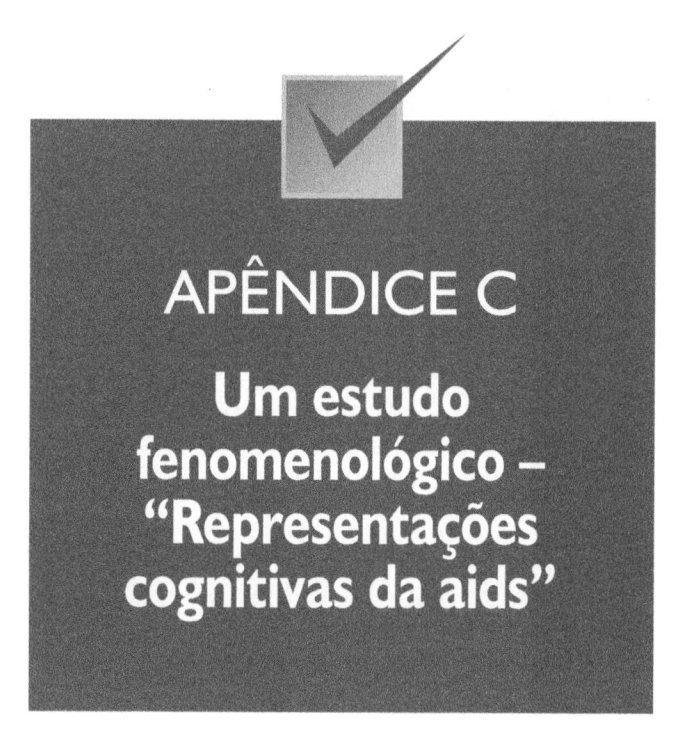

Um estudo fenomenológico – "Representações cognitivas da aids"

ELIZABETH H. ANDERSON
MARGARET HULL SPENCER

As representações cognitivas da doença determinam o comportamento. A imagem que as pessoas que convivem com a aids têm de sua doença pode ser a chave para a compreensão de sua adesão à medicação e a outros comportamentos saudáveis. A proposta das autoras foi descrever as representações cognitivas que pacientes com aids têm de sua doença. Foi entrevistada uma amostragem intencional de 58 homens e mulheres com aids. Utilizando o método fenomenológico de Colaizzi (1978), o rigor foi estabelecido por meio da aplicação de verificação, validação e validade. Entre as 175 declarações significativas, emergiram 11 temas. As representações cognitivas incluíram a representação da aids como morte, a destruição do corpo e a de apenas uma doença. O enfren-

---

Nota das Autoras: Este estudo foi financiado em parte pela Universidade de Connecticut Intramural Faculty Small Grants e School of Nursing Dean's Fund.
Agradecemos a Cheryl Beck, D.N.Sc, e Deborah McDonald, Ph.D, por lerem o esboço inicial. Nossos agradecimentos especiais a Stephanie Lennon, BSN, pela sua assistência à pesquisa.
Encaminhar solicitações de reprodução para Elizabeth H. Anderson, Ph.D., A.P.R.N., Professora Assistente, Universidade de Connecticut School of Nursing, 231 Glenbrook Road, U-2026, Storrs, CT 06269-2026, USA.
Fonte: O material deste apêndice foi publicado originalmente em *Qualitative Health Research*, 12 (10), 1338-1352. Direitos reservados 2002, Sage Publications, Inc.

tamento focou em varrer a aids da mente, a esperança pelo medicamento certo e os cuidados consigo mesmo. A investigação sobre a imagem que um paciente tem da aids pode auxiliar as enfermagem a avaliar os processos de enfrentamento e melhorar as relações entre a enfermagem e os pacientes.

Um homem de 53 anos com um histórico de uso de drogas intravenosas, prisão, abrigos e uso de metadona descreveu a aids da seguinte forma:

> Minha imagem do vírus era de destruição total. Ele também poderia ter me matado, porque levou quase tudo da minha vida. Era quase tão ruim quanto estar trancafiado. Tudo é tirado de você. A única coisa a fazer é esperar pela morte. Tinha medo e estava louco. E, principalmente, não me importava mais comigo. Vou começar a pensar sobre a doença e vou começar a considerar se esses medicamentos realmente vão fazer alguma coisa por mim.

Até o momento, 36 milhões de pessoas no mundo (Centers for Disease Control and Prevention [CDC], 2001b) estão infectadas com o vírus da imunodeficiência humana (HIV), que se desenvolve para o estágio final da síndrome de imunodeficiência adquirida (aids). Nos Estados Unidos, 448,060 mil pessoas morreram de doenças relacionadas à aids e mais de 322 mil pessoas estão vivendo com aids, o número mais alto já relatado (CDC, 2001a). Com HIV/aids, são necessários 95% de adesão aos regimes de medicamentos antirretrovirais (ART) para a completa supressão viral e prevenção de estirpes mutantes (Bartlett e Gallant, 2001). A adesão aos regimes de ART pode reduzir o ritmo do processo da doença, mas não cura o HIV ou a aids. As pessoas com aids experimentam numerosos efeitos colaterais associados aos medicamentos ART, que podem ocasionar desperdício de medicamentos, profunda perda de peso e decréscimo na qualidade de vida (Douaihy e Singh, 2001). A incidência de HIV/aids é reduzida com a prevenção, que depende do comprometimento por toda a vida com a redução do uso de drogas e das práticas sexuais de alto risco. Para atingir os máximos benefícios à saúde individual e pública, pode ser útil explorar a experiência da aids vivida pelo paciente dentro da estrutura do modelo de autorregulação da doença.

No Modelo de autorregulação das representações da doença, os pacientes são solucionadores ativos do problema, e o comportamento deles é produto das suas respostas cognitivas e emocionais às ameaças à saúde (Leventhal, Leventhal e Cameron, 2001). Em um processo contínuo, as pessoas transformam os estímulos internos (p. ex., sintomas) ou externos (p. ex., resultados laboratoriais) em representações cognitivas da ameaça e/ou reações emocionais, que elas tentam compreender e regular. O significado depositado em um estímulo (interno ou externo) irá influenciar a seleção e o desempenho de um ou mais procedimentos de enfrentamento (Leventhal, Idler e Leventhal, 1999). As emoções influenciam a formação das representações da doença e podem motivar uma pessoa à ação ou dissuadi-la desta. A avaliação das consequências dos esforços de enfrentamento é o passo final no modelo e fornece *feedback* para o processamento de mais informações.

Embora muito individuais, as representações da doença são os constructos cognitivos centrais que guiam o enfrentamento e a avaliação dos resultados. A teoria de um paciente sobre a doença se baseia em muitos fatores, incluindo a experiência corporal, doenças prévias e informações externas. A representação da doença possui cinco conjuntos de atributos: (a) identidade (isto é, rótulo, sintomas), (b) linha do tempo (início, duração), causa percebida (germes, estresse, genética), (d) consequências (morte, incapacidade, perda social) e (e) controlabilidade (cura, controle) (Leventhal, Idler et al., 1999; Leventhal, Leventhal et al., 2001).

Os atributos têm forma tanto abstrata quanto concreta. Por exemplo, o atributo "identidade" pode ter um rótulo de doença abstrato (p. ex., aids) e sintomas físicos concretos (p. ex., náusea, vômitos). Os sintomas são indicações ou sugestões convenientes e disponíveis, que podem moldar a representação de uma doença e ajudar a pessoa a interpretar correta ou incorretamente a experiência. Embora os sintomas não estejam medicamente associados à hipertensão, os pacientes que acreditavam que as medicações reduziam os seus sintomas relataram maior adesão e melhor controle da pressão sanguínea (Leventhal, Leventhal et al., 2001).

A compreensão de como os indivíduos representam cognitivamente a aids e as suas respostas emocionais pode facilitar a aderência aos regimes terapêuticos, reduzir comportamentos de risco e melhorar a qualidade de vida. A fenomenologia fornece os dados mais ricos e mais descritivos (Streubert e Carpenter, 1999) e, por isso, é o processo de pesquisa ideal para obter representações cognitivas. Consequentemente, o propósito deste estudo foi explorar a experiência e as representações cognitivas que os pacientes tinham da aids dentro do contexto da fenomenologia.

REVISÃO DA LITERATURA

Vogl e colaboradores (1999), em um estudo de 504 pacientes ambulatoriais com aids que não estavam tomando medicações inibidoras da protease (IP), constataram que os sintomas mais prevalentes eram preocupação, fadiga, tristeza e dor. Tanto o número de sintomas quanto o nível de sofrimento do sintoma estavam associados ao sofrimento psicológico e à perda da qualidade de vida. As pessoas com uma história de uso de droga intravenosa relatavam mais sintomas e maior sofrimento com o sintoma. Em contraste, um levantamento por telefone e a revisão dos prontuários de 45 homens e mulheres com HIV/aids sugeriram que a terapia com IP estava associada a ganho de peso, melhora na contagem de CD4, redução nas cargas virais do RNA do HIV, menos infecções oportunistas e melhor qualidade de vida (Echeverria, Jonnalagadda, Hopkins e Rosenbloom, 1999).

Em um relato sobre a dor segundo a perspectiva dos pacientes, Holzemer, Henry e Reilly (1998) observaram que 249 pacientes com aids relataram experimentar um nível moderado de dor, mas apenas 80% tinham controle efetivo da dor. Um nível mais alto de dor estava associado à qualidade de vida mais baixa. Em um estudo fenomenológico focando na dor, as pessoas com HIV/aids encaravam a dor não somente como física, mas também como uma experiência de perda, de não saber e social (Laschinger e Fothergill-Bourbonnais, 1999).

Turner (2000), em um estudo hermenêutico de homens e mulheres infectados com HIV, encontrou que a perda múltipla relacionada à aids era um processo intenso e repetitivo de luto. Dois padrões constitutivos emergiram: Viver com a perda e Viver além da perda. Igualmente, Brauhn (1999), em um estudo fenomenológico com 12 homens e cinco mulheres, encontrou que, embora as pessoas com HIV/aids experimentassem a sua doença como crônica, a doença tinha um impacto profundo e disseminado em sua identidade. Os participantes planejavam seu futuro com otimismo cauteloso, mas conseguiam identificar aspectos positivos sobre a doença.

McCain e Gramling (1992), em um estudo fenomenológico sobre enfrentamento da doença do HIV, relataram três processos: vivendo com a morte, lutando contra a doença e ficando esgotado. Koopman e colaboradores (2000) encontraram que, entre 147 pessoas HIV positivo, aquelas com o maior nível de estresse nas suas vidas diárias tinham renda mais baixa, se desligaram comportamental e emocionalmente do enfrentamento da sua doença e abordavam as relações interpessoais de uma maneira menos segura e mais ansiosa. Com resultados bastante semelhantes, Farber, Schwartz, Schaper, Moonen e McDaniel (2000) observaram que a adaptação ao HIV/aids estava associada a menor sofrimento psicológico, maior qualidade de vida e crenças pessoais mais positivas relacionadas ao mundo, às pessoas e à autoestima. Fryback e Reinert (1999), em um estudo qualitativo de mulheres com câncer e homens com HIV/aids, encontraram a espiritualidade como um componente essencial para a saúde e o bem-

-estar. Os respondentes que encontravam significado na sua doença relatavam uma melhor qualidade de vida do que antes do diagnóstico.

Dominguez (1996) resumiu a estrutura essencial de viver com HIV/aids para mulheres de herança mexicana como uma luta desesperada para suportar uma doença fatal, transmissível e socialmente estigmatizante, que ameaça o próprio *self* e a existência da mulher. As mulheres eram vistas como sofrendo em silêncio, enquanto experimentavam vergonha, culpa e preocupação com os filhos. Em um estudo fenomenológico de cinco mulheres afro-americanas infectadas com HIV, 12 temas emergiram, de violência, choque e negação a incerteza e sobrevivência (Russell e Smith, 1999). Os pesquisadores concluíram que as mulheres têm experiências complexas, que precisam ser mais bem entendidas antes de intervenções efetivas de atenção à saúde possam ser designadas.

Nenhum estudo relatou as representações cognitivas ou imagens da aids de pacientes com aids. Consequentemente, esse estudo focou em como as pessoas com aids representavam cognitivamente e imaginavam a sua doença.

MÉTODO

Amostra

Uma amostragem intencional de 41 homens e 17 mulheres com diagnóstico de aids participou deste estudo fenomenológico. Os participantes eram predominantemente negros (40%), brancos (29%) e hispânicos (28%). A média de idade foi 42 anos (Desvio Padrão [DP] = 8,2). A maioria tinha deixado a escola antes do ensino médio (52%) e nunca havia se casado (53%), embora muitos tenham relatado estarem em um relacionamento. A contagem média de CD4 era 153,4 (DP = 162,8) e a carga viral média, 138.113 (DP = 270.564,9). O tempo médio desde o diagnóstico de HIV até a entrevista era de 106,4 meses (DP = 64,2). Os critérios de inclusão foram (a) diagnóstico de aids, (b) acima de 18 anos, (c) capacidade de se comunicar em inglês e (d) escore >22 no Miniexame do Estado Mental.

Projeto de pesquisa

Em fenomenologia, o pesquisador transcende ou suspende conhecimento e experiência passados para entender um fenômeno em um nível mais profundo (Merleau-Ponty, 1956). Esta é uma tentativa de abordar uma experiência vivida com um senso de "novidade" para obter dados ricos e descritivos. O *bracketing* é um processo de deixar à parte as próprias crenças, sentimentos e percepções para estar mais aberto ou ter mais crença no fenômeno (Colaizzi, 1978; Streubert e Carpenter, 1999). Como provedor de cuidados à saúde para pessoas com HIV/aids e pesquisador junto aos mesmos, foi necessário que o entrevistador reconhecesse e tentasse deixar à parte essas experiências. Nenhum participante tinha sido paciente do entrevistador.

Colaizzi (1978) sustentou que o sucesso das perguntas em pesquisa fenomenológica depende de até que ponto as perguntas abordam experiências vividas distintas das explicações teóricas. A exploração da imagem que uma pessoa tem da aids ativa uma experiência pessoal não estudada anteriormente ou compartilhada clinicamente com prestadores de atenção à saúde.

PROCEDIMENTO

Após aprovação do Conselho de Ética da universidade e do Comitê de Ética para Sujeitos Humanos do hospital municipal, as pessoas que atendiam aos critérios de inclusão foram abordadas e convidadas a participar. As entrevistas foram conduzidas por mais de 18 meses em três locais dedicados a pessoas com HIV/aids: uma clínica com base no hospital, uma instituição de cuidados de longo prazo e uma residência. Todas as entrevistas foram gravadas e transcritas literalmente. Os participantes foram envolvidos em múltiplas situações de vida e estavam indisponíveis para várias entrevistas relacionadas a planos pessoais, alta, retorno à vida nas ruas ou progressão da doença. Um participante morreu quatro semanas após a entrevista. As entrevistas duraram entre 10 e 40 minutos e prosseguiram até que não surgisse mais nenhum tema. As pessoas que relataram não pensar sobre a aids fizeram as entrevistas mais curtas. Consequentemente, para obter maior riqueza de dados e variação das imagens, entrevistamos 58 participantes (Morse, 2000). A primeira pesquisadora conduziu todas as 58 entrevistas.

Após a obtenção do consentimento informado, cada participante foi solicitado a responder verbalmente o seguinte: "qual é a sua experiência com a aids? Você tem uma imagem mental do HIV/aids, ou como você descreveria o HIV/aids? Que sentimentos vêm à mente? Que significado tem na sua vida?". Quando emergiu a riqueza das representações cognitivas, tornou-se evidente que uma maior profundidade poderia ser atingida pedindo aos participantes que desenhassem a imagem que tinham da aids e explicassem o seu desenho. Oito participantes desenharam a sua imagem da aids.

As informações pregressas foram obtidas por meio de um questionário escrito. Os valores laboratoriais mais recentes de CD4 e da Carga Viral foram obtidos por meio dos prontuários dos pacientes. Com base na política da instituição, os participantes da instituição de cuidados de longo prazo e residência receberam um passe para cinema no valor de U$ 5. Os participantes da clínica receberam U$ 20.

Análise dos dados

O método fenomenológico de Colaizzi (1978) foi empregado na análise das transcrições dos participantes. Segundo esse método, todas as transcrições são lidas várias vezes, para obter um sentimento global por elas. A partir de cada transcrição, são identificadas as expressões ou frases significativas que se referem diretamente à experiência vivida da aids. Os significados são então formulados a partir de declarações e expressões significativas. Os significados formulados são agrupados em temas, permitindo a emergência de temas comuns a todas as transcrições dos participantes. Os resultados são então integrados em uma exaustiva descrição em profundidade do fenômeno. Depois de obtidas as descrições e os temas, o pesquisador, no passo final, pode abordar alguns participantes por uma segunda vez para validar os achados. Se emergirem novos dados relevantes, eles são incluídos na descrição final.

O rigor metodológico foi alcançado pela aplicação de verificação, validação e validade (Meadows e Morse, 2001). A verificação é o primeiro passo para obter a validade de um projeto de pesquisa. Esse padrão foi satisfeito por meio de buscas na literatura, da adesão ao método fenomenológico, de *braketing* das experiências passadas, de anotações de campo, do uso de uma amostra adequada, da identificação de casos negativos e da realização de entrevistas, até que a saturação dos dados tivesse sido atingida (Frankel, 1999; Meadows e Morse, 2001). A validação, uma avaliação interna do projeto, foi obtida por meio de múltiplos métodos de coleta de dados (observações, entrevistas e desenhos), análise de dados e codificação pela pesquisadora mais experiente, checagem dos membros pelos participantes e informantes-chave e pistas de auditoria. A validade é o objetivo do resultado da pesquisa e está baseado na confiabilidade e nas revisões externas. A aplicação clínica é sugerida por meio da empatia e da avaliação do *status* de enfrentamento (Kearney, 2001).

RESULTADOS

Das 58 transcrições literais, foram extraídas 175 declarações significativas. A Tabela 1 inclui exemplos de declarações significativas, com os seus significados formulados. A organização dos significados resultou em 11 temas. A Tabela 2 contém dois exemplos de grupos de temas que emergiram dos seus significados associados.

Tema 1: Morte Inevitável. O foco nas consequências negativas da sua doença era a imagem predominante para muitas pessoas com aids. Ao responderem rápida e espontaneamente, a aids era descrita como "morte, apenas morte", "hanseníase", "um pesadelo", "uma maldição", "uma nuvem negra" e "uma força do mal se vingando de você". A noção de não ser capaz de escapar ficava evidente nas descrições da aids como "a bolha. É uma coisa grande e gelatinosa que chega e engole você" e "é como se eu estivesse dentro de um buraco e não conseguisse sair". Outro declarou: "A aids é um assassino, e ele vai lhe alcançar em algum momento concedido por Deus".

Um senso de derrota era evidente na explicação de um homem hispânico de que, com aids, você está "perdido". Ele disse: "Com HIV, você ainda tem a chance de lutar. Mas depois que a 'aids' começa a aparecer nos seus registros, você comprou uma passagem [para a morte]".

Uma mulher de 29 anos, diagnosticada com HIV e aids nove meses antes da entrevista, desenhou um túmulo com delicadas flores vermelhas e amarelas e escreveu na lápide: "Irmã e filha devota". Sobre o túmulo, ela desenhou uma nuvem negra com o sol espreitando pelas bordas, o que descreveu como simbolizando a tristeza da sua família com a sua morte.

Tema 2: Destruição temida do corpo. Nesse grupo, os respondentes focaram nas mudanças físicas associadas à sua doença. A aids era antevista como pessoas que eram pura pele e osso, extremamente fracas, com dor, perdendo a sanidade e deitadas na cama, esperando pelo fim. As descrições eram fi-

TABELA I

Exemplos escolhidos de declarações significativas de pessoas com aids e os significados formulados associados

Declaração significativa	Significado formulado
No início, eu tinha a impressão de que tinha ela, então não foi uma coisa inesperada, embora ela tenha me aborrecido. Sei que era uma coisa ruim deixar que ela traumatizasse assim.	A aids é uma realidade tão traumatizante, que as pessoas têm dificuldade de verbalizar a palavra "aids".
[aids] é uma doença sem cura. Significa medo e ruína, e que você tem de lutar da melhor forma que puder. Você deve lutar contra ela com tudo o que conseguir fazer.	A aids é uma doença perigosa que requer que você tenha muita fibra para lutar contra ela para conseguir viver.
Vejo as pessoas se transformando de alguém realmente saudável em simplesmente nada – até virarem pele e osso e se deteriorarem. Perdi muitos amigos assim. Não é nada bonito. Era mecânico de caminhões. E agora nem consigo mais carregar as compras subindo um lance de escadas.	Quando são experimentadas mudanças físicas, uma imagem da aids definhando domina os pensamentos.
Primeira imagem – morte. Logo depois, medo e morte. Isso porque não sabia mais. Agora é a destruição. O *pac-man* comendo todas as suas células imunológicas, e você não tem nada com o que lutar.	A imagem devastadora da aids é de morte e destruição, sem esperança de vencer.

sicamente consistentes, mas extraídas de uma variedade de experiências, como ter visto um membro da família ou amigo morrer de aids ou a partir de imagens de vítimas do holocausto. Esse é um final temido e um pensamento que causa dor profunda. A imagem corporal se tornou um marcador para o nível de bem-estar ou proximidade da morte.

Uma mulher descreveu a sua imagem da aids como um esqueleto chorando. Um homem extremamente alto e magro esperando por uma laringectomia às vésperas do seu 44º aniversário descreveu a sua imagem da aids dizendo: "Olhe para mim". Outro relembrou Tom Hanks no filme *Filadélfia* (Saxon e Demme, 1993): "O cara no hospital e como ele envelheceu e como ficou magro. Você começa a se preocupar com... Você não quer terminar assim. Não gosto da imagem que vejo quando vejo a aids". Um homem de 53 anos com uma história de 10 anos de HIV/aids desenhou a sua imagem da aids como um demônio com vários chifres irregulares, olhos injetados e boca com numerosos dentes pontiagudos afiados. Ele descreveu a boca como "dentes ensanguentados e sugando-o até você ficar seco". Outro homem desenhou a aids como um animal roxo furioso, com dentes vermelhos. Ele disse que a cor roxa simbolizava um hematoma e o vermelho, a "destruição". A extensão da devastação física e emocional da aids ficou evidente no desenho de uma mulher negra de 36 anos, que desenhou a si mesma deitada em uma cama e rodeada pelo seu marido e filhos. Ela escreveu: "Dor da cabeça aos pés, sem cabelos, 34 kg, não consigo me mover, não consigo comer, sozinha e apavorada. A família amando você e você não consegue lhes retribuir".

Tema 3: Vida devorada. As pessoas lamentavam pelas suas vidas passadas. Um homem de 41 anos descreveu a aids como: "É como se eu não pudesse dar uma volta na quadra ou ir ao parque com amigos, porque ela devorou a minha vida". Outro homem observou: "A minha vida parou". Uma mulher de 48 anos declarou: "Sinto como se não tivesse uma vida. Ela mudou toda a minha perspectiva".

TABELA 2

Exemplo de dois grupos de temas com seus significados formulados associados

Destruição temida do corpo
Mudanças físicas incluem boca seca, perda de peso, alterações mentais
Expectativa de cansaço, perda da visão, marcas por todo o corpo
Vítimas do holocausto
Confinados à cama com feridas em todo o corpo
Perda de peso extrema
Forma horrível de morrer
Mudanças de ser muito saudável para pura pele e osso
Deterioração corporal
Vida devorada
Toda a expectativa de vida alterada
Nunca teve a chance de ter uma família
A vida parou
Não mais capaz de trabalhar
Nunca terá relações normais com as mulheres
Incerteza sobre o que vai acontecer de um dia para outro
Trabalhou duro e perdeu tudo

Com o diagnóstico de aids, os sonhos de se casar, ter filhos ou trabalhar já não eram mais percebidos como possíveis. O impacto na vida de cada um foi medido diferentemente, desde a perda da capacidade de trabalhar até a perda de filhos, família, posses ou de uma noção de si mesmo. O pensamento de deixar os filhos, família e amigos era extremamente difícil, mas considerado como uma realidade. Uma mulher com quatro filhos entre 8 e 12 anos disse:

> Essa não é uma doença que você ia querer ter, porque ela é realmente ruim. Sei que às vezes fico perturbada porque a tenho. Você sabe que vai morrer, e tenho filhos. Realmente não quero deixá-los. Quero vê-los crescerem e tudo mais. Sei que isso não vai acontecer.

Consistentemente, os participantes sentiam uma profunda ruptura na vida, conforme ilustrado na seguinte declaração: "Simplesmente peguei a minha vida toda e a coloquei de pernas para o ar. Não consigo fazer muitas das coisas que eu costumava fazer. Perdi uma casa por causa dela. Tudo pelo que eu trabalhei eu perdi". Uma mulher hispânica de 44 anos, mãe de dois meninos, relatou com tristeza:

> Ela afetou a minha vida. Perdi os meus filhos por não conseguir cuidar deles. Ela mudou a minha liberdade e as relações. Por estar doente o tempo todo e não poder cuidar do meu pequeno, ele foi tirado de mim.

Uma mulher negra descreveu o efeito de longo alcance que a aids teve na sua vida da seguinte forma:

> Tudo é diferente comigo agora. A forma como eu olho, a forma como eu falo, a forma como eu caminho, a forma como eu me sinto diariamente. Sinto saudades da minha vida, realmente sinto. Tenho muita saudade. Não penso nela porque isso me deixa triste.

Tema 4: Esperando pela medicação certa. Nesse tema, as pessoas focaram no tratamento farmacológico/cura da aids. A esperança era evidente quando os participantes expressavam a previsão de que uma medicação recentemente iniciada os ajudaria ou que seria encontrada uma cura enquanto ainda estivessem vivos. Uma pessoa a descreveu como: "Você começa a ficar ansioso e tem a esperança de que vai receber hoje alguma boa notícia sobre uma nova pílula ou alguma coisa que lhe ajude com a doença". Outra, diagnosticada nos últimos três anos, cogitou: "Com todas as novas medicações e tudo mais, eles dizem que você pode viver uma vida normal e uma vida longa. O tempo dirá, eu acho".

Alguns participantes tinham recebido a informação de que não havia medicações disponíveis para eles. Uma mulher de 31 anos, diagnosticada há 16 anos, relatou: "Eles não conseguiram encontrar uma medicação que evite que eu adoeça, então não estou tomando nenhuma medicação para HIV". Outros falaram de esperar para ver como seus corpos responderiam a medicações ART recentemente prescritas. Um homem hispânico relatou assim a sua busca:

> Tento não deixar que isso me aborreça, porque a minha carga viral está muito baixa. As medicações não estão funcionando para mim. Nós [profissional de saúde e paciente] ainda estamos tentando encontrar a adequada. Enquanto estiver vivendo, é isso que me deixa feliz.

A esperança de encontrar uma cura estava na mente de muitos deles. Um homem de 53 anos diagnosticado há 10 anos observou: "Estou feliz por estar aqui agora e espero estar aqui quando eles encontrarem alguma coisa". Outro declarou: "Só esperança [de cura] e aguentar firme". Em contraste, um homem de 41 anos diagnosticado há nove anos declarou: "Não há cura e eu não vejo nenhuma a caminho". Um homem de 56 anos, vivendo há 13 anos com HIV/aids, expressou uma visão similar: "Não acho que haja uma cura, pelo menos não logo ali, dobrando a esquina. Não durante o meu tempo de vida".

Tema 5: Cuidados consigo mesmo. As pessoas com aids tentavam controlar o progresso da sua doença, cuidando de si. Isso ficou evidente nas seguintes respostas: "Se eu não cuidar de mim, sei que posso morrer por causa dela [aids]" e "Ela é uma doença fatal se você não se cuidar". Um homem hispânico explicou: "Nós nunca sabemos o quanto iremos viver. Tenho de me cuidar se quiser viver alguns anos". Uma mulher falou sobre os seus medos e esforços de enfrentamento:

> Estou apavorada – perdendo peso e perdendo a cabeça e tudo o mais. Eu estou assustada, mas não deixo que ela me derrube. Penso nela e no que irá acontecer. Não posso fazê-la parar. Tento me cuidar e seguir em frente.

Como cuidar de si nem sempre foi expresso. Comer e tomar as medicações prescritas parecia ser o foco principal. "Quando acordo, sei que a minha primeira prioridade é comer e tomar a minha medicação". Essa singularidade de propósito é ainda mais bem ilustrada na declaração: "Não consigo pensar em mais nada a não ser me manter saudável para que possa viver um pouco mais. Tomo as minhas medicações. Vivo um pouco mais".

Tema 6: Apenas uma doença. Neste grupo de imagens, as pessoas representavam cognitivamente a causa da aids como um "vírus invisível", "como qualquer infecção", "um resfriado comum" e "um pequeno mini-inseto do tamanho de um ácaro". Minimizando a causa externa, um participante encarava a aids como uma "inconveniência" e outro como tendo tirado uma "carta ruim" do baralho.

Alguns normatizaram a aids, representando-a com a imagem de uma doença crônica. Assim como as pessoas com câncer ou diabetes, as pessoas com aids sentiam a necessidade de continuar com as suas vidas e não focar na sua doença. A suposição era de que, se as medicações fossem tomadas e os tratamentos seguidos, elas poderiam controlar a doença da mesma maneira que as pessoas fazem com o câncer ou diabetes. As consequências físicas ou psicológicas que ocorrem com outras doenças crônicas não foram mencionadas. Os dois trechos seguintes ilustram a imagem da doença:

> É apenas uma doença. Como frequento grupos de apoio e tudo o mais, eles me dizem para olhar para ela como se fosse câncer ou diabetes e simplesmente fazer o que você tem de fazer. Tome seu medicamento, abandone as drogas e você terá uma vida longa.

e

> [a aids é] uma doença controlável, não uma maldição. Vou controlá-la pelo resto da minha vida. Eu me sinto com sorte. Não há nada de errado comigo. Estou insistindo em olhar dessa forma. Pode não ser correta, mas ela me mantém bem.

Algumas vezes, as explicações para a aids foram cientificamente incorretas, mas apresentaram uma forma de enfrentamento. Um homem descreveu a aids: "É apenas uma doença. Ela é uma forma de câncer e já ocorre há muitos anos, e eles simplesmente chegam ao diagnóstico".

Tema 7: Enfrentando um gato selvagem. Neste tema, as pessoas focaram na hipervigilância durante a batalha. Estando em um cerco permanente, cada fibra do seu ser era usada para lutar contra "uma doença que altera a vida". Um homem de 48 anos diagnosticado seis meses antes da entrevista disse: "Tenho de prestar atenção a ela. Ela é suficientemente séria para me tirar do trabalho". Outro homem, diagnosticado há seis anos, foi firme na sua resolução: "Sou um batalhador e nunca vou desistir até que eles descubram uma cura para isso". Essas imagens eram essencialmente positivas, como pode ser visto na seguinte descrição da aids, na qual um arranhão feito por um gato selvagem não é "super-sério".

> Para mim, o HIV é como se você estivesse com um gato selvagem bem na sua frente, olhando para você, negaceando e rosnando. Enquanto estiver atento, você conseguirá mantê-lo longe. Se você perder o controle e não mantiver a atenção, ele vai se aproximar e arranhar você. O que na maioria dos casos não é uma coisa super-séria, mas é algo para se preocupar porque pode acabar mandando você para o hospital. Você tem de seguir as regras à risca e não relaxar. Se você relaxar, ele vai vir para cima de você.

A vigilância foi usada não só para controlar a progressão da própria doença, mas também para proteger aos outros. Uma mulher diagnosticada há três anos observou:

> Esteja consciente dela, porque, quando você tem filhos e uma família que vive com você, você tem de ser extremamente cautelosa. Você tem de se dar conta disso o tempo todo. Deve estar sempre na sua mente o que você tem e não quer transmitir. Mesmo cuidando dos cortes de um dos seus filhos.

Tema 8: A mágica de não pensar. Alguns faziam um grande esforço para esquecer sua doença e, às vezes, da sua necessidade de tratamento. Alguns não relataram nenhuma imagem da aids. Pensar na aids lhes causava raiva, ansiedade, tristeza e depressão. Não pensar na aids parecia apagar magicamente a realidade e proporcionava um meio de controlar as emoções e a doença. Um homem de 41 anos que convivia com sua doença há 10 anos descreveu a aids:

> Ela é uma doença, mas na minha cabeça eu não penso que a tenho. Porque, se você pensar sobre ter HIV, ele se apossa mais de você. É mais como um jogo mental. Para tentar ficar vivo, você nem mesmo pensa sobre isso. Não está na sua mente.

Até que ponto alguns participantes tentaram não pensar sobre a aids pode ser visto nas seguintes descrições em que a palavra *aids* não foi dita e apenas mencionada como "ela". Uma mulher hispânica de 44 anos declarou: "Ela é uma coisa dolorosa. É uma coisa triste. Uma coisa irritante. Não penso muito nela. Tento mantê-la fora da mente". Outra mulher disse: "Ela é uma experiência terrível. É muito ruim, não consigo nem mesmo explicá-la. Nunca penso sobre ela. Simplesmente não penso nela. É isso aí, simplesmente a risquei da minha mente".

Tema 9: Aceitando a aids. Neste tema, as representações cognitivas se centraram na aceitação geral do diagnóstico de aids. Aceitar o fato de ter aids foi visto como vital para o bom enfrentamento. As pessoas com aids avaliavam prontamente os seus esforços de enfrentamento.

Uma mulher hispânica observou: "Não estou mais em negação". Um homem hispânico de 39 anos, que tinha a doença há oito anos, afirmou: "Gostando ou não, você tem de lidar com essa doença". Outro observou: "Você tem de viver com ela e lidar com ela, e é isso que eu estou tentando fazer". Um homem de 56 anos que tinha a doença há 13 anos resumiu o seu enfrentamento:

> Ou você se adapta ou não se adapta. O que você vai fazer? É a vida. Depende de você. Sou feliz. Como bem e me cuido. Eu saio. Não deixo que isso me coloque dentro de uma redoma. Às vezes você não gosta, mas tem de aceitar, porque você na verdade não pode mudá-la.

Indivíduos diagnosticados mais recentemente se esforçavam para aceitar a sua doença. Um homem negro diagnosticado há dois anos vacilava na sua aceitação: "Eu odeio essa palavra. Ainda estou tentando aceitá-la, eu acho. Sim, estou tentando aceitá-la". Entretanto, ele contou que evita conversas sobre HIV/aids e não é tão aberto com a sua família. Outro homem diagnosticado três anos antes observou:

> Ainda não acredito que isso aconteceu comigo, e está levando esse tempo todo para que eu aceite e lide com isso. Ainda não aceitei, mas estou tentando. Finalmente, está caindo a ficha de que tenho isso, e estou começando a me sentir péssimo a respeito.

Nenhum desses últimos participantes mencionou a palavra "HIV" ou "aids".

Tema 10: Voltando-se para uma força maior. Neste tema, as representações cognitivas da aids estavam associadas a "Deus", "orações", "igreja" e "espiritualidade". Alguns viam a aids como uma motivação para mudar as suas vidas e se aproximarem de Deus. Um homem hispânico vivendo com HIV/aids há seis anos declarou: "Se eu não tivesse aids, provavelmente ainda estaria lá fora bebendo, me drogando e machucando as pessoas. Dei uma virada na minha vida. Eu me entreguei ao Senhor e a Jesus Cristo". Outro disse: "Ela [aids] me preocupa. O que eu faço é orar muito. Isso realmente me deixa mais perto de Deus".

Outros viam a religião como um meio de ajudá-los a enfrentar a aids. Uma pessoa expressou isso como "Sei que vou superar isso com a graça de Deus. Jesus Cristo é o meu salvador, e é isso que me mantém de pé todos os dias". Um homem relatou como a sua espiritualidade não só o ajudou a enfrentar, mas também fez dele uma pessoa melhor:

> Em um determinado ponto, eu só queria desistir. Se não fosse por conhecer o amor de Jesus, eu não teria a força para seguir em frente. Eu acho que hoje sou uma pessoa melhor espiritualmente. Talvez não em relação à saúde, porém entendendo mais essa doença.

Em contraste, um homem diagnosticado na cadeia atribuiu a aids a uma punição de Deus: "Às vezes Deus pune você. É como eu disse para a minha esposa. Devia ter tido mais cuidado".

Tema 11: Recuperando-se com o tempo. Embora o temor e o choque iniciais tenham sido devastadores, o tempo curou de tal forma, que aquelas imagens, sentimentos e processos de enfrentamento se modificaram. Uma noção de ruína iminente lançou alguns em uma preocupação constante com a sua doença, prostração e aumento no vício. Viver com HIV/aids facilitou a mudança. Um homem observou: "Quando fiquei sabendo, quis me matar e me livrar disso. Mas agora é diferente. Quero viver, simplesmente viver o resto da minha vida". Outro descreveu a sua transição como: "Inicialmente, achei que iria ficar totalmente perturbado, tudo esgotado e parecendo esquisito e outras coisas assim, mas não penso mais nessas coisas. Simplesmente sigo vivendo".

À medida que o tempo passava, os comportamentos negativos foram sendo substituídos por conhecimento sobre a sua doença, esforços para aderir à medicação e uma jornada de crescimento pessoal facilitada pelas pessoas que acreditavam neles. Um homem relatou que a imagem inicial que ele tinha mudou de alguém na cama com tubos saindo do seu nariz e sarcoma de Kaposi por todo o corpo para alguém que vive uma vida normal, exceto por não poder trabalhar.

A mudança ficou evidente na imagem que um homem tinha da aids como uma linha do tempo. Ele desenhou uma longa linha vertical iniciando no topo da primeira fase, o diagnóstico, colorida em vermelho porque "significa que as coisas não estão boas, como uma luz vermelha em uma máquina". A fase seguinte foi sombreada com azul e recebeu o rótulo "medicação, educação e aceitação" para refletir o céu que ele podia ver da sua cama no hospital. O estágio final foi colorido de amarelo brilhante e rotulado como "esperança".

Um homem hispânico de 40 anos desenhou um relato da sua vida com cinco substâncias viciantes, começando pelo álcool até a injeção de heroína. Ele então fez o esboço de quatro visões de si mesmo, mostrando o estágio final da sua doença: um esqueleto sem rosto, cabelo, roupas ou sapatos; uma pessoa com aparência triste sem cabelos, deitada em uma cama de hospital; e um túmulo com flores. O desenho final era de uma pessoa livre de drogas com um corpo bem desenvolvido, rosto sorridente, cabelos, sapatos, camisa e shorts, como se estivesse pronta para férias na Flórida. Em contraste, um homem de 53 anos relatou que, em 14 anos, ele não teve nenhuma mudança na sua imagem da aids como uma "nuvem negra".

Os resultados foram integrados em um esquema essencial da aids. A experiência vivida da aids era inicialmente assustadora, com um temor pela decadência do corpo e perdas pessoais.

As representações cognitivas da aids incluíram morte inevitável, destruição do corpo, lutar uma batalha e ter uma doença crônica. Os métodos de enfrentamento incluíram a busca pela "medicação certa", cuidados consigo mesmo, aceitação do diagnóstico, varrer a aids do pensamento, voltar-se para Deus e manter-se vigilante. Com o tempo, a maioria das pessoas se adaptou a viver com aids. Os sentimentos variaram de "devastador", "triste" e "com raiva" até estar "em paz" e "não se preocupar".

DISCUSSÃO

Neste estudo, as pessoas com aids focaram no estágio final de desgaste, fraqueza e incapacidade mental como um resultado doloroso, temido e inevitável. Uma resposta inicial foi ignorar a doença, porém os sintomas pressionaram para a sua realidade e forçaram uma busca de cuidados à saúde. A esperança foi manifestada na espera por um medicamento que funcionasse e na tentativa de aguentar até que fosse encontrada uma cura. Muitos participantes viam uma conexão entre cuidar de si e a duração das suas vidas.

Alguns participantes focaram no resultado final de morte, enquanto outros falaram das consequências emocionais e sociais da aids nas suas vidas. Foram realizados esforços para regular o humor e a doença por meio de uma maior atenção, controle dos pensamentos, aceitação da sua doença e voltar-se para a espiritualidade. Alguns enfrentaram pensando na aids como uma doença crônica, como o câncer ou diabetes.

Conforme observado anteriormente, McCain e Gramling (1992) identificaram três métodos de enfrentamento do HIV, a saber, vivendo com a morte, lutando contra a doença e ficar esgotado. As imagens de morte e luta foram fortes nos Temas 1 (morte inevitável) e 7 (enfrentando um gato selvagem). Os participantes deste estudo estavam bem conscientes se estavam enfrentando ou não. Muitos falavam sobre aceitar ou lidar com a aids, enquanto outros não suportavam a palavra, tentavam varrê-la da mente ou se referiam à aids como "ela".

Consistente com o estudo de Fryback e Reinert (1999), o Tema 10, voltando-se para uma força superior, surgiu como um meio de enfrentamento quando os participantes se defrontavam com a sua mortalidade. Assim como a mostra de Turner (2000), os participantes no estudo atual experimentaram muitas mudanças/perdas em suas vidas e refletiram sobre a morte e sobre morrer. Semelhante ao tema de Turner das Lições Aprendidas, alguns participantes encaravam a aids como um momento decisivo de mudança em suas vidas.

Em concordância com o estudo de Brauhn (1999), a doença crônica emergiu como uma imagem. Em contraste com a amostra de Brauhn, esses participantes usaram a nomenclatura de doença crônica para minimizar os aspectos negativos da aids. Pode-se considerar que a ausência de um otimismo cauteloso no planejamento do seu futuro não estava presente neste estudo, porque toda a amostra era portadora de aids.

Elementos teóricos

Como foi observado por Diefenbach e Leventhal (1996), as representações cognitivas eram altamente individuais e nem sempre estavam de acordo com os fatos médicos. Consistente com as pesquisas em outras doenças, as pessoas com aids tinham representações cognitivas que refletiam atributos de consequências, causas, linha do tempo da doença e controlabilidade (Leventhal, Leventhal et al., 2001). Em particular, identificamos três temas que se centraram nas consequências previstas ou experimentadas associadas à aids. Morte inevitável e Destruição temida do corpo envolveram consequências físicas negativas, que são compreensíveis no estágio final de uma doença sem cura conhecida. O tema Vida devorada focou nas consequências emocionais, sociais e econômicas de longo alcance experimentadas pelos participantes. O tema Apenas uma doença refletiu representações cognitivas da causa da aids e Recuperando-se com o tempo tinha elementos de uma linha de tempo da doença desde o diagnóstico até o enterro.

Seis temas (Esperando pela medicação certa, Cuidando de si mesmo, Enfrentando um gato selvagem, A mágica de não pensar, Aceitando a aids e Voltando-se para uma força superior) eram semelhantes ao atributo da controlabilidade das representações da doença. Pesquisas anteriores centraram-se no controle de uma doença ou condição por meio de uma intervenção feita pelo indivíduo ou um especialista, tal como tomar uma medicação ou fazer uma cirurgia (Leventhal, Leventhal et al., 2001). Este achado foi fundamentado nos temas Esperando pela medicação certa e Cuidando de si mesmo. O peculiar a este estudo é que as pessoas com aids tentaram controlar não só as suas emoções, mas também a sua doença, adotando métodos de enfrentamento de vigilância, esquiva, aceitação e espiritualidade. Isso fica particularmente evidente na declaração de que: "Tentar ficar vivo, você nem mesmo pensa nisso." Este estudo amplia pesquisas anteriores sobre as representações da doença em pessoas com aids e contribui para a teoria de autorregulação, sugerindo que, na aids, os métodos de enfrentamento funcionam como o atributo da controlabilidade. Vale o registro de que oito participantes desenharam e descreveram sua imagem dominante da aids. Esses desenhos revelam uma peculiaridade das preocupações, dos medos e das crenças dos participantes. Pedir aos participantes para desenharem imagens da aids fornece um novo método de avaliação da representação dominante da doença de uma pessoa.

Implicações para a enfermagem

A investigação sobre a imagem que um paciente tem da aids pode ser um método eficiente, com boa relação custo-benefício para que a enfermagem avalie a representação da doença e os processos de enfrentamento de um paciente, além de melhorar a relação entre enfermeiros e paciente. Os pacientes que respondem que a aids é "morte" ou que eles "a varrem da mente" podem precisar de mais apoio psicológico.

Muitos respondentes usaram a sua imagem da aids como um ponto de partida para compartilhar as suas experiências com a doença. Quando as pessoas com aids se deparam com a própria mortalidade, relembrar com alguém que valoriza as suas histórias pode ser um presente inestimável. Perguntar aos pacientes sobre a imagem que têm da aids pode tocar em sentimentos que não haviam sido compartilhados anteriormente e facilitar a autodescoberta e aceitação do paciente da sua doença.

Pesquisas futuras

Foram identificadas representações cognitivas referentes à aids. A partir desta pesquisa, pode ser afirmado que a forma como uma pessoa imagina a aids pode influenciar a sua aderência à medicação, aos comportamentos de alto risco e à qualidade de vida. Se as pessoas com aids achassem que não havia esperanças para elas, elas iriam aderir a um regime difícil de medicação ou com efeitos colaterais nocivos? Uma pessoa que experimentou consequências emocionais e sociais da aids teria maior probabilidade de proteger os outros de contraírem a doença? Seria razoável esperar que as pessoas que focam na luta contra a aids ou cuidam de si teriam maior probabilidade de aderir aos regimes medicamentosos? As pessoas que se voltam para uma força superior, aceitam o seu diagnóstico ou minimizam a doença têm uma melhor qualidade de vida? São necessárias mais pesquisas combinando imagens da aids e medidas objetivas da aderência à medicação, comportamentos de risco e qualidade de vida para determinar se existe uma associação entre representações específicas da doença e aderência, comportamentos de risco e/ou qualidade de vida.

REFERÊNCIAS

Bartlett, J. G., & Gallant, J. E. (2001). *Medical management of HIV infection, 2001-2002*. Baltimore: Johns Hopkins University, Division of Infectious Diseases.

Brauhn, N. E. H. (1999). *Phenomenology of having HIV/AIDS at a time when medical advances are improving prognosis*. Unpublished doctoral dissertation, University of Iowa.

Centers for Disease Control and Prevention. (2001a). HIV and AIDS—United States, 1981-2000. *MMWR 2001, 50*(21), 430-434.

Centers for Disease Control and Prevention. (2001b). The global HIV and AIDS epidemic, 2001. *MMWR 2001, 50*(21), 434-439.

Colaizzi, P. F. (1978). Psychological research as the phenomenologist views it. In R. Valle & M. King (Eds.), *Existential phenomenological alternatives in psychology* (pp. 48-71). New York: Oxford University Press.

Diefenbach, M. A., & Leventhal, H. (1996). The common-sense model of illness representation: Theoretical and practical considerations. *Journal of Social Distress and the Homeless, 5*(1), 11-38.

Dominguez, L. M. (1996). *The lived experience of women of Mexican heritage with HIV/AIDS*. Unpublished doctoral dissertation, University of Arizona.

Douaihy, A., & Singh, N. (2001). Factors affecting quality of life in patients with HIV infection. *AIDS Reader, 11*(9), 450-454, 460-461.

Echeverria, P. S., Jonnalagadda, S. S., Hopkins, B. L., & Rosenbloom, C. A. (1999). Perception of quality of life of persons with HIV/AIDS and maintenance of nutritional parameters while on protease inhibitors. *AIDS Patient Care and STDs, 13*(7), 427-433.

Farber, E. W., Schwartz, J. A., Schaper, P. E., Moonen, D. J., & McDaniel, J. S. (2000). Resilience factors associated with adaptation to HIV disease. *Psychosomatics, 41*(2), 140-146.

Frankel, R. M. (1999). Standards of qualitative research. In B. F. Crabtree & W. L. Miller (Eds.), *Doing qualitative research* (2nd ed., pp. 333-346). Thousand Oaks, CA: Sage.

Fryback, P. B., & Reinert, B. R. (1999). Spirituality and people with potentially fatal diagnoses. *Nursing Forum, 34*(1), 13-22.

Holzemer, W. L., Henry, S. B., & Reilly, C. A. (1998). Assessing and managing pain in AIDS care: The patient perspective. *Journal of the Association of Nurses in AIDS Care, 9*(1), 22-30.

Kearney, M. H. (2001). Focus on research methods: Levels and applications of qualitative research evidence. *Research in Nursing & Health, 24*, 145-153.

Koopman, C., Gore, F. C., Marouf, F., Butler, L. D., Field, N., Gill, M., Chen, X., Israelski, D., & Spiegel, D. (2000). Relationships of perceived stress to coping, attachment and social support among HIV positive persons. *AIDS Care, 12*(5), 663-672.

Laschinger, S. J., & Fothergill-Bourbonnais, F. (1999). The experience of pain in persons with HIV/AIDS. *Journal of the Association of Nurses in AIDS Care, 10*(5), 59-67.

Leventhal, H., Idler, E. L., & Leventhal, E. A. (1999). The impact of chronic illness on the self system. In R. J. Contrada & R. D. Ashmore (Eds.), *Self, social identity, and physical health* (pp. 185-208). New York: Oxford University Press.

Leventhal, H., Leventhal, E. A., & Cameron, L. (2001). Representations, procedures, and affect in illness self-regulation: A perceptual-cognitive model. In A. Baum, T. A. Revenson, & J. E. Singer (Eds.), *Handbook of health psychology* (pp. 19-47). Mahwah, NJ: Lawrence Erlbaum.

McCain, N. L., & Gramling, L. F. (1992). Living with dying: Coping with HIV disease. *Issues in Mental Health Nursing, 13*(3), 271-284.

Meadows, L. M., & Morse, J. M. (2001). Constructing evidence within the qualitative project. In J. M. Morse, J. M. Swansen, & A. Kuzel (Eds.), *Nature of qualitative evidence* (pp. 187-200). Thousand Oaks, CA: Sage.

Merleau-Ponty, M. (1956). What is phenomenology? *Cross Currents, 6*, 59-70.

Morse, J. M. (2000). Determining sample size. *Qualitative Health Research, 10*(1), 3-5.

Russell, J. M., & Smith, K. V. (1999). A holistic life view of human immunodeficiency virus-infected

African American women. *Journal of Holistic Nursing, 17*(4), 331–345.

Saxon, E. (Producer), & Demme, J. (Producer/Director). (1993). *Philadelphia* [motion picture]. Burbank, CA: Columbia Tristar Home Video.

Streubert, H. J., & Carpenter, D. R. (1999). *Qualitative research in nursing: Advancing the humanistic imperative* (2nd ed.). New York: Lippincott.

Turner, J. A. (2000). *The experience of multiple AIDS-related loss in persons with HIV disease: A Heideggerian hermeneutic analysis.* Unpublished doctoral dissertation, Georgia State University.

Vogl, D., Rosenfeld, B., Breitbart, W., Thaler, H., Passik, S., McDonald, M., et al. (1999). Symptom prevalence, characteristics, and distress in AIDS outpatients. *Journal of Pain and Symptom Management, 18*(4), 253–262.

APÊNDICE D

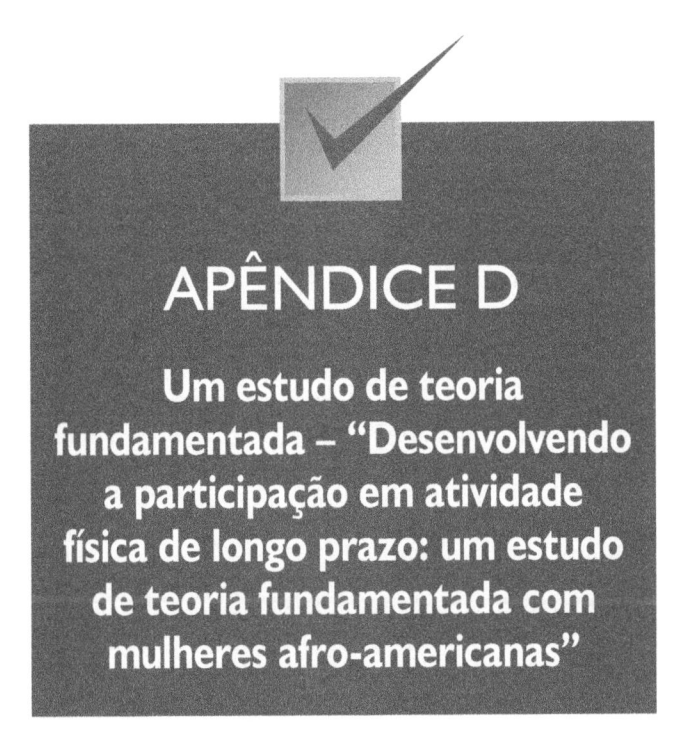

Um estudo de teoria fundamentada – "Desenvolvendo a participação em atividade física de longo prazo: um estudo de teoria fundamentada com mulheres afro-americanas"

AMY E. HARLEY
JANET BUCKWORTH
MIRA L. KATZ
SHARLA K. WILLIS
ANGELA ODOMS-YOUNG
CATHERINE A. HEANEY

RESUMO. A atividade física regular está vinculada a um risco reduzido de obesidade e doenças crônicas. As mulheres afro-americanas carregam uma sobrecarga desproporcional devido a essas condições, e muitas não realizam a quantidade de atividade física recomendada. Não foram realizadas intervenções de longo prazo com sucesso para iniciar e manter um estilo de vida fisicamente ativo entre as mulheres afro-americanas. Com a clara elucidação do

---

Amy E. Harley, Harvard School of Public Health, Boston. Janet Buckwork, The Ohio State University School of Physical Activity and Educational Services, Columbus. Mira L. Katz e Sharla K. Willis, The Ohio State University College of Public Health, Columbus. Angela Odons-Young, Northern Illinois University College of Health and Human Sciences, De Kalb, Illinois. Catherine A. Heaney, Stanford University Psychology Department, California.
Endereçar correspondência para Amy E. Harley, Harvard School of Public Health, 677 Huntington Avenue, 7th Floor, Boston, MA 02115; fone: (617) 582-8292; e-mail: amy_harley@dfci.harvard.edu.
Health Education & Behavior, Vol. 36 (1): 97-112 (fevereiro de 2009)
DOI: 10.1177/1090198107306434
© 2009 by SOPHE

processo de adoção e manutenção da atividade física, poderão ser implantados programas efetivos para reduzir a sobrecarga das mulheres afro-americanas proveniente de condições crônicas. Foram realizadas entrevistas em profundidade com mulheres afro-americanas fisicamente ativas. A teoria fundamentada, um método rigoroso de pesquisa qualitativa usado para desenvolver a explicação teórica do comportamento humano fundamentada em dados coletados daqueles que exibem o comportamento, foi usada para guiar a coleta de dados e o processo de análise. Os dados derivados indutivamente das entrevistas e dos grupos focais guiaram o desenvolvimento de uma estrutura comportamental que explica o processo de evolução da atividade física.

Palavras-chave: atividade física, afro-americana, saúde das mulheres, pesquisa qualitativa

A ligação entre atividade física e saúde está bem estabelecida. Não só a falta de participação em atividade física contribui para o aumento nos índices de obesidade nos Estados Unidos, como também contribui diretamente para o risco de várias doenças crônicas e principais causas de morte nos Estados Unidos, como doença cardíaca, hipertensão, diabetes tipo 2 e certos cânceres (Friedenreich e Orenstein, 2002; U.S. Department of Health and Human Services [USDHHS], 1996). Além disso, a atividade física regular está vinculada a uma redução no risco de morte prematura em geral e a melhorias no bem-estar psicológico (USDHHS, 1996). Apesar da recomendação dos Centers for Disease Control and Prevention (CDC) e da American College of Sports Medicine (ACSM) de se comprometer com pelo menos 30 minutos de atividade de intensidade moderada em cinco ou mais dias por semana (Pate et al., 1995) e do objetivo do Health People 2010 de aumentar a participação em pelo menos 20 minutos de atividade de intensidade vigorosa em três ou mais dias por semana (USDHHS, 2000), apenas 47,2% dos adultos americanos foram classificados como fisicamente ativos pelo Behavioral Risk Factor Surveillance System em 2003 (CDC, 2003). Além disso, aproximadamente 23% dos adultos não fazem nenhuma atividade física (CDC, 2003).

Embora a falta de atividade física seja uma preocupação para toda a população americana, ela é particularmente preocupante para certos subgrupos, incluindo as mulheres afro-americanas, que continuam particularmente sedentárias (CDC, 2003; National Center for Health Statistics, 2004).

Em um grande estudo comparando grupos raciais/étnicos de mulheres (afro-americanas, brancas, hispânicas, asiáticas; Brownson et al., 2000), a proporção de mulheres afro-americanas que relataram os níveis recomendados de atividade física era de 8,4%, a taxa mais baixa entre os quatro grupos. Uma proporção maior de mulheres afro-americanas (37,2%) também não relatou nenhum tipo de atividade física nas horas de lazer comparadas com as mulheres brancas (31,7%) ou hispânicas (32,5%). Outros estudos de mulheres racialmente diversas também apresentaram participação mais baixa das mulheres afro-americanas em uma ampla gama de atividades, incluindo os cuidados com a casa e a atividade física ocupacional (Ainsworth, Irwin, Addy, Whitt e Stolarcyzk, 1999; Sternfeld, Ainsworth e Quensberry, 1999). Acompanhada de taxas mais elevadas de morte por doença cardiovascular do que outros grupos de mulheres (Malarcher et al., 2001), taxas mais elevadas de obesidade (USDHHS, 2001) e taxas mais altas de diabetes tipo 2 (CDC, 2002), a falta de atividade física entre as mulheres afro-americanas é uma questão de saúde pública especialmente importante de ser abordada.

Os fatores que influenciam a participação em atividade física entre as mulheres afro-americanas têm sido cada vez mais estudados. Os fatores importantes identificados em estudos anteriores incluem o ambiente social e físico, papéis de responsabilidade de cuidados/na família, tipo de cabelo, tempo, custos, prazer e vergonha (Carter-Nolan, Adams-Campbell e Williams, 1996; Fleury e Lee, 2006). Estudos também identificaram que esses fatores variam por grupo racial/étnico (Henderson e Ainsworth, 2000; King et al., 2002). Embora esse corpo de literatura possibilite uma visão de por que as mulheres afro-americanas não participam de atividade física, não existem estudos disponíveis que reúnam esses fatores para retratar uma compreensão global de como as mulheres afro-americanas se tornam e permanecem fisicamente ativas.

Os pesquisadores também se basearam no conhecimento corrente de correlatos da participação e aplicação da teoria comportamental para implantar programas de intervenção que aumentem a participação na atividade física entre mulheres afro-americanas (Banks-Wallace e Conn, 2002; Wilbur, Miller, Chandler e McDevitt, 2003). Muitos desses estudos resultaram em sucesso modesto por meio da redução no peso corporal e da pressão sanguínea ou no aumento no nível de atividade física durante um curto espaço de tempo, indicando, assim, que o comportamento de atividade física e/ou seus efeitos de saúde relacionados podem ser afetados por meio de atividades de intervenção. No entanto, eles não elucidam os caminhos que ligam esses fatores-chave e os passos em um processo comportamental que resultam em posterior participação em atividade física.

Muitos estudos tentaram verificar esses caminhos por meio da aplicação de estruturas comportamentais existentes no domínio da atividade física. A maioria deles focou na explicação da variação nos níveis de atividade física e somente conseguiu explicar uma pequena porcentagem dessa mudança (King, Stokols, Talen, Brassington e Killingswoth, 2002). Mesmo aqueles que encontraram apoio para as teorias comportamentais existentes, incluindo investigações do Transtheoretical Model (TTM; Prochaska e DiClemente, 1983), não focaram a ilustração do processo comportamental da adoção e manutenção da atividade física que seria mais efetivo em informar intervenções que melhorem a participação em atividade física.

Para entender inteiramente esse processo, os fatores importantes e suas inter-relações precisam ser claramente elucidados por meio de um refinamento continuado da teoria comportamental. No domínio da atividade física, a explicação teórica do comportamento mostrou-se promissora para certos constructos, como a autoeficiência e autorregulação. Entretanto, uma teoria ou estrutura comportamental não está disponível atualmente para explicar todo o processo desde a adoção comportamental até a manutenção neste domínio. O propósito deste estudo foi compreender o processo comportamental entre as mulheres afro-americanas por meio do desenvolvimento de uma estrutura teórica que explique os caminhos que ligam os fatores-chave que resultam em posterior integração da atividade física ao estilo de vida.

MÉTODO

Foi escolhida uma abordagem de teoria fundamentada (Strauss e Corbin, 1998) devido à ausência de conhecimento referente aos fatores específicos e as relações entre os fatores que compreendem o processo de evolução comportamental da atividade física. Foi usado um processo interativo de coleta e análise dos dados para desenvolver uma explicação teórica do comportamento humano fundamentado nos dados coletados daqueles que exibiam tal comportamento. Neste estudo, a abordagem da teoria fundamentada foi usada para desenvolver uma estrutura do processo pelo qual a atividade física é adotada e mantida entre as mulheres afro-americanas. O estudo foi aprovado pelo Comitê de Ética da Ohio State University.

Amostragem

Foram usados métodos de amostragem intencional (Patton, 1990) para reunir casos ricos em informação, principalmente a amostragem de critérios. A amostragem de critérios refere-se a selecionar casos que correspondam a alguns critérios pré-especificados. Os critérios de inclusão para este estudo foram mulheres, afro-americanas, 25 a 45 anos de idade, conclusão de pelo menos alguma escola técnica além do ensino médio e comprometimento com a atividade física. Com base no foco do estudo, foi essencial somente incluir mulheres fisicamente ativas. As mulheres tinham de estar ativas naquele momento nos níveis recomendados (CDC, 2001) pelo menos por um ano. Os critérios de exclusão incluíram ter dificuldade para caminhar ou se movimentar, diagnóstico recente de um transtorno alimentar, diagnóstico de doença terminal ou ter participado de atletismo na faculdade ou em um time de atletismo profissional. A amostragem teórica (Strauss e Corbin, 1998) também foi usada para assegurar que as mulheres que participaram do estudo tivessem experimentado adequadamente o fenômeno para fornecer uma descrição rica.

As participantes foram recrutadas principalmente por meio de duas associações de irmandades (tipo de associação) de alunas afro-americanas. A pesquisadora se encontrou com os contatos em cada irmandade e identificou reuniões ou outros eventos nos quais poderiam ser apresentadas as informações para o estudo. Em cada evento circulava uma folha de assinaturas solicitando os nomes e números dos telefones das mulheres interessadas. Foram feitos telefonemas de *follow-up* após os eventos usando uma ferramenta de triagem abrangente que abordava cada fator dos critérios de inclusão e exclusão.

COLETA DE DADOS

Os dados foram coletados por meio de entrevistas em profundidade face a face. Essas entrevistas foram guiadas pelas perguntas de pesquisa, mas eram suficientemente não estruturadas para permitir a descoberta de novas ideias e temas. O guia era modificado quando a coleta de dados avançava para refinar mais as perguntas que não estavam propiciando as informações pretendidas e para refletir as categorias e conceitos que requeriam maior desenvolvimento (Spradley, 1979; Strauss e Corbin, 1998).

Quando as entrevistas e a análise preliminar dos dados estavam concluídas, foram formados dois grupos focais dos participantes do estudo. O propósito desses grupos foi divulgar os achados preliminares do estudo e reunir *feedback* dos participantes para assegurar que os achados refletissem sua experiência com a atividade física. Os dados dos grupos focais foram incorporados à análise para maior refinamento da estrutura.

Todas as entrevistas e os grupos focais foram gravados em fita com a permissão de todas as participantes e transcritas literalmente. As entrevistas transcritas e as notas de campo foram inseridas no programa de análise de dados qualitativos Atlas.TI para análise (Muhr, 1994). O pesquisador principal realizou todas as tarefas de análise dos dados com consulta e *feedback* regulares com os coautores.

Tamanho da amostra

Em teoria fundamentada, o último critério para o tamanho final da amostra é a saturação teórica (Strauss e Corbin, 1998). A saturação teórica emprega a regra geral de que, quando se constrói a teoria, os dados devem ser reunidos até que cada categoria (ou tema) esteja saturada. Foi usado um tamanho de amostra de 15 mulheres como uma linha de base (Lincoln e Guba, 1985; Strauss e Corbin, 1998) e foi empregada a saturação teórica para determinar o tamanho final da amostra.

Foram triadas 30 mulheres para o estudo e, dessas, 17 mulheres eram elegíveis. Quinze das 17 mulheres participaram das entrevistas. Uma entrevista não pôde ser agendada com duas mulheres que não retornaram as chamadas telefônicas da pesquisadora.

Usando a saturação teórica como o critério desejado, as entrevistas foram analisadas para determinar a necessidade de amostragem adicional. Com base na profundidade dos dados fornecidos pelas 15 mulheres, a escassez de novas informações que surgiram das duas últimas entrevistas e a importância de analisar em grande profundidade e detalhes as ricas experiências das mulheres no estudo para descobrir a estrutura de um processo muito específico, a amostragem para as entrevistas foi concluída com 15 mulheres. As características das participantes são apresentadas na Tabela 1. Nove das mulheres entrevistadas também participaram dos grupos focais.

Análise dos dados

Os princípios básicos da análise de dados em teoria fundamentada (Strauss e Corbin, 1998) guiaram este estudo. Foi usada uma microanálise para todas as entrevistas, para assegurar que nenhuma ideia ou constructo importante fosse esquecido. Foram criados códigos para cada nova ideia, e os temas que foram identificados como conceitualmente de natureza similar ou relacionados em significado foram agrupados juntos como conceitos. Esses conceitos foram então desenvolvidos por meio de comparação constante, com os conceitos mais relevantes sendo integrados para formar uma estrutura teórica. Essa estrutura, o produto final do estudo, explica o tema central dos dados, além de explicar as variações.

RESULTADOS

O modelo de evolução da atividade física

As descrições ricas e ilustrativas das mulheres forneceram a base para a estrutura que explica o processo de adoção e manutenção da atividade física. A estrutura ou modelo, Evolução da Atividade Física, apresenta as mudanças psicológicas e comportamentais que as mulheres afro-americanas experimentaram durante o processo de se tornarem fisicamente ativas (veja a Figura 1). O modelo indica um fluxo principal por meio do qual as mulheres progridem, além de dois ciclos alternativos. O fluxo por meio do processo é caracterizado por três fases: a Fase Inicial, a Fase de Transição e a Fase de Integração. Os ciclos alternativos são o Ciclo de Modificação e o Ciclo de Cessação. Cada mudança psicológica e comportamental essencial é indicada por um passo no processo. As setas direcionam o movimento de um passo ao outro, entrando e saindo dos ciclos. Uma característica importante do processo é que ele existe dentro do contexto das vidas das mulheres, nesse caso o contexto social e cultural afro-americano. Além do mais, certas condições emergiram como importantes para ajudar as mulheres a progredirem por meio do processo de evolução da atividade física, incluindo o planejamento dos métodos, as companheiras de atividade física e os tipos de benefícios experimentados.

Fase Inicial

A primeira fase do processo, a Fase Inicial, é caracterizada pela tomada de decisão inicial e o início dos comportamentos das mulheres. As mulheres entraram no processo considerando o começo ou recomeço da atividade física. Embora não seja a única razão, muitas das mulheres citaram o peso corporal como o impulso para começar um programa. Nessa fase, as mulheres estavam experimentando a atividade física e começando a experimentar alguns dos benefícios associados à participação na atividade física. Foi durante a Fase Inicial do processo que as mulheres começaram a identificar de quais atividades gostavam, o quanto as diferentes atividades se encaixavam nos seus horários e quais atenderiam às necessidades que provocaram a participação na atividade física (p. ex., o controle do peso). Uma mulher disse a respeito de iniciar seu programa de atividade física:

> Comecei porque a gordura da gravidez não ia embora. Com o primeiro bebê, eu conservei 5 kg... esses 5 kg, no entanto, foram o fator desencadeador para mim, porque foi depois do primeiro filho que realmente comecei a me exercitar.

Logo depois de entrarem em alguma forma de atividade física, as mulheres

TABELA 1
Características das participantes

Idade (anos)	Índice de Massa Corporal[a]	Atividade principal	% Ativa[b]	Tempo ativa	Escore do comprometimento[c]
41	29,4	Pesos/esteira	435	1 ano	53
35	30,9	Ginástica em grupo	465	8 meses	44
45	21,0	Esteira	230	4 meses	48
31	26,0	Ginástica em grupo	590	+10 anos	46
42	39,7	Pesos/caminhada	650	2 meses	48
26	20,4	Pesos/atividade cardio[d]	280	+1 ano	43
26	19,4	Pesos/atividade cardio	350	3 meses	40
33	25,8	Dança/voleibol/ginástica	158	+1 ano	41
42	23,0	Ginástica em grupo	1.280	+5 anos	49
33	24,8	Tae Bo/estilo de vida	150	1 ano	41
33	21,1	Vídeos de exercícios	370	15 anos	55
31	22,1	Pesos/atividade cardio	1.305	1 ano	41
30	27,7	Pesos/atividade cardio	165	4 anos	45
45	23,4	Ginástica em grupo/ corrida	575	+20 anos	52
25	21,9	Ginástica em grupo/ corrida	120	+20 anos	48
			580	3 anos	
			280	3 anos	
			490	+15 anos	

[a] Índice de Massa Corporal calculado a partir de altura e do peso autorrelatados.
[b] Porcentagem de critérios mínimos de participação em atividade física elegível, conforme calculado pelo Godin Leisuretime Questionnaire adaptado (Godin e Shepard, 1985).
[c] Escore segundo a Commitment to Physical Activity Scale adaptada (variação possível= 11 – 55; Corbin, Nielsen, Bordsdorf e Laurie, 1987).
[d] Refere-se ao uso de equipamento variado de atividade cardiovascular, incluindo esteira, stair-stepper, bicicleta ergométrica e máquina elíptica.

APÊNDICE D **269**

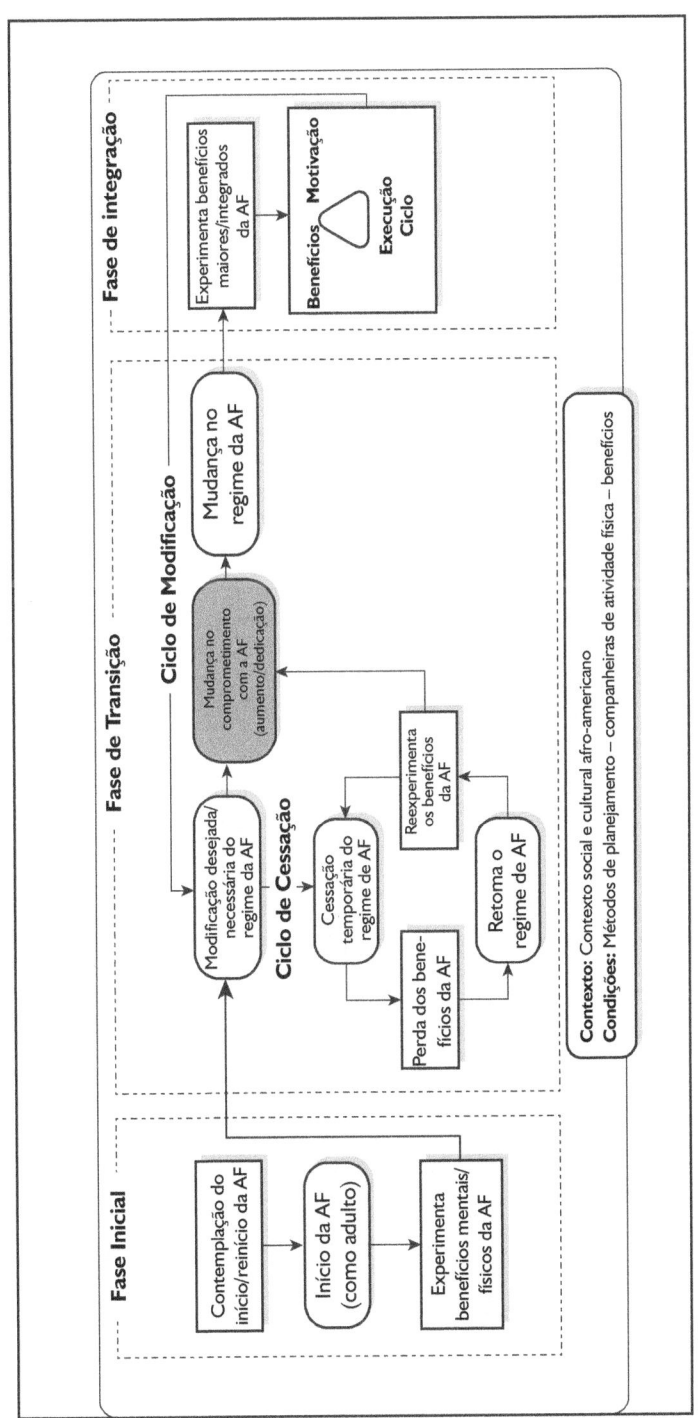

Fase de integração
- Experimenta benefícios maiores/integrados da AF
- Benefícios — Motivação — Execução Ciclo

Fase de Transição

Ciclo de Modificação
- Mudança no regime da AF
- Mudança no comprometimento com a AF (aumento/dedicação)
- Modificação desejada/necessária do regime da AF

Ciclo de Cessação
- Cessação temporária do regime de AF
- Reexperimenta os benefícios da AF
- Retoma o regime de AF
- Perda dos benefícios da AF

Fase Inicial
- Contemplação do início/reinício da AF
- Início da AF (como adulto)
- Experimenta benefícios mentais/físicos da AF

Contexto: Contexto social e cultural afro-americano
Condições: Métodos de planejamento – companheiras de atividade física – benefícios

Nota: AF: atividade física.

FIGURA I
Estrutura de evolução da atividade física.

começaram a experimentar os benefícios. As mulheres discutiram benefícios mentais, como sentir-se bem, aliviar o estresse, sentir-se mais alerta e sentir que estavam reservando um tempo para si mesmas ou cuidando de si. Outros benefícios foram a descoberta de atividades que lhes trouxeram alegria ou lhes possibilitaram fazer outras atividades durante suas sessões de exercícios, como ler ou rezar. Embora os benefícios mentais tenham dominado as discussões das primeiras experiências com exercícios, algumas das mulheres experimentaram benefícios físicos no início da sua experiência com a atividade física, tais como perda inicial de peso, embora a maioria desses benefícios tenha ocorrido mais tarde no processo. Outros benefícios importantes experimentados durante a Fase Inicial incluíram ter mais energia e dormir melhor. Uma das mulheres disse sobre os benefícios que estava experimentando:

> Isso é uma coisa que preciso fazer porque, com a atividade, me sinto bem e alivia o estresse... Mesmo sentindo calor e ficando suada e malcheirosa, mentalmente me sinto mais alerta... O meu corpo se sente mais alerta... Eu me sinto com mais energia.

Muitas das mulheres faziam malabarismos para conciliar a carreira com a família. Portanto, ter algum tempo para si era outro benefício importante da atividade física. Uma mulher explicou: "Tinha pouco tempo para mim. Comecei a gostar disso".

Fase de Transição

Depois de passarem pela Fase Inicial, as mulheres passaram para a Fase de Transição. A quantidade de tempo que levou para progredirem até esta fase foi variada. Quando as mulheres entravam na Fase de Transição, elas se conscientizavam de que era necessária uma modificação do seu regime. Essa necessidade surgiu de inúmeras situações, incluindo ter problemas com os horários, não ver os benefícios esperados, não gostar das rotinas escolhidas ou estar alcançando a boa forma ou habilidades que requerem mais atividades desafiadoras. As mulheres começaram a atividade física e experimentaram a experiência e o conhecimento adquiridos durante a Fase Inicial. Durante a Fase de Transição, elas reestruturaram seus regimes para adequá-los ao seu estilo de vida ou benefícios desejados.

Depois que as mulheres perceberam que seus regimes precisavam de modificação, elas tiveram de se comprometer com a sua busca de um estilo de vida ativo fisicamente e fazer as mudanças necessárias. Para algumas das mulheres, esse comprometimento foi uma nova priorização da atividade física ou um aumento na sua dedicação a um estilo de vida fisicamente ativo. Para outras, foi uma reafirmação do comprometimento anterior. Isso marca um ponto fundamental no processo e serve como ponte por meio da Fase de Transição. Essa etapa-chave no modelo está sombreada para destacar a sua importância no processo. Sem esse comprometimento consciente com a atividade física, as mulheres não teriam ido mais longe no processo, nem se tornariam mais experientes com e dedicadas a uma atividade física por toda a vida. Algumas mulheres falaram sobre esse ponto usando palavras como "ruptura" ou "uma luz se acendendo". Por exemplo, uma mulher disse: "Então acendeu uma luzinha dizendo que eu precisava fazer uma mudança. É uma mudança no estilo de vida." Enfatizando essa mudança no comprometimento, uma mulher explicou: "Você sabe que tem que aumentar o seu exercício... Você só tem que fazer essa mudança, aumentar, voltar a se dedicar. É uma coisa contínua".

As mulheres falaram sobre se darem conta de que a atividade física era algo que elas teriam que fazer pelo resto das suas vidas. Elas finalmente entenderam que não poderiam se exercitar até que atingissem um objetivo de curto prazo e depois parar e esperar manter aquele sucesso. Uma das mulheres que vinha se exercitando esporadicamente no passado para controlar o peso percebeu:

Tenho de me lembrar de que todas essas mudanças são mudanças no estilo de vida, então sei que esse é um compromisso de longo prazo... não quer dizer que, quando chegar ao meu peso-alvo, eu vá parar de me exercitar. Sei que tenho de manter o exercício para sempre e, por isso, às vezes fico um pouco desiludida, por ter de me levantar cedo todas as manhãs pelo resto da minha vida, mas às vezes também gosto. Gosto do tempo que tenho para mim quando estou na esteira no ginásio e sem as crianças, sem marido. Portanto, às vezes é como se eu estivesse em liberdade.

Essa citação foi apresentada durante os grupos focais, e uma mulher disse: "Sei que essa sou eu!", quando de fato era outra participante. Obviamente, a noção de atividade física como uma fonte de tempo pessoal e liberdade em relação a outras obrigações foi um benefício importante para essas mulheres ocupadas.

Fase de Integração

A Fase de Integração representa a última fase do fluxo principal do processo. Neste ponto do processo, as mulheres começaram a ver alguns resultados maiores dos seus esforços e os resultados que levaram mais tempo para ser percebidos. Muitos desses resultados eram os benefícios físicos por causa dos quais as mulheres começaram a atividade física, incluindo perda de peso, manutenção do peso ou tonificação muscular. Os benefícios maiores também incluíram benefícios de saúde, como o controle da pressão arterial ou diabetes. Esses benefícios foram mais integrados à vida ou transcenderam a experiência do exercício, por exemplo, a formação de uma nova rede social ou a oportunidade de servir como modelo para outras mulheres que estavam tentando se tornar fisicamente ativas.

Depois de perceberem os benefícios maiores ou integrados, foi reforçada a motivação para a continuidade da atividade física. As mulheres queriam manter as mudanças que haviam alcançado. Uma mulher explicou:

Mas depois que você realmente aprende e tenta obter alguns benefícios com isso, e isso faz você se sentir melhor... fora os outros benefícios que você sabe que o exercício pode proporcionar. Você simplesmente quer fazer. É como quando você quer ir fazer compras – você simplesmente quer se exercitar depois de um tempo.

Nesse ponto do processo, as mulheres entraram no ciclo Benefícios-Motivação-Execução. Este ciclo indica que, uma vez que um regime de atividade física apropriado (p. ex., frequência e intensidade) e de sucesso (p. ex., consistente) foi planejado e executado, os benefícios maiores foram observados e estes benefícios forneceram motivação para continuar, criando um ciclo circular. A razão para que o ciclo ocorra no final do processo é que os benefícios significativos de longo prazo provenientes da atividade física precisaram de tempo e energia para serem atingidos. Como levou tempo para serem atingidos estes benefícios, levou tempo para ser experimentado o ciclo Benefícios-Motivação-Execução.

Experimentar o ciclo levou as mulheres a sentirem que a atividade física havia se integrado às suas vidas. Embora elas ainda tivessem de trabalhar na manutenção do comportamento, alguns dos esforços iniciais puderam ser relaxados porque a atividade física havia se transformado em parte da sua rotina habitual. As mulheres descreveram esse sentimento de integração de várias maneiras, incluindo: "Acho que me frustra não ir. É como se alguma coisa estivesse faltando. Estou nesse ponto" e "É uma coisa que é rotina, como você se levanta de manhã e escova os dentes."

Ciclo de Modificação

Embora o ciclo Benefícios-Motivação-Execução apareça como o quadro final no processo, houve um componente dinâmico importante mesmo para os regimes de exercícios mais bem-sucedidos. A natureza dinâmica e flexível dos regimes de atividade física das mulheres foi expressa em cada uma das entrevistas dentro do contexto da vida de cada mulher. Após experimentarem o ciclo e a integração, as mulheres se depararam com a necessidade de modificar seus regimes para se adequarem às mudanças nos estilos de vida e objetivos ao longo do tempo, conforme representado pelas setas de *feedback* no alto do fluxo principal rotulado de Ciclo de Modificação.

Com a experiência, as mulheres aprenderam a mudar seus regimes quando necessário por razões que incluíam mudanças nos horários/responsabilidades no trabalho ou escola, lidar com um problema de saúde ou ferimento ou uma alteração nos cuidados aos filhos. O Ciclo de Modificação começou com a percepção de que uma mudança do regime era desejada ou necessária e foi definido pela decisão de continuar seu comprometimento com a atividade física e fazer as mudanças necessárias. Ao optar por modificar seu programa e se manter em atividade física, ela continuou a ver resultados e a empreender com sucesso uma mudança de vida. Ao fazer isso, ela desenvolveu sua experiência com o ciclo Benefícios-Motivação-Execução. Por exemplo, uma mulher descreve sua modificação em relação ao trabalho da seguinte forma:

> Até a semana passada, costumava me levantar e ir para o trabalho mais ou menos às 10h30... mas agora [minha colega] está de licença maternidade e tenho de substituí-la até o final do ano. Pela manhã, costumava levar minha filha até o ponto de ônibus e depois ia me exercitar. Mas, agora, tenho de me levantar às 6h30, me exercitar, levá-la até o ponto de ônibus e ir direto para [o trabalho], portanto, é um malabarismo. Temos uma academia no porão, então tenho me exercitado no porão. Ela tem de se acordar sozinha. Programo o despertador. Vou me exercitar. Às 7h45, tenho de estar saindo de casa – e assim tem funcionado.

Ou, então, houve vezes em que as mulheres não estavam dispostas ou não conseguiam se comprometer em fazer as mudanças necessárias, resultando na sua progressão temporária para o Ciclo de Cessação.

Ciclo de Cessação

Um aspecto importante da natureza dinâmica do regime de atividade física foi o Ciclo de Cessação. Ele se tornou aparente na análise de que havia vezes em que as mulheres temporariamente não conseguiam manter seus regimes de atividade física. Como indicam as setas, é possível experimentar o Ciclo de Cessação pela primeira vez durante o processo, após atingir o ciclo Benefícios-Motivação-Execução (durante o Ciclo de Modificação) ou ambos.

Esse ciclo acomoda a situação revelada nas vidas de todas as mulheres em que a atividade física teve de ser temporariamente interrompida por várias razões. Além do mais, quando as mulheres caíam nesse ciclo no início da sua experiência com a atividade física, isto se deveu por vezes a ter alcançado os seus objetivos. Elas achavam que a sua missão estava realizada e cessavam a participação regular. A chave para a retomada da atividade física foi a perda dos benefícios do nível anterior de envolvimento. As mulheres sabiam o que podiam conseguir, portanto, estavam conscientes do que estavam perdendo e desejavam recuperar. Assim, mesmo que não estivessem regularmente ativas neste ponto do processo, estavam diferentes de quando adotaram o comportamento pela primeira vez. Elas agora tinham uma estrutura de referência para o que poderiam atingir por meio da atividade física. Esta perda serviu como a motivação para retomar a atividade física para novamente alcançar aquelas conquistas. Uma mulher explicou:

> Então é aquela coisa: você acorda uma manhã e não consegue entrar nos seus

jeans – você está muito gorda. E isso na verdade aconteceu comigo... Eu odiei aquilo, mas foi um bom incentivo para que retomasse a minha rotina e voltasse a incorporar o exercício à minha vida.

Executar o regime com sucesso e reexperimentar os benefícios trouxe algumas mulheres de volta ao fluxo principal do processo com um comprometimento renovado com a atividade física.

O número de vezes em que as mulheres experimentaram o Ciclo de Cessação, bem como a duração de tempo dentro do ciclo, variou para cada mulher. No entanto, ficou evidente que o hiato temporário na atividade física era uma parte normal da integração da atividade física à vida diária e que lidar com as interrupções potenciais era algo que precisava ser aprendido. De fato, a experiência de superar tais desafios melhorou a crença de uma mulher de que ela conseguiria superar o desafio seguinte, talvez sem cair no Ciclo de Cessação.

Contexto e condições

O processo de Evolução da Atividade Física ocorreu dentro do contexto e de condições das vidas das mulheres, tais como a sua rede social, *background* racial/cultural e elementos da sua experiência pessoal com a atividade física, incluindo o seu planejamento e os benefícios alcançados. Os papéis da rede social para a atividade física e o contexto social e cultural afro-americano foram aspectos significativos do estudo e serão apresentados nos próximos artigos, já que vão além do âmbito deste, que foca a estrutura e as experiências pessoais com a atividade física.

Métodos de planejamento

Uma das condições mais essenciais do movimento por meio do modelo do processo e interligada com as experiências das mulheres foi o planejamento das práticas para a atividade física. Os dois temas principais que emergiram foram a Programação da Atividade Física e o Planejamento de Alternativas para as Sessões Perdidas. O conceito de Planejamento com Flexibilidade transcendeu esses temas e descreveu as práticas de cada mulher do estudo. Independentemente de como elas programaram os seus regimes, o plano geral para as sessões de atividade física tinha que ser flexível e permanecer dinâmico em resposta às interrupções da vida diária. Uma taxonomia dos conceitos-chave relacionados aos métodos de planejamento é apresentada na Figura 2. As citações ilustrativas para esta condição são apresentadas na Tabela 2.

Um dos conceitos mais atraentes que surgiram dessa condição foi a técnica de agendar a atividade física usando o critério do mínimo aceitável/máximo possível. Esse critério se refere à prática de sucesso de muitas das mulheres de planejar um número ideal de sessões por semana, um máximo, mas também definir um número mínimo de sessões que tinham de ser realizadas. A conceitualização de mínimo aceitável/máximo possível possibilitou que as mulheres buscassem seu objetivo mais alto ao mesmo tempo em que garantiam que não cairiam abaixo de um mínimo pré-especificado. Esse método de planejamento também forneceu uma técnica para lidar com as sessões perdidas. Usando esse critério, uma sessão perdida poderia ser recuperada se o tempo permitisse ou simplesmente pulada se não fizesse o número total de sessões cair abaixo do mínimo.

Embora planejar métodos pareça uma condição muito simples associada à integração da atividade física à vida diária, o conceito global de planejamento com flexibilidade era vital e estava entrelaçado com os temas principais. Além do mais, ele definiu o método pelo qual as mulheres incorporavam as sessões às suas vidas e viam o papel da atividade dentro do contexto da sua experiência diária. A atividade física era uma prioridade, mas para que permanecesse uma realidade, não poderia ser vista como estática ou prescritiva. Tinha de ser dinâmica, estar em constante mutação e ser constantemente adaptável aos altos e baixos da

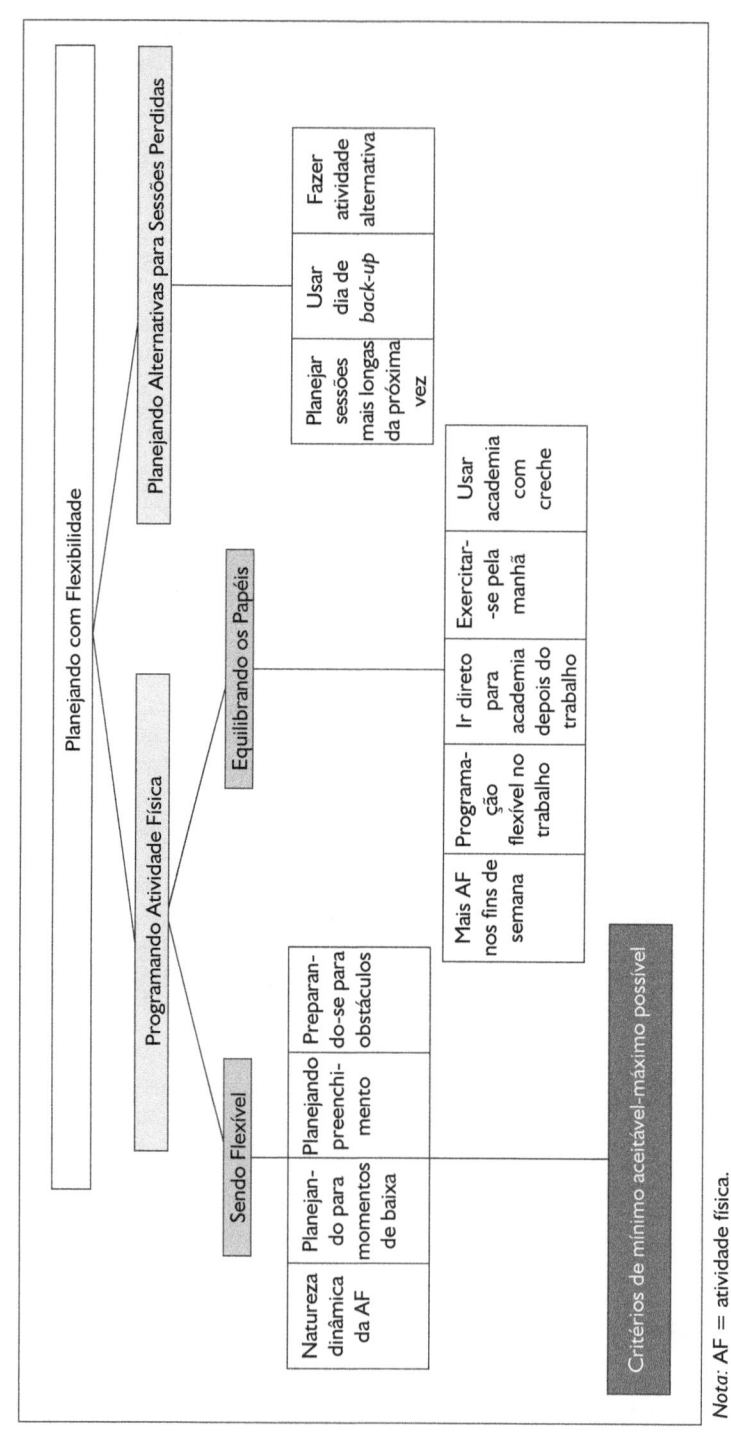

FIGURA 2

Taxonomina do planejamento de métodos.

```
Planejando com Flexibilidade
├── Sendo Flexível
│   ├── Natureza dinâmica da AF
│   ├── Planejando para momentos de baixa
│   ├── Planejando preenchimento
│   └── Preparando-se para obstáculos
├── Programando Atividade Física
│   └── Critérios de mínimo aceitável-máximo possível
├── Equilibrando os Papéis
│   ├── Mais AF nos fins de semana
│   ├── Programação flexível no trabalho
│   ├── Ir direto para academia depois do trabalho
│   ├── Exercitar-se pela manhã
│   └── Usar academia com creche
└── Planejando Alternativas para Sessões Perdidas
    ├── Planejar sessões mais longas da próxima vez
    ├── Usar dia de back-up
    └── Fazer atividade alternativa
```

Nota: AF = atividade física.

TABELA 2
Citações ilustrativas para condições escolhidas

Condição	Citação
Métodos de planejamento	"...perder uma ou duas sessões durante a semana não vai me fazer ganhar todo o peso de volta. Você tem de ser disciplinada e, novamente, ter um pouco de flexibilidade. Estou querendo dizer que não vou ficar deprimida e depois comer um pacote de bolachas recheadas – ok, perdi essa e vou em frente. Talvez haja alguma coisa que possa fazer, dar uma caminhada no quarteirão ou algo assim, ou subir pelas escadas... Tento fazer pelo menos alguma coisa."
	(do grupo focal) "Bem, tem muitas coisas que você disse de que gostei, que você via o exercício como algo dinâmico, e acho que isso é importante e que as pessoas que integraram a atividade física ao seu estilo de vida também encontram tempo para ter flexibilidade. Mesmo que elas sejam ativas, elas conseguiriam acrescentar algum tipo de flexibilidade, porque as situações na vida mudam. Isso foi bom."

vida, tanto em termos dos desafios diários quanto os de longo prazo.

DISCUSSÃO

Os dados fornecidos pelas mulheres forneceram os fundamentos para o desenvolvimento da estrutura comportamental da Evolução da Atividade Física, descrevendo a adoção e manutenção da atividade física entre as mulheres afro-americanas. A construção de uma estrutura que identifique os passos psicológicos e comportamentais no processo de desenvolvimento de um estilo de vida fisicamente ativo de longo prazo preenche uma lacuna na literatura e serve para fazer avançar a ciência por trás do desenvolvimento e implantação de intervenções efetivas de atividade física.

Apesar do apelo para uma investigação da atividade física como um processo (Dishman, 1987), torna-se difícil fazer comparações globais da estrutura da Evolução da Atividade Física com outras estruturas de processo comportamental, porque elas estão em grande parte indisponíveis. O TTM (Prochaska e DiClement, 1983) é um dos poucos modelos de processo aplicado ao comportamento do exercício e o único amplamente implantado. Na ausência de uma seleção de modelos de processo por meio dos quais estudar o comportamento do exercício, foram desenvolvidos modelos substantivos ou estruturas específicas de atividade física, mas passaram em boa parte despercebidos (Laverie, 1998; Medina, 1996). Como tal, não existem evidências empíricas além dos estudos fundadores para apoiar a utilidade destas estruturas.

O mais pertinente desses estudos foi uma tese que realizou um estudo de teoria fundamentada da jornada de um não praticante de atividade física até se tornar um praticante (Medina, 1996). A estrutura resultante identificou três fases do desenvolvimento da identidade com alguns paralelos com as fases de Evolução da Atividade Física. A estrutura de Medina apoia quatro elementos importantes do modelo de Evolução da Atividade Física: adequação pessoal do regime de atividade física, a natureza dinâmica do processo em si, atividade física como um comportamento de reforço e a integração da atividade física ao estilo de vida. Essas convergências surgindo de dois estudos separados exemplificam o potencial para a compreensão do comportamento da atividade física quando considerado como um processo e estudado usando um método contextual. Embora diferentes populações tenham sido investigadas e os modelos resultantes refletissem esses pontos de vista diferentes, várias características importantes do processo subjacente emergiram de ambos os estudos.

Ao considerar a conceitualização da participação em atividade física como se desenvolvendo por meio de fases dinâmicas separadas, como foi elucidado neste estudo, o TTM oferece uma comparação óbvia. A estrutura da Evolução da Atividade Física pressupõe uma Fase Inicial clara em que as mulheres estão contemplando e posteriormente agindo sobre uma necessidade ou desejo de iniciar um programa de atividade física. Nessa fase, as mulheres estão experimentando o comportamento, construindo habilidades e aprendendo quais características funcionam para elas em relação aos seus objetivos e estilos de vida. O apoio para este achado pode ser encontrado em uma meta--análise conduzida com 80 amostras de estudos medindo um ou mais os constructos do TTM (Marshall e Biddle, 2001). O maior tamanho do efeito[*] foi para o movimento de Preparação para a Ação ($d = 0,85$ de Cohen), como seria de se esperar. Um achado inesperado foi a evidência de aumentos pequenos a moderados na atividade física da Pré-Contemplação para a Contemplação ($d = 0,34$ de Cohen). Esse achado pode dar apoio à experimentação comportamental vista no presente estudo. Mesmo quando as pessoas não se comprometeram integralmente em tentar adotar um estilo de vida ativo, elas podem testar vários aspectos do comportamento em preparação para essa mudança no comprometimento. Sem o conhecimento e as habilidades obtidos nessa fase do processo de adoção, a capacidade de se adaptar e voltar a se comprometer com base na adequação do regime não seria possível.

Outro achado essencial deste estudo foi a diferença entre aquisição ou ação comportamental e integração ou manutenção comportamental. Além do mais, neste estudo, a integração comportamental foi elucidada como um estado dinâmico, que precisava ser periodicamente avaliado e ajustado por meio do Ciclo de Modificação. Dois estudos usando o TTM deram apoio ao conceito de uma fase de manutenção dinâmica com suas próprias características peculiares requerendo o uso continuado de habilidades e técnicas para manter a mudança no comportamento (Bock, Marcus, Pinto e Forsyth, 2001; Buckworth e Wallace, 2002). Como a mudança do comportamento no longo prazo é o mecanismo primário pelo qual os benefícios de saúde da atividade física podem ser realizados, esse aspecto da estrutura comportamental é uma contribuição importante para os trabalhos limitados disponíveis nesta área do entendimento de como manter este comportamento.

O Ciclo de Cessação é outro elemento crucial do processo de Avaliação da Atividade Física. A experiência da recaída foi universal entre as mulheres e não separado do processo de integração da atividade física à vida diária. Uma recaída não significa que ela não fosse mais uma mulher ativa. Mais precisamente, significa que ela estava em uma fase distinta da integração ao estilo de vida, a qual quando manejada positivamente, como foi a experiência de cada uma das mulheres neste estudo, resultaria em maior participação comportamental e desenvolvimento de habilidades na prevenção de recaída. As mulheres não regrediram ao início do processo depois de superar a recaída porque elas estavam diferentes naquele ponto do que quando começaram; em vez disso, elas reingressam no processo com comprometimento renovado (na Fase de Transição). Esse conceito de retrocesso potencial da ciclagem por meio das fases, ao mesmo tempo em que permanecem diferentes de

---

[*] N. de R.T.: O tamanho do efeito ou d de Cohen é um teste estatístico usado para se avaliar o grau que um fenômeno é observado em uma população. Valores entre 0,20 e 0,50 são considerados pequenos; entre 0,50 e 0,80, são considerados médios; e acima de 0,80, são considerados grandes.

quando o processo começou, também está refletido nos achados de Medina (1996). A conceitualização em espiral do TTM (Prochaska, DiClemente e Norcross, 1992) também permite a recaída e reciclagem por meio dos estágios. Existem evidências limitadas disponíveis sobre a aplicação do TTM no domínio da atividade física usando uma conceitualização de recaída. No entanto, foi encontrado um estudo (Bock et al., 2001) que apoiou esta fase do processo comportamental. Maior apoio para a conceitualização de recaída como uma fase natural da adoção e manutenção da atividade física, cujo sucesso é crucial para a progressão por meio do processo, pode ser encontrado a partir da aplicação do Modelo de Prevenção de Recaída (RPM; Marlatt e Gordon, 1985) no domínio da atividade física (Belisle, Roskies e Levesque, 1987; King e Frederiksen, 1984).

Em geral, os estudos que investigam todo o processo de adoção até a manutenção da atividade física proporcionam a melhor comparação com a teoria corrente. Está claro que o trabalho é limitado nesta área. O verdadeiro processo de integração comportamental no domínio da atividade física permaneceu em grande parte inexplorado. O estudo de Medina (1996) e alguns trabalhos usando o TTM e RPM apoiam a conceitualização desse processo no presente estudo. Ainda há muito trabalho a ser feito. Depois que todo o processo de integração comportamental for mais bem compreendido, os constructos poderão ser operacionalizados e os caminhos postulados e quantificados. Até lá, será necessária maior atenção ao refino e em alguns casos a integração dos modelos do processo disponíveis no momento.

IMPLICAÇÕES PRÁTICAS

Embora o modelo do processo proposto neste estudo seja uma nova estrutura para a compreensão da evolução da atividade física entre as mulheres afro-americanas, as lições importantes a seguir podem ser acumuladas para futuros esforços no projeto de um programa:

a) deve ser prestada atenção a como lidar com as mudanças na vida e os obstáculos potenciais após a Fase de Integração, incluindo técnicas para a modificação de um regime que se adapte à vida diária, planos para lidar com desafios futuros e o conhecimento de uma variedade de opções de atividade para diferentes objetivos e preferências;
b) durante a Fase Inicial, os programas devem focar na adequação do regime prescrito aos objetivos desejados da mulher, assegurando que as atividades escolhidas sejam adequadas ao seu estilo de vida e os resultados sejam importantes para ela, e
c) os programas devem guiar as mulheres no planejamento dos seus regimes de atividade física para incluir flexibilidade e qualidades dinâmicas, talvez usando os critérios de mínimo aceitável-máximo possível.

LIMITAÇÕES DO ESTUDO

As limitações deste estudo provêm de duas áreas principais: a metodologia escolhida e a população do estudo. A teoria fundamentada requer a coleta de dados em um ambiente construído pelo pesquisador e o participante. Embora tenham sido colocadas em prática medidas para maximizar a credibilidade e fidelidade, é possível que diferentes investigadores com diferentes grupos de participantes tenham achados diferentes. Outro fator a ser considerado é o viés da seleção. É possível que as mulheres que desejavam participar fossem um pouco diferentes daquelas que optaram por não ligar ou que decidiram não participar após a triagem.

Embora cada uma dessas limitações deva ser considerada, foram incluídos muitos elementos do projeto do estudo para assegurar que o estudo não fosse enfraquecido por essas questões. Por exemplo, o *debriefing* dos pares e a checagem dos membros foram usados para garantir que as conclusões do pesquisador fossem realmente fundamentadas nos dados. As transcrições foram revisadas pela investigadora principal e suas colegas investigadoras para verificar o estilo apropriado da entrevista e a qualidade dos dados ricos. Foi empregada a documentação cuidadosa de cada coleta de dados e fase de análise. Esses métodos exemplificam apenas algumas das técnicas usadas para assegurar que os dados coletados fossem de alta qualidade e que as conclusões tiradas a partir desses dados fossem fundamentadas nas experiências das mulheres.

CONCLUSÃO

Este estudo fez uma importante contribuição para a base de conhecimento sobre o desenvolvimento da atividade física entre as mulheres afro-americanas. Estudos futuros poderão usar o conhecimento obtido para maior desenvolvimento da teoria nessa área e para expandir o desenvolvimento da teoria a mulheres de outras origens e situações. Esses achados também podem ser usados para informar o desenvolvimento da intervenção e estimular maior investigação de algumas das implicações práticas importantes. Além do mais, o conceito de investigação de comportamentos saudáveis entre as pessoas que tiveram sucesso em incorporar esses comportamentos às suas vidas diárias deve ser mais usado em estudos de pesquisa. Ao se estudar as mulheres que tiveram sucesso em adotar um comportamento, as estratégias para superar as barreiras conhecidas podem ser elucidadas e aplicadas ao planejamento da intervenção para outras mulheres.

REFERÊNCIAS

Ainsworth, B. E., Irwin, M., Addy, C., Whitt, M., & Stolarcyzk, L. (1999). Moderate physical activity patterns of minority women: The cross-cultural activity participation study. *Journal of Women's Health and Gender-Based Medicine, 8(6),* 805–813.

Banks-Wallace, J., & Conn, V. (2002). Intervention to promote physical activity among African American women. *Public Health Nursing, 19(5),* 321–335.

Belisle, M., Roskies, E., & Levesque, J. M. (1987). Improving adherence to physical activity. *Health Psychology, 6(2),* 159–172.

Bock, B. C., Marcus, B. H., Pinto, B. M., & Forsyth, L. H. (2001). Maintenance of physical activity following an individualized motivationally tailored intervention. *Annals of Behavioral Medicine, 23(2),* 79–87.

Brownson, R., Eyler, A., King, A. C., Brown, D., Shyu, Y. -L., & Sallis, J. (2000). Patterns and correlates of physical activity among U.S. women 40 years and older. *American Journal of Public Health, 90(2),* 264–270.

Buckworth, J., & Wallace, L. S. (2002). Application of the Transtheoretical Model to physically active adults. *Journal of Sports Medicine and Physical Fitness, 42(3),* 360–367.

Carter-Nolan, P. L., Adams-Campbell, L. L., & Williams, J. (1996, September). Recruitment strategies for Black women at risk for non-insulin-dependent diabetes mellitus into exercise protocols: A qualitative assessment. *Journal of the National Medical Association, 88,* 558–562.

Centers for Disease Control and Prevention. (2001). Physical activity trends: United States, 1990–1998. *MMWR Weekly, 50(9),* 166–169.

Centers for Disease Control and Prevention. (2002). *Chronic disease overview: U.S. Department of Health and Human Services.* Washington, DC: Author.

Centers for Disease Control and Prevention. (2003). *Behavioral risk factor surveillance system survey data.* Atlanta, GA: Author.

Corbin, C., Nielsen, A., Bordsdorf, L., & Laurie, D. (1987). Commitment to physical activity. *International Journal of Sport Psychology, 18,* 215–222.

Dishman, R. (1987). Exercise adherence and habitual physical activity. In W. P. Morgan & S. G. Goldstein (Eds.), *Exercise and mental health* (pp. 57–83). Washington, DC: Hemisphere.

Fleury, J., & Lee, S. M. (2006). The Social Ecological Model and physical activity in African American women. *American Journal of Community Psychology, 37,* 129–140.

Friedenreich, C., & Orenstein, M. (2002). Physical activity and cancer prevention: Etiologic evidence and biological mechanisms. *Journal of Nutrition, 132,* 3456S–3465S.

Godin, G., & Shephard, R. (1985). A simple method to assess exercise behavior in the community. *Canadian Journal of Applied Sports Science, 10,* 141–146.

Henderson, K., & Ainsworth, B. (2000). Sociocultural perspectives on physical activity in the lives of older African American and American Indian women: A cross-cultural activity participation study. *Women and Health, 31(1),* 1–20.

King, A. C., Castro, C., Wilcox, S., Eyler, A., Sallis, J., & Brownson, R. (2000). Personal and environmental factors associated with physical inactivity among different racial-ethnic groups of U.S. middle-aged and older-aged women. *Health Psychology, 19(4),* 354–364.

King, A. C., & Frederiksen, L. W. (1984). Low-cost strategies for increasing exercise behavior: Relapse preparation training and social support. *Behavior Modification, 8(1),* 3–21.

King, A. C., Stokols, D., Talen, E., Brassington, G. S., & Killingsworth, R. (2002). Theoretical approaches to the promotion of physical activity: Forging a transdisciplinary paradigm. *American Journal of Preventive Medicine, 23(2S),* 15–25.

Laverie, D. A. (1998). Motivations for ongoing participation in a fitness activity. *Leisure Sciences, 20(4),* 277–302.

Lincoln, Y. S., & Guba, E. G. (1985). *Naturalistic inquiry.* Beverly Hills, CA: Sage.

Malarcher, A., Casper, M., Matson-Koffman, D., Brownstein, J., Croft, J., & Mensah, G. (2001). Women and cardiovascular disease: Addressing disparities through prevention research and a national comprehensive state-based program. *Journal of Women's Health and Gender-Based Medicine, 10(8),* 717–724.

Marlatt, G. A., & Gordon, J. R. (1985). *Relapse prevention: Maintenance strategies in the treatment of addictive behaviors.* New York: Guilford.

Marshall, S., & Biddle, S. (2001). The transtheoretical model of behavior change: A meta-analysis of applications to physical activity and exercise. *Annals of Behavioral Medicine, 23(4),* 229–246.

Medina, K. (1996). *The journey from nonexerciser to exerciser: A grounded theory study.* San Diego, CA: University of San Diego Press.

Muhr, T. (1994). Atlas.TI (Version 4.2) [Computer software]. Thousand Oaks, CA: Sage.

National Center for Health Statistics. (2004). *Health United States 2004 with chartbook on trends in the health of Americans with special feature on drugs.* Hyattsville, MD: U.S. Department of Health and Human Services, Centers for Disease Control and Prevention.

Pate, R. R., Pratt, M., Blair, S. N., Haskell, W. L., Macera, C. A., Bouchard, C, et al. (1995). Physical activity and public health: A recommendation from the Centers for Disease Control and Prevention and the American College of Sports Medicine. *JAMA, 273(5),* 402–407.

Patton, M. (1990). *Qualitative evaluation and research methods* (2nd ed.). Newbury Park, CA: Sage.

Prochaska, J., & DiClemente, C. C. (1983). Stages and processes of self-change of smoking: Toward an integrative model of change. *Journal of Consulting and Clinical Psychology, 51,* 390–395.

Prochaska, J., DiClemente, C., & Norcross, J. (1992). In search of how people change: Applications to addictive behaviors. *American Psychologist, 47(9),* 1102–1114.

Spradley, J. P. (1979). *The ethnographic interview.* Orlando, FL: Harcourt Brace. Sternfeld, B., Ainsworth, B. E., & Quesenberry, C. (1999). Physical activity patterns in a diverse population of women. *Preventive Medicine, 28,* 313–323.

Strauss, A., & Corbin, J. (1998). *Basics of qualitative research: Techniques and procedures for developing grounded theory.* Thousand Oaks, CA: Sage.

U.S. Department of Health and Human Services. (1996). *Physical activity and health: A report of the Surgeon General.* Atlanta, GA: Author.

U.S. Department of Health and Human Services. (2000). *Healthy People 2010: Volume II* (2nd ed.). Washington, DC: Government Printing Office.

U.S. Department of Health and Human Services. (2001). *The Surgeon General's call to action to prevent and decrease overweight and obesity.* Rockville, MD: Author.

Wilbur, J., Miller, A. M., Chandler, P., & McDevitt, J. (2003). Determinants of physical activity and adherence to a 24-week home-based walking program in African American and Caucasian women. *Research in Nursing and Health, 26(3),* 213–224.

APÊNDICE E

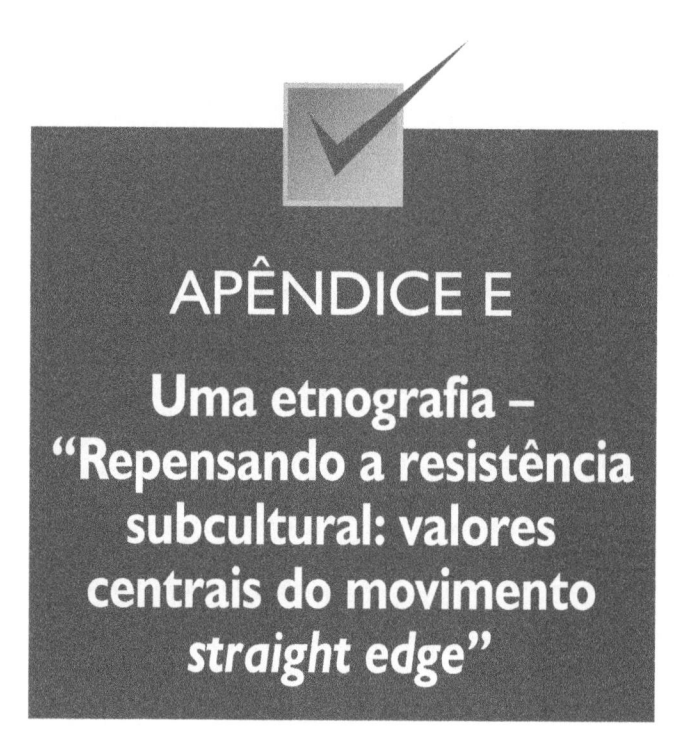

Uma etnografia – "Repensando a resistência subcultural: valores centrais do movimento *straight edge*"

ROSS HAENFLER

"Focando a sua mensagem em suas famílias, pares subculturais, jovens da sociedade dominante e a sociedade mais ampla, o sXe criou uma resistência multifacetada, que os membros do grupo poderiam personalizar para seus próprios interesses."

RESUMO. Este artigo conceitua e contextualiza a resistência subcultural com base em um exame etnográfico do movimento *straight edge*. Partindo dos valores essenciais do *straight edge*, a análise do autor se fundamenta em novas teorias subculturais e sugere uma estrutura para como os membros constroem e entendem as suas experiências subjetivas de fazerem parte de uma subcultura. Ele sugere que os adeptos defendem significados individuais e coletivos de resistência e expressam a sua resistência por meio de métodos pessoais e políticos. Além do mais, eles conscientemente adotam a resistência nos níveis micro, intermediário e macro, não unicamente contra uma cultura "adulta" ambígua. A resistência não pode mais ser explicada em termos neomarxistas de mudança da estrutura política ou econômica, como uma rejeição somente da cultura dominante ou como expressão estilística simbólica. A resistência é contextual e multifacetada e não estática e uniforme.

Palavras-chave: resistência, *straight edge*, subcultura, jovens, *punk*

Nota do Autor: Gostaria de agradecer a Patti Adler por seu apoio e sua orientação. Também gostaria de agradecer aos revisores pelos comentários úteis.
Fonte: Este artigo foi publicado originalmente no *Journal of Contemporary Ethnography, 33*(4), 406-436. Copyright 2004, Sage Publications, Inc.

A resistência tem sido um tema central entre os participantes de subculturas e os acadêmicos que os estudam. Os primeiros teóricos subculturais associados ao Centre for Contemporary Culture Studies (CCCS) da Universidade de Birmingham se concentraram nas formas como os jovens resistiram simbolicamente à sociedade dominante ou "hegemônica" por meio do estilo, incluindo roupas, comportamento e linguagem (Hebdige, 1979). As subculturas emergiram em resistência à cultura dominante, reagindo contra o bloqueio das oportunidades econômicas, a falta de mobilidade social, a alienação, a autoridade adulta e a "banalidade da vida suburbana" (Wooden e Blazak, 2001, p. 20). Os teóricos constataram que homens brancos jovens da classe trabalhadora se uniam a grupos desviantes para resistir à adaptação ao que consideravam ser uma sociedade opressiva (Hebdige, 1979; Hall e Jefferson, 1976). Os acadêmicos dispensaram muita atenção à possibilidade de essas subculturas de jovens resistirem ou reforçarem os valores dominantes e a estrutura social (Hebdige, 1979; Willis, 1977; Brake, 1985; Clarke, Hall, Jefferson e Roberts, 1975). O CCCS enfatizou que, embora o estilo cultural fosse uma forma de resistência à subordinação, a resistência em última análise meramente reforçava as relações de classe (Cohen, 1980; Willis, 1977). Portanto, tal resistência era ilusória; ela deu aos membros da subcultura um sentimento de resistência apesar de não alterar significativamente as relações sociais ou políticas (Clarke et al., 1975). De fato, de acordo com essa visão, as subculturas frequentemente reforçam inadvertidamente em vez de subverter os valores dominantes, reformulando as relações dominantes em um estilo subversivo (veja Young e Craig, 1997).

O CCCS atraiu críticas substanciais por ignorar a subjetividade dos participantes, não estudando empiricamente os grupos que eles procuravam explicar, focando excessivamente as explicações e grandes teorias marxistas/baseadas nas lutas de classes, reificando o conceito de subcultura e enfatizando excessivamente o estilo (Muggleton, 2000; Clarke, [1981] 1997; Blackman, 1995; Widdicombe e Woofitt, 1995). Com base em sólido trabalho etnográfico, os teóricos contemporâneos reconheceram a fluidez das subculturas e adaptaram a noção de resistência para incluir as compreensões subjetivas dos participantes. Leblanc (1999), estudando mulheres *punks*, descobriu que a resistência incluía um componente subjetivo e um objetivo. Leblanc redefiniu a resistência mais amplamente como comportamento político, incluindo atos discursivos e simbólicos. Os teóricos pós-modernos questionaram ainda mais as ideias do CCCS sobre resistência, sugerindo que muitas narrativas podem simultaneamente ser verdadeiras, contingentes à perspectiva do indivíduo. Eles nos incentivam a examinar a busca subcultural pela autenticidade dos pontos de vista dos participantes, prestando particular atenção à natureza individualista, fragmentada e heterogênea das subculturas (Muggleton, 2000; Rose, 1994; Grossberg, 1992). Visto dessa forma, o envolvimento subcultural é uma busca pessoal pela individualidade, uma expressão de um "*self* verdadeiro", mais do que um desafio coletivo. De fato, a maioria dos membros tem uma "sensibilidade subcultural antiestrutural" (Muggleton, 2000, p. 151) vê os movimentos organizados com desconfiança e, em vez disso, critica a "sociedade dominante" de forma individualizada (Gottschalk, 1993, p. 369).

Cada uma dessas críticas demanda um entendimento mais amplo da resistência, que justifique as orientações individualistas dos membros. A resistência pode ser definida amplamente como "comportamento político", mas a forma como os indivíduos expressam e compreendem o seu envolvimento precisa de maior atenção. A minha análise se baseia nas novas teorias subculturais e sugere uma estrutura para como os membros constroem e entendem as suas experiências subculturais subjetivas. Sugiro que os adeptos detêm significados individuais e coletivos de resistência e expressam sua resistência por meio de métodos pessoais e políticos. Além do mais, eles conscientemente adotam a resistência nos níveis micro, intermediário e macro, emergindo pelo menos parcialmente em reação a outras subculturas em vez de unicamente contra uma cultura "adulta" ambígua. A resistência não pode mais ser explicada nos termos neomarxistas de mudança da estrutura política ou econômica, como uma rejeição somente da cultura dominante ou como uma expressão estilística simbólica. Uma explicação da resistência deve explicar a oposição individual à dominação, "a politização do *self* e da vida diária" (Taylor e Whittier, 1992, p. 117) na qual os atores sociais praticam o futuro que visualizam (Scott, 1985; Melucci, 1989, 1996). A resistência é contextual e pode ser estratificada em vez de estática e uniforme.

Como um movimento relativamente não estudado, o *straight edge* (*sXe*) oferece uma oportunidade de repensar e expandir as noções de resistência. O movimento *straight edge*[1] surgiu na costa oeste dos Estados Unidos a partir da subcultura *punk* no início da década de 1980. O movimento surgiu primeiramente como uma resposta às tendências niilistas da cena *punk*, incluindo abuso de drogas e álcool, sexo casual, violência e atitudes autodestrutivas de "viver o momento". Seus membros fundadores adotaram uma ideologia de "vida limpa", abstendo-se do álcool, tabaco, drogas ilegais e sexo promíscuo. A primeira juventude *sXe* encarava a rebelião autoindulgente do *punk* como não rebelião, sugerindo que, em muitos aspectos, os *punks* reforçavam o estilo de vida intoxicado da cultura dominante com estilo *mohawked** (moicano) e com casacos de couro.

O *straight edge* permanece inseparável do cenário musical *hardcore*[2] (um gênero *punk*). As bandas *straight edge* servem como disseminadores primários da ideologia do grupo e identidade coletiva. Os *shows*[3] (pequenos concertos) *hardcore* são um lugar importante para os *sXers*[4] se congregarem, compartilharem ideias e desenvolverem solidariedade. Desde o seu começo, o movimento se expandiu por todo o globo, contabilizando dezenas de milhares de pessoas entre os seus membros. Nos Estados Unidos, o *sXer* típico é um homem branco de classe média entre 15 e 25 anos. Os *straight edgers* se distinguem claramente dos seus pares marcando um grande X, símbolo do movimento, em cada mão antes de irem assistir aos concertos *punk*. Embora os acadêmicos tenham pesquisado minuciosamente outras subculturas jovens do pós-guerra como os *hippies, punks, mods, skinheads* e roqueiros (p. ex., Hall e Jefferson, 1976; Hebdige, 1979; Brake, 1985), sabemos pouco sobre o *sXe*, apesar dos seus 20 anos de história.

Os princípios básicos do *sXe* são bem simples: os membros se abstêm completamente do uso de drogas, álcool e tabaco e geralmente reservam a atividade sexual para relacionamentos afetivos, rejeitando o sexo casual. Essas "regras" do *sXe* são absolutas; não há exceções e um único lapso significa que um adepto perde a identidade como *sXe*. Os membros se comprometem a toda uma existência de vida limpa. Eles interpretam sua abstenção de várias maneiras, centrados na resistência, na autorrealização e na transformação social. A vida limpa é um símbolo de uma resistência mais profunda aos valores dominantes e a abstinência fomenta uma ideologia mais ampla, que molda as relações de gênero dos *sXers*, a noção de *self*, o envolvimento na mudança social e a noção de comunidade.

Este artigo preenche uma lacuna na literatura ao fornecer um relato empírico do movimento *sXe*, centrado em uma descrição dos valores essenciais do grupo. Inicio apresentando uma visão geral muito breve das várias subculturas prévias, para localizar o *sXe* em um contexto histórico. A seguir, discuto o meu envolvimento na cena *sXe* e os métodos que empreguei durante minha pesquisa. Posteriormente, examino os valores centrais do grupo, focando como os membros entendem o seu envolvimento.[5] Finalmente, apresento uma nova estrutura para analisar as experiências dos membros que abrange uma grande quantidade de significados, locais e métodos de resistência.

---

* Mohawk, ou moicano – povo indígena dos Estados Unidos.

SUBCULTURAS JOVENS PRÉVIAS

Os estudos de *hippies*, *skinheads* e *punks* demonstram semelhanças e também profundas diferenças entre esses grupos e o movimento *sXe*. Os *hippies* evoluíram na metade da década de 1960 a partir das antigas culturas *beatnik* e *folknik* (Irwin, 1977; Miller, 1999). Seu estilo de vida foi uma reação à homogeneidade asfixiante da década de 1950, enfatizando o apoio às minorias sobre a conformidade e o hedonismo deliberado com reserva (Miller, 1991). "Se lhe faz bem, então faça, contanto que não machuque mais ninguém" era o credo da cena. Os valores centrais dos *hippies* incluíam paz, harmonia racial, igualdade, sexualidade liberada, amor e vida comunal (Miller, 1991). Eles rejeitavam o consumo compulsivo, a gratificação adiada e o sucesso material (Davis, 1967). Os "narcóticos", no entanto, eram uma das características mais visíveis do grupo (Miller, 1991; Irwin, 1977). Os narcóticos diferiam das drogas; narcóticos como o LSD e maconha eram bons, ao passo que drogas como as aceleradoras ou depressoras eram ruins. Para os *hippies*, os narcóticos expandiam a mente, liberavam as inibições, estimulavam a criatividade e faziam parte da revolução. Era o meio para descobrir uma nova ética, aumentar a consciência e "compreender e lidar com os males da cultura americana" (Miller, 1991, p. 34). O LSD "dava à mente maior poder para escolher, avaliar, talvez até mesmo raciocinar" (Earisman, 1968, 31). Assim como os narcóticos, o sexo, à sua maneira, era revolucionário. O "amor livre" rejeitava as responsabilidades normalmente associadas aos relacionamentos sexuais: casamento, compromisso e filhos (Earisman, 1968). Praticando o que na maior parte do tempo se poderia chamar de sexo promíscuo, os *hippies* deliberadamente jogavam a sua irreverência quanto aos valores da classe média na cara da sociedade dominante (Irwin, 1977).

Os *skinheads* receberam muita atenção durante a década de 1990, quando os relatos da sua crescente afiliação a grupos neonazistas infiltraram tanto a mídia popular quanto os trabalhos acadêmicos (Bjorgo e Wilte, 1993; Moore, 1994; Young e Craig, 1997). Os *skinheads* surgiram na Grã-Bretanha do final da década de 1960 como um ramo da subcultura *mod* (Cohen, 1972; Hebdige, 1979). Enquanto a maioria dos *mods* ligados à moda ouvia *soul music*, frequentavam discotecas e se vestiam com calças e casacos impecavelmente passados, os *hard mods*, que por fim se tornaram os *skinheads*, favoreciam o *ska* e *reggae*, bares locais e um "uniforme" da classe operária, botas pesadas, cabelo cortado muito curto, calças jeans, camisas lisas e suspensórios (Brake, 1985). Enquanto os *mods* tentavam se igualar à classe média, o estilo urbano dos anos de 1960, os *skins* eram fervorosamente da classe operária. Quase tudo sobre os *skinheads* girava em torno das suas raízes na classe operária. O trabalho árduo e a independência estavam entre os seus valores essenciais; eles abominavam grupos de pessoas, como alguns *hippies*, que acreditavam "viver fora do sistema". Os *skinheads* eram extremamente nacionalistas e patriotas, adornando-se com tatuagens, camisetas e emblemas da bandeira do seu país. Após um longo dia de trabalho, eles gostavam de beber cerveja com seus amigos no bar local. Embora houvesse algumas mulheres *skins*, os homens dominavam a subcultura e frequentemente reforçavam os ideais patriarcais de masculinidade.

Os *skinheads* originais tomaram emprestado a cultura do oeste da Índia, adotando sua música, maneirismos e estilo, incluindo uma variedade de raças. Embora eles não fossem violentamente racistas no nível dos grupos neonazistas atuais, esses *skins*, negros e brancos, se envolviam em violência contra imigrantes paquistaneses (*Pakibashing*) (Hebdige, 1979, p. 56). Por fim, com o *reggae* se voltando para o rastafarismo e o orgulho negro, muitos *skinheads* brancos foram se tornando cada vez mais racistas. Na virada do século, prevaleciam três tipos principais de *skinheads*: neonazistas (racistas), *skinheads* contra o racismo (p. ex., *skinheads* contra o preconceito racial) e *skinheads* não políticos, que não assumiam postura racista nem antirracista (Young e Craig, 1997). Os *skinheads* eram muitos vistos em *shows* musicais de *punk*, *ska* e *Oi!*, embora os *skins* não políticos e antirracistas fossem mais prevalentes. Muito raramente, um *skinhead* também era *sXe*.[6]

Em muitos aspectos, o *punk* foi uma reação ao "romantismo *hippie*" e à cultura da classe média; o *punk* celebrava o declínio e o caos (Brake, 1985, p. 78; Fox, 1987; O'Hara, 1999). Na Grã-Bretanha da metade da década de 1970, os jovens enfrentavam uma falta de oportunidades de trabalho ou, na melhor das hipóteses, a perspectiva de ingressarem em um mundo dominante que julgavam abominável (Henry, 1989). Eles tentavam repelir a sociedade dominante valorizando a anarquia, o hedonismo e o "viver o momento". Os primeiros *punks* tomaram emprestado intensamente os estilos de Lou Reed, David Bowie ("Ziggy Stardust") e outros artistas do *glam rock* e *new wave*. Adornados com alfinetes de segurança, roupas com muitos zíperes, maquiagem brilhante pesada, roupas rasgadas, estilos de cabelo extravagantes e jaquetas de couro com rebites, os *punks* viviam o seu lema: "sem futuro", celebrando em vez de lamentar o declínio do mundo. Eles adotavam a alienação e a sua "estética niilista" incluía "sexualidade polimorfa, com frequência intencionalmente perversa, individualismo obsessivo, uma noção fragmentada do *self*" (Hebdige, 1979, p. 28).

Assim como os *skinheads*, os *punks* desdenhavam dos *hippies*; a banda *punk* proeminente, os Sex Pistols, intitulou um dos seus discos ao vivo "Kill the *Hippies*" (Matem os *Hippies*) (Heylin, 1998, p. 117). No entanto, ao contrário dos *skins* e assim como os *hippies*, os *punks* escolheram rejeitar a sociedade, o trabalho convencional e o patriotismo. Muitos usaram drogas perigosas para simbolizar "viver o momento", e suas atitudes eram niilistas e autodestrutivas (Fox, 1987). O *straight edge* surgiu relativamente cedo na cena *punk* e compartilhou alguns valores e estilos com os *punks*, *hippies* e *skins* desde então. Embora alguns *punks* hoje sejam *sXe*, as duas cenas se tornaram relativamente distintas, e o movimento *sXe* substituiu muitos dos valores *punk* antissociais originais com ideais pró-sociais.

MÉTODO

Meu primeiro encontro com o *sXe* ocorreu em 1989 aos 15 anos, por meio do meu envolvimento em um cenário *punk rock* do meio-oeste americano. Enquanto assistia aos *shows* de *punk* e socializava com os membros, observei que muitos garotos rabiscavam grandes Xs nas mãos com caneta marcador antes de irem para o concerto. Por fim, fiquei sabendo que o X simbolizava o estilo de vida limpo dos *sXe*, e que muitos *punks* do nosso cenário haviam adotado um estilo de vida totalmente livre de drogas e álcool. Tendo experimentado a vida carregada de álcool da maioria dos meus pares, rapidamente descobri que aquilo não era para mim. Detestava sentir que tinha que repetidamente colocar "à prova" a mim (e à minha virilidade), bebendo excessivamente. Não conseguia entender por que os homens mais "legais", os mais considerados, eram frequentemente aqueles que mais degradavam as mulheres. Além do mais, dado o histórico de alcoolismo na minha família, queria evitar os padrões destrutivos dos meus parentes. Finalmente, o envolvimento dos *sXers* locais na política progressista e organizações ativistas se conectou com o meu interesse por justiça social e ambientalismo. A minha associação com os *sXers* me levou a adotar a ideologia *sXe* como o que eu via, à época, como uma alternativa à pressão dos colegas e como um caminho proativo para a mudança social. Após um período de cuidadosa consideração (como muitos *punks*, eu era desconfiado das "regras"), tornei público o meu compromisso de evitar o consumo de álcool, drogas e tabaco, e o grupo me aceitou como um dos seus. Desde então, participei de mais de 250 *shows* de *hardcore*, mantive o estilo de vida e me associei a muitos *sXers* com relativa frequência. Os dados que apresento resultam de mais de 14 anos de observação do movimento *sXe* em uma variedade de contextos e papéis e entrevistando membros da cena.

Durante a faculdade, o meu envolvimento com o *sXe* diminuiu por vários anos, e eu tive pouco contato com o grupo. Depois de concluir a minha graduação, me mudei para Clearweather, uma área metropolitana no oeste dos Estados Unidos, para começar o estágio. Vivi em uma cidade universitária predominantemente branca de aproximadamente 90 mil pessoas, frequentando uma grande universidade de pesquisa com 25 mil alunos. Logo depois de chegar, procurei pela cena *hardcore* local e comecei a assistir aos *shows*. A riqueza do ambiente e os meus interesses me levaram a aproveitar a oportunidade desta situação de pesquisa (Riemer, 1977). A minha ausência de quatro anos da cena permitiu que eu me aproximasse do contexto com uma perspectiva relativamente nova, embora o meu envolvimento pessoal e conhecimento da ideologia *sXe* tenha possibilitado que ingressasse na cena local muito rapidamente. Desde o outono de 1996, participo da cena do *sXe* como membro absoluto (Adler e Adler, 1987).

Reuni os dados essencialmente por meio da observação participante longitudinal (Agar, 1996) com os *sXers* de 1996 a 2001. Os *sXers* que estudei eram, em sua maioria, estudantes do ensino médio ou da universidade da área, provenientes da classe média. Meus contatos se ampliaram para incluir aproximadamente 60 *sXers* na área local e outros 30 conhecidos *sXe* e não *sXe* associados a uma grande cena *hardcore* metropolitana. A minha interação com o grupo ocorreu essencialmente nos *shows* de *hardcore* e simplesmente socializando nas casas dos *sXers*.

Para complementar a minha observação, conduzi entrevistas em profundidade não estruturadas com 17 homens *sXe* e 11 mulheres entre 17 e 30 anos. Para aprender a partir de uma variedade de indivíduos, selecionei *sXers* com diferentes níveis de envolvimento na cena, incluindo adeptos novos e antigos, e indivíduos que haviam transformado o movimento em central ou periférico nas suas vidas. Conduzi entrevistas em profundidade nas casas dos *sXers* ou em lugares públicos livres de perturbações, gravando e depois transcrevendo cada sessão. Embora tenha organizado as sessões em torno de temas particulares, deixei as entrevistas suficientemente inestruturadas para que os indivíduos pudessem compartilhar exatamente o que *sXe* significava para eles. Algumas vezes pedi algumas indicações no estilo bola de neve* (Biernacki e Waldorf, 1981), embora conhecesse a maioria dos participantes o suficiente para me aproximar deles por minha conta. A variedade dos participantes me permitiu fazer a verificação cruzada dos relatos e procurar evidências que não confirmassem os meus achados (Campbell, 1975; Stewart, 1998; veja também Douglas, 1976). Por meio da observação participante, consegui examinar como os comportamentos dos participantes diferiam das suas intenções declaradas. Conscientemente, me distanciei do contexto para manter uma visão crítica, questionando continuamente as minhas observações e consultando colegas para obter uma perspectiva de alguém de fora. Dei especial atenção às variações nos padrões que descobri.

Em um esforço para ampliar meu conhecimento do *sXe* além do meu círculo primário de contatos, busquei entrevistas com adeptos de fora da cena local, incluindo indivíduos de outras cidades e membros de bandas em turnê de fora do estado que tocavam em Clearweather. Por vezes contatei outros indivíduos pelo país por meio de e-mails com perguntas específicas. Também passei vários dias em Nova York, Los Angeles e Connecticut para experimentar as cenas de lá, fazendo anotações de campo e conduzindo entrevistas informais. Além da observação participante, conversa casual e entrevistas, examinei uma variedade de outras fontes, incluindo histórias de jornal, letras de músicas, páginas da internet e *sXe'zines*,[7] codificando trechos de informações relevantes nas minhas notas de campo.

Para registar e organizar os dados, fiz anotações breves nos *shows* e outros eventos que imediatamente após ampliei em notas de campo mais completas no computador. Usando títulos e subtítulos, codifiquei

---

* N. de R.T.: Bola de neve refere-se ao tipo de amostragem em que se pede para os entrevistados indicarem outros(s) com perfil(is) semelhante(s) ao dele.

os dados de acordo com tópicos de interesse particulares, iniciando o processo de organização dos dados em categorias úteis e interessantes (Charmaz, 1983). Durante a minha pesquisa, busquei os padrões e tipologias emergentes dos dados (Lofland e Lofland, 1995). O reexame das notas de campo codificadas e das entrevistas transcritas me levou a analisar vários temas, incluindo os valores centrais da subcultura. Refinei esses temas continuamente à medida que reunia mais dados por meio da análise indutiva emergente (Becker e Geer, 1960).

Valores centrais do *straight edge*

Um grupo central de valores e ideias do *sXe* guiou e conferiu significado ao comportamento dos membros: positividade/vida limpa, reservar o sexo para relacionamentos afetivos, autorrealização, espalhar a mensagem e envolvimento em causas progressistas. Os adeptos sustentavam que *sXe* significava algo diferente para cada pessoa que assumia a identidade e, como com qualquer grupo, era variada a dedicação dos membros individuais a esses ideais. No entanto, embora os indivíduos fossem livres para seguir a filosofia de várias maneiras, frequentemente acrescentando a sua própria interpretação, esses valores fundamentais estão subjacentes ao movimento como um todo.

Slogans em camisetas, letras de músicas e outros símbolos constantemente lembravam os *sXers* da sua missão e dedicação: "É legal não beber", "Verdade até a morte" e "Uma vida livre de drogas" estavam entre as mensagens mais populares. O X, o símbolo universal dos *sXes*, surgiu no início da década de 1980, quando os donos das casas de *shows* marcavam com um X as mãos dos menores de idade que iam aos concertos para garantir que os *barmen* não lhes serviriam álcool (veja Lahickey 1997, p. 99). Em seguida, os garotos intencionalmente marcavam suas próprias mãos para sinalizar aos funcionários do clube a sua intenção de não beber e, o que é mais importante, fazer uma declaração de orgulho e desafio aos outros garotos nos *shows*. O movimento se apropriou do X, um símbolo supostamente negativo, transformando o seu significado em disciplina e comprometimento com um estilo de vida livre das drogas.[8] Os jovens usavam os Xs nas suas mochilas, camisas e lenços; tatuavam no corpo e os desenhavam nos *folders* da escola, em *skates*, carros e outras coisas de sua propriedade. O X uniu os jovens pelo mundo, comunicando um conjunto de valores e experiências comuns. Os *straight edgers* encontravam força, camaradagem, lealdade e incentivo nos seus amigos *sXe*, valorizando-os acima de tudo.[9] Para muitos, *sXe* se tornou uma "família", uma "irmandade", um espaço apoiador para serem diferentes juntos. Um senso poderoso de comunidade, baseado em grande parte no cenário musical *hardcore*, foi o que manteve unidos os *sXe* e seus valores por 20 anos.

Assim como outros movimentos jovens, o *sXe* foi um produto dos tempos e da cultura a que ele resistia; as subculturas opositoras não surgem em um vácuo (Kaplan e Lööw 2002). O estilo de vida reflete a emergência do grupo durante uma época de crescente conservadorismo e fundamentalismo religioso, uma escalada da guerra contra as drogas e a campanha de Nancy Reagan, "Just say no" ("Apenas diga não"). O surgimento da Nova Direita Cristã[*] no final da década de 1970 e início da década de 1980 contribuiu para um clima nacional mais conservador, que influenciou os valores dos jovens (Liebman e Wuthnow, 1983). O fundamentalismo ganhou apelo entre as populações que sentiam que estavam perdendo o controle do seu estilo de vida (Hunter, 1987). As restrições inflexíveis do tipo branco-preto no comportamento do *sXe* eram semelhantes às crenças rígidas nítidas da religião fundamentalista (Marty e Appleby, 1993). Em particular, a ênfase do *sXe* na vida limpa, na pureza sexual, no compromisso por toda a vida e na comunidade significativa era reminiscente dos mo-

---

[*] N. de R.T.: New Christian Right – movimento de orientação conservadora dos EUA.

vimentos jovens evangélicos, embora o foco no autocontrole sugerisse raízes puritanas. Além dessas influências conservadoras, o *sXe* foi, em muitos aspectos, uma continuação do radicalismo da classe média da Nova Esquerda orientado para "questões de uma natureza moral ou humanitária", um radicalismo cuja recompensa está "na satisfação emocional derivada da expressão dos valores pessoais em ação" (Parkin, 1968, p. 41). Os valores centrais do movimento refletem esta curiosa mescla de influências conservadoras e progressistas.

Vida positiva e limpa

O fundamento subjacente à identidade *sXe* é a vida positiva e limpa. Isso se referia, conforme sugeriu Darrel Irwin (1999), fundamentalmente à subversão da cena das drogas e a criação de um ambiente alternativo e livre de drogas. A vida limpa foi o precursor-chave para uma vida positiva. Muitos *sXers* evitavam cafeína e drogas medicinais, e a maioria dos membros era composta por vegetarianos ou veganos* engajados.¹⁰ Vida positiva tinha um significado amplo, incluindo o questionamento e resistência às normas da sociedade, tendo uma atitude positiva, sendo um indivíduo, tratando as pessoas com respeito e dignidade e tomando atitudes para tornar o mundo um lugar melhor. Os *straight edgers* argumentavam que não se poderia questionar inteiramente a sociedade dominante enquanto se estivesse sob a influência de drogas, e depois de questionadas as convenções sociais, o uso de substância, a ingestão de carne e o sexo promíscuo não seriam mais atrativos. Portanto, a vida limpa e a positividade eram inseparáveis; elas reforçavam uma a outra e constituíam os fundamentos para todos os outros valores *sXe*. "Joe",¹¹ um estudante do ensino médio de 18 anos, explicou como a "positividade" que ele adquiriu com o *sXe* moldou a sua vida:

> Para mim, acho que o que ganhei com [*sXe*] é viver um estilo de vida mais positivo. Em um esforço para ser mais positivo na forma como você vive. Porque onde eu estava quando encontrei isso era realmente (*risos*)... Eu era realmente negativo. Era negativo com as pessoas e as influenciava a serem negativas. Estava cercado de negatividade. Então encontrei esse movimento, e foi uma coisa realmente muito positiva fazer parte dele. Além disso, tem a ética sem drogas, sem álcool, sem sexo promíscuo. É simplesmente dizer não às coisas que são como um desafio para as pessoas na minha idade e estão crescendo nesse momento. Para algumas pessoas é uma grande coisa dizer "não".

Recusar álcool e drogas tinha uma variedade de significados para os *sXers* individualmente, incluindo purificação, controle, rompimento com padrões familiares abusivos. Purificação literalmente significava estar livre de toxinas que ameaçassem a saúde e potencialmente arruinassem a vida. Os *slogans* populares nas camisetas proclamavam: "Purificação – *straight edge vegan*" e "*Straight edge* – meu compromisso contra os venenos da sociedade". Os *straight edgers* acreditavam que as drogas e o álcool influenciavam as pessoas a fazerem coisas que elas normalmente não fariam, tais como ter sexo casual, brigar e se machucar. Ao se rotularem como mais "autênticos" do que os seus pares que usavam álcool e drogas, os *sXers* criaram uma forma fácil de se distinguirem. Eles experimentaram um sentimento de singularidade, autoconfiança e por vezes superioridade por rejeitarem a vida típica adolescente. Recusar álcool e drogas simbolizava recusar o grupo mais "popular", como também o niilismo percebido dos *punks*, *hippies* e *skinheads*.

O movimento ofereceu aos jovens uma forma de se sentirem com maior controle sobre suas vidas. Muitos jovens sen-

---

* N. de R.T.: Veganismo (vegan) movimento cujos adeptos consomem apenas vegetais nas suas dietas, rejeitando o consumo de todos os tipos de alimentos provenientes de animais.

tiam a pressão dos pares para ingerirem álcool, fumar cigarros ou experimentar drogas ilegais. Para alguns, esta pressão criava sentimentos de desamparo e falta de controle; a aceitação frequentemente se baseava no uso de substância. Os *straight edgers* relataram que o grupo lhes proporcionou uma forma de se sentirem aceitos sem usarem drogas e os ajudou a manter controle sobre as suas situações pessoais. Muitos *sXers* celebravam o fato de que nunca iriam acordar depois de uma noite de beberagem compulsiva se perguntando o que havia acontecido na noite anterior. Os adeptos relataram que o *sXe* lhes possibilitou terem uma mente "clara" e serem livres para fazer escolhas sem influências artificiais. Walter, um reservado estudante universitário de 21 anos, explicou:

> Não tomo nenhuma decisão burra... Gosto de ter o controle completo da minha mente, do meu corpo, da minha alma. Gosto de ser o guia do meu próprio corpo, não alguma substância estranha que tem a tendência de controlar as outras pessoas. Tenho um sentimento de orgulho por dizer às outras pessoas "Não preciso dessa coisa. Talvez isso valha para você, mas não preciso dessa coisa". As pessoas dizem coisas do tipo: "Poxa, eu respeito isso. Que legal".

Além dos significados personalizados que a identidade tinha para os adeptos, os sXers encaravam sua abstinência como um desafio coletivo. O grupo oferecia um meio visível de se separar da maioria dos jovens e assumir uma postura coletiva contra a cultura jovem e subculturas jovens prévias, incluindo os *punks*, *skinheads* e *hippies*. Além do mais, para muitos a positividade e a recusa de drogas e álcool eram simbólicos de uma resistência maior a outros problemas da sociedade, incluindo racismo, sexismo e ganância.

Os *straight edgers* firmaram um compromisso para toda a vida com a vida positiva e limpa. Eles tratavam sua abstinência e a adoção da identidade *sXe* como um voto sagrado, chamando-o de "juramento", "penhor" ou "promessa". Os membros não faziam exceções a esta regra. Patrick, um músico descontraído de 20 anos e ex-jogador de futebol, disse: "Se você simplesmente tomar um gole de cerveja ou der uma tragada em um cigarro, você nunca poderá se chamar de *straight edge* novamente. Não há escorregões no *straight edge*". Ray, criado em uma família alcoolista e já pesadamente tatuado aos 19 anos de idade, comparou o voto do *sXe* com os votos do matrimônio: "Isso vale até a morte. Depois que você põe o X na sua mão, não é como se fosse uma aliança de casamento. Você sempre pode tirar a aliança, mas você não pode lavar a tinta das suas mãos". Ray, então, me mostrou uma tatuagem no peito que representava um coração com "Verdadeiro até a morte" escrito nele. Muitos jovens *sXe* tinham tatuagens similares, significando a permanência do seu comprometimento.

Alguns *sXers* levaram o seu comprometimento tão a sério que rotulavam as pessoas que quebravam seus votos de abstinência como traidoras ou "vendidas". Apesar da sua insistência veemente de que eles "seriam verdadeiros" para sempre, relativamente poucos *sXers* mantinham essa identidade original após os vinte e poucos anos. Muitos mantinham os valores e raramente usavam álcool ou drogas, mas as responsabilidades e as relações "adultas" infringiam seu envolvimento na cena. Quando indivíduos que foram *sXe* começaram a beber, fumar ou usar drogas, os adeptos alegaram que eles tinham "se vendido" ou "perdido o limite". Embora às vezes perder o limite causasse grande conflito, observei que, mais frequentemente, os laços de amizade dos jovens suplantavam ressentimento e decepção e eles continuavam amigos. Entretanto, os amigos *sXe* de pessoas que foram *sXe* frequentemente expressavam profundo pesar e se recusavam a permitir que o transgressor voltasse a reivindicar a identidade. Brent, um vegano de 22 anos muito sério e franco, disse: "É frustrante ver as pessoas que você acha que são suas amigas tomarem decisões tão importantes sem lhe consultar... Não é uma traição por mudar de atitude. Só que você se sente abandonado... É desmoralizante". Kate, uma ativista de 22 anos, explicou a sua frustração com os "vendidos":

> Inicialmente, foi difícil para mim, porque eu acho que, quando as pessoas fazem isso, retiram a força do *sXe*. Quando as pessoas são do tipo "Eu sou *sXe*" e depois no dia seguinte não são. Isso – embora não tire a legitimidade completamente – de certa forma tira um pouco da legitimidade do movimento... Isso definitivamente me incomoda um pouco. Como você pode se proclamar *sXe* em um dia e no dia seguinte simplesmente se esquecer disso completamente? Essa era a coisa principal, simplesmente não entendi.

Quando membros particularmente comunicativos ou muito conhecidos na cena deixavam o grupo, os *sXers* falavam como se outro herói tivesse caído. Uma minoria muito pequena de indivíduos baseava as suas amizades na adesão ao movimento e quase praticava a "rejeição", o equivalente religioso de expulsar alguém. Foi esse tipo de ação, apesar da sua raridade, que contribuiu para as concepções das pessoas de fora, vendo os *sXe* como um grupo crítico e dogmático. Os jovens *straight edge* tinham menos probabilidade de socializarem regularmente com pessoas que usavam drogas simplesmente devido à incompatibilidade dos seus estilos de vida. Os *straight edgers* raramente criticavam abertamente os amigos que tinham se vendido, mas, durante as entrevistas, os participantes expressaram para mim uma frustração e o sentimento de traição mais profundos do que jamais demonstrariam publicamente.

Reservando o sexo para os relacionamentos afetivos

Reservar o sexo para os relacionamentos afetivos era uma extensão do estilo de vida limpo e positivo. Os *straight edgers* encaravam o sexo casual como ainda outra derrocada da sociedade dominante, das suas contrapartes em outras subculturas de jovens e seus pares mais dominantes. Acarretava a possibilidade de doenças sexualmente transmissíveis e sentimentos de degradação e vergonha. Enquanto os *hippies* encaravam o sexo liberado como revolucionário, os *punks* encaravam como apenas mais um prazer e os *skinheads* valorizavam o sexo como a expressão suprema da masculinidade, os *sXers* viam a abstinência de sexo "promíscuo" como uma forma poderosa de resistência. Rejeitando a casualidade de muitos encontros sexuais entre os jovens, eles acreditavam que as relações sexuais abrangiam muito mais do que o prazer físico. Eles eram particularmente críticos da sua imagem de macho "predador" insaciável, procurando sexo onde quer que pudessem conseguir. Kent, um estudante universitário de 21 anos com várias tatuagens coloridas, disse: "As minhas visões pessoais têm a ver com autorrespeito, com saber que vou fazer amor com alguém de quem realmente gosto, não com um pedaço de carne". Kyle, um estudante de arquitetura de 23 anos da Universidade de Clearweather, disse: "Pessoalmente, não vou sair por aí dormindo com um monte de pessoas apenas por uma questão de saúde. Uma boa influência positiva. [Sexo] não significa nada se você não se importa com a pessoa". Walter, o estudante universitário, disse:

> Para mim, a questão é apenas escolher como quero tratar o meu corpo. Ele não é algo que vou simplesmente jogar por aí. Não vou fumar ou usar drogas. O meu corpo é algo que honro. É algo que nós devemos respeitar. Acho que o sexo, se você vai fazer, você deve fazer, mas você não deve jogar seu corpo por aí e fazer isso com tantas pessoas quantas desejar. Se você ama o seu corpo o suficiente para não fazer essas coisas ao seu corpo, você deve ter respeito suficiente para tratar as mulheres e o sexo como eles merecem ser tratados.

Embora os valores do *sXe* em relação à sexualidade parecessem conservadores quando comparados a muitas outras subculturas jovens, os sXers não eram antissexo nem homofóbicos como grupo. O sexo antes do casamento não era errado ou "sujo", no sentido de algumas visões religiosas tradicionais, e numerosos sXers e bandas sXe assumiam uma postura firme contra a homofobia.[12] O sexo podia ser um elemento positivo de uma relação afetiva. Acreditando que sexo implicava poder e vulnerabilidade emocional, os sXers se esforçavam para minimizar experiências potencialmente negativas rejeitando o sexo casual. Kevin, um lutador de artes marciais de 27 anos, que havia abandonado o ensino médio, disse:

> Hoje não sou de forma alguma celibatário, no entanto... Nos últimos oito anos, fiz sexo com três garotas. Não sou celibatário de forma alguma, mas também não acredito naquela baboseira de sexo sem significado. Então, esses princípios meio que aconteceram na minha vida, mesmo que não tenha levado o verdadeiro celibato ao extremo... Ele deve ser em um nível emocional. O sexo é um vício como qualquer outro. A minha primeira concepção de sXe foi não ser viciado.

Não havia uma base religiosa direta para as visões do sXe sobre sexo. De fato, muitos dos sXers com quem me associei cresceram sem nenhum envolvimento religioso formal e quase nenhum deles estava envolvido no momento em religião formal. Embora alguns sXers conectassem sua identidade sXe e a identidade cristã, o grupo não defendia nenhuma forma de religião e a maioria dos adeptos era profundamente desconfiada ou crítica da fé organizada.

A maioria dos sXers também acreditava que coisificar as mulheres era perverso e errado, rejeitando a imagem estereotipada dos rapazes do ensino médio. Uma banda local de sXe (cinco membros do sexo masculino) denunciava o abuso sexual e estupro: "Essa canção é a canção mais importante que tocamos. É sobre os milhões de mulheres que já sofreram estupro. Uma em cada quatro mulheres será vítima de uma agressão sexual ao longo da sua vida. Precisamos fazer isso parar". A "regra" do movimento contra o sexo promíscuo era mais difícil para os membros imporem, e assim havia uma maior variação na crença referente a sexo do que ao uso de substância. Vários dos meus participantes, tanto homens quanto mulheres entre 21 e 23 anos, haviam decidido conscientemente adiar o sexo, porque não haviam encontrado alguém com quem sentiam uma vinculação emocional íntima. A maioria das mulheres jovens acreditava que não beber reduzia o seu risco de serem sexualmente agredidas ou de se colocarem em uma situação comprometedora. Jenny, uma caloura universitária de 18 anos e ativista, disse:

> Como disse, tudo tem a ver com ter o controle do seu corpo, da sua própria vida. Tem a ver com reivindicar, proclamar a sua dignidade e autorrespeito. É dizer que não vou colocar essa coisa dentro do meu corpo. Não vou ter você dentro do meu corpo se não quiser você lá dentro. Tudo está muito ligado. Gosto do sXe porque me possibilita tomar decisões muito racionais e inteligentes. Essa é uma das decisões que acho realmente importante avaliar muito cuidadosamente. Não sou de jeito nenhum contra o sexo antes do casamento. Mas, pessoalmente, tenho de estar apaixonada.

Alguns adeptos insistiam que o sexo deveria ser reservado para casais casados, enquanto alguns poucos achavam que o sXe não colocava restrições à atividade sexual. Somente um jovem com relativamente pouca conexão com a cena de Clearweather tinha uma reputação de "conquistador". Uma minoria dos homens sXe era pouco diferente do estereótipo hipermasculino que eles procuravam rejeitar. A maioria insistia em que sexo entre estranhos ou quase estranhos era potencialmente destrutivo emocional e talvez fisicamente, e que a positividade demandava que o sexo fizesse parte de uma relação emocional baseada na confiança.

Autorrealização

Assim como os membros de outras subculturas, os *sXers* procuravam criar e expressar uma identidade "verdadeira" ou "autêntica" em meio a um mundo que eles achavam que encorajava a conformidade e mediocridade. Os *straight edgers* alegavam que resistir aos padrões e expectativas sociais lhes permitia seguirem seu próprio caminho mais significativo na vida em direção a uma maior autorrealização. Assim como os *punks*, eles abominavam a conformidade e insistiam em ser "verdadeiros consigo mesmos". Similares aos *hippies*, os *sXers* acreditavam que, quando crianças, temos um potencial incrível que é "lentamente esmagado e destruído por uma sociedade padronizada e um ensino mecânico" (Berger, 1967, p. 19). As subculturas, como movimentos sociais, se engajam em conflito sobre a reprodução cultural, integração social e socialização; frequentemente elas se preocupam, sobretudo, com a qualidade de vida, a autorrealização e a formação da identidade (Habermas, 1984-87; Buchler, 1995). Os *straight edgers* acreditavam que toxinas como as drogas e o álcool inibiam as pessoas de atingirem seu potencial pleno. Essa visão contrastava totalmente com a versão *hippie* da autorrealização com ajuda do uso de narcóticos (Davis, 1968). Para os sXers, as drogas de qualquer tipo inibiam em vez de possibilitar a autodescoberta; eles acreditavam que as pessoas eram menos genuínas e verdadeiras consigo mesmas quando estavam drogadas. Uma mente clara e focada ajudava os *sXers* a atingirem seus objetivos mais elevados. Kate, a ativista, disse: "Se você tem uma mente clara, terá maior possibilidade de ter consciência de quem você é e como as coisas à sua volta realmente são, em vez de ser o que alguém deseja que você ache que elas são. Um pouquinho mais de uma vida honesta, sendo verdadeiro consigo mesmo". Elizabeth, uma pós-graduada de 26 anos que era *sXe* e vegetariana há muitos anos, disse:

> Você não está ferrado nas drogas e no álcool, e você consegue tomar decisões conscientes sobre as coisas. Você não está deixando alguma droga subjugar as suas emoções e os seus pensamentos. Você não está se dessensibilizando da sua vida. E se você não está dessensibilizando a sua vida, então sim, você vai sentir mais coisas. Quanto mais você sentir, mais você se move, mais você cresce... Realmente acredito que [*sXers*] estão vivendo e sentindo e crescendo, e tudo é um crescimento natural. Não é adiado. Essa é uma característica única.

Assim como os adeptos das subculturas anteriores, os *sXers* construíram uma visão do mundo como medíocre e insatisfatório, acreditando que a sociedade encorajava as pessoas a se medicarem com bengalas como as drogas, álcool e sexo para esquecer a sua infelicidade. Os *straight edgers* achavam que as associações dos *punks*, *skinheads* e *hippies* com essas coisas embotavam suas oportunidades de oferecer resistência significativa. As substâncias e as pressões sociais nublavam o pensamento claro e a expressão individual. Alegando que muitas pessoas usavam substâncias como um meio de escaparem dos seus problemas, o movimento incentivava os membros a evitarem o escapismo, a confrontarem os problemas com a mente clara e a criarem suas próprias vidas positivas e satisfatórias. Brent insistiu enfaticamente que a autorrealização não requeria drogas:

> Existem maneiras de abrir sua mente sem beber e fumar... Você definitivamente não tem de fazer uso de cogumelos e se sentar no deserto para ter um despertar espiritual ou uma catarse de algum tipo. As pessoas não aceitam isso. As pessoas acham que você é tenso... Existe uma ausência espiritual no mundo que eu conheço agora, nos Estados Unidos. Ser guiado pelo dinheiro é o objetivo. Essa é uma das maneiras mais vazias e menos satisfatórias de viver a sua vida... A forma como as pessoas se aliviam das cargas

do seu vazio espiritual é por meio do uso de drogas e do álcool. A forma como as pessoas escapam é, por vezes, até mesmo por meio de uma vida mais curta, adotando o hábito de fumar. Ser *sXe* e compreender e acreditar nisso significa que você abriu a porta para dentro de si para descobrir por que realmente estamos na Terra, ou o que quero obter de um relacionamento com uma pessoa, ou o que quero que os meus filhos pensem de mim mais tarde.

Os *straight edgers* raramente falavam abertamente sobre autorrealização e provavelmente zombariam de qualquer coisa que sugerisse misticismo ou iluminação (o que vinculariam aos *hippies* e, portanto, às drogas). No entanto, para muitos, subjacente à ideologia havia uma busca quase espiritual por um *self* genuíno, uma "verdade". Alguns vinculavam o *sXe* a outras identidades: "*queer edge*", feminismo e ativismo, por exemplo. Para outros, o *sXe* oferecia um meio de superar as experiências familiares abusivas. Mark, um jovem calado de 16 anos novo na cena, encarava o *sXe* como um protesto: "*Straight edge* para mim, sim, é um compromisso comigo mesmo, mas para mim ele também é um protesto. Não quero dar para os meus filhos o mesmo tipo de vida que recebi do meu pai".

Espalhando a mensagem

Os esforços de resistência do *straight edge* transcendiam a simples abstenção dos seus membros. Os *straight edgers* incentivavam ativamente outros jovens a ficarem livres de drogas e álcool. Alguns *hippies* acreditavam que a sua "missão final era 'ligar o mundo' – isto é, deixar todos conscientes das virtudes potenciais do LSD para conduzir a uma era de paz universal, liberdade, fraternidade e amor" (Davis, 1968, p. 157). Da mesma forma, muitos *sXers* assumiam a missão de convencer seus pares de que a resistência às drogas, em vez de usá-las, ajudaria a criar um mundo melhor. Uma minoria dos *sXers*, rotulada de "militantes" ou "linha dura" pelos outros *sXers*, era muito explícita, portando os Xs e mensagens *sXe* em quase todos os momentos e confrontando seus pares que usavam drogas. Embora o *sXe* promovesse o pensamento claro e livre, para alguns adeptos as exigências de um estilo de vida rígido criaram conformidade, rigidez de pensamento e intolerância, muito distanciado da "positividade" que o movimento proclamava. Existia uma tensão constante dentro do movimento sobre como muitos membros deveriam promover seu estilo de vida. Em um extremo, se encontrava a facção "viva e deixe viver" – os indivíduos deveriam fazer as suas próprias escolhas, e os *sXers* não têm o direito de interferir nessa escolha. No outro extremo, estava o ramo mais militante, frequentemente composto de novos adeptos, que acreditavam que o dever dos *sXers* residia em mostrar aos usuários as possibilidades de um estilo de vida livre de drogas. A maioria dos *sXers* sustentava que seu exemplo era suficiente. Jenny, a estudante ativista, disse:

> Quero mostrar às pessoas que existe uma comunidade lá fora que não transforma você em um estúpido ou incompetente por ser *sXe*. Existem outras pessoas lá fora que realmente estão engajadas. Existe todo um grupo de pessoas ao qual você pode pertencer. Obviamente, você não tem de simplesmente pertencer a ele. Só acho que pode ser uma coisa realmente positiva para as pessoas. Ando pelo dormitório da faculdade, onde em cada um daqueles corredores você sente a porcaria do cheiro de maconha na sua cabeça. Apenas acho que neste caso é realmente importante levar a sua mensagem até eles... Acho que a melhor declaração política, social e pessoal que você pode fazer é viver dando o exemplo. Isto é definitivamente o que tento fazer.

Cory, uma artista e veterana da cena, de 21 anos, explicou por que os *sXers* devem dar o exemplo para os outros:

Isso tem a ver com você se denominar *straight edge*. Você pode ser livre de drogas e não pode beber e fumar e vai a festas e faz o que quer que seja, mas você não está ajudando. Existe um pêndulo na sociedade, e ele só oscila de uma maneira, e sentar no meio do pêndulo não vai ajudar a fazê-lo balançar de volta. É preciso que haja mais *straight edgers* no outro lado para ajudar a nivelá-lo, pelo menos.

Assim, embora muitos adeptos sustentassem que *sXe* era a escolha de um estilo de vida pessoal em vez de um movimento direcionado às outras pessoas, muitos membros "expressavam abertamente a sua política" em uma tentativa não tão sutil de encorajar os outros a seguirem o seu caminho. Vestir uma camisa com uma mensagem *sXe* pode ser uma decisão estilística pessoal, mas quando todo um grupo de pessoas veste essas camisas que desafiam tão claramente a norma, o estilo tem o potencial de se tornar um desafio coletivo.

A resistência *straight edge* também tinha como alvo os interesses corporativos do álcool e tabaco, que, alegavam os adeptos, obtinham lucro com os vícios e os sofrimentos das pessoas. Kate, que claramente vinculava *sXe* com ativismo, disse: "Ao rejeitar Miller Lite e Coors, eles têm menos controle sobre mim e a minha vida, porque não estou lhes dando o meu dinheiro; não os estou apoiando". Brent, o vegano comunicativo, disse:

> Todos os indivíduos na sociedade estão conectados entre si. Quando você se prejudica, você está prejudicando a nossa sociedade. Você está liderando pelo exemplo; os seus filhos irão ver o que você está fazendo e vão captar... Resistir à tentação, resistir ao que lhe é oferecido dia após dia, pelos seus pares, pelos seus pais, pela sua geração, pelos homens de negócio, pelo que é legal e maneiro na MTV. A resistência é enorme. É por isso que o *sXe* é um movimento... Tudo está conectado: resistir às drogas, resistir ao consumismo desenfreado, resistir a votar nos democratas quando você pode votar em um terceiro partido.

Ao focar sua mensagem em suas famílias, pares subculturais, jovens da classe dominante e na sociedade mais ampla, o *sXe* criou uma resistência multifacetada que os indivíduos podem adequar aos seus próprios interesses.

Envolvimento na mudança social

Assim como os membros de outras subculturas, os *sXers* frequentemente se envolviam em uma variedade de causas. Os jovens *sXe* com quem me associei insistiam que trabalhar para a mudança social não era um pré-requisito do *sXe*. De fato, apenas alguns pertenciam à comunidade ativista significativa na nossa cidade. No entanto, muitos encaravam o envolvimento na mudança social como uma progressão lógica de viver uma vida limpa que os conduzia a assumirem preocupações progressivas e se tornarem diretamente envolvidos em algum nível. A vida limpa a e positividade conduziam ao pensamento claro, que, por sua vez, criava um desejo de resistir e se autorrealizar. Todo esse processo lhes descortinava os problemas mundiais e as suas preocupações cresciam.[13] Tim, 27 anos, cantor de uma banda *sXe* muito popular, explicou:

> O raciocínio por trás [do *sXe*] é ter uma mente clara e usar essa mente clara para se aproximar da outra pessoa e fazer o que for possível para começar a pensar em justiça, pensar em como tornar as coisas mais justas em nossa sociedade e no mundo como um todo... Trata-se de liberdade. Trata-se de usar essa liberdade, essa clareza de mente que temos, como um veículo para a progressão, para nos tornarmos pessoas mais pacíficas. E, ao nos tornarmos pessoas mais pacíficas, transformamos o mundo em um lugar mais justo. (Sersen, 1999).

Jenny considerava o *sXe* essencial para o seu ativismo:

> Acredito que todos os elementos da minha filosofia de vida estejam muito interligados. Eles se encaixam como uma peça de um quebra-cabeça. A ligação que faço entre o *sXe* e o ativismo político é como uma atitude integral, em que você vê alguma coisa errada e a conserta. Não gosto das coisas que as drogas e a bebida causam na sociedade, portanto, eu as conserto consertando a mim mesma. Quando vejo também outros problemas na sociedade, tenho o mesmo impulso de consertar fazendo tudo o que posso. Isso tem a ver com reivindicar poder, dizendo: "Tudo bem, estou no comando da minha vida. Posso fazer o bem tanto quanto eu quiser".

Kevin, o praticante de artes marciais, acreditava que o sXe se tratava fundamentalmente de se transformar em uma pessoa forte em todos os aspectos da vida. Força incluía rejeitar os estereótipos e preconceitos:

> Tecnicamente, de acordo com as "regras", você pode ser homofóbico e racista e um cretino sexista e outras coisas assim e ainda tecnicamente ser *sXe*. Você não está bebendo; você não está fumando; você não está consumindo drogas. Mas eu, pessoalmente, não consideraria essa pessoa um *sXe*. Porque ela é fraca. Não acho que você possa ser *sXe* e fraco.

Mais uma vez contrastando com os *hippies*, *punks* e *skinheads*, para os *sXers* uma mente clara e livre de drogas era essencial para o desenvolvimento de uma consciência de resistência. O movimento promovia uma abertura geral ou expansão da consciência social. Kent, o jovem calado com muitas tatuagens, disse: "Nunca nem mesmo teria considerado ser vegetariano ou vegano se não fosse pelo *sXe*. Depois que você é *sXe*, você não pensa realmente que tem de parar por ali. Você tem de se abrir para mais possibilidades... Isso me faz pensar de forma diferente. Torna você menos complacente".

Da metade até o final da década de 1980, o *sXe* se tornou cada vez mais preocupado com os direitos dos animais e com causas ambientais. Líderes influentes de bandas clamavam por um fim à crueldade contra os animais e uma consciência geral da ecodestruição. Pelo menos três em cada quatro *sXers* eram vegetarianos, e muitos adotavam completamente estilos de vida livres de crueldade ou veganos. Entre os cerca de 60 *sXers* com quem me associei regularmente, apenas 15 comiam carne. Vários indivíduos tinham *vegan* ("vegano") tatuado em seus corpos. Outros coordenavam ou participavam ativamente de uma organização no *campus* de defesa aos animais. Essencialmente, o movimento enquadrava (veja Snow, Rochford, Worden e Benford, 1986) os direitos dos animais como uma extensão lógica da estrutura positiva subjacente ao seu estilo de vida, muito semelhante a reservar o sexo para relacionamentos afetivos e a autorrealização. Brian, um rapaz de 21 anos extremamente positivo e divertido, explicou a conexão do vegetarianismo com o *sXe*: "Os garotos *sXe* abrem muito mais as suas mentes. Eles são mais conscientes do que os que estão à sua volta... Algumas pessoas acham que isso é mais saudável e outras, como eu, são mais voltadas para a questão da liberação dos animais". Elizabeth, a veterana mais velha, disse:

> Se você é consciente e se importa com o ambiente ou o mundo, o que talvez aconteça com mais pessoas *sXe* do que na sua população média, então [o direito dos animais] simplesmente vai ser um fator. Você irá considerar: "Como eu posso fazer do mundo um lugar melhor?". Bem, ser vegetariano é outro ponto pelo qual você pode começar... Fico feliz por isso geralmente fazer parte da cena *sXe*, porque acompanha a consciência e as escolhas. Que tipo de coisas você está fazendo para você, e como isso está impactando o mundo e o ambiente? As grandes propriedades corporativas de carne

e a derrubada de florestas tropicais... A coisa mais impactante que você pode fazer pelo ambiente é parar de comer carne.

Alguns jovens *sXe* se envolveram em causas de justiça social, tais como de moradores de rua, direitos humanos e direitos das mulheres. Eles organizavam concertos beneficentes para angariar fundos para abrigos locais para pessoas sem teto e, geralmente, o preço do ingresso incluía comida enlatada ou uma doação para um abrigo de mulheres. Observei vários *sXers* participando de protestos locais contra o Banco Mundial e o Fundo Monetário Internacional juntamente com os grandes protestos de 1999-2000 em Seattle e Washington, D.C., e outros tomaram parte em uma campanha do *campus* contra a exploração dos trabalhadores. Similares aos *punks* progressistas, alguns jovens *sXe* imprimiam revistas pelos direitos dos prisioneiros, lutando contra o neonazismo, questionando a brutalidade da polícia e vários direitos humanos e questões ambientais.

Muitas mulheres *sXe* desdenhavam papéis femininos tradicionais e avaliavam a cena como um espaço em que sentiam menos pressão para corresponderem às expectativas do gênero, e o movimento encorajou os homens a rejeitarem certos traços hipermasculinos e a questionarem o sexismo em um nível pessoal. A maioria das bandas escrevia canções contra o sexismo, e muitos homens jovens *sXe* demonstravam um entendimento excepcional da opressão de gênero, considerando-se as suas idades e experiências. No entanto, apesar das reivindicações do movimento por comunidade e inclusão, algumas mulheres *sXe* se sentiam isoladas e indesejadas na cena. Os homens ultrapassavam significativamente o número de mulheres, frequentemente criando uma mentalidade de "clube do bolinha" exemplificado pelo termo masculino de "irmandade" (*brotherhood*). A quase completa ausência de mulheres nas bandas, a dança hipermasculina nos *shows* e as panelinhas de homens reforçavam as suposições de gênero não explicitadas de que as mulheres não eram tão importantes para a cena quanto os homens, e asseguravam que muitas mulheres nunca se sentiriam completamente em casa.

Embora alguns *sXers* se engajassem pelos direitos dos animais, direitos das mulheres, ambientais e outros, a maioria se esforçava para colocar os seus valores em prática na vida diária em vez de se engajarem em protestos "políticos" mais convencionais (p. ex., fazendo piquetes, praticando desobediência civil, fazendo petições). Em vez de desafiar diretamente as companhias de tabaco, cerveja ou frigoríficos, por exemplo, um *sXer* recusa seus produtos e pode boicotar a Kraft (companhia controladora do fabricante de cigarros Phillip Morris), adota um estilo de vida vegetariano ou veste uma camiseta do movimento na qual se lê: "É legal não beber. *Straight Edge*" ou "Seja vegano!" No *sXe* e em outros movimentos jovens, o pessoal era político. As próprias subculturas são politicamente significativas e, frequentemente, servem como ponte para um maior envolvimento político.

CONCLUSÃO

O entendimento dos *straight edgers* dos valores essenciais do grupo mostram que a resistência é muito mais complexa do que uma reação estilística à cultura dominante. Concluo discutindo uma estrutura analítica para a compreensão dos significados individuais e coletivos, múltiplos locais e métodos pessoais e políticos de resistência de uma subcultura.

Os membros das subculturas jovens constroem significados individualizados e coletivos para a sua participação. Os participantes podem ter significados individualizados que não são essenciais para a ideologia do grupo, enquanto mantém simultaneamente compreensões coletivas do significado da subcultura. Widdicombe e Wooffitt (1995), por exemplo, descobriram que os "*punks* podem ser constituídos por meio de objetivos compartilhados, valores, etc., e por meio dos membros individuais" (p. 204). As subculturas ajudam a definir "quem eu sou" durante a incerteza da chegada à maturidade (p. 25). Elas oferecem um espaço para experimentação e um lugar para lutar com questões sobre o mundo, criando um "lar" para a identidade em uma era contemporânea, na qual a identidade pessoal sofre uma privação de abrigo causada pelas forças da modernidade (Melucci, 1989; Giddens, 1991). Assim, em nível individual, resistência envolve desenvolver uma identidade individual e afirmar a subjetividade em um contexto contraditório. Além disso, para a maioria dos participantes, a resistência individualizada é simbólica de uma consciência de oposição coletiva maior. Os significados coletivos centrais para a identidade *sXe* incluíam desafiar a imagem estereotipada "competitiva", dando um exemplo coletivo para outros jovens, apoiando um ambiente social livre de drogas e evitando os "venenos" da sociedade que insensibilizam a mente. Os jovens reivindicavam o rótulo *sXe* em vez de simplesmente "livres de droga" especificamente porque acreditavam que suas escolhas individuais se somariam a um desafio coletivo. Aqui, resistência envolve mostrar coletivamente desaprovação por algum aspecto da cultura, questionando os objetivos dominantes, tornando visível uma ideologia invisível e criando uma alternativa.

Os membros das subculturas jovens entendem a sua resistência nos níveis macro, intermediário e micro.[14] A teorização passada sobre resistência privilegiou a cultura adulta hegemônica dominante, a estrutura de classes ou o estado como o alvo no nível macro da resistência cultural (Hall, 1972). De fato, os *sXers* rejeitavam aspectos de uma cultura que, segundo eles, comercializava álcool e produtos do tabaco para os jovens, estabelecia o uso de álcool como a norma, promovia a conformidade e glorificava os encontros sexuais casuais. Além de questionar a cultura em nível macro, os movimentos jovens oferecem resistência no nível intermediário. Os *straight edgers* focavam muito, senão a maior parte da sua mensagem, na direção dos seus companheiros jovens, reagindo contra os jovens dominantes e as contradições percebidas em outras subculturas. De um modo geral, o *sXe* ilustra que as subculturas se formam em reação a outras subculturas, como também à estrutura social mais ampla. Os membros resistiam ao que eles viam como a fixação da cultura jovem no uso de substância e sexo; às tendências *punk* "sem futuro" e niilistas; ao patriotismo, ao sexismo e à ideologia das classes operárias dos *skinheads*, bem como ao racismo de alguns membros; e ao uso de drogas, à passividade e ao escapismo dos *hippies* – acreditando que estes minam o potencial de resistência que cada um desses grupos compartilha. Entretanto, apesar da sua insistência em combater a contracultura, o *sXe* cooptou muitos valores dos movimentos jovens anteriores, claramente adotando a sua mentalidade de "questionar tudo" e a música agressiva do *punk*, a proclamação da autorrealização e o desafio cultural dos *hippies* e a imagem nítida, responsabilidade pessoal e senso de orgulho dos *skinheads*. A análise dos movimentos jovens no nível intermediário, em termos da sua relação com as outras culturas jovens, é vital para uma compreensão detalhada desses grupos, assim como é o reconhecimento das batalhas pela identidade dentro do grupo. Os jovens examinam reflexivamente seus próprios grupos e, frequentemente, tentam resolver as contradições intragrupo. Leblanc (1999, p. 160) observou, por exemplo, que as mulheres *punks* "subvertem as subversão dos *punks*" assim como alguns *sXers* resistiram aos "caras durões" militantes dentro da sua cena. Todos os movimentos jovens compartilham um desdém pela corrente dominante; a forma como eles expressam seu menosprezo e questionam as estruturas existentes depende, em grande parte, das subculturas jovens atuais e anteriores que frequentemente se tornaram alvos de nível intermediário para mudança. Não resta dúvida de que as contradições no *sXe* provocarão inovações tanto dentro do movimento *sXe* quanto em outras subculturas que buscam transcender as limitações dos *sXe*.

Finalmente, os *sXers* também relataram resistência no nível micro, quando rejeitavam o abuso de substância dentro das suas famílias e faziam mudanças nas suas vidas individuais. Muitos *sXers* alegavam que se abstinham de drogas e álcool pelo menos em parte em desafio ao abuso de substância de membros da família ou às suas próprias tendências aditivas. Obviamente, os significados do envolvimento subcultural se estendem além das contradições da cultura adulta e da estrutura de classes.

Além do mais, o *sXe* demonstrou que as subculturas usam muitos métodos de resistência, tanto pessoais quanto políticos. Desconfiadas dos desafios políticos e do ativismo social organizado, as subculturas incorporam uma oposição mais individual. Muitos *sXers* procuravam mudar a cultura jovem, mas seus métodos principais eram muito pessoais: liderando pelo exemplo, vivendo pessoalmente as mudanças que eles buscavam, expressando um estilo pessoal e criando um espaço para serem "livres" das restrições percebidas devido à pressão dos colegas e à conformidade da cultura dominante.[15] Como observaram Widdicombe e Wooffitt (1995) em seu estudo da identidade *punk*, "observamos em particular que essas narrativas de oposição não invocam atividades radicais ou exibições públicas de resistência; ao contrário, elas são moldadas em torno da rotina, do pessoal e do dia a dia" (p. 204). A resistência do dia a dia tem consequências políticas (Scott, 1985), e a resistência (coletiva) e autenticidade/realização (individual) não são mutuamente excludentes (Muggleton, 2000). Buechler (1999, p. 151) escreveu: "No caso da política da vida, o *self* politizado e o *self* autoatualizante se tornam um e o mesmo. A microfísica do poder também aponta para a identidade como o campo de batalha nas formas contemporâneas de resistência" (veja também Giddens, 1991).

Apesar de focados nos métodos pessoais de resistência, os *sXers* entendiam seu envolvimento também em termos políticos.[16] A sua abstinência de drogas, álcool e sexo casual era um componente essencial de uma resistência mais ampla à sociedade dominante e à cultura jovem dominante. Conforme assinalou Buechler (1999), "embora essa forma de política se origine no micronível da identidade pessoal, provavelmente seus efeitos não permanecem confinados nesse nível" (p. 150). O movimento se engaja no que Giddens (1991, p. 214-215) chamou de "política da vida" – uma "política de escolhas", uma "política de estilo de vida", uma "política de autoatualização" e "uma política de decisões de vida". Por meio das suas ações individuais, os *sXers* buscam uma "remoralização da vida social" (Buechler, 1999, p. 150). Por exemplo, tornar-se vegetariano ou vegano pode ser uma opção alimentar individualista, mas, quando uma subcultura faz isso e defende a sua escolha, abre possibilidades para outros jovens. Conforme observou Leblanc (1999), a intenção de influenciar os outros é um componente importante da resistência: "Os relatos de resistência devem detalhar não só os atos resistentes, como também a intenção subjetiva de motivá-los... Essa resistência inclui não somente comportamentos, mas atos discursivos e simbólicos" (p. 18).

Encarar a resistência pelas lentes dos significados, locais e métodos nos força a reexaminar o "sucesso" da resistência subcultural. A análise dos valores centrais do *sXe* mostra que o entendimento dos membros a respeito da resistência é multifacetado e contextual. A questão da resistência vai além de a subcultura resistir à cultura dominante para como os membros constroem resistência em situações e contextos particulares. Certamente, o *sXe*, assim como outras subculturas, possui tendências ilusórias; as contradições do movimento incluem a sua ideologia antissexista, embora centrada nos homens. Entretanto, o exame do *sXe* com a estrutura que sugiro mostra que o envolvimento tem consequências reais para as vidas dos seus membros, outros grupos relacionados e, possivelmente, a sociedade dominante. A realização pessoal e a transformação social não são mutuamente excludentes (Calhoun, 1994). Embora o *sXe* não tenha criado uma revolução na cultura jovem nem na cultura dominante, por mais de 20 anos ofereceu guarida para os jovens contestarem essas culturas e criarem alternativas.

NOTAS

1. Os *straight edgers* abreviam *straight edge* como *sXe*. O *s* e o *e* significam *straight edge*, e o *X* é o símbolo do *straight edge*.
2. *Hardcore* é um estilo de *punk* mais agressivo e mais rápido. Embora *punk* e *hardcore* se sobreponham, na década de 1990 as duas cenas foram se tornando cada vez mais distintas. Embora presente em ambas as cenas, o *sXe* é consideravelmente mais prevalente na cena *hardcore*. O estilo *hardcore* é mais limpo do que o do *punk*.
3. Os *punks* e *sXers* fazem uma distinção clara entre *shows* e "concertos". Os *shows* atraem uma multidão muito menor, são menos caros, apresentam bandas *underground*, frequentemente são vitrines para bandas locais e são montados por garotos locais da cena com pouco ou nenhum lucro. Os concertos são grandes, comercializados; empreendimentos que visam ao lucro e apresentam, em geral, bandas populares.
4. Os indivíduos *straight edge* nunca se referem a si mesmos como *straight edgers* e acham o termo engraçado. Esse termo provavelmente provém das descrições que a mídia faz do grupo. Os adeptos se chamam de "garotos" *sXe*, independentemente das suas idades. Uso *straight edger* neste artigo simplesmente por facilidade de comunicação.
5. Veja Muggleton (2000) para uma discussão sobre a importância de fundamentar uma análise cultural nas experiências subjetivas dos membros.
6. Encontrei um *skinhead* antirracista que também se proclamava *sXe*. No entanto, acabou abandonando os dois grupos. Um *sXer* latino mais velho que conheci, um veterano da cena, alegava ter sido *skinhead* muitos anos atrás.
7. Os indivíduos ou pequenos grupos produzem revistas repletas de arte, matérias, resenhas de discos e concertos, entrevistas com bandas e colunas sobre tudo, desde a brutalidade da polícia e os direitos dos animais até a situação dos desabrigados e a libertação da prisão do jornalista e ex-Pantera Negra Mumia Abu-Jamal. As revistas, como os concertos, são geralmente DIY (*do it yourself*, ou "faça você mesmo"); isto é, os garotos as criam em casa, as distribuem e raramente ganham algum dinheiro com elas (na verdade, as revistas frequentemente custam aos produtores uma boa quantia em dinheiro).
8. Os movimentos frequentemente se apropriam e modificam os símbolos dos seus opressores. O movimento de liberação de *gays* e lésbicas transformou o triângulo rosa do rótulo de um campo de concentração nazista para homossexuais em um símbolo de unidade e orgulho. O movimento indiano americano virou a bandeira americana de cabeça para baixo para demonstrar o seu descontentamento com o governo americano.
9. A comunidade em Clearweather era muito fechada. Além disso, os *shows*, eventos, cinema, festas, passeios em locais populares do *campus*, envolvimento em ativismo pelos direitos dos animais e até mesmo ocasionalmente dormir na casa de amigos mantinham os membros em contato regular. Muitos jovens *sXe* viviam juntos. Com o advento do *e-mail* e da internet, os garotos *sXe* se comunicavam por meio de uma comunidade virtual por todo o país e, às vezes, todo o globo.
10. O veganismo se tornou uma parte tão significativa do *sXe* no final da década de 1990, que muitos *sXers* lhe deram a mesma importância do que viver livre de drogas e álcool. Assim, muitos *vegans sXe* se autoidentificam como *straight edge vegan* e algumas bandas se identificam como *straight edge vegan* em vez de simplesmente *straight edge*. O veganismo, embora ainda amplamente praticado, teve uma presença declinante após o ano 2000.
11. Todos os nomes são pseudônimos.
12. As bandas populares Earth Crisis, Outspoken e Good Clean Fun encorajavam os ouvintes a questionarem a homofobia. Em determinada época, havia até mesmo um *website* dedicado aos *Queer Edge*.
13. Earth Crisis, uma das bandas *sXe* mais populares, canta: "Um revolucionário efetivo, com a clareza da mente que atingi".
14. O trabalho de Leblanc (1999) com garotas *punk* ilustra múltiplos locais de resistência às construções hegemônicas de gênero. No nível macro, essas jovens mulheres resistem às construções da feminilidade da sociedade dominante; no nível intermediário, elas resistem aos papéis de gênero no *punk*; e, no nível micro, elas questionam as construções de gênero nas suas famílias e focam no fortalecimento pessoal e na autoestima.
15. Leblanc (1999, p. 17) escreveu: "Enquanto os teóricos da subcultura conceituam a resistência como estilística e os teóricos feministas consideram relatos discursivos, os críticos recentes da teorização da resistência começaram a examinar as formas comportamentais de resistência construídas pelos indivíduos oprimidos em suas vidas diárias".

16. "Em um grau crescente, os problemas de identidade individual e ação coletiva se mesclam: a solidariedade do grupo é inseparável da busca pessoal" (Melucci, 1996, p. 115).

REFERÊNCIAS

Adler, P. A., and P. Adler. 1987. *Membership roles in field research.* Newbury Park, CA: Sage.

Agar, M. H. 1996. *The professional stranger: An informal introduction to ethnography.* 2nd ed. San Diego, CA: Academic Press.

Becker, H. S., and B. Geer. 1960. Participant observation: The analysis of qualitative field data. In *Human organization research: Field relations and techniques,* edited by Richard N. Adams and Jack J. Preiss, 267–89. Homewood, IL: Dorsey.

Berger, B. M. 1967. Hippie morality—More old than new. *Trans-Action* 5(2):19–26.

Biernacki, P., and D. Waldorf. 1981. Snowball sampling. *Sociological Research and Methods* 10:141–63.

Bjorgo, T., and R. Wilte, eds. 1993. *Racist violence in Europe.* New York: St. Martin's.

Blackman, S. J. 1995. *Youth: Positions and oppositions—Style, sexuality and schooling.* Aldershot, UK: Avebury.

Brake, M. 1985. *Comparative youth culture: The sociology of youth culture and youth subcultures in America, Britain, and Canada.* London: Routledge Kegan Paul.

Buechler, S. M. 1995. New social movement theories. *Sociological Quarterly* 36:441–64.

———. 1999. *Social movements in advanced capitalism: The political economy and cultural construction of social activism.* New York: Oxford University Press.

Calhoun, C. 1994. *Social theory and the politics of identity.* Oxford, UK: Blackwell.

Campbell, D. T. 1975. Degrees of freedom and the case study. *Comparative Political Studies* 8:178–93.

Charmaz, K. 1983. The grounded theory method: An explication and interpretation. In *Contemporary field research: A collection of readings,* edited by R. M. Emerson, 109–26. Boston: Little, Brown.

Clarke, G. [1981] 1997. Defending ski-jumpers: A critique of theories of youth subcultures. In *The subcultures reader,* edited by K. Gelder and S. Thornton. London: Routledge.

Clarke, J., S. Hall, T. Jefferson, and B. Roberts. 1975. Subcultures, cultures, and class: A theoretical overview. In *Resistance through rituals: Youth subcultures in post-war Britain,* edited by S. Hall and T. Jefferson. London: Hutchinson.

Cohen, S. 1972. *Folk devils and moral panics: The creation of the mods and the rockers.* Oxford, UK: Martin Robertson.

———. 1980. Symbols of trouble. In *Folk devils and moral panics: The creation of the mods and the rockers.* Oxford, UK: Martin Robertson.

Davis, F. 1967. Focus on the flower children. Why all of us may be hippies someday. *Trans-Action* 5(2):10–18.

———. 1968. Heads and freaks: Patterns and meanings of drug use among hippies. *Journal of Health and Social Behavior* 9(2):156–64.

Douglas, J. D. 1976. *Investigative social research.* Beverly Hills, CA: Sage.

Earisman, D. L. 1968. *Hippies in our midst.* Philadelphia: Fortress.

Earth Crisis. 1995. The discipline. On *Destroy the machines.* Compact disc. Chicago: Victory Records.

Fox, K. J. 1987. Real punks and pretenders: The social organization of a counterculture. *Journal of Contemporary Ethnography* 16(3):344–70.

Giddens, A. 1991. *Modernity and self-identity: Self and society in the late modern age.* Stanford, CA: Stanford University Press.

Good Clean Fun. 2001. Today the scene, tomorrow the world. On *Straight outta hardcore.* Compact disc. Washington, DC: Phyte Records.

Gottschalk, S. 1993. Uncomfortably numb: Countercultural impulses in the postmodern era. *Symbolic Interaction* 16(4):351–78.

Grossberg, L. 1992. *We gotta get out of this place: Popular conservatism and postmodern culture.* New York: Routledge.

Habermas, J. 1984–87. *The theory of communicative action.* Translated by T. McCarthy. Boston: Beacon.

Hall, S. 1972. Culture and the state. In *The state and popular culture,* edited by Milton Keynes. Berkshire, UK: Open University Press.

Hall, S., and T. Jefferson, eds. 1976. *Resistance through rituals: Youth subcultures in post-war Britain.* London: Hutchinson.

Hebdige, D. 1979. *Subcultures: The meaning of style.* London: Methuen.

Henry, T. 1989. *Break all rules! Punk rock and the making of a style.* Ann Arbor: University of Michigan Research Press.

Heylin, C. 1998. *Never mind the bollocks, here's the Sex Pistols: The Sex Pistols*. New York: Schirmer Books.

Hunter, J. D. 1987. *Evangelism: The coming generation*. Chicago: University of Chicago Press.

Irwin, D. 1999. The straight edge subculture: Examining the youths' drug-free way. *Journal of Drug Issues* 29(2):365–80.

Irwin, J. 1977. *Scenes*. Beverly Hills, CA: Sage.

Kaplan, J., and H. Lööw, eds. 2002. *The cultic milieu: Oppositional subcultures in an age of globalization*. Walnut Creek, CA: AltaMira Press.

Lahickey, B. 1997. *All ages: Reflections on straight edge*. Huntington Beach, CA: Revelation Books.

Leblanc, L. 1999. *Pretty in punk: Girls' gender resistance in a boys' subculture*. New Brunswick, NJ: Rutgers University Press.

Liebman, R. C., and R. Wuthnow, eds. 1983. *The new Christian Right: Mobilization and legitimation*. Hawthorne, NY: Aldine.

Lofland, J., and L. Lofland. 1995. *Analyzing social settings: A guide to qualitative observation and analysis*. 3rd ed. Belmont, CA: Wadsworth.

Marty, M. E., and R. S. Appleby, eds. 1993. *Fundamentalism and the state*. Chicago: University of Chicago Press.

Melucci, A. 1989. *Nomads of the present: Social movements and individual needs in contemporary society*. Philadelphia: Temple University Press.

———. 1996. *Challenging codes: Collective action in the information age*. New York: Cambridge University Press.

Miller, T. 1991. *The hippies and American values*. Knoxville: University of Tennessee Press.

———. 1999. *The 60s communes: Hippies and beyond*. Syracuse, NY: Syracuse University Press.

Moore, D. 1994. *The lads in action: Social process in an urban youth subculture*. Aldershot, UK: Arena.

Muggleton, D. 2000. *Inside subculture: The postmodern meaning of style*. Oxford, UK: Berg.

O'Hara, C. 1999. *The philosophy of punk: More than noise*. London: AK Press.

Parkin, F. 1968. *Middle class radicalism: The social bases of the British campaign for nuclear disarmament*. New York: Praeger.

Riemer, J. 1977. Varieties of opportunistic research. *Urban Life* 5(4):467–77.

Rose, T. 1994. *Black noise: Rap music and black culture in contemporary America*. New York: Routledge.

Scott, J. 1985. *Weapons of the weak: Everyday forms of peasant resistance*. New Haven, CT: Yale University Press.

Sersen, B., producer and director. 1999. *Release*. Film. Chicago: Victory Records.

Snow, D. A., E. B. Rochford Jr., S. K. Worden, and R. D. Benford. 1986. Frame alignment processes, micromobilization, and movement participation. *American Sociological Review* 51:464–81.

Stewart, A. 1998. *The ethnographer's method*. Thousand Oaks, CA: Sage.

Strife. 1997. To an end. On *In this defiance*. Compact disc. Chicago: Victory Records.

Taylor, V., and N. E. Whittier. 1992. Collective identity in social movement communities: Lesbian feminist mobilization. In *Frontiers in social movement theory*, edited by A. D. Morris and C. M. Mueller, 104–29. New Haven, CT: Yale University Press.

Widdicombe, S., and R. Wooffitt. 1995. *The language of youth subcultures: Social identity in action*. London: Harvester Wheatsheaf.

Willis, P. 1977. *Learning to labor: How working class kids get working class jobs*. New York: Columbia University Press.

Wooden, W. S., and R. Blazak. 2001. *Renegade kids, suburban outlaws: From youth culture to delinquency*. 2nd ed. Belmont, CA: Wadsworth.

Young, K., and L. Craig. 1997. Beyond white pride: Identity, meaning and contradiction in the Canadian skinhead subculture. *Canadian Review of Sociology and Anthropology* 34(2):175–206.

Youth of Today. 1986. Youth crew. On *Can't close my eyes*. LP record. Huntington Beach, CA: Revelation Records.

APÊNDICE F

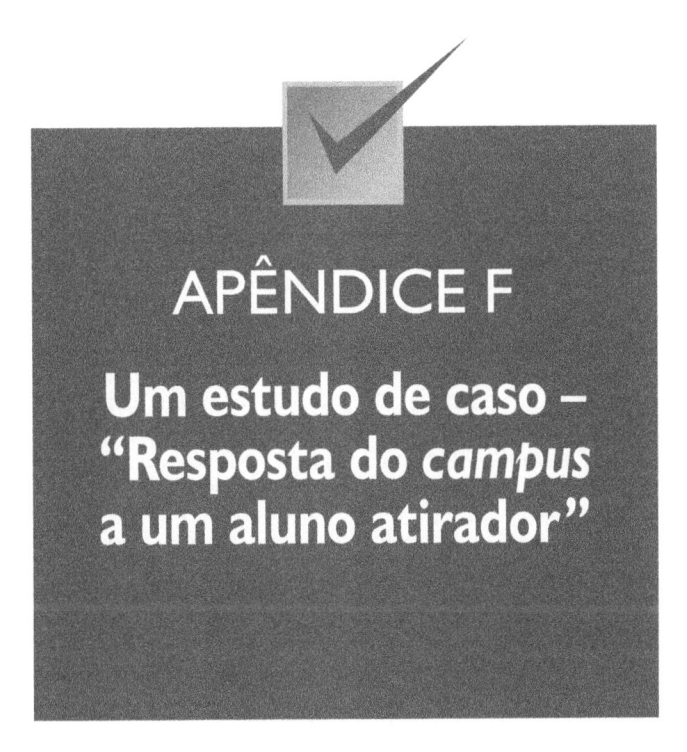

Um estudo de caso – "Resposta do *campus* a um aluno atirador"

KELLY J. ASMUSSEN
JOHN W. CRESWELL

Com o aumento de incidentes frequentes de violência nos *campi*, está surgindo uma pequena, mas crescente literatura acadêmica sobre o assunto. Por exemplo, autores já fizeram relatos sobre violência racial [12], nos relacionamentos e sexualmente coerciva [3,7,8] e violência encoberta [24]. Para o American College Personnel Association, Roark [24] e Roark e Roark [25] examinaram as formas de violência física, sexual e psicológica nos campi universitários e sugeriram diretrizes para estratégias de prevenção. Roark [23] também sugeriu critérios que estudantes do ensino médio poderiam usar para avaliar o nível de violência nos *campi* universitários que eles desejam frequentar. Em nível nacional, o presidente Bush, em novembro de 1989, assinou a lei "Student Right-to-Know and Campus Security Act" (P.L. 101-542), que exige que faculdades e universidades coloquem à disposição dos alunos, funcionários e candidatos um relatório anual sobre as políticas de segurança e estatísticas de crimes no *campus* [13].

Uma forma de violência em escalada no *campus* que recebeu pouca atenção é a violência com armas contra os alunos. Relatos recentes de *campi* indicam que os crimes violentos, de roubo e furto até agressões e homicídios, estão aumentando nas faculdades e universidades [13]. Os *campi* de fa-

---

Fonte: O material deste apêndice foi reimpresso a partir do *Journal of Higher Education, 66,* 575-591. Copyright 1995, Ohio State University Press. Usado com permissão.

culdades ficaram em choque com assassinatos como os que ocorreram na Universidade de Iowa [16], na Universidade da Flórida [13], na Universidade Concórdia em Montreal e na Universidade de Montreal – Escola Politécnica [22]. Incidentes como esses provocam preocupações importantes, como trauma psicológico, segurança no *campus* e perturbação da vida no *campus*. Com a exceção de um relato ocasional em jornais, a literatura pós-secundário é silenciosa sobre as reações do campus a essas tragédias; para entendê-las, precisamos nos voltar para estudos sobre a violência com armas na literatura da escola pública. Essa literatura aborda estratégias para intervenções na escola [21,23], apresenta estudos de caso de incidentes em escolas individuais [6, 14, 15] e discute o problema de alunos que levam armas para a escola [1] e o trauma psicológico que resulta dos homicídios [32].

Existe uma necessidade de estudar as reações do campus à violência para desenvolver modelos conceituais para estudo futuro, bem como identificar estratégias e protocolos do *campus* como reação. Precisamos compreender melhor as dimensões psicológicas e as questões organizacionais dos componentes envolvidos e afetados por esses incidentes. Um estudo de caso qualitativo que explore o contexto de um incidente pode lançar luz sobre tais entendimentos conceituais e pragmáticos. O estudo apresentado neste artigo é uma análise de caso qualitativa [31], que descreve e interpreta a resposta de um campus a um incidente com arma. Fizemos as seguintes perguntas de pesquisa exploratórias: o que aconteceu? Quem estava envolvido na resposta ao incidente? Que temas de resposta emergiram durante o período de oito meses que se seguiram a esse incidente? Que constructos teóricos nos ajudaram a entender a resposta do *campus* e que constructos foram únicos para esse caso?

O INCIDENTE E A RESPOSTA

O incidente ocorreu no *campus* de uma grande universidade pública em uma cidade do Meio-Oeste americano. Uma década atrás, essa cidade havia sido designada como uma "cidade típica americana", porém, mais recentemente, o seu ambiente em geral tranquilo tem sido perturbado por um número crescente de agressões e homicídios. Alguns desses incidentes violentos envolveram estudantes na universidade.

O incidente que inspirou este estudo ocorreu em uma segunda-feira de outubro. Um aluno de 43 anos da pós-graduação, inscrito na turma sênior de ciências atuariais, chegou alguns minutos antes da aula, armado com um rifle semiautomático militar antigo, da guerra da Coreia, carregado com uma cartucheira com munição de calibre trinta. Ele carregava outra cartucheira no bolso. Vinte dos 34 alunos da turma já haviam chegado para a aula, e quase todos eles estavam lendo tranquilamente o jornal dos alunos. O professor estava a caminho da sala.

O atirador apontou o rifle para os alunos, fez uma varredura com ele pela sala e puxou o gatilho. A arma emperrou. Tentando desbloquear o rifle, ele bateu com a coronha na mesa do professor e, rapidamente, tentou atirar novamente. Mais uma vez, a arma não disparou. A essa altura, a maioria dos alunos havia percebido o que estava acontecendo e se atirado no chão; viraram suas carteiras e tentaram se esconder atrás delas. Depois de cerca de 20 segundos, um dos alunos empurrou uma carteira contra o atirador, e os alunos passaram correndo por ele, indo para o corredor e saindo do prédio. O atirador saiu da sala apressadamente e deixou o prédio, indo até seu carro, que estava estacionado, que ele havia deixado ligado. Ele foi capturado pela polícia 1 hora depois, em uma pequena cidade próxima, onde morava. Embora permaneça preso neste momento, aguardando julgamento, as motivações para o seu ato são desconhecidas.

A polícia do *campus* e os administradores do campus foram os primeiros a reagir ao incidente. A polícia do campus chegou três minutos após ter recebido um telefonema pedindo socorro. Os agentes passaram vários minutos ansiosos do lado de fora do prédio, entrevistando os alunos para obter uma descrição precisa do atirador. Os administradores do *campus* responderam convocando uma entrevista coletiva às 16h do mesmo dia, cerca de quatro horas após o incidente. O chefe de polícia, bem como o vice-reitor para Assuntos Estudantis e dois alunos descreveram o incidente na conferência de imprensa. Naquela mesma tarde, o escritório de Assuntos Estudantis contatou os conselheiros do Student Health and Employee Assistance Program (EAP) – Programa de Assistência à Saúde dos Estudantes e Funcionários – e os orientou a ficarem à disposição de qualquer aluno ou membro da equipe que solicitasse assistência. O escritório de Assuntos Estudantis também providenciou um novo local onde essa turma poderia se reunir pelo resto do semestre. O Escritório de Assuntos Internos suspendeu o atirador da universidade. No dia seguinte, o incidente foi discutido pelos administradores do *campus* em uma reunião de gabinete regularmente agendada para todo o campus. Ao longo da semana, o escritório de Assuntos Estudantis recebeu vários telefonemas dos alunos e de um membro do corpo docente a respeito de alunos "perturbados", ou das relações preocupantes entre os alunos. Um conselheiro do Programa de Assistência aos Funcionários consultou um psicólogo com especialidade em lidar com traumas e em respostas a crises educacionais. Somente um aluno marcou imediatamente uma consulta com os conselheiros de saúde dos estudantes. Os jornais do *campus* e locais continuaram a publicar histórias sobre o incidente.

Quando a turma de ciências atuariais se reuniu para as aulas regularmente agendadas, dois e quatro dias depois, os alunos e o professor foram visitados por dois procuradores do condado, o chefe de polícia e dois conselheiros de saúde mental dos estudantes, que conduziram sessões de *debriefing*. Essas sessões objetivavam manter os alunos totalmente informados sobre o processo judicial e também incentivar os alunos e o professor, um por um, a falar sobre as suas experiências, explorando assim os seus sentimentos em relação ao incidente. Uma semana após o incidente, os alunos da turma já haviam retornado ao seu formato de aula normal. Durante esse tempo, alguns alunos, mulheres que estavam preocupadas com a violência em geral, se consultaram com os conselheiros do Centro de Saúde dos Estudantes. Esses conselheiros também responderam a perguntas de várias dezenas de pais, que indagavam sobre os serviços de aconselhamento e o nível de segurança no *campus*. Alguns pais também telefonaram para a administração do *campus*, para perguntar a respeito dos procedimentos de segurança.

Nas semanas posteriores ao incidente, o jornal do corpo docente e funcionários do *campus* trazia artigos sobre medos pós-trauma e trauma psicológico. A administração do campus escreveu uma carta que apresentava fatos sobre o incidente à diretoria da universidade. A administração também enviou correspondência aos funcionários do campus e alunos sobre prevenção de crimes. Pelo menos um diretor de faculdade enviou um memorando aos funcionários sobre o "comportamento aberrante do aluno" e um diretor de departamento acadêmico solicitou e realizou uma sessão educacional em grupo com os conselheiros e funcionários sobre como identificar e manejar "comportamento aberrante" de alunos.

Três grupos distintos de funcionários procuraram serviços de aconselhamento no Programa de Assistência aos Funcionários, um programa dirigido para o corpo docente e outros funcionários, durante as semanas seguintes. O primeiro grupo havia tido algum envolvimento direto com o agressor, seja vendo-o no dia do incidente, ou porque o conheciam pessoalmente. Esse grupo estava preocupado em obter ajuda profissional, seja para os alunos ou para aqueles no grupo que estavam experimentando pessoalmente os efeitos do trauma. O segundo grupo consistia da "conexão silenciosa", indivíduos que estavam envolvidos de forma indireta e ainda traumatizados emocionalmente. Esse grupo reconheceu que seus medos eram resultantes do incidente com o atirador, e que desejavam lidar com esses medos antes que eles aumentassem. O terceiro grupo consistia dos funcionários que haviam experimentado um trauma anteriormente e que, neste incidente, tinham desencadeado os seus medos. Vários funcionários foram vistos pelo EAP durante o mês seguinte, mas não foi relatado nenhum grupo novo ou casos de estresse retardado. Os conselheiros do EAP declararam que as reações de cada grupo foram respostas normais. No espaço de um mês, embora a discussão pública do incidente tivesse diminuído, o EAP e os conselheiros do escritório da Saúde dos Estudantes começaram a expressar a necessidade de um plano coordenado do *campus* para lidar com o incidente violento atual e também com possíveis incidentes futuros.

O ESTUDO DE PESQUISA

Demos início ao nosso estudo dois dias depois do incidente. Nosso primeiro passo foi redigir um protocolo de pesquisa para a aprovação da administração da universidade e do Conselho de Ética. Deixamos explícito que não nos envolveríamos na investigação do atirador nem na terapia dos alunos ou funcionários que haviam buscado a assistência dos conselheiros. Também limitamos nosso estudo às reações dos grupos no *campus* em vez de expandi-lo para incluir grupos de fora do *campus* (por exemplo, cobertura de televisão e jornais). Essa delimitação do estudo foi consistente com um projeto de estudo de caso qualitativo [31], que foi escolhido porque não havia modelos e variáveis disponíveis para avaliar a reação de um *campus* a um incidente com atirador no ensino superior. Na tradição construtivista, este estudo incorporou as suposições paradigmáticas de um projeto emergente, uma investigação dependente do contexto e uma análise de dados indutiva [10]. Também delimitamos o estudo no tempo (oito meses) e a um único caso (a comunidade do *campus*). Consistente com o projeto de estudo de caso [17,31], identificamos os administradores do *campus* e os repórteres do jornal dos alunos como fontes múltiplas de informação para as entrevistas iniciais. Posteriormente, ampliamos as entrevistas para incluir um amplo leque de informantes do *campus*, usando um protocolo de entrevista semiestruturada que consistia de cinco perguntas: qual foi o seu papel no incidente? O que aconteceu desde o evento em que você esteve envolvido? Qual foi o impacto desse incidente na comunidade universitária? Que ramificações mais amplas existem, se é que existem, a partir do incidente? Com quem deveríamos conversar para saber mais sobre a reação do campus ao incidente? Também reunimos dados observacionais, documentos e materiais audiovisuais (veja a Tabela 1 para os tipos de informação e fontes).

A estrutura narrativa foi uma história "realista" [28], descrevendo detalhes, incorporando citações editadas dos informantes e apresentando nossas interpretações dos eventos, especialmente uma interpretação dentro da estrutura das questões organizacionais e psicológicas. Verificamos a descrição e interpretação, fazendo um esboço preliminar do caso para selecionar os informantes para *feedback* e, posteriormente, incorporando seus comentários ao estudo final [17, 18]. Reunimos esse *feedback* em uma entrevista coletiva, em que perguntamos: a sua descrição do incidente e a reação estão precisos? Os temas e constructos que identificamos estão compatíveis com as suas experiências? Há algum tema ou constructo que nos escapou? É necessário um plano para o *campus*? Em caso afirmativo, como ele deveria ser?

TEMAS

Negação

Várias semanas depois, retornamos à sala de aula onde ocorreu o incidente. Em vez de encontrar as carteiras viradas, as encontramos em perfeita ordem; a sala estava pronta para uma palestra ou aula expositiva. O corredor fora da sala era estreito, e visualizamos como os alunos, naquela segunda-feira de outubro, haviam deixado rapidamente o prédio, sem perceberem que também o atirador estava saindo pelo mesmo caminho. Muitos dos alunos no corredor durante o incidente pareciam não ter percebido

TABELA I
Matriz de coleta dos dados: tipo de informação por fonte

Informação/Fonte de informação	Entrevistas	Observações	Documentos	Materiais audiovisuais
Alunos envolvidos	Sim		Sim	
Alunos em geral	Sim			
Administração central	Sim		Sim	
Polícia do *campus*	Sim	Sim		
Corpo docente	Sim	Sim	Sim	
Funcionários	Sim			
Planta física		Sim	Sim	
Repórteres/trabalhos/televisão	Sim		Sim	Sim
Conselheiros de saúde dos estudantes	Sim			
Conselheiros do Programa de Assistência aos Funcionários	Sim			
Especialista em trauma	Sim		Sim	Sim
Empresas locais			Sim	
Membros dirigentes			Sim	

o que estava acontecendo, até que viram ou ouviram que havia um atirador no prédio. No entanto, ironicamente os alunos pareciam ignorar ou negar a sua situação de perigo. Depois de saírem do prédio, em vez de procurarem um lugar seguro para se esconderem, eles se agruparam do lado de fora do prédio. Nenhum dos alunos fez uma barricada nas salas de aula ou nos escritórios ou saíram a uma distância segura da cena prevendo que o atirador pudesse voltar. "As pessoas queriam manter-se firmes e permanecer ali", alegou um policial do *campus*. Não conseguindo responder ao perigo potencial, os membros da turma se reuniram fora do prédio, conversando nervosamente. Uns poucos estavam abertamente emotivos e chorando. Quando perguntado sobre o seu humor, um dos alunos disse: "A maioria de nós estava brincando sobre isso". As suas conversas levavam a crer que eles estavam menosprezando o incidente, como se fosse algo trivial, e como se ninguém tivesse estado realmente em perigo. Um policial investigador do *campus* não ficou surpreso com o comportamento dos alunos:

> Não é incomum ver as pessoas paradas por perto depois de um incidente como esse. O povo americano quer ver excitação e tem uma curiosidade mórbida. É por isso que você vê espectadores andando por perto de acidentes terríveis. Eles parecem não entender o perigo potencial em que estão e não querem ir embora até que se machuquem.

Essa descrição corrobora a resposta relatada pelos conselheiros em saúde mental: a primeira reação foi surrealista. No *debrie-*

fing feito pelos conselheiros, uma aluna comentou: "Achei que o atirador ia disparar e apareceria uma bandeirinha escrita 'bang'". Para ela, o evento tinha sido como um sonho. Nessa atmosfera, ninguém da turma-alvo havia ligado para o centro de saúde mental do *campus* nas primeiras 24 horas após o incidente, embora eles soubessem que os serviços estavam disponíveis. Em vez disso, os alunos descreveram como tinham visitado amigos ou ido a bares; a gravidade da situação apareceu para eles posteriormente. Um aluno comentou que tinha se sentido com medo e raiva somente depois de ver a transmissão de televisão, com imagens da sala de aula, na noite do incidente.

Embora alguns pais tenham expressado preocupação telefonando para os conselheiros, a negação dos alunos pode ter sido reforçada pelos comentários dos pais. Um aluno relatou que seus pais haviam feito comentários do tipo: "Não estou surpreso que você tenha se envolvido nisso. Você está sempre se metendo em coisas assim!" ou "Você não se machucou. Qual é o problema? Pare com isso!". Um aluno expressou o quanto tinha ficado mais traumatizado em consequência da sua mãe ter ignorado o evento. Ele queria ter tido alguém em quem confiasse que estivesse disposto a sentar e ouvi-lo.

Medo

Nossa visita à sala de aula sugeriu um segundo tema: a resposta de medo. Ainda colocado na porta várias semanas depois do incidente, vimos o aviso indicando que a turma estava sendo mudada para outro prédio não mencionado, e que os alunos deveriam se informar com uma secretária em uma sala contígua sobre o novo local. Foi nessa sala não identificada, dois dias após o incidente, que os dois conselheiros de saúde mental dos estudantes, o chefe de polícia do *campus* e dois promotores do condado haviam se reunido com os alunos em aula para discutir medos, reações e pensamentos. As reações de medo começam a surgir nessa primeira sessão de *debriefing* e continuaram a emergir em uma segunda sessão.

O medo imediato da maioria dos alunos se centrava em torno do pensamento de que o suposto agressor conseguiria pagar a fiança. Os alunos achavam que o agressor poderia ter guardado ressentimento em relação a determinados alunos e que buscaria uma represália se pagasse fiança. "Acho que vou ter medo quando voltar às aulas. Eles podem trocar as salas, mas não há nada que o impeça de descobrir onde nós estamos!", disse um aluno. Na primeira sessão de *debriefing*, o chefe de polícia do *campus* conseguiu dissipar parte desse medo, anunciando que, na audiência inicial, o juiz havia negado fiança. Esse anúncio ajudou a tranquilizar alguns alunos quanto à sua segurança. O chefe de polícia do *campus* achou necessário manter os alunos informados da situação do atirador, porque vários alunos haviam ligado para o seu escritório para dizer que temiam por sua segurança, caso o atirador fosse liberado.

Durante a segunda sessão de *debriefing*, outro medo veio à tona: a possibilidade de que um agressor diferente atacasse a turma. Um aluno reagiu tão fortemente a essa ameaça potencial, que, de acordo com um conselheiro, desde o incidente de outubro "ele entrava em aula e se sentava em uma carteira que tivesse ampla vista para a porta. Ele estava começando a ver cada sala de aula como um 'campo de batalha'". Nessa segunda sessão, os alunos pareceram zangados, expressaram que se sentiam violentados e, finalmente, começaram a admitir que se sentiam inseguros. No entanto, apenas uma estudante buscou imediatamente o serviço de saúde mental que estava à disposição, muito embora tivesse sido feito um anúncio de que qualquer aluno poderia receber aconselhamento gratuito.

O medo que os alunos expressaram durante as sessões de *debriefing* espelhava uma preocupação mais geral no *campus* em relação aos atos violentos cada vez mais frequentes na área metropolitana. Antes desse incidente com a arma, três garotas e um rapaz tinham sido sequestrados e posteriormente foram encontrados mortos em uma cidade próxima. Um jogador de futebol da universidade que passou por um episódio psicótico havia agredido violentamente uma mulher. Posteriormente, ele teve uma recaída e foi morto pela polícia em um confronto físico. Apenas três semanas antes do incidente com a arma em outubro, uma estudante da universidade tinha sido raptada e brutalmente assassinada, e vários outros homicídios haviam ocorrido na cidade. Conforme comentou um repórter de notícias estudantis, "todo este semestre foi muito violento".

SEGURANÇA

A violência na cidade que envolvia alunos da universidade e o posterior incidente com arma que ocorreu em uma sala de aula chocaram o *campus*, que, em geral, era tranquilo. Um conselheiro resumiu bem os sentimentos de muitos: "Quando os alunos saíram daquela sala de aula, o seu mundo se tornou muito caótico; ele se tornou muito fortuito, algo havia acontecido que lhes roubou a sensação de segurança". A preocupação com a segurança se tornou uma reação central para muitos informantes.

Quando o funcionário principal de assuntos estudantis descreveu a reação da administração ao incidente, ele listou a segurança dos alunos em sala de aula como seu objetivo primário, seguido da necessidade dos noticiários por detalhes sobre o caso, da ajuda a todos os alunos com estresse psicológico e e do fornecimento de informações públicas sobre segurança. Enquanto falava sobre a questão da segurança e a presença de armas no *campus*, ele mencionou que estava em exame uma política para a guarda das armas usadas pelos alunos para caça. Quatro horas após o incidente, foi convocada uma conferência de imprensa durante a qual ela foi informada não só sobre os detalhes do incidente, como também sobre a necessidade de ser garantida a segurança no *campus*. Logo em seguida, a administração da universidade deu início a uma campanha informativa sobre segurança no *campus*. Uma carta, descrevendo o incidente, foi enviada para os membros do conselho universitário. (Um dos membros do conselho perguntou: "Como um incidente como esse pode acontecer nesta universidade?") O Escritório de Assuntos Estudantis enviou uma carta a todos os alunos, na qual lhes informava sobre as várias dimensões do escritório de segurança do campus e os tipos de serviços que ele prestava. O Serviço Psicológico e de Aconselhamento do Centro de Saúde dos Estudantes promoveu os seus serviços em um folheto colorido, que foi enviado para os alunos na semana seguinte. Enfatizava que os serviços eram "confidenciais, acessíveis e profissionais". O Escritório Judiciário Estudantil aconselhou os departamentos acadêmicos sobre vários métodos de manejo com alunos que apresentassem comportamento anormal em aula. O boletim semanal do corpo docente enfatizava que a equipe precisava responder rapidamente a qualquer medo pós-trauma associado ao incidente. O jornal do *campus* citou um professor que disse: "Estou totalmente chocado com o fato de que tenha acontecido uma coisa como essa neste ambiente." Respondendo às preocupações quanto a alunos ou funcionários importunos, o departamento de polícia do *campus* enviou oficiais à paisana para se sentarem do lado de fora dos escritórios sempre que o corpo docente ou os funcionários indicassem alguma preocupação.

Um sistema telefônico de emergência, o Código Azul, foi instalado no *campus* apenas dez dias após o incidente. Esses telefones de emergência, com luzes azuis brilhantes piscando, tinham sido aprovados anteriormente, e os locais específicos já haviam sido identificados em um estudo anterior. "Os telefones serão como holofotes", comentou o diretor do Centro de Telecomunicações. "Esperamos que eles também sejam um grande detrator [do crime]." Logo em seguida, em resposta aos telefonemas de alunos preocupados, as árvores e arbustos em áreas pouco iluminadas do *campus* foram podados.

Alunos e pais também responderam a essas preocupações de segurança. Pelo menos 25 pais telefonaram para o Centro de Saúde dos Estudantes, a polícia universitária e o Escritório de Assuntos Estudantis durante a primeira semana após o incidente para indagar que tipo de serviços estavam disponíveis para os seus alunos. Muitos pais ficaram traumatizados com as notícias do evento e, imediatamente, exigiram respostas por parte da universidade. Eles queriam garantias de que esse tipo de incidente não aconteceria novamente, e que seu(s) filho(s) estaria(m) seguro(s) no campus. Sem dúvida, muitos pais também ligaram para os seus filhos durante as semanas imediatamente posteriores ao incidente. Os alunos no *campus* responderam a essas preocupações com a segurança formando grupos de voluntários que escoltavam alguém no campus, homem ou mulher, à noite.

As empresas locais aproveitaram para explorar o aspecto comercial das necessidades de segurança criadas por este incidente. Várias propagandas de aulas de autodefesa e dispositivos para proteção inundaram os jornais durante várias semanas. O *campus* e clubes locais que ofereceram aulas de autodefesa preencheram rapidamente as vagas, e novas turmas foram formadas em resposta às inúmeras solicitações adicionais. O estoque da livraria do *campus* de bastões e apitos foi rapidamente esvaziado. A polícia do campus recebeu várias consultas dos estudantes que queriam adquirir pistolas para carregarem como proteção. Nenhuma foi aprovada, mas é de se pensar se algumas armas não foram compradas de qualquer maneira. A compra de telefones celulares dos vendedores locais aumentou drasticamente. A maior parte das compras era feita por mulheres; no entanto, alguns homens também procuraram esses itens para a sua segurança e proteção. Não é de causar surpresa que o preço de alguns produtos tenha subido quase 40% para capitalizar a demanda recentemente criada. As conversas entre os estudantes giravam em torno da compra desses produtos de segurança: o quanto custam, como usá-los corretamente, o quanto estariam acessíveis se precisassem usá-los e se eram realmente necessários.

REACIONAMENTO

Em nosso protocolo original, que projetamos para buscar a aprovação da administração do *campus* e do Conselho de Revisão Institucional, descrevemos um estudo que duraria apenas três meses – um tempo razoável, pensávamos, para que esse incidente seguisse o seu curso. Porém, durante as entrevistas iniciais com os conselheiros, fomos encaminhados a um psicólogo que se especializou em lidar com "trauma" em contextos educacionais. Foi esse psicólogo que mencionou o tema do "reacionamento". Agora, oito meses depois, começamos a entender como, por meio do "reacionamento", aquele incidente de outubro poderia ter um efeito de longo prazo no *campus*.

O psicólogo explicou o reacionamento como um processo pelo qual novos incidentes de violência fariam com que os indivíduos revivessem os sentimentos de medo, negação e ameaças à segurança pessoal que haviam experimentado em conexão com o evento original. As equipes de aconselhamento e o especialista em violência também afirmaram que deveríamos esperar ver tais sentimentos reacionados em um momento posterior, por exemplo, na data de aniversário do ataque ou quando os jornais ou transmissões de televisão mencionassem o incidente novamente. Acrescentaram que um processo judicial prolongado, durante o qual um caso fosse "mantido vivo" por meio de manobras legais, poderia causar um longo período de reacionamento e, assim, entravaria enormemente o processo de cura. A imparcialidade do julgamento da corte, conforme visto por cada vítima, também influenciaria a cicatrização e a resolução dos sentimentos que poderiam ocorrer.

A partir deste trabalho, é difícil detectar evidências específicas de reacionamento a partir do incidente de outubro, mas descobrimos as consequências potenciais desse processo observando em primeira mão os efeitos de um incidente quase idêntico com arma que havia acontecido dezoito anos antes. Um aluno da pós-graduação portando um rifle havia entrado em um prédio do *campus* com a intenção de atirar no diretor do departamento. O aluno estava buscando vingança porque, vários anos antes, ele tinha sido reprovado em um curso dado por esse professor. A tentativa de ataque foi seguida por vários anos de manobras legais para prender, processar e encarcerar o aluno, que, em mais de uma ocasião, havia tentado levar a cabo o seu plano, mas todas as situações haviam sido impedidas pelo pensamento rápido dos membros da equipe, que não revelavam onde se encontrava o professor. Felizmente, nunca foram dados tiros, e o aluno foi finalmente capturado e preso.

O professor que era alvo dessas ameaças à sua vida ficou seriamente traumatizado não só durante o período desses incidentes repetidos; seu trauma continuou mesmo depois da prisão do agressor. Os processos complexos do sistema judiciário criminal, que, acreditamos, não funcionou como deveria, resultaram no seu sentimento maior de vitimização. Até hoje, os sentimentos despertados pelo trauma original são reacionados cada vez que é relatado um incidente com arma no noticiário. Ele não recebeu ajuda profissional da universidade em nenhum momento; os serviços de aconselhamento que recebeu eram pagos por sua própria iniciativa. Dezoito anos depois, todo o seu departamento ainda é afetado, na medida em que foram estabelecidas regras não escritas para lidar com alunos descontentes e para a proteção do cronograma desse professor em particular.

PLANEJAMENTO DO *CAMPUS*

A questão da prontidão do *campus* veio à tona durante as discussões com o psicólogo sobre o processo de *debriefing* dos indivíduos que tinham sido envolvidos no incidente de outubro [19]. Considerando quantos grupos e indivíduos diversos foram afetados por esse incidente, um tema final que emergiu dos nossos dados foi a necessidade de um plano que envolvesse todo o *campus*. Um conselheiro assinalou: "Teríamos sido devastados se tivesse havido de 25 a 30 mortes. Precisamos de um plano mobilizado de comunicação. Seria uma contribuição maravilhosa para o *campus* considerar a natureza do mundo violento de hoje". Ficou evidente durante as nossas entrevistas que poderia ter havido uma melhor comunicação entre os componentes que responderam a esse incidente. É claro que, como observou um policial, "não podemos ter um policial em cada prédio durante o dia inteiro!". Mas o tema de estar preparados em todo o *campus* foi mencionado por vários indivíduos.

A falta de um plano formal para lidar com incidentes com arma como esse foi surpreendente, dada a existência de planos formais por escrito no *campus* que se voltavam para várias outras emergências: ameaças de bomba, derramamento químico, incêndios, terremotos, explosões, tempestades elétricas, acidentes radioativos, tornados, derramamento de materiais perigosos, tempestades de neve e inúmeras emergências médicas. Além do mais, descobrimos que unidades específicas do *campus* tinham seus próprios protocolos, que, na verdade, tinham sido usados durante o incidente com arma de outubro. Por exemplo, a polícia tinha um procedimento e o usou para lidar com o atirador e os alunos na cena; os conselheiros do EAP atenderam a equipe e o corpo docente; os conselheiros da Saúde dos Estudantes usaram um processo de *debriefing* quando visitaram os alunos por duas vezes na sala de aula após o incidente. A questão que nos preocupou foi: do que consistiria um plano que abrangesse todo o *campus*, e como ele seria desenvolvido e avaliado?

Conforme apresentado na Tabela 2, usando as evidências reunidas em nosso caso, reunimos as questões básicas a serem tratadas em um plano e fizemos referências cruzadas a essas questões com a literatura sobre estresse pós-traumático, violência no campus e sobre desastres (para uma lista similar feita a partir da literatura da escola pública, veja Poland e Pitcher [21]). Os elementos básicos de um plano do *campus* para melhorar a comunicação entre as unidades deve incluir a determinação de qual é a lógica do plano; quem deve estar envolvido no seu desenvolvimento; como ele deve ser coordenado; como deve ser o seu *staff*; e que procedimentos específicos devem ser seguidos. Esses procedimentos podem incluir responder a uma crise imediata, tornar o *campus* seguro, lidar com grupos externos e proporcionar o bem-estar psicológico das vítimas.

DISCUSSÃO

Os temas de negação, medo, segurança, "reacionamento" e desenvolvimento de um plano que abranja todo o *campus* podem,

TABELA 2
Evidências a partir do caso, perguntas para um plano do campus e referências

Evidências a partir do caso	Pergunta para o plano	Referências úteis
Necessidade expressa pelos conselheiros	Por que deveria ser desenvolvido um plano?	Walker (1990); Bird et al. (1991)
Múltiplos componentes reagindo ao incidente	Quem deveria estar envolvido no desenvolvimento do plano?	Roark e Roark (1987); Walker (1990)
Encontradas lideranças nas unidades com seus próprios protocolos	A liderança para a coordenação deveria ser identificada dentro de um escritório?	Roark e Roark (1987)
Vários protocolos de unidades sendo usados no incidente	As unidades do *campus* deveriam ser autorizadas a ter seus próprios protocolos?	Roark e Roark (1987)
Questões levantadas pelos alunos em reação ao caso	Que tipos de violência devem ser abarcados no plano?	Roark (1987); Jones (1990)
Grupos/indivíduos surgiram durante nossas entrevistas	Como são identificados aqueles que provavelmente serão afetados pelo incidente?	Walker (1990); Bromet (1990)
Comentários da polícia do *campus*, administração central	Que providências são tomadas para a segurança imediata dos envolvidos no incidente?	
Ambiente do *campus* mudou após o incidente	Como o ambiente físico poderia se tornar mais seguro?	Roark e Roark (1987)
Comentários da administração central	Como os públicos externos (p. ex., imprensa, empresariado) serão informados do incidente?	Poland e Pitcher (1990)
Questões levantadas pelos conselheiros e especialista em trauma	Quais são as sequelas prováveis dos eventos psicológicos para as vítimas?	Bromet (1990) Mitchell (1983)
Questão levantada pelo especialista em trauma	Que impacto de longo prazo o incidente terá sobre as vítimas?	Zelikoff (1987)
Procedimento usado pelos conselheiros do Centro de Saúde dos Estudantes	Como será feito o *debriefing* das vítimas?	Mitchell (1983); Walker (1990)

ainda, ser agrupados em duas categorias: uma resposta organizacional e uma psicológica ou sociopsicológica da comunidade do *campus* ao incidente com o atirador. Do ponto de vista organizacional, as unidades do *campus* que responderam à crise apresentaram uma integração frágil [30] e uma comunicação interdependente. Questões como liderança, comunicação e autoridade emergiram durante a análise do caso. Além disso, se desenvolveu uma resposta ambiental, porque o *campus* foi transformado em um local mais seguro para alunos e funcionários. A necessidade de um planejamento centralizado, ao mesmo tempo em que permitisse a operação autônoma das unidades em resposta a uma crise, requeria mudanças organizacionais que necessitariam de cooperação e coordenação entre as unidades.

Sherrill [27] fornece modelos de resposta à violência no campus que reforçam e tomam como ponto de partida o nosso caso. Conforme mencionado por Sherrill, a ação disciplinar tomada contra um perpetrador, o aconselhamento coletivo das vítimas e o uso da educação em segurança para a comunidade do *campus* foram fatores evidentes em nosso caso. No entanto, Sherrill levanta questões sobre respostas que não foram discutidas pelos nossos informantes, como o desenvolvimento de procedimentos para os indivíduos que são os primeiros a chegar à cena, o manejo de não estudantes que podem ser perpetradores ou vítimas, a manutenção de registros e documentos sobre os incidentes, a variação das respostas com base no tamanho e na natureza da instituição e a relação de incidentes ligados a abuso de substâncias, como drogas e álcool.

Além disso, algumas das questões que esperávamos após a leitura da literatura sobre resposta organizacional não emergiram. Com exceção de reportagens ocasionais de jornais (focadas principalmente no atirador), houve pouca resposta administrativa do *campus* ao incidente, o que foi contrário ao que esperávamos a partir de Roark e Roark [25], por exemplo. Não foi feita menção ao estabelecimento de uma unidade no *campus* para manejar futuros incidentes – por exemplo, um centro de recursos para violência no *campus* –, reportar incidentes violentos [25] ou conduzir auditorias anuais de segurança [20]. Com exceção da polícia do *campus*, que mencionou que o Departamento Estadual de Saúde estaria preparado para enviar uma equipe de especialistas treinados em trauma para ajudar o pessoal da emergência a enfrentar a tragédia, nenhuma outra discussão foi relatada sobre ligações formais com agências da comunidade que poderiam auxiliar no caso de uma tragédia [3]. Também não ouvimos nada diretamente sobre o estabelecimento de um "centro de comando" [14] ou um coordenador de crises [21], duas ações recomendadas por especialistas em situações de crise.

Em nível psicológico e sociopsicológico, a resposta do campus foi reagir às necessidades psicológicas dos alunos que tinham se envolvido diretamente no incidente, e também dos alunos e funcionários que tinham sido afetados indiretamente pelo incidente. Não somente emergiram os sinais psicológicos esperados, como negação, medo e "reacionamento" [15], como também foram mencionadas questões coletivas de gênero e culturais, embora não tenham sido suficientemente discutidas a ponto de serem consideradas como temas básicos em nossa análise. Ao contrário das asserções na literatura de que o comportamento violento é geralmente aceito em nossa cultura, encontramos informantes em nosso estudo que expressaram preocupação e medo com relação à escalada da violência no *campus* e na comunidade.

O corpo docente do *campus* ficou visivelmente silencioso quanto ao incidente, incluindo o conselho, embora esperássemos que esse grupo governante se ocupasse da questão do aluno aberrante ou do comportamento dos docentes nas suas salas de aula [25]. Alguns informantes especularam que o corpo docente teria ficado passivo sobre essa questão porque não estava preocupado, porém outra explicação poderia ser a de que os professores estavam passivos porque se sentiam inseguros quanto ao que fazer ou a quem pedir ajuda. Não conseguimos ouvir dos alunos que eles tenham respondido ao seu estresse pós-traumático com estratégias de "enfrentamento", como relaxamento, atividade física e o estabelecimento de rotinas normais [29]. Embora as questões de gênero e raça tenham vindo à tona nas conversas iniciais com os informantes, não encontramos uma discussão direta dessas questões. Conforme comenta Bromet [5], as necessidades socioculturais das populações com costumes diferentes devem ser consideradas quando os indivíduos avaliam as reações ao trauma. No tocante à questão de gênero, ouvimos que as mulheres foram as primeiras entre os alunos a procurar aconselhamento no Centro de Saúde dos Estudantes. Talvez nosso caso de "quase acidente" fosse único. Não sabemos qual teria sido a reação do *campus* se tivesse havido uma morte (ou muitas mortes), embora, de acordo com o psicólogo especialista em trauma, "o trauma sem mortes é tão grande quanto seria se tivessem ocorrido mortes". Além do mais, como se dá com qualquer análise de caso explanatória, esse caso tem "generalizabilidade" limitada [17], embora a generalização temática seja certamente uma possibilidade. O fato de as nossas informações terem sido autorrelatadas e não termos conseguido entrevistar todos os alunos que tinham sido afetados diretamente pelo incidente, para não interferir na terapia do aluno ou na investigação, também se apresentam como um problema.

Apesar dessas limitações, nossa pesquisa oferece um relato detalhado da reação de um *campus* a um incidente violento, com o potencial de fazer uma contribuição à literatura. Durante o processo de reação, surgiram eventos que poderiam ser "incidentes críticos" em estudos futuros, como a resposta das vítimas, os relatos da mídia, o processo de *debriefing*, as mudanças no *campus* e a evolução de um plano para o *campus*. Com a escassez de literatura sobre violência no *campus* relacionada aos incidentes com armas, este estudo abre novos caminhos identificando temas e estruturas conceituais que poderiam ser examinadas em casos futuros. Em nível prático, ele pode beneficiar administradores de *campus* que estão buscando um plano para responder à violência no *campus*, e focaliza a atenção nas questões que precisam ser tratadas em um plano dessa natureza. O grande número de diferentes grupos de pessoas que foram afetadas por esse incidente particular com o atirador mostra a complexidade da resposta a uma crise no *campus* e deve alertar o pessoal das universidades para a necessidade de estarem preparados.

EPÍLOGO

À medida que conduzimos este estudo, nos perguntamos se teríamos tido acesso aos informantes no caso de alguém ter sido morto. Esse "quase-acidente" possibilitou uma oportunidade única de pesquisa que pôde, no entanto, apenas se aproximar de um evento em que tivesse ocorrido uma fatalidade. Nosso envolvimento nesse estudo foi inesperadamente feliz, já que um de nós tinha sido funcionário de uma instituição correcional e, portanto, tinha experiência direta com atiradores como o indivíduo do nosso caso; o outro fez pós-graduação na Universidade de Iowa e, assim, era familiarizado com o ambiente e as circunstâncias que envolveram outro incidente violento em 1992. Essas experiências, obviamente, afetaram a nossa avaliação desse caso, ao atraírem a nossa atenção para a resposta do campus no primeiro plano e para reações psicológicas como medo e negação. À época do presente trabalho, foram realizadas discussões no *campus* sobre a adaptação do plano de prontidão para emergências já em funcionamento para um conceito grupal de manejo de um incidente crítico. Os conselheiros se reuniram para discutir a coordenação das atividades das diferentes unidades no caso de outro incidente, e a polícia está trabalhando com os membros do corpo docente e com as equipes dos departamentos para ajudar a identificar alunos potencialmente inclinados à violência. Temos a impressão de que, como resultado deste estudo de caso, o pessoal do *campus* percebe a inter-relação e o grande número de unidades que podem estar envolvidas em um único incidente. A data de aniversário passou sem nenhum incidente ou registro no jornal do *campus*. Quanto ao atirador, ele ainda está preso, aguardando julgamento, e nos perguntamos, assim, como alguns dos alunos que ele ameaçou, se ele irá buscar vingança contra nós por escrevermos este caso, se for publicado. A resposta do *campus* ao incidente de outubro continua.

REFERÊNCIAS

1. Asmussen, K. J. "Weapon Possession in Public High Schools." *School Safety* (Fall 1992), 28–30.
2. Bird, G. W., S. M. Stith, and J. Schladale. "Psychological Resources, Coping Strategies, and Negotiation Styles as Discriminators of Violence in Dating Relationships." *Family Relations,* 40 (1991), 45–50.
3. Bogal-Allbritten, R., and W. Allbritten. "Courtship Violence on Campus: A Nationwide Survey of Student Affairs Professionals." *NASPA Journal,* 28 (1991), 312–18.
4. Boothe, J. W., T. M. Flick, S. P. Kirk, L. H. Bradley, and K. E. Keough. "The Violence at Your Door." *Executive Educator* (February 1993), 16–22.
5. Bromet, E. J. "Methodological Issues in the Assessment of Traumatic Events." *Journal of Applied Psychology,* 20 (1990), 1719–24.
6. Bushweller, K. "Guards with Guns." *American School Board Journal* (January 1993), 34–36.
7. Copenhaver, S., and E. Grauerholz. "Sexual Victimization among Sorority Women." *Sex Roles: A Journal of Research,* 24 (1991), 31–41.
8. Follingstad, D., S. Wright, S. Lloyd, and J. Sebastian. "Sex Differences in Motivations and Effects in Dating Violence." *Family Relations,* 40 (1991), 51–57.
9. Gordon, M. T., and S. Riger. *The Female Fear.* Urbana: University of Illinois Press, 1991.
10. Guba, E., and Y. Lincoln. "Do Inquiry Paradigms Imply Inquiry Methodologies?" In *Qualitative Approaches to Evaluation in Education,* edited by D. M. Fetterman. New York: Praeger, 1988.
11. Johnson, K. "The Tip of the Iceberg." *School Safety* (Fall 1992), 24–26.
12. Jones, D. J. "The College Campus as a Microcosm of U.S. Society: The Issue of Racially Motivated Violence." *Urban League Review,* 13 (1990), 129–39.
13. Legislative Update. "Campuses Must Tell Crime Rates." *School Safety* (Winter 1991), 31.
14. Long, N. J. "Managing a Shooting Incident." *Journal of Emotional and Behavioral Problems,* 1 (1992), 23–26.
15. Lowe, J. A. "What We Learned: Some Generalizations in Dealing with a Traumatic Event at Cokeville." Paper presented at the Annual Meeting of the National School Boards Association, San Francisco, 4–7 April 1987.
16. Mann, J. *Los Angeles Times Magazine,* 2 June 1992, pp. 26–27, 32, 46–47.
17. Merriam, S. B. *Case Study Research in Education: A Qualitative Approach.* San Francisco: Jossey-Bass, 1988.
18. Miles, M. B., and A. M. Huberman. *Qualitative Data Analysis: A Sourcebook of New Methods.* Beverly Hills, Calif.: Sage, 1984.
19. Mitchell, J. "When Disaster Strikes." *Journal of Emergency Medical Services* (January 1983), 36–39.
20. NSSC Report on School Safety. "Preparing Schools for Terroristic Attacks." *School Safety* (Winter 1991), 18–19.
21. Poland, S., and G. Pitcher. *Crisis Intervention in the Schools.* New York: Guilford, 1992.
22. Quimet, M. "The Polytechnique Incident and Imitative Violence against Women." *SSR,* 76 (1992), 45–47.
23. Roark, M. L. "Helping High School Students Assess Campus Safety." *The School Counselor,* 39 (1992), 251–56.
24. _____. "Preventing Violence on College Campuses." *Journal of Counseling and Development,* 65 (1987), 367–70.
25. Roark, M. L., and E. W. Roark. "Administrative Responses to Campus Violence." Paper presented at the annual meeting of the American College Personnel Association/National Association of Student Personnel Administrators, Chicago, 15–18 March 1987.
26. "School Crisis: Under Control," 1991 [video]. National School Safety Center, a partnership of Pepperdine University and the United States Departments of Justice and Education.
27. Sherill, J. M., and D. G. Seigel (eds.). *Responding to Violence on Campus.* New Directions

for Student Services, No. 47. San Francisco: Jossey-Bass, 1989.

28. Van Maanen, J. *Tales of the Field.* Chicago: University of Chicago Press, 1988.

29. Walker, G. "Crisis-Care in Critical Incident Debriefing." *Death Studies,* 14 (1990), 121–33.

30. Weick, K. E. "Educational Organizations as Loosely Coupled Systems." *Administrative Science Quarterly,* 21 (1976), 1–19.

31. Yin, R. K. *Case Study Research, Design and Methods.* Newbury Park, Calif.: Sage, 1989.

32. Zelikoff, W. I., and I. A. Hyman. "Psychological Trauma in the Schools: A Retrospective Study." Paper presented at the annual meeting of the National Association of School Psychologists, New Orleans, La., 4–8 March 1987.

Referências

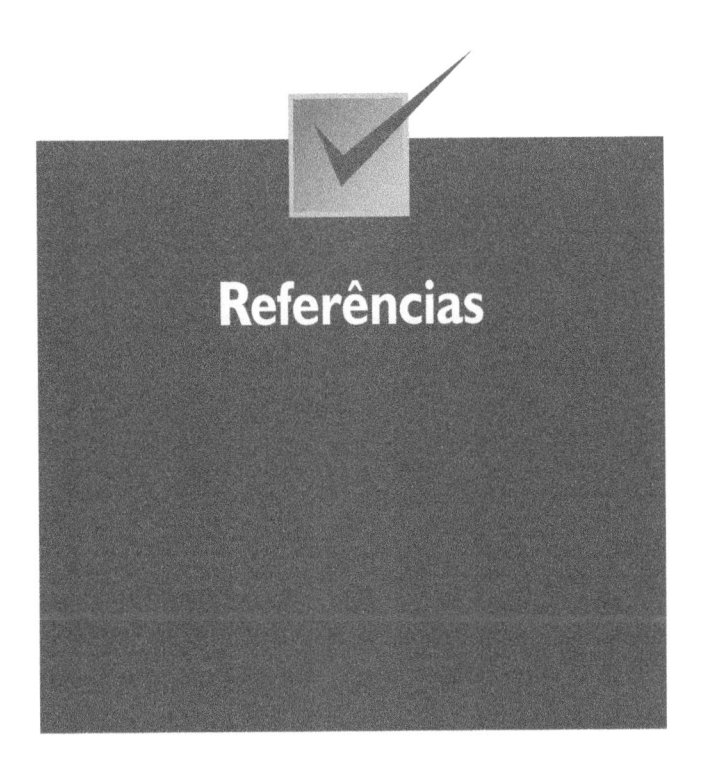

Aanstoos, C. M. (1985). The structure of thinking in chess. In A. Giorgi (Ed.), *Phenomenology and psychological research* (pp. 86–117). Pittsburgh, PA: Duquesne University Press.

Agar, M. H. (1980). *The professional stranger: An informal introduction to ethnography.* San Diego, CA: Academic Press.

Agar, M. H. (1986). *Speaking of ethnography.* Beverly Hills, CA: Sage.

Agger, B. (1991). Critical theory, poststructuralism, postmodernism: Their sociological relevance. In W. R. Scott & J. Blake (Eds.), *Annual Review of Sociology* (Vol. 17, pp. 105–131). Palo Alto, CA: Annual Reviews.

American Anthropological Association. (1967). *Statement on problems of anthropological research and ethics.* Adopted by the Council of the American Anthropological Association. Arlington, VA: Author.

American Psychological Association. (2010). *Publication manual of the American Psychological Association* (6th ed.). Washington, DC: Author.

Anderson, E. H., & Spencer, M. H. (2002). Cognitive representations of AIDS: A phenomenological study. *Qualitative Health Research, 12,* 1338–1352.

Angen, M. J. (2000, May). Evaluating interpretive inquiry: Reviewing the validity debate and opening the dialogue. *Qualitative Health Research, 10,* 378–395.

Angrosino, M. V. (1989a). *Documents of interaction: Biography, autobiography, and life history in social science perspective.* Gainesville: University of Florida Press.

Angrosino, M. V. (1989b). Freddie: The personal narrative of a recovering alcoholic—Autobiography as case history. In M. V. Angrosino (Ed.), *Documents of interaction: Biography, autobiography, and life history in social science perspective* (pp. 29–41). Gainesville: University of Florida Press.

Angrosino, M. V. (1994). On the bus with Vonnie Lee. *Journal of Contemporary Ethnography, 23,* 14–28.

Angrosino, M. V. (2007). *Doing ethnographic and observational research.* Thousand Oaks, CA: Sage.

Armstrong, D., Gosling, A., Weinman, J., & Marteau, T. (1997). The place of inter-rater reliability in qualitative research: An empirical study. *Sociology, 31,* 597–606.

Asmussen, K. J., & Creswell, J. W. (1995). Campus response to a student gunman. *Journal of Higher Education, 66,* 575–591.

Atkinson, P., Coffey, A., & Delamont, S. (2003). *Key themes in qualitative research: Continuities and changes.* Walnut Creek, CA: AltaMira.

Atkinson, P., & Hammersley, M. (1994). Ethnography and participant observation. In N. K. Denzin & Y. S. Lincoln (Eds.), *Handbook of qualitative research* (pp. 248–261). Thousand Oaks, CA: Sage.

Babchuk, W. A. (2011). Grounded theory as a "family of methods": A genealogical analysis to guide research. *US-China Education Review, 8*(2), 1548–1566.

Barbour, R. S. (2000). The role of qualitative research in broadening the "evidence base" for clinical practice. *Journal of Evaluation in Clinical Practice, 6*(2), 155–163.

Barritt, L. (1986). Human sciences and the human image. *Phenomenology and Pedagogy, 4*(3), 14–22.

Bazeley, P. (2002). The evolution of a project involving an integrated analysis of structured qualitative and quantitative data: From N3 to NVivo. *International Journal of Social Research Methodology, 5,* 229–243.

Bernard, H. R. (1994). *Research methods in anthropology: Qualitative and quantitative approaches* (2nd ed.). Thousand Oaks, CA: Sage.

Beverly, J. (2005). *Testimonio,* subalternity, and narrative authority. In N. K. Denzin & Y. S. Lincoln (Eds.), *The Sage handbook of qualitative research* (3rd ed., pp. 547–558). Thousand Oaks, CA: Sage.

Birks, M., & Mills, J. (2011). *Grounded theory: A practical guide.* London: Sage.

Bloland, H. G. (1995). Postmodernism and higher education. *Journal of Higher Education, 66,* 521–559.

Bogdan, R. C., & Biklen, S. K. (1992). *Qualitative research for education: An introduction to theory and methods.* Boston: Allyn & Bacon.

Bogdan, R., & Taylor, S. (1975). *Introduction to qualitative research methods.* New York: John Wiley.

Bogdewic, S. P. (1992). Participant observation. In B. F. Crabtree & W. L. Miller (Eds.), *Doing qualitative research* (pp. 45–69). Newbury Park, CA: Sage.

Borgatta, E. F., & Borgatta, M. L. (Eds.). (1992). *Encyclopedia of sociology* (Vol. 4). New York: Macmillan.

Brickhous, N., & Bodner, G. M. (1992). The beginning science teacher: Classroom narratives of convictions and constraints. *Journal of Research in Science Teaching, 29,* 471–485.

Brimhall, A. C., & Engblom-Deglmann, M. L. (2011). Starting over: A tentative theory exploring the effects of past relationships on postbereavement remarried couples. *Family Process, 50*(1), 47–62.

Brown, J., Sorrell, J. H., McClaren, J., & Creswell, J. W. (2006). Waiting for a liver transplant. *Qualitative Health Research, 16*(1), 119–136.

Burrell, G., & Morgan, G. (1979). *Sociological paradigms and organizational analysis.* London: Heinemann.

Carspecken, P. F., & Apple, M. (1992). Critical qualitative research: Theory, methodology, and practice. In M. L. LeCompte, W. L. Millroy, & J. Preissle (Eds.), *The handbook of qualitative research in education* (pp. 507–553). San Diego, CA: Academic Press.

Carter, K. (1993). The place of a story in the study of teaching and teacher education. *Educational Researcher, 22,* 5–12, 18.

Casey, K. (1995/1996). The new narrative research in education. *Review of Research in Education, 21,* 211–253.

Chan, E. (2010). Living in the space between participant and researcher as a narrative inquirer: Examining ethnic identity of Chinese Canadian students as conflicting stories to live by. *The Journal of Educational Research, 103,* 113–122.

Charmaz, K. (1983). The grounded theory method: An explication and interpretation. In R. Emerson (Ed.), *Contemporary field research* (pp. 109–126). Boston: Little, Brown.

Charmaz, K. (2005). Grounded theory in the 21st century: Applications for advancing social justice studies. In N. K. Denzin & Y. S. Lincoln (Eds.), *The Sage handbook of qualitative research* (3rd ed., pp. 507–536). Thousand Oaks, CA: Sage.

Charmaz, K. (2006). *Constructing grounded theory.* London: Sage.

Chase, S. (2005). Narrative inquiry: Multiple lenses, approaches, voices. In N. K. Denzin & Y. S. Lincoln (Eds.), *The Sage handbook of qualitative research* (3rd ed., pp. 651–680). Thousand Oaks, CA: Sage.

Cheek, J. (2004). At the margins? Discourse analysis and qualitative research. *Qualitative Health Research, 14*, 1140–1150.

Chenitz, W. C., & Swanson, J. M. (1986). *From practice to grounded theory: Qualitative research in nursing.* Menlo Park, CA: Addison-Wesley.

Cherryholmes, C. H. (1992). Notes on pragmatism and scientific realism. *Educational Researcher, 14*, 13–17.

Churchill, S. L., Plano Clark, V. L., Prochaska-Cue, M. K., Creswell, J. W., & Onta-Grzebik, L. (2007). How rural low-income families have fun: A grounded theory study. *Journal of Leisure Research, 39*(2), 271–294.

Clandinin, D. J. (Ed.). (2006). *Handbook of narrative inquiry: Mapping a methodology.* Thousand Oaks, CA: Sage.

Clandinin, D. J., & Connelly, F. M. (2000). *Narrative inquiry: Experience and story in qualitative research.* San Francisco: Jossey-Bass.

Clarke, A. E. (2005). *Situational analysis: Grounded theory after the postmodern turn.* Thousand Oaks, CA: Sage.

Clifford, J., & Marcus, G. E. (Eds.). (1986). *Writing culture: The poetics and politics of ethnography.* Berkeley: University of California Press.

Colaizzi, P. F. (1978). Psychological research as the phenomenologist views it. In R. Vaile & M. King (Eds.), *Existential phenomenological alternatives for psychology* (pp. 48–71). New York: Oxford University Press.

Connelly, F. M., & Clandinin, D. J. (1990). Stories of experience and narrative inquiry. *Educational Researcher, 19*(5), 2–14.

Conrad, C. F. (1978). A grounded theory of academic change. *Sociology of Education, 51*, 101–112.

Corbin, J., & Morse, J. M. (2003). The unstructured interactive interview: Issues of reciprocity and risks when dealing with sensitive topics. *Qualitative Inquiry, 9*, 335–354.

Corbin, J., & Strauss, A. (1990). Grounded theory research: Procedures, canons, and evaluative criteria. *Qualitative Sociology, 13*(1), 3–21.

Corbin, J., & Strauss, A. (2007). *Basics of qualitative research: Techniques and procedures for developing grounded theory* (3rd ed.). Thousand Oaks, CA: Sage.

Cortazzi, M. (1993). *Narrative analysis.* London: Falmer Press.

Crabtree, B. F., & Miller, W. L. (1992). *Doing qualitative research.* Newbury Park, CA: Sage.

Creswell, J. W. (1994). *Research design: Qualitative and quantitative approaches.* Thousand Oaks, CA: Sage.

Creswell, J. W. (2009). *Research design: Qualitative, quantitative, and mixed methods approaches* (3rd ed.). Thousand Oaks, CA: Sage.

Creswell, J. W. (2012). *Educational research: Planning, conducting, and evaluating quantitative and qualitative research* (4th ed.). Upper Saddle River, NJ: Pearson Education.

Creswell, J. W., & Brown, M. L. (1992). How chairpersons enhance faculty research: A grounded theory study. *Review of Higher Education, 16*(1), 41–62.

Creswell, J. W., & Maietta, R. C. (2002). Qualitative research. In D. C. Miller & N. J. Salkind (Eds.), *Handbook of social research* (pp. 143–184). Thousand Oaks, CA: Sage.

Creswell, J. W., & Miller, D. L. (2000). Determining validity in qualitative inquiry. *Theory Into Practice, 39*, 124–130.

Creswell, J. W., & Plano Clark, V. L. (2011). *Designing and conducting mixed methods research* (2nd ed.). Thousand Oaks, CA: Sage.

Crotty, M. (1998). *The foundations of social research: Meaning and perspective in the research process.* London: Sage.

Czarniawska, B. (2004). *Narratives in social science research.* Thousand Oaks, CA: Sage.

Daiute, C., & Lightfoot, C. (Eds.). (2004). *Narrative analysis: Studying the development of individuals in society.* Thousand Oaks, CA: Sage.

Davidson, F. (1996). *Principles of statistical data handling.* Thousand Oaks, CA: Sage.

Deem, R. (2002). Talking to manager-academics: Methodological dilemmas and feminist research strategies. *Sociology, 36*(4), 835–855.

Denzin, N. K. (1989a). *Interpretive biography.* Newbury Park, CA: Sage.

Denzin, N. K. (1989b). *Interpretive interactionism*. Newbury Park, CA: Sage.

Denzin, N. K., & Lincoln, Y. S. (1994). *The Sage handbook of qualitative research*. Thousand Oaks, CA: Sage.

Denzin, N. K., & Lincoln, Y. S. (2000). *The Sage handbook of qualitative research* (2nd ed.). Thousand Oaks, CA: Sage.

Denzin, N. K., & Lincoln, Y. S. (2005). *The Sage handbook of qualitative research* (3rd ed.). Thousand Oaks, CA: Sage.

Denzin, N. K., & Lincoln, Y. S. (2011). Introduction: The discipline and practice of qualitative research. *The Sage handbook of qualitative research* (4th ed., pp. 1–19). Thousand Oaks, CA: Sage.

Dey, I. (1993). *Qualitative data analysis: A user-friendly guide for social scientists*. London: Routledge.

Dey, I. (1995). Reducing fragmentation in qualitative research. In U. Keele (Ed.), *Computer-aided qualitative data analysis* (pp. 69–79). Thousand Oaks, CA: Sage.

Daiute, C., & Lightfoot, C. (Eds.). (2004). *Narrative analysis: Studying the development of individuals in society*. Thousand Oaks, CA: Sage.

Dukes, S. (1984). Phenomenological methodology in the human sciences. *Journal of Religion and Health, 23*(3), 197–203.

Edel, L. (1984). *Writing lives: Principia biographica*. New York: Norton.

Edwards, L. V. (2006). Perceived social support and HIV/AIDS medication adherence among African American women. *Qualitative Health Research, 16*, 679–691.

Eisner, E. W. (1991). *The enlightened eye: Qualitative inquiry and the enhancement of educational practice*. New York: Macmillan.

Elliott, J. (2005). *Using narrative in social research: Qualitative and quantitative approaches*. London: Sage.

Ellis, C. (1993). "There are survivors": Telling a story of sudden death. *The Sociological Quarterly, 34*, 711–738.

Ellis, C. (2004). *The ethnographic it: A methodological novel about autoethnography*. Walnut Creek, CA: AltaMira.

Ely, M. (2007). In-forming re-presentations. In D. J. Clandinin (Ed.), *Handbook of narrative inquiry: Mapping a methodology*. Thousand Oaks, CA: Sage.

Ely, M., Anzul, M., Friedman, T., Garner, D., & Steinmetz, A. C. (1991). *Doing qualitative research: Circles within circles*. New York: Falmer Press.

Emerson, R. M., Fretz, R. I., & Shaw, L. L. (1995). *Writing ethnographic fieldnotes*. Chicago: University of Chicago Press.

Erlandson, D. A., Harris, E. L., Skipper, B. L., & Allen, S. D. (1993). *Doing naturalistic inquiry: A guide to methods*. Newbury Park, CA: Sage.

Ezeh, P. J. (2003). Integration and its challenges in participant observation. *Qualitative Research, 3*, 191–205.

Fay, B. (1987). *Critical social science*. Ithaca, NY: Cornell University Press.

Ferguson, M., & Wicke, J. (1994). *Feminism and postmodernism*. Durham, NC: Duke University Press.

Fetterman, D. M. (2010). *Ethnography: Step by step* (3rd ed.). Thousand Oaks, CA: Sage.

Finders, M. J. (1996). Queens and teen zines: Early adolescent females reading their way toward adulthood. *Anthropology & Education Quarterly, 27*, 71–89.

Fischer, C. T., & Wertz, F. J. (1979). An empirical phenomenology study of being criminally victimized. In A. Giorgi, R. Knowles, & D. Smith (Eds.), *Duquesne studies in phenomenological psychology* (Vol. 3, pp. 135–158). Pittsburgh, PA: Duquesne University Press.

Flinders, D. J., & Mills, G. E. (1993). *Theory and concepts in qualitative research*. New York: Teachers College Press.

Foucault, M. (1972). *The archeology of knowledge and the discourse on language* (A. M. Sheridan Smith, Trans.). New York: Harper.

Fox-Keller, E. (1985). *Reflections on gender and science*. New Haven, CT: Yale University Press.

Friese, S. (2012). *Qualitative data analysis with ATLAS.ti*. Thousand Oaks, CA: Sage.

Gamson, J. (2000). Sexualities, queer theory and qualitative research. In N. K. Denzin & Y. S. Lincoln (Eds.), *Handbook of qualitative research* (2nd ed., pp. 347–365). London: Sage.

Garcia, A. C., Standlee, A. I., Bechkoff, J., & Cui, Y. (2009). Ethnographic approaches to the Internet and computer-mediated communication. *Journal of Contemporary Ethnography, 38*(1), 52–84.

Gee, J. P. (1991). A linguistic approach to narrative. *Journal of Narrative and Life History/Narrative Inquiry, 1*, 15–39.

Geertz, C. (1973). Deep play: Notes on the Balinese cockfight. In C. Geertz (Ed.), *The interpretation of cultures: Selected essays* (pp. 412–435). New York: Basic Books.

Geiger, S. N. G. (1986). Women's life histories: Method and content. *Signs: Journal of Women in Culture and Society, 11,* 334–351.

Gergen, K. (1994). *Realities and relationships: Soundings in social construction.* Cambridge, MA: Harvard University Press.

Gilchrist, V. J. (1992). Key informant interviews. In B. F. Crabtree & W. L. Miller (Eds.), *Doing qualitative research* (pp. 70–89). Newbury Park, CA: Sage.

Gilgun, J. F. (2005). "Grab" and good science: Writing up the results of qualitative research. *Qualitative Health Research, 15,* 256–262.

Giorgi, A. (Ed.). (1985). *Phenomenology and psychological research.* Pittsburgh, PA: Duquesne University Press.

Giorgi, A. (1994). A phenomenological perspective on certain qualitative research methods. *Journal of Phenomenological Psychology, 25,* 190–220.

Giorgi, A. (2009). *The descriptive phenomenological method in psychology: A modified Husserlian approach.* Pittsburgh, PA: Duquesne University Press.

Glaser, B. G. (1978). *Theoretical sensitivity.* Mill Valley, CA: Sociology Press.

Glaser, B. G. (1992). *Basics of grounded theory analysis.* Mill Valley, CA: Sociology Press.

Glaser, B., & Strauss, A. (1965). *Awareness of dying.* Chicago: Aldine.

Glaser, B., & Strauss, A. (1967). *The discovery of grounded theory.* Chicago: Aldine.

Glaser, B., & Strauss, A. (1968). *Time for dying.* Chicago: Aldine.

Glesne, C., & Peshkin, A. (1992). *Becoming qualitative researchers: An introduction.* White Plains, NY: Longman.

Goffman. E. (1989). On fieldwork. *Journal of Contemporary Ethnography, 18,* 123–132.

Grigsby, K. A., & Megel, M. E. (1995). Caring experiences of nurse educators. *Journal of Nursing Research, 34,* 411–418.

Gritz, J. I. (1995). *Voices from the classroom: Understanding teacher professionalism.* Unpublished manuscript, Administration, Curriculum, and Instruction, University of Nebraska–Lincoln.

Guba, E. G. (1990). The alternative paradigm dialog. In E. G. Guba (Ed.), *The paradigm dialog* (pp. 17–30). Newbury Park, CA: Sage.

Guba, E. G., & Lincoln, Y. S. (1988). Do inquiry paradigms imply inquiry methodologies? In D. M. Fetterman (Ed.), *Qualitative approaches to evaluation in education* (pp. 89–115). New York: Praeger.

Guba, E. G., & Lincoln, Y. S. (1989). *Fourth generation evaluation.* Newbury Park, CA: Sage.

Gubrium, J. F., & Holstein, J. A. (2003). *Postmodern interviewing.* Thousand Oaks, CA: Sage.

Haenfler, R. (2004). Rethinking subcultural resistance: Core values of the straight edge movement. *Journal of Contemporary Ethnography, 33,* 406–436.

Hamel, J., Dufour, S., & Fortin, D. (1993). *Case study methods.* Newbury Park, CA: Sage.

Hammersley, M., & Atkinson, P. (1995). *Ethnography: Principles in practice* (2nd ed.). New York: Routledge.

Harding, P. (2009). *Tinkers.* New York: Bellevue Literary Press.

Harding, S. (1987). *Feminism and methodology.* Bloomington: Indiana University Press.

Harper, W. (1981). The experience of leisure. *Leisure Sciences, 4,* 113–126.

Harris, C. (1993). Whiteness as property. *Harvard Law Review, 106,* 1701–1791.

Harris, M. (1968). *The rise of anthropological theory: A history of theories of culture.* New York: T. Y. Crowell.

Harley, A. E., Buckworth, J., Katz, M. L., Willis, S. K., Odoms-Young, A., & Heaney, C. A. (2009). Developing long-term physical activity participation: A grounded theory study with African American women. *Health Education & Behavior, 36*(1), 97–112.

Hatch, J. A. (2002). *Doing qualitative research in education settings.* Albany: State University of New York Press.

Heilbrun, C. G. (1988). *Writing a woman's life.* New York: Ballantine.

Heron, J., & Reason, P. (1997). A participatory inquiry paradigm. *Qualitative Inquiry, 3,* 274–294.

Hill, B., Vaughn, C., & Harrison, S. B. (1995, September/October). Living and working in two worlds: Case studies of five American Indian women teachers. *The Clearinghouse, 69*(1), 42–48.

Howe, K., & Eisenhardt, M. (1990). Standards for qualitative (and quantitative) research: A prolegomenon. *Educational Researcher, 19*(4), 2–9.

Huber, J., & Whelan, K. (1999). A marginal story as a place of possibility: Negotiating self on the professional knowledge landscape. *Teaching and Teacher Education, 15,* 381–396.

Huberman, A. M., & Miles, M. B. (1994). Data management and analysis methods. In N. K. Denzin & Y. S. Lincoln (Eds.), *Handbook of qualitative research* (pp. 428–444). Thousand Oaks, CA: Sage.

Huff, A. S. (2009). *Designing research for publication.* Los Angeles, CA: Sage.

Husserl, E. (1931). *Ideas: General introduction to pure phenomenology* (D. Carr, Trans.). Evanston, IL: Northwestern University Press.

Husserl, E. (1970). *The crisis of European sciences and transcendental phenomenology* (D. Carr, Trans.). Evanston, IL: Northwestern University Press.

Jacob, E. (1987). Qualitative research traditions: A review. *Review of Educational Research, 57,* 1–50.

James, N., & Busher, H. (2007). Ethical issues in online educational research: protecting privacy, establishing authenticity in email interviewing. *International Journal of Research & Method in Education, 30*(1), 101–113.

Jorgensen, D. L. (1989). *Participant observation: A methodology for human studies.* Newbury Park, CA: Sage.

Josselson, R., & Lieblich, A. (Eds.). (1993). *The narrative study of lives* (Vol. 1). Newbury Park, CA: Sage.

Karen, C. S. (1990, April). *Personal development and the pursuit of higher education: An exploration of interrelationships in the growth of self-identity in returning women students—summary of research in progress.* Paper presented at the annual meeting of the American Educational Research Association, Boston.

Kearney, M. H., Murphy, S., & Rosenbaum, M. (1994). Mothering on crack cocaine: A grounded theory analysis. *Social Science Medicine, 38*(2), 351–361.

Kelle, E. (Ed.). (1995). *Computer-aided qualitative data analysis.* Thousand Oaks, CA: Sage.

Kemmis, S., & Wilkinson, M. (1998). Participatory action research and the study of practice. In B. Atweh, S. Kemmis, & P. Weeks (Eds.), *Action research in practice: Partnerships for social justice in education* (pp. 21–36). New York: Routledge.

Kerlinger, F. N. (1979). *Behavioral research: A conceptual approach.* New York: Holt, Rinehart & Winston.

Kidder, L. (1982). Face validity from multiple perspectives. In D. Brinberg & L. Kidder (Eds.), *New directions for methodology of social and behavioral science: Forms of validity in research* (pp. 41–57). San Francisco: Jossey-Bass.

Kincheloe, J. L. (1991). *Teachers as researchers: Qualitative inquiry as a path of empowerment.* London: Falmer Press.

Komives, S. R., Owen, J. E., Longerbeam, S. D., Mainella, F. C., & Osteen, L. (2005). Developing a leadership identity: A grounded theory. *Journal of College Student Development, 46*(6), 593–611.

Koro-Ljungberg, M., & Greckhamer, T. (2005). Strategic turns labeled "ethnography": From description to openly ideological production of cultures. *Qualitative Research, 5*(3), 285–306.

Krueger, R. A., & Casey, M. A. (2009). *Focus groups: A practical guide for applied research* (4th ed.). Thousand Oaks, CA: Sage.

Kus, R. J. (1986). From grounded theory to clinical practice: Cases from gay studies research. In W. C. Chenitz & J. M. Swanson (Eds.), *From practice to grounded theory* (pp. 227–240). Menlo Park, CA: Addison-Wesley.

Kvale, S. (2006). Dominance through interviews and dialogues. *Qualitative Inquiry, 12,* 480–500.

Kvale, S., & Brinkmann, S. (2009). *InterViews: Learning the craft of qualitative research interviewing.* Los Angeles, CA: Sage.

Labaree, R. V. (2002). The risk of "going observationalist": Negotiating the hidden dilemmas of being an insider participant observer. *Qualitative Research, 2,* 97–122.

Ladson-Billings, G., & Donnor, J. (2005). The moral activist role in critical race theory scholarship. In N. K. Denzin & Y. S. Lincoln (Eds.), *The Sage handbook of qualitative research* (3rd ed., pp. 279–201). Thousand Oaks, CA: Sage.

LaFrance, J., & Crazy Bull, C. (2009). Researching ourselves back to life: Taking control of the research agenda in Indian Country. In D. M. Mertens & P. E. Ginsburg (Eds.), *The handbook of social research ethics* (pp. 135–149). Los Angeles, CA: Sage.

Lancy, D. F. (1993). *Qualitative research in education: An introduction to the major traditions.* New York: Longman.

Landis, M. M. (1993). *A theory of interaction in the satellite learning classroom.* Unpublished doctoral dissertation, University of Nebraska–Lincoln.

Lather, P. (1991). *Getting smart: Feminist research and pedagogy with/in the postmodern.* New York: Routledge.

Lather, P. (1993). Fertile obsession: Validity after poststructuralism. *Sociological Quarterly, 34,* 673–693.

Lauterbach, S. S. (1993). In another world: A phenomenological perspective and discovery of meaning in mothers' experience with death of a wished-for baby: Doing phenomenology. In P. L. Munhall & C. O. Boyd (Eds.), *Nursing research: A qualitative perspective* (pp. 133–179). New York: National League for Nursing Press.

LeCompte, M. D., & Goetz, J. P. (1982). Problems of reliability and validity in ethnographic research. *Review of Educational Research, 51,* 31–60.

LeCompte, M. D., Millroy, W. L., & Preissle, J. (1992). *The handbook of qualitative research in education.* San Diego, CA: Academic Press.

LeCompte, M. D., & Schensul, J. J. (1999). *Designing and conducting ethnographic research* (Ethnographer's toolkit, Vol. 1). Walnut Creek, CA: AltaMira.

Leipert, B. D., & Reutter, L. (2005). Developing resilience: How women maintain their health in northern geographically isolated settings. *Qualitative Health Research, 15,* 49–65.

Lemay, C. A., Cashman, S. B., Elfenbein, D. S., & Felice, M. E. (2010). A qualitative study of the meaning of fatherhood among young Urban fathers. *Public Health Nursing, 27*(3), 221–231.

LeVasseur, J. J. (2003). The problem of bracketing in phenomenology. *Qualitative Health Research, 13*(3), 408–420.

Lieblich, A., Tuval-Mashiach, R., & Zilber, T. (1998). *Narrative research: Reading, analysis, and interpretation.* Thousand Oaks, CA: Sage.

Lightfoot-Lawrence, S., & Davis, J. H. (1997). *The art and science of portraiture.* San Francisco: Jossey-Bass.

Lincoln, Y. S. (1995). Emerging criteria for quality in qualitative and interpretive research. *Qualitative Inquiry, 1,* 275–289.

Lincoln, Y. S. (2009). Ethical practices in qualitative research. In D. M. Mertens & P. E. Ginsberg (Ed.), *The handbook of social research ethics* (pp. 150–169). Los Angeles, CA: Sage.

Lincoln, Y. S., & Guba, E. G. (1985). *Naturalistic inquiry.* Beverly Hills, CA: Sage.

Lincoln, Y. S., & Guba, E. G. (2000). Paradigmatic controversies, contradictions, and emerging confluences. In N. K. Denzin & Y. S. Lincoln (Eds.), *Handbook of qualitative research* (2nd ed., pp. 163–188). Thousand Oaks, CA: Sage.

Lincoln, Y. S., Lynham, S. A., & Guba, E. G. (2011). Paradigmatic controversies, contradictions, and emerging confluences. In N. K. Denzin & Y. S. Lincoln (Eds.), *The Sage handbook of qualitative research* (4th ed., pp. 97–128). Thousand Oaks, CA: Sage.

Lipson, J. G. (1994). Ethical issues in ethnography. In J. M. Morse (Eds.), *Critical issues in qualitative research methods* (pp. 333–355). Thousand Oaks, CA: Sage.

Lofland, J. (1974). Styles of reporting qualitative field research. *American Sociologist, 9,* 101–111.

Lofland, J., & Lofland, L. H. (1995). *Analyzing social settings: A guide to qualitative observation and analysis* (3rd ed.). Belmont, CA: Wadsworth.

Lomask, M. (1986). *The biographer's craft.* New York: Harper & Row.

Lopez, K. A., & Willis, D. G. (2004). Descriptive versus interpretive phenomenology: Their contributions to nursing knowledge. *Qualitative Health Research, 14*(5), 726–735.

Luck, L., Jackson, D., & Usher, K. (2006). Case study: A bridge across the paradigms. *Nursing Inquiry, 13,* 103–109.

Madison, D. S. (2005). *Critical ethnography: Methods, ethics, and performance.* Thousand Oaks, CA: Sage.

Marshall, C., & Rossman, G. B. (2010). *Designing qualitative research* (5th ed.). Thousand Oaks, CA: Sage.

Martin, J. (1990). Deconstructing organizational taboos: The suppression of gender conflict in organizations. *Organization Science, 1,* 339–359.

Mastera, G. (1995). *The process of revising general education curricula in three private baccalaureate colleges.* Unpublished manuscript, Administration, Curriculum, and Instruction, University of Nebraska–Lincoln.

Maxwell, J. (2005). *Qualitative research design: An interactive approach* (2nd ed.). Thousand Oaks, CA: Sage.

Maxwell, J. A. (2012). *A realist approach for qualitative research.* Los Angeles, CA: Sage.

May, K. A. (1986). Writing and evaluating the grounded theory research report. In W. C. Chenitz & J. M. Swanson (Eds.), *From practice to grounded theory* (pp. 146–154). Menlo Park, CA: Addison-Wesley.

McCracken, G. (1988). *The long interview.* Newbury Park, CA: Sage.

McVea, K., Harter, L., McEntarffer, R., & Creswell, J. W. (1999). Phenomenological study of student experiences with tobacco use at City High School. *High School Journal, 82*(4), 209–222.

Merleau-Ponty, M. (1962). *Phenomenology of perception* (C. Smith, Trans.). London: Routledge & Kegan Paul.

Merriam, S. (1988). *Case study research in education: A qualitative approach.* San Francisco: Jossey-Bass.

Merriam, S. B. (1998). *Qualitative research and case study applications in education.* San Francisco: Jossey-Bass.

Mertens, D. M. (2003). Mixed methods and the politics of human research: The transformative-emancipatory perspective. In A. Tashakkori & C. Teddlie (Eds.), *Handbook of mixed methods in social & behavioral research* (pp. 135–164). Thousand Oaks, CA: Sage.

Mertens, D. M. (2009). *Transformative research and evaluation.* New York: Guilford Press.

Mertens, D. M. (2010). *Research and evaluation in education and psychology: Integrating diversity with quantitative, qualitative, and mixed methods* (3rd ed.). Thousand Oaks, CA: Sage.

Mertens, D. M., & Ginsberg, P. E. (2009). *The handbook of social research ethics.* Los Angeles, CA: Sage.

Miles, M. B., & Huberman, A. M. (1994). *Qualitative data analysis: A sourcebook of new methods* (2nd ed.). Thousand Oaks, CA: Sage.

Miller, D. W., Creswell, J. W., & Olander, L. S. (1998). Writing and retelling multiple ethnographic tales of a soup kitchen for the homeless. *Qualitative Inquiry, 4*(4), 469–491.

Miller, W. L., & Crabtree, B. F. (1992). Primary care research: A multimethod typology and qualitative road map. In B. F. Crabtree & W. L. Miller (Eds.), *Doing qualitative research* (pp. 3–28). Newbury Park, CA: Sage.

Millhauser, S. (2008). *Dangerous laughter.* New York: Knopf.

Morgan, D. L. (1988). *Focus groups as qualitative research.* Newbury Park, CA: Sage.

Morrow, R. A., & Brown, D. D. (1994). *Critical theory and methodology.* Thousand Oaks, CA: Sage.

Morrow, S. L., & Smith, M. L. (1995). Constructions of survival and coping by women who have survived childhood sexual abuse. *Journal of Counseling Psychology, 42,* 24–33.

Morse, J. M. (1994). Designing funded qualitative research. In N. K. Denzin & Y. S. Lincoln (Eds.), *Handbook of qualitative research* (pp. 220–235). Thousand Oaks, CA: Sage.

Morse, J. M., & Field, P. A. (1995). *Qualitative research methods for health professionals* (2nd ed.). Thousand Oaks, CA: Sage.

Morse, J. M., & Richards, L. (2002). *README FIRST for a user's guide to qualitative methods.* Thousand Oaks, CA: Sage.

Moss, P. (2007). Emergent methods in feminist research. In S. N. Hesse-Biber (Ed.), *Handbook of feminist research methods* (pp. 371–389). Thousand Oaks, CA: Sage.

Moustakas, C. (1994). *Phenomenological research methods.* Thousand Oaks, CA: Sage.

Munhall, P. L., & Oiler, C. J. (Eds.). (1986). *Nursing research: A qualitative perspective.* Norwalk, CT: Appleton-Century-Crofts.

Muncey, T. (2010). *Creating autoethnographies.* Los Angeles, CA: Sage.

Murphy, J. P. (with Rorty, R.). (1990). *Pragmatism: From Peirce to Davidson.* Boulder, CO: Westview Press.

Natanson, M. (Ed.). (1973). *Phenomenology and the social sciences.* Evanston, IL: Northwestern University Press.

National Academy of Sciences. (2000). *Scientific research in education.* Washington, DC: National Research Council.

Nelson, L. W. (1990). Code-switching in the oral life narratives of African-American women: Challenges to linguistic hegemony. *Journal of Education, 172,* 142–155.

Neuman, W. L. (2000). *Social research methods: Qualitative and quantitative approaches* (4th ed.). Boston: Allyn & Bacon.

Neyman, V. L. (2011). *Give my heart a voice: Reflections on self and others through the looking glass of pedagogy: An auto-ethnography.* Doctoral dissertation, National-Louis University. Retrieved from http://vufind.carli.illinois.edu/vf-nlu/Search/Home?lookfor=Vera+Neyman&type=all&start_over=1&submit=Find

Nicholas, D. B., Lach, L., King, G., Scott, M., Boydell, K., Sawatzky, B., Reisman, J., Schippel, E., & Young, N. L. (2010). Contrasting internet and face-to-face focus groups for children with chronic health conditions: Outcomes and participant experiences. *International Journal of Qualitative Methods, 9*(1), 105–121.

Nielsen, J. M. (Ed.). (1990). *Feminist research methods: Exemplary readings in the social sciences.* Boulder, CO: Westview Press.

Nieswiadomy, R. M. (1993). *Foundations of nursing research* (2nd ed.). Norwalk, CT: Appleton & Lange.

Nunkoosing, K. (2005). The problems with interviews. *Qualitative Health Research, 15,* 698–706.

Oiler, C. J. (1986). Phenomenology: The method. In P. L. Munhall & C. J. Oiler (Eds.), *Nursing research: A qualitative perspective* (pp. 69–82). Norwalk, CT: Appleton-Century-Crofts.

Olesen, V. (2011). Feminist qualitative research in the Millennium's first decade: Developments, challenges, prospects. In N. K. Denzin & Y. S. Lincoln (Eds.), *The Sage handbook of qualitative research* (4th ed., pp. 129–146). Thousand Oaks, CA: Sage.

Ollerenshaw, J. A., & Creswell, J. W. (2002). Narrative research: A comparison of two restorying data analysis approaches. *Qualitative Inquiry, 8,* 329–347.

Olson, L. N. (2004). The role of voice in the (re) construction of a battered woman's identity: An autoethnography of one woman's experiences of abuse. *Women's Studies in Communication, 27,* 1–33.

Padilla, R. (2003). Clara: A phenomenology of disability. *The American Journal of Occupational Therapy, 57*(4), 413–423.

Padula, M. A., & Miller, D. L. (1999). Understanding graduate women's reentry experiences: Case studies of four psychology doctoral students in a Midwestern university. *Psychology of Women Quarterly, 23,* 327–343.

Parker, L., & Lynn, M. (2002). What race got to do with it? Critical race theory's conflicts with and connections to qualitative research methodology and epistemology. *Qualitative Inquiry, 8*(1), 7–22.

Patton, M. Q. (1980). *Qualitative evaluation methods.* Beverly Hills, CA: Sage.

Patton, M. Q. (1990). *Qualitative evaluation and research methods.* Newbury Park, CA: Sage.

Personal Narratives Group. (1989). *Interpreting women's lives.* Bloomington: Indiana University Press.

Phillips, D. C., & Burbules, N. C. (2000). *Postpositivism and educational research.* Lanham, MD: Rowman & Littlefield.

Pink, S. (2001). *Doing visual ethnography.* London: Sage.

Pinnegar, S., & Daynes, J. G. (2007). Locating narrative inquiry historically: Thematics in the turn to narrative. In D. J. Clandinin (Ed.), *Handbook of narrative inquiry: Mapping a methodology* (pp. 3–34). Thousand Oaks, CA: Sage.

Plummer, K. (1983). *Documents of life: An introduction to the problems and literature of a humanistic method.* London: George Allen & Unwin.

Plummer, K. (2011a). Critical humanism and queer theory: Living with the tensions. In N. K. Denzin & Y. S. Lincoln (Eds.), *The Sage handbook of qualitative research* (4th ed., pp. 195–207). Thousand Oaks, CA: Sage.

Plummer, K. (2011b). Postscript 2011 to living with the contradictions: Moving on: Generations, cultures and methodological cosmopolitanism. In N. K. Denzin & Y. S. Lincoln (Eds.), *The Sage handbook of qualitative research* (4th ed., pp. 208–211). Thousand Oaks, CA: Sage.

Polkinghorne, D. E. (1989). Phenomenological research methods. In R. S. Valle & S. Halling (Eds.), *Existential-phenomenological perspectives in psychology* (pp. 41–60). New York: Plenum Press.

Polkinghorne, D. E. (1995). Narrative configuration in qualitative analysis. *Qualitative Studies in Education, 8,* 5–23.

Prior, L. (2003). *Using documents in social research.* London: Sage.

Ravitch, S. M., & Riggan, M. (2012). *Reason & rigor: How conceptual frameworks guide research.* Los Angeles, CA: Sage.

Reinharz, S. (1992). *Feminist methods in social research.* New York: Oxford University Press.

Rex, L. A. (2000). Judy constructs a genuine question: A case for interactional inclusion. *Teaching and Teacher Education, 16,* 315–333.

Rhoads, R. A. (1995). Whales tales, dog piles, and beer goggles: An ethnographic case study of fraternity life. *Anthropology and Education Quarterly, 26,* 306–323.

Richards, L., & Morse, J. M. (2007). *README FIRST for a users guide to qualitative methods* (2nd ed.). Thousand Oaks, CA: Sage.

Richardson, L. (1990). *Writing strategies: Reaching diverse audiences.* Newbury Park, CA: Sage.

Richardson, L. (1994). Writing: A method of inquiry. In N. K. Denzin & Y. S. Lincoln (Eds.), *Handbook of qualitative research* (pp. 516–529). Thousand Oaks, CA: Sage.

Richardson, L., & St. Pierre, E. A. (2005). Writing: A method of inquiry. In N. K. Denzin & Y. S. Lincoln (Eds.), *The Sage handbook of qualitative research* (3rd ed., pp. 959-978). Thousand Oaks, CA: Sage.

Riemen, D. J. (1986). The essential structure of a caring interaction: Doing phenomenology. In P. M. Munhall & C. J. Oiler (Eds.), *Nursing research: A qualitative perspective* (pp. 85-105). Norwalk, CT: Appleton-Century-Crofts.

Riessman, C. K. (1993). *Narrative analysis.* Newbury Park, CA: Sage.

Riessman, C. K. (2008). *Narrative methods for the human sciences.* Los Angeles, CA: Sage.

Rorty, R. (1983). *Consequences of pragmatism.* Minneapolis: University of Minnesota Press.

Rorty, R. (1990). Pragmatism as anti-representationalism. In J. P. Murphy (Ed.), *Pragmatism: From Peirce to Davidson* (pp. 1-6). Boulder, CO: Westview Press.

Rosenau, P. M. (1992). *Post-modernism and the social sciences: Insights, inroads, and intrusions.* Princeton, NJ: Princeton University Press.

Rossman, G. B., & Wilson, B. L. (1985). Numbers and words: Combining quantitative and qualitative methods in a single large-scale evaluation study. *Evaluation Review, 9*(5), 627-643.

Roulston, K., deMarrais, K., & Lewis, J. B. (2003). Learning to interview in the social sciences. *Qualitative Inquiry, 9,* 643-668.

Rubin, H. J., & Rubin, K. S. (2012). *Qualitative interviewing* (3rd ed.). Los Angeles, CA: Sage.

Saldaña, J. (2011). *Fundamentals of qualitative research.* Oxford: Oxford University Press.

Sampson, H. (2004). Navigating the waves: The usefulness of a pilot in qualitative research. *Qualitative Research, 4,* 383-402.

Sanjek, R. (1990). *Fieldnotes: The makings of anthropology.* Ithaca, NY: Cornell University Press.

Schwandt, T. A. (2007). *The Sage dictionary of qualitative inquiry* (3rd ed.). Thousand Oaks, CA: Sage.

Silverman, D. (2005). *Doing qualitative research: A practical handbook* (2nd ed.). London: Sage.

Slife, B. D., & Williams, R. N. (1995). *What's behind the research? Discovering hidden assumptions in the behavioral sciences.* Thousand Oaks, CA: Sage.

Smith, L. M. (1987). The voyage of the Beagle: Field work lessons from Charles Darwin. *Educational Administration Quarterly, 23*(3), 5-30.

Smith, L. M. (1994). Biographical method. In N. K. Denzin & Y. S. Lincoln (Eds.), *Handbook of qualitative research* (pp. 286-305). Thousand Oaks, CA: Sage.

Solorzano, D. G., & Yosso, T. J. (2002). Critical race methodology: Counter-storytelling as an analytical framework for education research. *Qualitative Inquiry, 8*(1), 23-44.

Sparkes, A. C. (1992). The paradigms debate: An extended review and celebration of differences. In A. C. Sparkes (Ed.), *Research in physical education and sport: Exploring alternative visions* (pp. 9-60). London: Falmer Press.

Spiegelberg, H. (1982). *The phenomenological movement* (3rd ed.). The Hague, Netherlands: Martinus Nijhoff.

Spindler, G., & Spindler, L. (1987). Teaching and learning how to do the ethnography of education. In G. Spindler & L. Spindler (Eds.), *Interpretive ethnography of education: At home and abroad* (pp. 17-33). Hillsdale, NJ: Lawrence Erlbaum.

Spradley, J. P. (1979). *The ethnographic interview.* New York: Holt, Rinehart & Winston.

Spradley, J. P. (1980). *Participant observation.* New York: Holt, Rinehart & Winston.

Staples, A., Pugach, M. C., & Himes, D. J. (2005). Rethinking the technology integration challenge: Cases from three urban elementary schools. *Journal of Research on Technology in Education, 37*(3), 285-311.

Stake, R. (1995). *The art of case study research.* Thousand Oaks, CA: Sage.

Stake, R. E. (2005). Qualitative case studies. In N. K. Denzin & Y. S. Lincoln (Eds.), *The Sage handbook of qualitative research* (3rd ed., pp. 443-466). Thousand Oaks, CA: Sage.

Stake, R. E. (2006). *Multiple case study analysis.* New York: Guilford Press.

Stake, R. E. (2010). *Qualitative research: Studying how things work.* New York: Guilford Press.

Stewart, A. J. (1994). Toward a feminist strategy for studying women's lives. In C. E. Franz & A. J. Stewart (Eds.), *Women creating lives: Identities, resilience and resistance* (pp. 11-35). Boulder, CO: Westview Press.

Stewart, D., & Mickunas, A. (1990). *Exploring phenomenology: A guide to the field and its literature* (2nd ed.). Athens: Ohio University Press.

Stewart, D. W., & Shamdasani, P. N. (1990). *Focus groups: Theory and practice*. Newbury Park, CA: Sage.

Stewart, K., & Williams, M. (2005). Researching online populations: The use of online focus groups for social research. *Qualitative Research, 5*, 395–416.

Strauss, A. (1987). *Qualitative analysis for social scientists*. New York: Cambridge University Press.

Strauss, A., & Corbin, J. (1990). *Basics of qualitative research: Grounded theory procedures and techniques*. Newbury Park, CA: Sage.

Strauss, A., & Corbin, J. (1998). *Basics of qualitative research: Techniques and procedures for developing grounded theory* (2nd ed.). Thousand Oaks, CA: Sage.

Stringer, E. T. (1993). Socially responsive educational research: Linking theory and practice. In D. J. Flinders & G. E. Mills (Eds.), *Theory and concept in qualitative research: Perspectives from the field* (pp. 141–162). New York: Teachers College Press.

Sudnow, D. (1978). *Ways of the hand*. New York: Knopf.

Suoninen, E., & Jokinen, A. (2005). Persuasion in social work interviewing. *Qualitative Social Work, 4*, 469–487.

Swingewood, A. (1991). *A short history of sociological thought*. New York: St. Martin's Press.

Tashakkori, A., & Teddlie, C. (Eds.). (2003). *Handbook of mixed methods in the social and behavioral sciences*. Thousand Oaks, CA: Sage.

Taylor, S. J., & Bogdan, R. (1998). *Introduction to qualitative research methods: A guidebook and resource* (3rd ed.). New York: John Wiley.

Tesch, R. (1988). *The contribution of a qualitative method: Phenomenological research*. Unpublished manuscript, Qualitative Research Management, Santa Barbara, CA.

Tesch, R. (1990). *Qualitative research: Analysis types and software tools*. Bristol, PA: Falmer Press.

Therberge, N. (1997). "It's part of the game": Physicality and the production of gender in women's hockey. *Gender & Society, 11*(1), 69–87.

Thomas, J. (1993). *Doing critical ethnography*. Newbury Park, CA: Sage.

Thomas, W. I., & Znaniecki, F. (1958). *The Polish peasant in Europe and America*. New York: Dover. (Originally published 1918–1920)

Tierney, W. G. (1995). (Re)presentation and voice. *Qualitative Inquiry, 1*, 379–390.

Tierney, W. G. (1997). *Academic outlaws: Queer theory and cultural studies in the academy*. London: Sage.

Trujillo, N. (1992). Interpreting (the work and the talk of) baseball. *Western Journal of Communication, 56*, 350–371.

Turner, W. (2000). *A genealogy of queer theory*. Philadelphia: Temple University Press.

Van Kaam, A. (1966). *Existential foundations of psychology*. Pittsburgh, PA: Duquesne University Press.

Van Maanen, J. (1988). *Tales of the field: On writing ethnography*. Chicago: University of Chicago Press.

van Manen, M. (1990). *Researching lived experience*. New York: State University of New York Press.

van Manen, M. (2006). Writing qualitatively, or the demands of writing. *Qualitative Health Research, 16*, 713–722.

Wallace, A. F. C. (1970). *Culture and personality* (2nd ed.). New York: Random House.

Wang, C., & Burris, M. A. (1994). Empowerment through photo novella: Portraits of participation. *Health Education & Behavior, 21*(2), 171–186.

Watson, K. (2005). Queer theory. *Group Analysis, 38*(1), 67–81.

Weis, L., & Fine, M. (2000). *Speed bumps: A student-friendly guide to qualitative research*. New York: Teachers College Press.

Weitzman, E. A., & Miles, M. B. (1995). *Computer programs for qualitative data analysis*. Thousand Oaks, CA: Sage.

Wheeldon, J., & Ahlberg, M. K. (2011). *Visualizing social science research: Maps, methods, & meaning*. Los Angeles, CA: Sage.

Whittemore, R., Chase, S. K., & Mandle, C. L. (2001). Validity in qualitative research. *Qualitative Health Research, 11*, 522–537.

Willis, P. (1977). *Learning to labour: How working class kids get working class jobs*. Westmead, UK: Saxon House.

Winthrop, R. H. (1991). *Dictionary of concepts in cultural anthropology*. Westport, CT: Greenwood Press.

Wolcott, H. F. (1983). Adequate schools and inadequate education: The life history of a sneaky kid. *Anthropology and Education Quarterly, 14*(1), 2–32.

Wolcott, H. F. (1987). On ethnographic intent. In G. Spindler & L. Spindler (Eds.), *Interpretive ethnography of education: At home and abroad* (pp. 37-57). Hillsdale, NJ: Lawrence Erlbaum.

Wolcott, H. F. (1990a). On seeking—and rejecting—validity in qualitative research. In E. W. Eisner & A. Peshkin (Eds.), *Qualitative inquiry in education: The continuing debate* (pp. 121-152). New York: Teachers College Press.

Wolcott, H. F. (1990b). *Writing up qualitative research.* Newbury Park, CA: Sage.

Wolcott, H. F. (1992). Posturing in qualitative research. In M. D. LeCompte, W. L. Millroy, & J. Preissle (Eds.), *The handbook of qualitative research in education* (pp. 3-52). San Diego, CA: Academic Press.

Wolcott, H. F. (1994a). The elementary school principal: Notes from a field study. In H. F. Wolcott (Ed.), *Transforming qualitative data: Description, analysis, and interpretation* (pp. 115-148). Thousand Oaks, CA: Sage.

Wolcott, H. F. (1994b). *Transforming qualitative data: Description, analysis, and interpretation.* Thousand Oaks, CA: Sage.

Wolcott, H. F. (2008a). *Ethnography: A way of seeing* (2nd ed.). Walnut Creek, CA: AltaMira.

Wolcott, H. F. (2008b). *Writing up qualitative research* (3rd ed.). Thousand Oaks, CA: Sage.

Wolcott, H. F. (2010). *Ethnography lessons: A primer.* Walnut Creek, CA: Left Coast Press.

Yin, R. K. (2009). *Case study research: Design and method* (4th ed.). Thousand Oaks, CA: Sage.

Yussen, S. R., & Ozcan, N. M. (1997). The development of knowledge about narratives. *Issues in Educational Psychology: Contributions From Educational Psychology, 2,* 1-68.

Ziller, R. C. (1990). *Photographing the self: Methods for observing personal orientation.* Newbury Park, CA: Sage.

Índice onomástico

Aanstoos, C. M., 115-116
Ada, A. F., 232-233
Adams-Campbell, L. L., 264-265
Addy, C., 264-265
Adler, P., 285
Adler, P. A., 285
Agar, M. H., 81-82, 123, 126, 149, 285
Agger, B., 23, 40, 172
Ainsworth, B., 264-265
Ainsworth, B. E., 264-265
Allen, S. D., 197-199
Anderson, E. H., 97, 99-100, 104-105, 113, 117, 157, 173, 175-176, 182-183
Angen, M. J., 195-197, 200-201
Angrosino, M. V., 116, 129, 134-135, 137-138, 218, 223
Anzul, M., 22-23, 193-194, 197-199
Apple, M., 83-85
Appleby, R. S., 286-287
Armstrong, D., 199
Asmussen, K. J., 20-21, 28, 55, 98, 102-103, 105-106, 118-119, 129-130, 134-135, 138, 150-153, 160-161, 174-176, 188-190, 198-199, 210-211, 226

Atkinson, P., 82-83, 85, 129-130, 133-134, 137-138, 142-144, 152-153, 173, 185-187, 224-225, 228
Ayers, W., 244-245
Banks, J. A., 232-233
Banks-Wallace, J., 264-265
Barbour, R. S., 35, 54-55
Barbules, N. C., 35
Barritt, L., 113
Bartlett, J. G., 249
Bazeley, P., 164
Bechkoff, J., 132-133
Becker, H. S., 286
Belisle, M., 276-277
Benford, R. D., 294
Berger, B. M., 291
Beverly, J., 70
Biddle, S., 276
Biernacki, P., 285
Biklen, S. K., 82-83, 127-128, 137-138
Bismilla, V., 232-233
Bjorgo, T., 283
Blackman, S. J., 281-282
Blair, S. N., 264

Blazak, R., 280-281
Bloland, H. G., 37-38, 228-230
Bock, B. C., 276-277
Bode, P., 232-233
Bogdan, R., 22, 35, 229-230
Bogdan, R. C., 82-83, 127-128, 137-138
Borgatta, E. F., 37-38, 73
Borgatta, M. L., 37-38, 73
Bouchard, C., 264
Boydell, K., 132-133
Brake, M., 280-284
Brassington, G. S., 264-265
Brauhn, N. E. H., 250-251, 259-260
Breitbart, W., 249-250
Brinkmann, S., 134-136, 141-142
Bromet, E. J., 310-311
Brown, D., 264
Brown, D. D., 39-40, 227-228
Brown, M. L., 78-80, 123, 126, 133-134, 159, 184, 222-223
Brownson, R., 264-265
Brownstein, J., 264-265
Buckworth, J., 20-21, 97, 100-101, 105-106, 117, 159, 185, 221, 276
Buechler, S. M., 291, 297
Bullough, R. V., 233-234
Burris, M. A., 133
Busher, H., 132-133
Butler, L. D., 250-251
Calhoun, C., 297-298
Cameron, L., 249-250, 259-260
Campbell, D. T., 285
Carger, C., 234
Carpenter, D. R., 249-251
Carspecken, P. F., 83-85
Carter, K., 71
Carter-Nolan, P. L., 264-265
Casey, K., 69-70
Casey, M. A., 132-133, 135-136
Cashman, S. B., 116
Casper, M., 264-265
Castro, C., 264-265
Chan, E., 97-99, 113, 117, 129, 156, 175-176, 180, 232-234, 236
Chandler, P., 264-265
Charmaz, K., 36, 77-82, 130-131, 158-159, 183-185, 204-205, 221, 286
Chase, S., 68-70
Chase, S. K., 195-197
Cheek, J., 22
Chen, X., 250-251
Chenitz, W. C., 184
Cherryholmes, C. H., 38
Chow, P., 232-233

Chun, M. B. J., 234
Clandinin, D. J., 37-38, 68-72, 133, 153, 174, 176, 179-180, 211, 215, 218-220, 232, 234-236, 243
Clarke, A. E., 37-38, 77-78
Clarke, G., 281-282
Clarke, J., 280-281
Clifford, J., 172
Cochrane, M., 236
Cochran-Smith, M., 232-233, 244-245
Coffey, A., 82-83
Cohen, S., 232-233, 280-281, 283
Colaizzi, P. F., 75, 100, 157, 182, 216, 248-249, 251-252
Conle, C., 233-234
Conn, V., 264-265
Connelly, F. M., 37-38, 68-72, 133, 153, 174, 176, 179-180, 211, 215, 218-220, 232, 234-236, 243
Connolly, F. M., 68
Conrad, C. F., 184, 221
Cook-Sather, A., 233-234
Corbin, J., 35, 54-55, 77-82, 101, 127-129, 141, 158-159, 162, 171, 183-184, 197, 203-205, 212-213, 220-223, 266-267
Cortazzi, M., 68-69, 71
Crabtree, B. F., 23, 150-151
Craig, L., 280-281, 283-284
Crazy Bull, C., 58, 61
Creswell, J. W., 20-23, 28, 32-33, 35, 55, 58, 61-63, 70-72, 78-81, 88-89, 98, 102-103, 105-106, 111, 113, 115-119, 123, 126, 129-131, 133-135, 138, 150-153, 157, 159-161, 163, 167-168, 171, 174-176, 184, 188-190, 197-201, 210-211, 214, 219, 222-223, 226-230
Croft, J., 264-265
Crotty, M., 32, 36
Cui, Y., 132-133
Cummins, J., 232-233, 237
Czarniawska, B., 68, 70-72, 133, 151, 172-176, 179, 219-220
Daiute, C., 37-38, 68-69
Davidson, F., 143
Davis, F., 283, 291-292
Daynes, J. G., 68, 71-72, 130-131, 219
Deem, R., 39-40
Delamont, S., 82-83
deMarrais, K., 141
Demme, J., 254
Denzin, N. K., 20-23, 30, 32-35, 37-38, 49-50, 54-55, 69-70, 83-84, 86-87, 153, 172, 179, 187, 202-203, 212, 216, 218-220, 227-230
Dewey, J., 234
Dey, I., 147-149

DiClemente, C., 276-277
DiClemente, C. C., 264-265, 275
Diefenbach, M. A., 259-260
Dishman, R., 275
Dominguez, L. M., 250-251
Donner, J., 34-35
Douaihy, A., 249
Douglas, J. D., 285
Dufour, S., 86-87
Dukes, S., 75, 130-131, 212, 216
Echeverria, P. S., 249-250
Edel, L., 72, 202-203
Eisenhardt, M., 56, 200-201
Eisner, E. W., 193-194
Elfenbein, D. S., 116
Elliott, J., 68-69, 123, 126, 143-144
Ellis, C., 70, 126, 218
Ely, M., 22-23, 176, 193-194, 197-199
Emerson, R. M., 140, 186-187
Erlandson, D. A., 197-199
Eyler, A., 264-265
Ezeh, P. J., 141
Farber, E. W., 250-251
Fay, B., 36-37, 39-40, 227-228
Felice, M. E., 116
Fetterman, D. M., 27, 82-86, 129, 133-134, 160-161, 186-187, 197-198, 224-225
Feuerverger, G., 233-234
Field, N., 250-251
Field, P. A., 26
Fine, M., 49, 54, 58, 140-142, 172-173
Fischer, C. T., 174
Fleury, J., 264-265
Flinders, D. J., 230
Forsyth, L. H., 276-277
Fortin, D., 86-87
Fothergill-Bourbonnais, F., 250-251
Foucault, M., 77-78
Fox, K. J., 283-284
Fox-Keller, E., 38-39
Frankel, R. M., 252-253
Frederiksen, L. W., 276-277
Fretz, R. I., 140, 186-187
Friedenreich, C., 264
Friedman, T., 22-23, 193-194, 197-199
Friese, S., 162
Fryback, P. B., 250-251, 259-260
Gallant, J. E., 249
Gamson, J., 41-42
Garcia, A. C., 132-133
Garner, D., 22-23, 193-194, 197-199
Gay, G., 232-233
Gee, J. P., 71-72, 156
Geer, B., 286

Geiger, S. N. G., 219
Gergen, K., 123, 126
Giampapa, F., 232-233
Giddens, A., 295, 297
Gilchrist, V. J., 225
Gilgun, J. F., 172-175
Gill, M., 250-251
Ginsberg, P. E., 58, 61
Giorgi, A., 73-75, 157, 174, 203, 220
Glaser, B., 77-78
Glaser, B. G, 77-78
Glaser, B. G., 159
Glesne, C., 90, 126, 142, 172, 197-199
Goetz, J. P., 193-194
Goffman, E., 187
Gordon, J. R., 276-277
Gore, F. C., 250-251
Gosling, A., 199
Gottschalk, S., 281-282
Gramling, L. F., 250-251, 259
Grigsby, K. A., 182
Gritz, J. I., 118-119
Grossberg, L., 281-282
Guba, E. G., 30-33, 36, 42-43, 103, 151-152, 188, 193-194, 196-199, 201, 210-211, 227, 228-230, 266-267
Habermas, J., 291
Haenfler, R., 40, 98, 102, 105-106, 117, 160-161, 175-176, 187-188
Hall, S., 280-282, 296
Hamel, J., 86-87
Hammersley, M., 82-83, 85, 129-130, 133-134, 137-138, 142-144, 152-153, 173, 185-187, 224-225, 228
Harding, P., 191
Harley, A. E., 20-21, 97, 100-101, 105-106, 117, 159, 185, 221
Harper, W., 182
Harris, C., 40
Harris, E. L., 197-199
Harris, M., 81-82
Harter, L., 35, 157
Haskell, W. L., 264
Hatch, J. A., 54, 57-58
He, M. F., 232-234, 236, 244-245
Heaney, C. A., 20-21, 97, 100-101, 105-106, 117, 159, 185, 221
Hebdige, D., 280-284
Heilbrun, C. G., 219-220
Henderson, K., 264-265
Henry, S. B., 249-250
Henry, T., 283-284
Heron, J., 36-37
Heylin, C., 283-284

Himes, D. J., 116-117
Holzemer, W. L., 249-250
Hopkins, B. L., 249-250
Howe, K., 56, 200-201
Huber, J., 71-72, 130-131, 232, 235-236
Huber, M., 232, 235-236
Huberman, A. M., 129, 135-136, 147-152, 197-200, 227
Huff, A. S., 30-31
Hunter, J. D., 286-287
Idler, E. L., 249-250
Igoa, C., 232-233
Irwin, D., 286-287
Irwin, J., 283
Irwin, M., 264-265
Israelski, D., 250-251
Jackson, D., 38-39
Jackson, P., 243-245
James, N., 132-133
Jefferson, T., 280-282
Jokinen, A., 141
Jonnalagadda, S. S., 249-250
Jorgensen, D. L., 133-134, 225
Josselson, R., 68-69
Kao, G., 234
Kaplan, J., 286-287
Katz, M. L., 20-21, 97, 100-101, 105-106, 117, 159, 185, 221
Kearney, M. H., 252-253
Kelle, E., 162-163
Kemmis, S., 22, 36-37
Kerlinger, F. N., 230
Kidder, L., 195
Killingsworth, R., 264-265
Kim, U., 234
Kincheloe, J. L., 40
King, A. C., 264-265, 276-277
King, G., 132-133
Komives, S. R., 116
Koopman, C., 250-251
Kouritzin, S. G., 232-233, 237
Krueger, R. A., 132-133, 135-136
Kus, R. J., 184
Kvale, S., 134-136, 141-142
Labarre, R. V., 141
Lach, L., 132-133
Ladson-Billings, G., 34-35, 232-234
LaFrance, J., 58, 61
Lahickey, B., 286
Lancy, D. F., 23
Landis, M. M., 205
Laschinger, S. J., 250-251
Lather, P., 38-39, 195
Lauterbach, S. S., 133-134
Laverie, D. A., 275

Leblanc, L., 281-282, 296-298
LeCompte, M. D., 38-39, 54-55, 82-85, 133-134, 193-194
Lee, S. J., 233-234
Lee, S. M., 264-265
Lemay, C. A., 116
Leoni, L., 232-233
LeVasseur, J. J., 77
Leventhal, E. A., 249-250, 259-260
Leventhal, H., 249-250, 259-260
Levesque, J. M., 276-277
Lewis, J. B., 141
Li, G., 234
Lieblich, A., 68-69
Liebman, R. C., 286-287
Lightfoot, C., 37-38, 68-69
Lincoln, Y. S., 20-23, 30, 32-38, 42-43, 49-50, 54-56, 58, 61, 86-87, 103, 151-152, 188, 193-194, 196-199, 201-202, 210-211, 227-230, 266-267
Lipson, J. G., 142
Lofland, J., 139-140, 205-206, 286
Lofland, L., 286
Lofland, L. H., 139-140
Lomask, M., 180
Longerbeam, S. D., 116
Lööw, H., 286-287
Luck, L., 38-39
Lynham, S. A., 32, 42-43, 196-197
Lynn, M., 40-41, 227-228
Macera, C. A., 264
Madison, D. S., 39-40, 82-84, 147, 224, 227-228
Maietta, R. C., 163, 167-168
Mainella, F. C., 116
Malarcher, A., 264-265
Mandle, C. L., 195-197
Marcus, B. H., 276-277
Marcus, G. E., 172
Marlatt, G. A., 276-277
Marouf, F., 250-251
Marshall, C., 56, 63, 76, 111, 113, 116-117, 129-130
Marshall, S., 276
Marteau, T., 199
Martin, J., 151
Marty, M. E., 286-287
Mastera, G., 119
Matson-Koffman, D., 264-265
Maxwell, J., 64
Maxwell, J. A., 34-35
May, K. A., 182-183
McCain, N. L., 250-251, 259
McCaleb, S. P., 232-233
McCracken, G., 133
McDaniel, J. S., 250-251

McDevitt, J., 264-265
McDonald, M., 249-250
McEntarffer, R., 35, 157
McVea, K., 35, 157
Meadows, L. M., 252-253
Medina, K., 275-277
Megel, M. E., 182
Melucci, A., 281-282, 295
Mensah, G., 264-265
Merleau-Ponty, M., 73, 251
Merriam, S., 197-199
Merriam, S. B., 86-89, 187-189
Mertens, D. M., 32, 36-37, 41-42, 58, 230
Mickunas, A., 73, 220
Miles, M. B., 129, 135-136, 147-152, 162, 197-200, 227
Miller, A. M., 264-265
Miller, D. L., 71-72, 197
Miller, D. W., 22-23, 35, 214
Miller, T., 283
Miller, W. L., 23, 150-151
Millroy, W. L., 83-85
Mills, G. E., 230
Moodley, K. A., 232-233
Moonen, D. J., 250-251
Moore, D., 283
Morgan, D. L., 135-136
Morrow, M. L., 133-134
Morrow, R. A., 39-40, 227-228
Morrow, S. L., 79-80, 184
Morse, J. M., 22, 26, 49, 54, 110, 117, 127-128, 141, 252-253
Moss, P., 39-40
Moustakas, C., 32-33, 35-36, 72-76, 100-101, 156-157, 180-182, 203-204, 212, 216, 219-221
Muggleton, D., 281-282, 297
Muhr, T., 266
Muncey, T., 70, 126, 218
Murphey, M. S., 232, 235-236
Murphy, J. P., 38
Murray Orr, A., 232, 235-236
Natanson, M., 73
Nelson, L. W., 187
Neuman, W. L., 32-33
Neyman, V. L., 70
Nicholas, D. B., 132-133
Nieswiadomy, R. M., 73
Nieto, S., 232-233
Norcross, J., 276-277
Nunkoosing, K., 141-142
O'Hara, C., 283-284
Odoms-Young, A., 20-21, 97, 100-101, 105-106, 117, 159, 185, 221
Oiler, C. J., 73

Olander, L. S., 22-23, 35, 214
Olesen, V., 38-40, 227-228
Ollerenshaw, J. A., 70-71, 153, 219
Orenstein, M., 264
Osteen, L., 116
Owen, J. E., 116
Ozcan, N. M., 153
Parker, L., 40-41, 227-228
Parkin, F., 286-287
Passik, S., 249-250
Pate, R. R., 264
Patton, M., 265
Patton, M. Q., 38, 147-149, 197-198
Pearce, M., 232, 235-236
Peshkin, A., 126, 142, 172, 197-199
Phillion, J., 232-234, 236, 244-245
Phillips, D. C., 35
Pink, S., 83-84
Pinnegar, S., 68, 71-72, 130-131, 219
Pinto, B. M., 276-277
Pitcher, G., 309
Plano Clark, V. L., 22, 81
Plummer, K., 41-42, 70, 129, 143, 202-203, 219
Poland, S., 309
Polkinghorne, D. E., 69-73, 75-76, 130-131, 133-134, 181-182, 203, 220
Pratt, M., 264
Preissle, J., 83-85
Prochaska, J., 264-265, 275-277
Pugach, M. C., 116-117
Quesenberry, C., 264-265
Ravitch, S. M., 111, 113
Reason, P., 36-37
Reilly, C. A., 249-250
Reinert, B. R., 250-251, 259-260
Reisman, J., 132-133
Richards, L., 22, 49, 54, 110
Richardson, L., 56-57, 172-176, 187-188, 196-197, 202, 227-228, 230
Riemen, D. J., 130-131, 157
Riemer, J., 285
Riessman, C. K., 68-72, 99, 153, 156-157, 176, 179-180, 197, 219-220
Riggan, M., 111, 113
Roark, E. W., 301, 310-311
Roark, M. L., 301, 310-311
Roberts, B., 280-281
Rochford, E. B., 294
Rodriguez, R., 232-233
Rolon-Dow, R., 233-234
Rorty, R., 38
Rose, T., 281-282
Rosenbloom, C. A., 249-250
Rosenfeld, B., 249-250
Roskies, E., 276-277

Ross, V., 232-234, 236
Rossman, G. B., 38, 56, 63, 76, 111, 113, 116-117, 129-130
Roulston, K., 141
Rubin, H. J., 134-135
Rubin, K. S., 134-135
Russell, J. M., 250-251
Saldaña, J., 22
Sallis, J., 264-265
Sampson, H., 136-137, 140
Sanjek, R., 140, 224-225
Sarroub, L. K., 233-234
Sawatzky, B., 132-133
Saxon, E., 254
Schaper, P. E., 250-251
Schensul, J. J., 38-39, 54-55, 82-83, 85, 133-134
Schippel, E., 132-133
Schubert, W., 244-245
Schwandt, T. A., 36
Schwartz, J. A., 250-251
Scott, J., 281-282, 297
Scott, M., 132-133
Sersen, B., 293
Shamdasani, P. N., 135-136
Shaw, L. L., 140, 186-187
Sherill, J. M., 310-311
Shyu, Y. -L., 264
Silverman, D., 199
Singh, N., 249
Skipper, B. L., 197-199
Slife, B. D., 37-38, 228-230
Smith, K. V., 250-251
Smith, L. M., 219
Smith, M. L., 79-80, 133-134, 184
Smith-Hefner, N., 233-234
Snow, D. A., 294
Solorzano, D. G., 41
Spencer, M. H., 97, 99-100, 104-105, 113, 117, 157, 173, 175-176, 182-183
Spiegel, D., 250-251
Spiegelberg, H., 73
Spindler, G., 205-206
Spindler, L., 205-206
Spradley, J. P., 116-117, 133-135, 151-152, 160, 214-215, 223-225, 266
St. Pierre, E. A., 172, 196-197, 202
Stake, R., 55, 87-89, 105-106, 115-116, 123, 126, 160-161, 172, 174, 187-188, 192, 197, 198-199, 206, 210-211, 216, 225-226
Stake, R. E., 86-87
Standlee, A. I., 132-133
Staples, A., 116-117
Steinmetz, A. C., 22-23, 193-194, 197-199
Sternfeld, B., 264-265

Stewart, A., 285
Stewart, A. J., 38-39, 227-228
Stewart, D, 73, 220
Stewart, D. W., 135-136
Stewart, K., 132-133
Stokols, D., 264-265
Stolarcyzk, L., 264-265
Strauss, A., 35, 54-55, 77-82, 101, 129, 158-159, 162, 171, 183-184, 197, 203-205, 212-213, 220-223, 266-267
Streubert, H. J., 249-251
Stringer, E. T., 37-38, 228-230
Sudnow, D., 187
Suoninen, E., 141
Swanson, J. M., 184
Swingewood, A., 73
Talen, E., 264-265
Tashakkori, A., 38
Taylor, S., 22, 229-230
Taylor, S. J., 35
Taylor, V., 281-282
Teddlie, C., 38
Tesch, R., 22-23, 73, 75, 227
Thaler, H., 249-250
Thomas, J., 37-38, 40, 83-84, 192, 224-225
Thomas, W. I., 86-87
Tierney, W. G., 41-42, 174
Trujillo, N., 116
Turner, J. A., 250-251, 259-260
Turner, W., 41
Tuval-Mashiach, R., 68-69
Usher, K., 38-39
Valdes, G., 234
Van Kaam, A., 75
Van Maanen, J., 82-84, 185-188, 225
van Manen, M., 72-77, 157-158, 172-173, 181-182, 203-204, 219-220
Villegas, A. M., 232-233
Vogl, D., 249-250
Waldorf, D., 285
Wallace, A. F. C., 214
Wallace, L. S., 276
Wang, C., 133
Watson, K., 41-42, 229-230
Weinman, J., 199
Weis, L., 49, 54, 58, 140-142, 172-173
Weitzman, E. A., 162
Wertz, F. J., 174
Whelan, K., 71-72, 130-131
Whitt, M., 264-265
Whittemore, R., 195-197
Whittier, N. E., 281-282
Widdicombe, S., 281-282, 295, 297
Wilbur, J., 264-265
Wilcox, S., 264-265

ÍNDICE ONOMÁSTICO

Wilkinson, M., 22, 36-37
Williams, J., 264-265
Williams, M., 132-133
Williams, R. N., 37-38, 228-230
Willis, P., 40, 280-281
Willis, S. K., 20-21, 97, 100-101, 105-106, 117, 159, 185, 221
Wilson, B. L., 38
Wilte, R., 283
Winthrop, R. H., 85
Wolcott, H. F., 23, 32-33, 51-52, 82-85, 118, 130-131, 133-134, 147-150, 159-160, 185-188, 195, 214, 223-225
Wong-Fillmore, L., 232-233, 237-238
Wooden, W. S., 280-281
Wooffitt, R., 281-282, 295, 297
Worden, S. K., 294
Wuthnow, R., 286-287
Xu, S., 232-234, 236
Yin, R. K., 22, 35, 38-39, 86-89, 133-134, 136-137, 160-161, 188-190, 216, 225-226
Yosso, T. J., 41
Young, K., 280-281, 283-284
Young, N. L., 132-133
Yussen, S. R., 153
Zilber, T., 68-69
Ziller, R. C., 133
Zine, J., 233-234
Znaniecki, F., 86-87

Índice remissivo

A

Abordagem psicológica, 68-69
Abordagens de investigação. *Veja* Abordagens qualitativas de investigação
Abordagens de pesquisa feministas, 38-39
Abordagens qualitativas de investigação, 20, 67-96
    análise de dados dentro das, 146-170
    características centrais das, 104-106
    comparação das, 90-93
    diferenças entre, 104-106
    exemplos, 97-109, 231-314
    por autores e suas disciplinas/campos, 24-26 (tabela)
    seleção, 23-27, 105-106
    Veja também Estudo de caso; Etnografia; Teoria fundamentada; Pesquisa narrativa; Fenomenologia; Pesquisa qualitativa; Estudos qualitativos
Acesso e *rapport*, 126-128
    comissões de revisão institucional, 127-128
    dentro das cinco abordagens, 127-128
Ai Mei Zhang, 97, 156
Ambiente natural, em pesquisa qualitativa, 50-51
Amostragem de variação máxima, 129-130
Amostragem discriminante, 81-82
Amostragem intencional, 88-89, 127-131
Amostragem teórica, 79
Análise cruzada dos casos, 89
Análise de dados e representação, 146-170
    comparação das abordagens de pesquisa, 161-162
    dentro das abordagens de investigação, 153-161
    estratégias de análise, 147-149
    uso do computador em, 162-169
Análise de dados fenomenológica, 76
Análise de temas, 89
Análise dentro do caso, 89
Análise embutida, 88-89
Análise holística, 88-89
Anderson, Elizabeth H., 99-101, 248-262
Artefatos, 85
Asmussen, Kelly J., 102-105, 301-314
Asserções, 89
Autenticidade, 197
Autobiografia, 56-57
Autoetnografia, 70
Awareness of dying (Glaser e Strauss), 77-78

B

Bowie, David, 283-284
Bracketing, 77
Buckworth, Janet, 100-101, 263-279

C

Camadas de análise, 152-153 (figura)
Caso intrínseco, 87
Categorias, 79, 150
Chan, Elaine, 98-99, 231-247
Citações, na escrita, 175-176
Codificação (*coding*), 150
Codificação aberta, 79
Codificação axial, 78-79
Codificação da escrita, 174-176
Codificação seletiva, 78-79
Códigos, 150
Códigos *in vivo*, 150-151
Coleta de dados, 121-145
  abordagens de pesquisa comparadas, 143-145
  acesso e *rapport*, 126-128
  amostragem intencional, 127-131
  armazenamento dos dados, 143
  armazenamento, 143
  círculo de coleta de dados, 122-143
  formas de dados, 130-138
  local ou individual, 123-126
  problemas do campo, 140-143
  procedimentos de registro, 138-140
Comportamentos, 81-82
Concordância interobservador, 199
Condições causais, 79, 81
Condições que intervenientes, 79, 81
Confiabilidade
  em pesquisa qualitativa, 193-201
  perspectivas, 199-201
Confiança, 63, 197
Congruência metodológica, 54
Conselhos de revisão institucional, 127-128
Consequências 79, 81
Construtivismo social, 35-36
Construtivista, 48
Contexto, 81
Contexto do caso, 89
Contextos históricos, 71
Contribuição substantiva, da pesquisa qualitativa, 202
Crenças filosóficas, e estruturas interpretativas, 44-45 (tabela)
Creswell, John W., 102-105, 301-314
Cronologia, 156

D

Dados, formas de, 130-138
  entrevista, 134-137
  observação, 137-140
Declaração de propósito, 114-117
  codificação, palavras para usar em, 115-116 (tabela)
  exemplo de estudo de caso, 116-117 (exemplo)
  exemplo de teoria fundamentada, 116 (exemplo)
  exemplo etnográfico, 116 (exemplo)
  exemplo fenomenológico, 116 (exemplo)
  exemplo narrativo, 116 (exemplo)
Descrição de caso, 86-87
Descrição estrutural, 75-76, 212
Descrição textual, 75-76, 212
"Desenvolvendo a participação em atividade física de longo prazo: um estudo de teoria fundamentada com mulheres afro-americanas" (Harley, Buckworth e Heaney), 100-101, 263-279
  coleta de dados, 266-267
  conclusão, 278
  discussão, 273, 275-277
  implicações práticas, 277
  limitações do estudo, 277
  método, 265-266
  resultados, 266-273, 275
Diagrama lógico, 81
Duquesne studies in phenomenological psychology, 75

E

Emic, 83, 86
Entrevista, 134-137
Entrevistas, 141-142
Epifania, 179
Epoché, 75, 77
Espiral de análise dos dados, 147-153
  descrição, classificação e interpretação dos dados em códigos e temas, 150-152
  interpretação dos dados, 151-152
  leitura e lembretes, 149-150
  organização dos dados, 147-149
  representação e visualização dos dados, 151-153
Essência, 75-76
Essencial, estrutura invariante, 76
Estágios do curso da vida, 68
Estratégias, 79
Estratégias de amostragem, em investigação qualitativa, 131 (tabela)
Estratégias de escrita, 172-176
  citações em, 175-176
  codificação, 174-176
  públicos para, 174

reflexividade e representações em, 172-174
Estratégias de escrita, gerais e embutidas, 176-190, 177-178 (tabela)
   estrutura da escrita em estudo de caso, 187-190
   estrutura da escrita em teoria fundamentada, 182-185
   estrutura da escrita etnográfica, 185-188
   estrutura da escrita fenomenológica, 180-183
   estrutura da escrita narrativa, 176, 179-180
Estratégias de escrita embutida, 176-190
Estratégias gerais de escrita, 176-190
Estrutura, 76
Estrutura retórica, 176, 179
Estruturas interpretativas, 29-47
   construtivismo social, 35-36
   estruturas transformadoras, 36-38
   ligadas a suposições filosóficas, 42-43, 46
   perspectivas pós-modernas, 37-38
   pós-positivismo, 34-35
   pragmatismo, 38-39
   teoria crítica, 39-40
   teoria *queer*, 41-42
   teoria racial crítica (TRC), 40-41
   teorias da incapacidade, 41-42
   teorias feministas, 38-40
Estruturas interpretativas de justiça social, 34-35, 42-43
Estruturas narrativas, comparação das, 189-191
Estruturas transformativas, 36-38
Estudo biográfico, 69-70
Estudo da violência, dimensões principais do, 174-215
   estudo de caso, 210-211
   estudo de teoria fundamentada, 212-213
   estudo narrativo, 211-212
   etnografia, 212-215
   fenomenologia, 212
Estudo de caso, 27, 86-90, 205-207
   "transformando a história", 210-211
   análise e representação, 160-161
   características definidoras do, 87-88
   definição e *background*, 86-87
   desafios, 89-90
   discussão do, 102-105
   estrutura da escrita, 187-190
   exemplo, 102-105, 301-314
   modelo para codificação, 167-168 (figura)
   padrões de avaliação, 205-207
   procedimentos para condução, 88-89
   tipos de, 88-89
Estudo de caso coletivo, 88
Estudo de caso instrumental, 88
Estudo de caso intrínseco, 88
Estudo intralocal, 86-87

Estudo plurilocal, 86-87
Estudos qualitativos, escrita, 171-191
   citações em, 175-176
   codificação, 174-176
   estratégias de escrita geral e embutida, 176-190
   estruturas narrativas, comparação de, 189-191
   públicos para, 174
   reflexividade e representações em, 172-174
Estudos qualitativos, introduzindo e focando, 110-120
   apresentação de propósito, 114-117
   apresentação do problema de pesquisa, 111-114
   perguntas de pesquisa, 116-119
Estudos qualitativos, projetando, 48-66
   características dos bons, 56-58
   considerações preliminares, 54-55
   elementos em todas as fases da pesquisa, 57-58
   exigências para a pesquisador, 53
   passos no processo, 54-58
   questões éticas em todas as fases da pesquisa, 58-62
Ética, 86
Etnografia, 27, 81-86, 159-161, 205-206
   "transformando a história", 212-214
   análise e representação, 159-161
   características definidoras da, 82-84
   definição e *background*, 81-83
   desafios, 86
   discussão da, 102-103
   estrutura da escrita, 185-188
   exemplo, 102-103, 280-300
   modelo para codificação, 167 (figura)
   padrões de avaliação, 205-206
   procedimentos para condução, 84-86
   tipos de, 83-85
Etnografia crítica, 83-84
Etnografia realista, 83-84
Evocação das fotos, 133
Experiências vividas, 72

F

Feminista, 442
Fenômeno, 73-74
Fenômeno central, 81
Fenomenologia, 27, 72-77, 203-204
   análise e representação, 156-158
   características definidoras da, 73-74
   definição e *background*, 72-73
   desafios, 76-77
   discussão da, 99-101
   estrutura da escrita, 180-183

exemplo de 99-101, 248-262
modelo para codificação, 166 (figura)
padrões de avaliação, 203-204
perspectivas filosóficas em, 73-74
procedimentos para condução, 75-76
tipos de, 74-75
"transformando a história", 212
Fenomenologia hermenêutica, 74
Fenomenologia transcendental, 75
Filosofia, 30
  estruturas interpretativas, ligação a, 42-43, 46
  importância da, em pesquisa, 30-32
Formato de pesquisa construtivista/ interpretativo, 62 (exemplo)
Formato de pesquisa qualitativa transformativa, 63 (exemplo)
Formato de pesquisa transformativa, 63 (exemplo)
Formato qualitativo construtivista/ interpretativista, 62 (exemplo)
Fraude, 137-138
Função, 85

G

Generalizabilidade, 89
Generalizações naturalistas, 161
Glaser, Barney, 77-78
Goodchild, Les, 19
Grupo que compartilha uma cultura, 81-83
  análise do, 85
  descrição do, 86
  interpretação do, 159
Grupos de significado, 76
Guardião, 84-85

H

Haenfler, Ross, 102-103, 280-300
Hanks, Tom, 254
Harley, Amy E., 100-101, 263-279
Heaney, Catherine A., 100-101, 263-279
História de vida, 70
História oral, 70
Histórias, 68-69
Horizontalização, 76
Husserl, Edmund, 73

I

Imersão, 81-82
  impacto, da pesquisa qualitativa, 202
Indivíduo único, 71
Informação, 86-87
Informantes-chave, 84-85

Intencionalidade da consciência, 73
Interpretação, 151-152
Interpretação cultural, 83
Interpretação direta, 160-161
Interpretativista, 48
Investigação, abordagens de. *Veja* Abordagens de investigação qualitativa
Investigação narrativa, 68-69
Investigação qualitativa, tipologia de estratégias de amostragem em, 131 (tabela)
Irwin, Darrell, 286-287

K

Katz, Mira L., 100-101, 263-279
King, Edith, 19

L

Lembretes, 81
Lente interpretativa da incapacidade, 42
Lente teórica/interpretativista
  formato de pesquisa, 63 (exemplo)
Língua, 81-82
Lógica dedutiva, em pesquisa qualitativa, 50-51
Lógica indutiva, em pesquisa qualitativa, 50-51

M

Matriz condicional, 79-80
Mérito estético, de pesquisa qualitativa, 202
Método comparativo constante, 79
Método progressivo-regressivo, 179
Metodologia, de pesquisa qualitativa, 34
Métodos múltiplos, em pesquisa qualitativa, 50-51
Modelo de autorregulação das representações da doença, 249
Modelo de evolução da atividade física, 266-267, 269 (figura), 270
  ciclo de cessação, 272-273
  ciclo de modificação, 271-272
  contexto e condições, 272-273
  fase de integração, 270-272
  fase de transição, 270-271
  fase inicial, 267, 270
  métodos de planejamento, 272-273, 275
Momentos decisivos, 69-70

N

Não participante/observador como participante, 137-138
Narrative Study of Lives, 68-69
Nove argumentos de Maxwell para uma proposta qualitativa, 64 (exemplo)

O

Observação, 137-140
Observações (campo), 141
Observador completo, 137-138
Odoms-Young, Angela, 100-101, 263-279

P

Padrões, 160-161
Padrões de avaliação, 192-208
   comparação das cinco abordagens, 206-207
   critérios, 200-207
Paradigma de codificação, 81
Paradigmas, 30-31
Participante completo, 137
Participante(s), 84-85
   como observador, 137-138
   observação, 81-82
   significado, em pesquisa qualitativa, 51-52
Pergunta central, 116-119
Perguntas de pesquisa, 116-119
   pergunta central, 116-118
   pergunta central, exemplo, 118-119
   subperguntas, 118-119
   subperguntas, exemplos, 118-119
Perspectiva holística, 85
Perspectivas
   confiabilidade, 199-201
   qualitativas, 177-202
   validação, 193-197
Perspectivas filosóficas, em fenomenologia, 73-74
Perspectivas pós-modernistas, 37-38
Perspectivas qualitativas, 200-202
Pesquisa narrativa, 26, 68-72, 202-203
   análise e representação, 153-157
   características definidoras da, 68-70
   definição e *background*, 68-69
   desafios, 72
   discussão da, 98-99
   estrutura da escrita, 176-180
   exemplo, 98-99, 231-247
   modelo para codificação, 166 (figura)
   padrões de avaliação, 202-203
   procedimentos para conduzir, 70-72
   tipos de, 69-70
   "transformando a história", 211-212
Pesquisa qualitativa, 49-50
   abordagens de coleta de dados em, 131 (tabela)
   características da, 49-52
   componentes da, 210 (figura)
   confiabilidade em, 193-201
   critérios de avaliação em, 200-207
   estrutura do plano ou proposta, 62-64
   estruturas interpretativas de justiça social em, 42-43
   padrões interpretativos de, 202
   quando usar, 51-53
   validação em, 193-201
   Veja também Abordagens qualitativas de investigação; Estudos qualitativos
Pesquisador, como instrumento-chave em pesquisa qualitativa, 50-51
Plano ou proposta de pesquisa, estrutura geral do, 62-64
Positivismo, 34-35
Pós-modernismo, 37-38
Pós-modernista, 48
Pós-positivismo, 34-35
Pragmatismo, 38-39
Pressupostos, 29-47
   estrutura para compreender, 30-31
   importância das, 32-34
   pressuposto epistemológico, 32-34
   pressuposto metodológico, 33-34
   pressuposto ontológico, 32-34
   pressupostos axiológicos, 32-34
   transformando em estudos qualitativos, 34
   vinculadas a estruturas interpretativas, 42-43, 46
Pressuposto axiológico, 32-34
Pressuposto epistemológico, 32-34
Pressuposto metodológico, 33-34
Pressuposto ontológico, 32-34
Previsão, 180
Problema de pesquisa, 111
   declaração, 111-114
   seção de amostra, 112 (figura)
Problemas do campo, na coleta de dados, 140-143
   documentos e materiais audiovisuais, 142
   entrevistas, 141-142
   observações, 141
   organização, acesso à, 140-141
   questões éticas, 142-143
Procedimentos de entrevista, 137
Procedimentos de registro, 138-140
Procedimentos sistemáticos, teoria fundamentada, 79-80
Processo de pesquisa, 31-31
Programas de computador, amostragem, 163-164
   ATLAS.ti, 163
   HyperSEARCH, 164
   MAXQDA, 163
   QSRNVivo, 164
Projeto de pesquisa, 53. *Veja também* Pesquisa qualitativa; Estudos qualitativos

Projeto emergente, em pesquisa qualitativa, 51-52
Proposições, 79
Proposta qualitativa, nove argumentos para (Maxwell), 64 (exemplo)
Propriedades, 81
Propriedades dimensionadas, 158
Protocolo de entrevista, 135-137 (figura)
Protocolo observacional, 138-140
Públicos, para os escritos, 174

Q

Questões éticas
  em pesquisa qualitativa, 59-60 (tabela)
  na coleta de dados, 142-143
  no processo de pesquisa, 58-62

R

Raça, como constructo social, 41
Raciocínio complexo, em pesquisa qualitativa, 50-51
Reacionamento, 308-308
Reagan, Nancy, 286-287
Reciprocidade, 57-58, 85
Reed, Lou, 283-284
Reestoriar, 71
Reflexividade, 51-52, 172-174, 202
Regan-Smith, Martha G., 64
Relato holístico, em pesquisa qualitativa, 51-52
"Repensando a resistência subcultural: valores centrais do movimento *straight edge*" (Haenfler), 102-103, 280-300
  conclusão, 295-298
  método, 284-295
Representação cultural, 86
"Representações cognitivas da aids" (Anderson e Spencer), 99-101, 248-262
  discussão, 259-261
  método, 251
  procedimento, 251-253
  resultados, 252-259
  revisão da literatura, 249-251
"Resposta do *campus* a um aluno atirador" (Asmussen e Creswell), 102-105, 301-314
  discussão, 310-313
  epílogo, 312-313
  estudo de pesquisa, 303-304
  incidente e resposta, 302-304
  temas, 304-307
Richardson, Laurel, 172

S

Saturar (desenvolver completamente) um modelo, 81
Sistema delimitado, 86-87
Spencer, Margaret Hull, 99-101, 248-262
Strauss, Anselm, 77-78
Subperguntas, 118-119

T

Tamanho da amostra, 130-131
Temas, 89, 151, 254 (tabela)
Temas dos casos, 86-87
Teoria, gerar ou descobrir, 77
Teoria em nível substantivo, 81
Teoria fundamentada, 27, 77-82, 203-205
  análise e representação, 158-159
  características definidoras da, 78
  definição e *background*, 77-78
  desafios, 81-82
  discussão da, 100-101
  estrutura da escrita, 182-185
  exemplo, 100-101, 263-279
  modelo para codificação, 167 (figura)
  padrões de avaliação, 203-205
  procedimentos para condução, 80-81
  tipos de, 79-81
  "transformando a história", 212-213
Teoria fundamentada construtivista, 77-81
Teoria *gay*, 41
Teoria homossexual, 41
Teoria lésbica, 41
Teoria *queer*, 41-42
Teoria racial crítica, 39-40
Teorias da ciência social, 34-35
Teorias de incapacidade, 41-42
Teorias feministas, 38-40
Termo de consentimento, 127-128 (figura), 137
Teste piloto, 136-137
Testemunhos, 70
Time for Dying (Glaser e Strauss), 77-78
Trabalho de campo, 83, 85
"Transformando a história," 209-216
  estudo de caso, 210-211
  etnografia, 212-214
  fenomenologia, 212
  pesquisa narrativa, 211-212
  teoria fundamentada, 212-213
Triangulação, 197-198

U

Uso do computador, em análise de dados qualitativa, 162-169
  abordagens de pesquisa e, 164-168
  amostragem de programas de computador, 163-164
  escolha entre os programas de computador, 167-169
  vantagens e desvantagens, 162-163

V

Validação, 63, 192-208
   em pesquisa qualitativa, 193-201
   estratégias, 56, 197-199
   perspectivas em, 193-197
   sensorial, 195
Validação irônica, 195
Validação paralógica, 195
Validação qualitativa, perspectivas e termos usados em, 193-194 (tabela)
Validação rizomática, 195
Validação sensorial, 195
Variação imaginativa, 76
Verificação, 197
Verossimilhança, 56-57, 174-175
"Vivendo no espaço entre participante e pesquisador como investigador narrativo: examinando a identidade étnica de estudantes chineses canadenses com histórias conflituosas" (Chan), 98-99, 231-247
   conclusão, 244-245
   discussão, 243-245
   estrutura teórica, 234-235
   método, 235-236
   resultados, 235-243

W

Willis, Sharla K., 100-101, 263-279
Wolcott, Harry, 19, 138-140
Writing culture, 172

Z

Zhang, Ai Mei, 97, 156